한국해양전략연구소 총서 107

KB208409

국방혁신과 방위산업 도약을 위한 새로운 패러다임

4차 산업혁명과 민군융합(CMF)

The Fourth Industrial Revolution and Civil-Military Fusion

요람 에브론 · 리처드 A. 비징거 지음 | 이병권 옮김

박영사

시작하며

첨단 상업기술은 국방 분야에서 새로운 활용 기회를 제공하며, 군사력과 군사적 우위의 지표에 큰 영향을 미칠 수 있다. 특히, 인공지능 (AI), 자율 시스템, 빅데이터, 양자 컴퓨팅과 같은 4차 산업혁명에서 발전한 민간기술 혁신이 핵심적인 역할을 하고 있다. 세계 각국의 군대와 정부는 이러한 첨단 기술이 군사력을 강화하고 군사적 우위를 확보하며, 더 큰 전략적 영향력을 발휘하는 데 어떻게 기여할 수 있을지에 주목하고 있다. 이와 같은 민간 기반 첨단 기술을 군사 목적으로 활용하는 과정을 '민군융합(Civil Military Fusion)'이라고 한다.

이 책은 미국, 중국, 인도, 이스라엘의 사례를 중심으로, 각국이 민군융합(CMF)을 활용해 군사기술 혁신을 어떻게 지원하고 있는지를 비교 분석한다. 또한 민군융합의 개념적 기반과 실제 적용 방법에 대해서도 폭넓게 탐구한다. 이 책은 학자와 연구자뿐만 아니라 군사 및 안보 분야 관계자, 국방기관의 정책 입안자와 분석가에게도 유익한 통찰을 제공할 것이다.

저자인 요람 에브론(Yoram Evron)은 이스라엘 하이파(Haifa)대학교의 정치학·중국학 교수로 재직 중이다. 그의 연구는 국가안보와 외교관계를 중심으로, 중국의 국방조달, 무기 이전, 군 현대화 그리고 중국 ─중동 및 중국─이스라엘 관계에 중점을 두고 있다. 그의 논문은 Journal of Strategic Study, Pacific Review와 중국 계간지 China Quarterly에 게재되었다. 또한 그는 『개혁 시대의 중국 국방 조달』

(*China's Military Procurement in the Reform Era*)(2016)이라는 책을 저술하며, 이 분야에 중요한 기여를 했다.

또한 공동 저자인 리처드 A. 비징거(Richard A. Bitzinger)는 싱가포르 S. 라자라트남(Rajaratnam) 국제대학원의 선임 연구원이다. 그의 연구 논문은 International Security, Orbis, Survival 등의 저명한 학술지에 게재되었다. 그는 또한 『아시아의 무장(Arming Asia): 기술 민족주의와 지역 방위산업에 미치는 영향』(2016)을 집필했으며, Defence Industries in the 21st Century(2021)의 편집장을 역임했다.

추천의 글 - 외국

"국가방위에서 민간산업의 중요성이 커지고 있는 현시점에서 꼭 읽어야 할 책이다. 사례연구가 학자와 정책 입안자, 정치인에게 유익하고 흥미로운 자료가 될 것이다."

토마스 맨켄(Thomas G.Mahnken), 존스홉킨스대학 SAIS 교수, 전략·예산평가 센터장

"다양한 민군융합(CMF) 전략을 통해 4차 산업혁명 기술력을 군이 어떻게 활용하는지 설명하는 좋은 로드맵의 책이다. 21세기 국방과 군사혁신의 핵심 동력과 과제에 대해 날카롭게 통찰하고 조언한다."

마이클 라스카(Michael Raska), 싱가포르 난양기술대학 국제학부 군사혁신 프로그램 교수

"광범위한 연구를 바탕으로, 주요 군사강국들이 민군융합을 통해 단기간에 군사 역량을 강화하기 위해 4차 산업혁명 기술을 어떻게 활용하는지 세밀하게 분석했다. 나아가 깊은 전략적 통찰을 제공한다."

카타르치나 치스크(Katarzyna Zysk), 노르웨이 국방연구소 국제관계·현대사 교수

"군사기술의 글로벌 환경변화를 오랫동안 관찰해 민군융합에 대해 중요하고 시의적절한 책이 출간되었다. 세계 각국의 군사력 균형과 군사혁신을 연구하는 이들이 반드시 읽어야 할 필독서다."

피터 돔브로스키(Peter Dombrowski), 미 해군대학 국가안보 경제학 석좌교수

추천의 글 - 국내

"군사혁신과 민군융합의 전략적 중요성과 실행방안을 깊이 있게 통찰해 민군융합을 군사력 증강의 핵심전략으로 제시한다. 미국 등 주요국의 사례를 분석해, 4차 산업혁명 기술이 군사혁신과 국가경쟁력 확보에 어떻게 활용될 수 있는지를 구체적으로 보여준다. 군사기술 혁신이 국제 안보 질서에 미치는 영향을 조명하고, 국방 연구개발 효율성을 높이기 위한 개방형 혁신의 필요성도 강조한다. 국방, 정부 연구기관, 방산기업, 학계를 아우르는 다양한 영역에서 쌓아온 역자의 경험은 이론을 넘어 실용적 해결책을 제안한다. 정책 입안자와 군 고위급들이 반드시 읽어야 할 필독서다."

정홍용, 현 (사)국방과 사람들 이사장(전 국방과학연구소장, 합참 전략본부장, 육군중장)

"4차 산업혁명 기술과 민군 상생전략의 결합은 국가안보와 산업발전을 동시에 실현할 수 있는 결정적 전환점이다. 이 책은 민군융합(CMF)을 기존의 틀을 넘어 새로운 관점에서 조명하고, 군사력 강화와 방위산업 발전을 위한 실질적 해법을 제시한다. AI 등 첨단 기술을 군사 분야에 빠르게 적용하고 있는 미국 등 기술 강국의 사례를 역사적 맥락 속에서 심층 분석한다. 나아가 역자는 '한국형 민군융합(K-CMF)' 개념을 통해 국방혁신과 방위산업 도약을 위한 산·학·연·군 협력의 필요성을 강조한다. 국방과 산업의 통합적 성장이라는 큰 틀 안에서, 이론과 실천을 아우르는 유의미한 시사점을 준다."

원태호, 현 한국해양전략연구소 소장(전 합참 전략기획본부장, 해군중장)

"4차 산업혁명 기술을 군사혁신에 어떻게 접목할 수 있을지에 대한 구체적인 방향을 제시하며, 미래 전장 변화와 국방개혁을 위한 전략적 접근을 폭넓게 다룬다. 변화하는 안보환경과 군사기술 혁신이 국제 안보에 미치는 영향을 심층 분석하고, 한국군의 미래전 대비와 국방정책 수립에 실질적인 시사점을 제공한다.

미국, 중국 등 군사기술 강국들의 사례를 통해 민군융합의 전략적 가치를 분석하고, 이를 새로운 경쟁전략으로서 동북아 안보 현실에 어떻게 적용할 수 있을지에 대한 통찰을 제시한다."

원인철, 현 경운대학교 석좌교수(전 합동참모회의 의장, 공군대장)

"민군융합의 실용적 적용 방안을 모색하고, 국방 R&D와 민간기술의 통합 전략을 통해 국방혁신의 실현 가능성을 보여준다. 첨단 기술이 군사혁신과 군사적 우위를 결정짓는 핵심 요소로 자리 잡은 지금, 민군융합을 통해 군사력 증강과 방위산업 도약을 이끌 수 있는 전략적 방향을 제시한다. 군사력 건설과 연구개발, 방위산업 등에서 쌓아온 역자의 경험은 이 책의 신뢰를 높여 준다."

김정수, 현 충남대학교 석좌교수(전 해군참모총장, 해군대장)

"4차 산업혁명 시대, 군사혁신과 민군융합(MCF)의 전략적 중요성을 조명하며, 한국이 직면한 안보 환경과 군사적 도전에 대한 현실적인 해법을 제시한다. 자주 국방력 강화와 방위산업 육성의 필요성을 강조하고, 민군융합과 첨단 기술이 군사혁신과 방위산업 경쟁력의 핵심 동력임을 명확히 한다. 국방과학기술 발전과 방위산업 경쟁력 강화를 위한 실질적인 참고자료로서, 정책과 전략 수립에 의미 있는 기여를 할 수 있는 책이다."

강은호, 현 전북대학교 방위산업융합학부 교수(전 방위사업청장)

"급변하는 안보 환경 속에서 신속하고 강력한 국방혁신이 요구되는 현실에서 민군융합은 새로운 경쟁전략으로 주목받고 있다. 이를 통해 효율적인 군사력 증강 방안을 제시하고, AI와 4차 산업혁명 기술을 군사적으로 신속하게 활용하는 주요 국가들의 사례를 분석한다. 미국의 '3rd Offset 전략'과 중국의 'A2/AD 전략'이 충돌하는 동북아의 군사 현실을 반영해 민군융합의 전략적 가치를 새로운 경쟁전략의 관점에서 조명한다. 특히, 역자는 한국적 맥락에서 민군융합의 활용 가능성을 깊이 있게 다루며, 국방혁신과 방위산업 도약을 위한 현실적인 해법을 제시한다. 군사혁신과 민군융합의 중요성을 이해하고, 미래 전장 변화에 대비하려는 이들에게 새로운 시각과 깊이 있는 통찰을 제공한다. 국방, 기술, 방산 정책에 관심있는 독자라면 일독할 만하다."

하태정, 현 과학기술정책연구원 선임연구원(전 연구원 부원장, 국방혁신위원)

저자 서문: 감사의 글

이 책은 많은 분들의 도움과 참여가 없이는 완성할 수 없었을 것이다. 이 프로젝트는 2019년과 2020년 S. 라자라트남(Rajaratnam) 국제대학원(RSIS)에서 개최된 '인공지능(AI), 로봇, 국방의 미래'와 '민·군융합의 미래'를 주제로 한 워크숍에서 시작되었다.

우선, 워크숍을 주최하고 참여해 주신 모든 분들께 깊이 감사드린다. 특히 원고의 초기 버전을 검토하며 귀중한 의견과 통찰을 제공해 주신 마이클 라스카(Michael Raska), 이안 바워스(Ian Bowers), 카타르지나 지스크(Katarzyna Zysk), 양 지(Yang Zi) 등 여러 전문가들에게 감사의 마음을 전한다. 또한 에이탄 샤미르(Eitan Shamir), 샤울 초레브(Shaul Chorev), 가이 파글린(Guy Paglin), 데바 모한티(Deba Mohanty), 아자이 슈클라(Ajai Shukla), 섀넌 브라운(Shannon Brown) 등 학자들의 소중한 기여에도 깊은 감사를 드린다. 아울러 하이파(Haifa)대학교의 연구 지원팀과 RSIS의 군사혁신 프로그램에서 보여준 전폭적인 지원에도 감사드린다.

이 책의 출판을 가능하게 해준 캠브리지 대학 출판부의 편집자 존 하슬람(John Haslam), 프로젝트 관리자 로라 블레이크(Laura Blake), 그리고 원고 준비 및 제작을 담당한 싯다탄 인드라 프리야다르시니(Siddharthan Indra Priyadarshini)와 피트 젠트리(Pete Gentry)에게 깊이 감사드린다. 개인적으로는 인내심과 지원을 아낌없이 보여준 두 저자의 배우자인 다나 에브론(Dana Evron)과 이브 비징거(Eve Bitzinger)에게 특별한 감사를 전한다. 마지막으로, 이 책을 공동 집필하는 과정에서 두 저자는 서로에 대해 존중과 유머를 잃지 않았다. 고된 협업과정에서도 이러한 태도가 큰 힘이 되었음을 인정하며, 이 자리를 빌려 서로에게 감사의 뜻을 전한다.

역자 서문

"21세기 문맹(文盲)은 글을 읽고 쓸 줄 모르는 사람이 아니라, 배우기를 멈추고, 과거에 배운 것만을 고집하며, 새로운 배움을 외면하는 사람이다." 미래학자 앨빈 토플러(Alvin Toffler)가 한 말이다. 변화와 혁신의 중요성을 강조한 것으로 4차 산업혁명 시대 '문맹'은 기술의 진보와 변화에 적응하지 못하는 개인, 조직 그리고 국가이다.

급변하는 글로벌 안보환경 속에서 기존의 틀에 안주하는 국가는 경쟁력을 잃고, 변화에 뒤처진 조직은 도태될 수밖에 없다. 끊임없이 혁신하는 개인과 집단만이 미래를 주도할 수 있다. 이러한 인식 하에 '국방혁신과 민군융합'을 논의할 공론의 장이 필요하다는 절실함이 한국어판 출간을 하게 된 계기였다.

『4차 산업혁명과 민군융합(CMF)*』 출간은 2019년과 2020년, 싱가포르 S. 라자라트남(Rajaratnam) 국제대학원에서 개최된 두 차례의 워크숍을 계기로 기획되었다. "인공지능, 로봇, 국방의 미래"와 "민군융합의 미래"라는 주제로 열린 워크숍에는 세계 각국의 학자와 전문가들이 참여해 활발한 논의가 이뤄졌다. 이 같은 논의와 연구를 기반으로 2023년 국제대학원의 군사혁신 프로그램을 통해 책이 완성되었다.

이 책의 공동 저자는 요람 에브론(Yoram Evron)과 리처드 A. 비징거

---

* 원문에서는 군민융합(MCF)과 민군융합(CMF)이 혼용되어 사용되고 있지만, 국제적으로는 민군융합(CMF)이라는 용어가 보다 일반적으로 통용된다. 중국은 군민융합(MCF)을 공식 용어로 사용하며, 이는 국가 주도의 강제적 성격을 내포하고 있다. 본 번역서에서는 개념의 일관성을 유지하고 독자의 이해를 돕기 위해 '민군융합(CMF)'으로 통일하여 표기하였다.

(Richard A. Bitzinger)다. 요람 에브론은 이스라엘 하이파대학교의 정치학·중국학 교수로 국가안보와 외교 관계를 중심으로 중국의 국방조달, 무기이전, 군 현대화, 중국－중동 관계 등 폭넓은 분야를 연구해왔다. 리처드 A. 비징거는 S. 라자라트남 국제대학원의 선임연구원으로, 아시아 지역의 방위산업과 기술 민족주의에 대한 깊이 있는 분석으로 정평이 나 있다.

두 저자는 다년간 축적된 연구경험을 바탕으로, 군사혁신과 민군융합 그리고 방위산업 발전 방향을 심층적으로 탐구하며, 세계 각국의 사례연구를 통해 실질적이고 통찰력 있는 시사점을 제공하고 있다. 따라서 이 책은 국방혁신과 민군융합 분야의 필독서로 자리매김하고 있다. 군사기술 혁신과 민군융합이 현대 군사력에 미치는 영향을 체계적으로 분석한 저작으로 인공지능(AI), 자율 시스템, 사물인터넷(IoT), 빅데이터, 양자 컴퓨팅 등 4차 산업혁명의 핵심 기술들이 군사 분야에 어떻게 적용되고 있는지 설명한다. 이어 선진국들이 군사 경쟁력을 강화하는 전략을 분석한다. 군사와 민간기술 간의 융합을 기반으로 한 과학기술 협력의 새로운 패러다임, 즉 '민군융합(CMF)'의 중요성을 강조하고, 미래 전장에서 군사력 우위를 확보하기 위한 필수 전략임을 설득력 있게 제시한다.

이 책은 총 7개 장으로 구성되어 있다. 1~2장에서는 민군융합과 4차 산업혁명 기술의 개념과 중요성을 다루고, 3~6장에서는 미국, 중국, 인도, 이스라엘의 사례를 중심으로 각국이 민군융합 전략을 통해 군사 경쟁력을 확보해 나가는 방식을 비교·분석한다. 7장에서는 민군융합이 군사 현대화와 방위산업 발전에 미치는 영향을 종합적으로 파악해, 이를 효과적으로 실현하는 정책적 과제를 제시한다. 또한 이론적 개념 정리를 시작으로, 국가별 실증 사례 분석을 통해 민군융합의 전략적 의미와 적용 방안을 도출하는 구조로 전개된다. 이를 통해 민군융합이 군사혁신과 방위산업 발전에서 어떤 역할을 수행하는지를 명확하게 이해할 수 있다.

군사기술 개발의 흐름이 급격히 변화하고 있다. 과거 군사기술이 주로 군 내부에서 독립적으로 개발되었으나, 4차 산업혁명 기술의 발전과 함께 민간 부문이 군사기술의 주요 원천으로 부상하고 있다. 특히 인공지능(AI), 자율 시스템, 빅데이터, 양자 컴퓨팅, 사이버 보안 등 첨단 기술은 기존의 군 주도 방식과 다른 경로로 빠르게 발전하고 있으며 민간기술의 군사적 전환이 갈수록 중요해지고 있다. 이러한 흐름속에서 민군융합 전략은 현대 국방혁신의 핵심 접근법으로 자리 잡고 있다. 민군융합은 단순히 민간기술을 군사에 적용하는 수준을 넘어, 국방 연구개발과 방위산업 구조 전반을 혁신하고, 국제 안보환경에서 우위를 확보하기 위한 전략적 수단으로 진화하고 있다. 각국은 이를 통해 군사 경쟁력을 강화하고 있으며, 4차 산업혁명 기술을 신속히 군사 시스템에 통합하는 역량이 미래 군사력 강화의 핵심 요소로 부각되고 있다.

각국의 안보환경과 기술 정책에 따라 민군융합은 다양한 방식으로 전개되고 있다. 미국은 국방혁신단(DIU)과 합동인공지능 센터(JAIC)를 중심으로, 인공지능, 자율 시스템, 로봇 기술, 빅데이터 분석 등 4차 산업혁명 기술을 민간기업과 협력을 통해 군사 시스템에 신속히 도입하고 있다. 중국은 'Made in China 2025' 전략 하에 국가 주도의 민군융합 정책을 강력히 추진하며, 인공지능, 양자 컴퓨팅, 자율 시스템, 드론 등 핵심 기술의 군사적 활용에 집중하고 있다. 인도는 국방 자립과 군사기술 내재화를 목표로 민군융합 전략을 전개하고 있다. 여기에 대기업뿐 아니라 중소기업과의 협력도 적극 확대하는 방향으로 정책을 추진중이다. 이스라엘은 스타트업 중심의 기술 혁신 생태계를 기반으로 인공지능, 사이버 보안, 정밀 유도무기 등 첨단 기술을 신속하게 무기체계와 통합하는 전략을 구사하고 있다.

　저서는 민군융합과 4차 산업혁명 기술이 군사혁신과 방위산업 발전에 미치는 영향을 체계적으로 분석해 다음과 같은 중요한 시사점을 제공한다. 첫째, 4차 산업혁명 기술을 활용한 군사혁신의 방향을 제시한다. AI, 빅데이터, 자율 시스템, 양자 컴퓨팅 등 첨단 기술이 군사전략과 작전계획에 어떤 변화를 가져오는지를 분석한다. 또 이러한 기술이 단순한 무기 성능 향상을 넘어 국가안보와 산업 경쟁력에도 중대한 영향을 미친다는 점을 강조한다. 둘째, 군사 경쟁력 확보를 위해 전략적 접근을 하고 있다. 민군융합이 군사기술 발전의 핵심 경로임을 밝히고, 미국 등 주요국의 사례를 통해 국가별 전략과 정책에 따른 다양한 적용 방식과 그 성과를 비교 분석한다. 셋째, 국방정책 및 방위산업 발전을 위한 실천적 방안을 제안한다. 민군융합과 4차 산업혁명 기술의 효과적 도입을 위해 필요한 법적·제도적·재정적 지원 방안을 논의하며, 민간과 군 간 협력 촉진, 첨단 민간기술의 신속한 군사 적용을 위한 연계 강화 전략을 제시한다. 넷째, 자주 국방력 강화와 방위산업 육성의 중요성을 강조한다. 민군융합은 군사기술 혁신과 자주국방(Defense Self-Reliance)을 실현하는 핵심 전략이다. 이를 통해 국가안보를 강화하고 방위산업을 국가전략산업으로 육성해야 한다는 점을 분명히 한다.

　결과적으로, 책은 민군융합(CMF)과 4차 산업혁명(4IR) 기술이 군사혁신과 방위산업 경쟁력 제고의 핵심 동인(動因)임을 밝히고, 이에 대한 전략적 대응의 필요성을 강조한다. 나아가 기술강대국의 군사혁신과 방위산업의 글로벌 동향을 이해하는 데 도움을 준다.

한국어판 출간은, 민군융합과 4차 산업혁명 기술이 군사혁신과 방위산업 발전에 미치는 영향을 체계적으로 조망해, 이를 한국의 국방정책 및 방산전략과 연계하는 데 기여하고자 하는 목적에서 이루어졌다. 특히, 국방력 강화와 방산수출 확대를 위한 군·산·학·연 협력의 중요성을 강조하며, 첨단 국방과학기술이 자주국방과 국가 경쟁력 확보의 핵심 자산이라는 인식이 이번 번역의 중심 동기가 되었다.

역자는 약 7년 전 박사 논문을 쓰면서 민군기술협력과 연구개발, 방위산업 간의 관계를 체계적으로 다룬 국내 전문서적이 부족하다는 점을 실감했다. 또한 급변하는 글로벌 안보 환경 속에서, 군사혁신과 방위산업 도약이 국가안보와 산업 경쟁력 확보의 핵심 요소임을 깨닫게 되었다. 이 책은 4차 산업혁명 기술을 활용한 민군융합이 군사혁신과 군사력 우위, 국가 경쟁력 확보로 이어질 수 있게 심층적으로 분석해, 향후 정책 수립과 전략 개발에 실질적으로 기여할 수 있을 것으로 기대한다. 최근 K-방산이 글로벌 시장에서 주목받고, 군사혁신과 방위산업 발전이 전략적으로 더욱 중요해지고 있다. 이 같은 시점에서 이 책은 정책적·실천적 통찰을 제공하는 유의미한 자료가 된다고 본다.

역자는 또 해군본부와 합동참모본부에서 20여 년간 국방개혁, 군사력 건설, 전력 소요기획, 연구개발, 방위사업, 방산수출, 군수혁신 및 MRO 등 다양한 국방 실무를 맡아 수행해 왔다. 전역 후 정부출연 연구기관에서 국방R&D센터장을 맡아 민군기술협력을 총괄했고, 글로벌 방산기업에서는 무기체계 개발 사업을 수행해 국방 연구개발과 방위산업 발전전략 수립에 기여해 왔다. 이러한 커리어를 기반으로 민군융합의 창의적 활용이 국방력 강화와 방위산업 도약의 핵심 동력임을 확신하게 된 것이다.

이 책에는 군사기술, 민군융합, 방위산업과 관련된 다양한 전문 용어가 등장한다. 독자들이 내용을 보다 쉽게 이해할 수 있도록, 주요 개념과 핵심 용어 그리고 번역 용례를 함께 정리했다.

4차 산업혁명 기술이 결합되면서 군과 민간 부문 간의 상호작용을 설명하는 다양한 개념들이 등장하고 있다. 대표적으로 민군협력(Civil Military Cooperation/Collaboration), 민군통합(Civil Military Integration), 민군융합(Civil Military Fusion), 민군겸용(Dual Use), 스핀온(Spin-on), 스핀오프(Spin-off) 등이 있다. 이들은 혼용되기도 하지만 고유한 의미와 기능을 지닌다.

이 개념들은 시대적 변화와 국가전략에 따라 정의되며, 군과 민간 부문 간의 협력 방식, 기술이전의 방향, 기술 활용 수준 등을 구분하는 데 중요한 역할을 한다. 민군융합(CMF)은 중국에서는 '군민융합(MCF)'이라는 용어로 사용하고 있다. 책에서는 국제적 용례를 고려해 '민군융합(CMF)'이라고 표기한다.

민군협력(CMC)은 군과 민간이 조직적·행정적으로 협력하여 인도적 지원, 재난 대응, 안보협력 등 공공 목적을 달성하고자 사용하는 개념이다.

민군통합(CMI)은 군과 민간이 기술, 인력, 장비, 생산공정 등을 공동으로 활용하여 방위산업과 민간산업을 구조적으로 연계하는 개념이다. 국방과 상업적 수요를 동시에 충족시키기 위한 방식으로, 연구개발, 제조, 유지보수 등의 전 과정에서 양 부문이 협력하는 구조를 지향한다. 민군통합은 4차 산업혁명 이전까지 주로 사용된 개념으로, 단일 생산라인에서 군수와 민수 제품을 함께 생산하거나 상용 기술을 군사적으로 전용하는 사례가 대표적이다.

민군융합(CMF)은 가장 진화된 개념이다. 민군통합을 포괄하면서 기술융합을 보다 적극적으로 추진하는 전략적 접근 방식이다. 민간기술을 군사 시스템에 선제적으로 적용하고, 이를 다시 민간 시장으로 환류시키는 선순환 구조의 기술 생태계 구축을 지향한다. 단순한 협력이나 기술 이전을 넘어, 기술 개발 초기 단계부터 민군 간 협력을 강화함으로써 첨단 민간기술을 군사력으로 효과적으로 전환하고, 이를 통해 국가안보와 산업 경쟁력을 동시에 강화하는 것이다. 민군융합은 단순한 비용 절감 차원을 넘어서, 국가전략 기술 역량을 고도화하는 핵심 수단이다.

민군겸용(Dual Use)은 군사적·비군사적(상업적) 목적 모두에 활용할 수 있는 기술을 의미한다. 군사와 민간의 요구를 동시에 충족할 수 있는 제품, 서비스, 공정을 포함해 민·군 간 기술 이전을 양방향으로 촉진하는 개념이다. 이 개념은 스핀온(Spin-on)과 스핀오프(Spin-off)를 포괄한다. 스핀온은 민간 부문에서 개발된 기술을 군사 분야에 적용되는 과정을, 스핀오프는 군사기술이 민간산업으로 확산되어 활용되는 것을 말한다.

군과 민간 간의 기술 산업적 상호작용은 단순한 협력 차원을 넘어 '융합(fusion)'으로 진화해 왔다. 4차 산업혁명은 민군융합의 전략적 중요성을 더욱 부각시키고 있다. 또한 기존의 민군통합 개념을 넘어 첨단 기술을 군사적 우위 확보의 핵심 수단으로 활용하는 방향으로 발전하고 있다. 민군융합은 군사력과 경제력이라는 두 축을 동시에 강화

하는 국가전략으로 자리매김했고, 군사기술과 민간기술 간의 경계를
허물고 기술 혁신을 가속화하는 핵심 개념이다.

　이 책은 기술, 기업, 산업과 관련된 핵심 개념들을 체계적으로 정리
하고 명확히 구분하여 번역하였다. 이를 통해 독자들이 군사 및 민간
부문에서 기술이 어떻게 상호작용하며, 각 기업과 산업 구조 내에서
어떤 기능과 역할을 수행하는지를 보다 쉽게 이해할 수 있도록 하기
위함이다. 기술관련 용어는 국방, 군사, 민간, 상업적 활용 가능성에
따라 구분했고, 각 개념은 고유한 특성과 적용 범위를 갖는다. 이러한
구분은 군사기술 및 민간기술 간 융합의 구조 관계를 이해하고 그 차
별성을 분석하는 데 중요한 기준으로 작용한다. 주요 기술 용어를 다
음과 같이 구분해 번역하였다.

　국방기술(Defense Technologies), 군사기술(Military Technologies), 상
업기술(Commercial Technologies), 민간기술(Civilian Technologies), 군
사관련 기술(Militarily Relevant Technologies), 민군겸용기술(Dual Use
Technologies) 등이 대표적이다.*

　국방기술과 군사기술, 상업기술과 민간기술은 개념적으로 유사해
보일 수 있으나, 목적과 적용 범위에서 차이가 있다. 국방기술은 국가
안보를 위한 전략적 목적의 기술로, 무기체계뿐 아니라 군수지원체계
등 방위체계 전반에 활용되는 포괄적 개념이다. 군사기술은 전투 및
작전 수행에 직접적으로 적용되는 기술로, 실전 적용성과 전투력 향상
에 중점을 두고 개발된다. 반면, 상업기술은 시장 수요 충족과 이윤 창

---

* 일반적으로 통용되는 '국방과학기술(Defense Science and Technology)'은 군수품의 개
　발, 제조, 운용, 개량, 개조, 시험, 측정 등에 필요한 과학기술(관련 소프트웨어 포함)로 정의
　되며, '방위사업규정' 및 '국방과학기술혁신촉진법'에 명시되어 있다. 이는 단순한 기술 개념
　을 넘어, 국가안보를 위한 기초 연구부터 기술 개발 전반을 포괄하는 전략적 개념이다.

출을 목적으로 개발되고, 기술의 사업화와 산업적 가치에 중점을 둔
다. 민간기술은 공공복지, 생활의 질 향상, 사회적 편익을 우선하는 기
술로, 공공성과 사회적 가치에 더 큰 비중을 둔다.

　이러한 개념적 구분은 4차 산업혁명과 민군융합 시대에 기술이 군
사 및 민간 분야에서 어떻게 상호작용하며 발전해 나가는지를 이해하
는 데 중요한 기준이 된다. 과거에는 군사기술과 민간기술이 명확히
분리되어 있었지만, 오늘날에는 AI, 로봇, 사이버 보안, 위성 기술 등
첨단 기술이 군사와 민간 영역에서 동시에 활용되는 추세다. 민군겸용
기술과 군사관련 기술의 발전은 국방혁신뿐만 아니라 민간산업의 성
장에도 기여하며, 국가안보와 경제발전을 동시에 실현하는 전략적 자
산으로 작용하고 있다.

　이에 따라 각 용어의 고유한 의미를 유지하면서, 기술의 성격과 적
용 맥락이 명확하게 드러나도록 번역하였다. 이를 통해 군사 및 민간
분야에서 기술이 어떻게 활용되고 상호작용하는지를 보다 깊이 이해
할 수 있도록 하기 위함이다.

　또한 기업(Companies)의 유형을 소유구조(민간, 정부), 운영목적(영리,
비영리), 산업특성(방산, 군수, 비군사기업) 등에 따라 분류하고, 이들 차이
를 구분하여 번역하였다. 이를 통해 기업의 성격과 역할을 보다 정확
하게 이해할 수 있게 하기 위함이다. 기업 유형은 다음과 같이 체계적
으로 구분하였다.

　방위산업기업 또는 방산기업(Defense Companies), 군사기업(Military
Companies), 국영기업(State—Owned Enterprises), 민간(소유)기업(Private
(Sector) Companies), 민간기업(Civilian Companies), 상업기업(Commercial
Companies) 등으로 번역했다.

　방산기업과 군사기업, 민간기업과 상업기업은 개념이 유사해 보이나, 그 의미와 용례를 명확히 구분하였다. 방산기업은 무기체계 개발, 첨단 국방기술 연구, 군용 통신 및 전자 장비 생산 등 국가안보와 직결된 기술 및 산업 전반을 포괄한다. 군사기업은 무기, 탄약, 군복, 군사 장비 등 군수 물자의 생산에 특화된 기업으로 실질적인 군 운영에 필요한 물자조달에 중점을 둔다. 민간기업은 정부 소유가 아닌 개인, 단체, 투자자 등에 의해 운영되는 모든 비(非)공공 기업을 의미하며, 민군융합의 공급 주체로서 기술 이전 및 제품 개발에 참여한다. 상업기업은 영리 목적의 제품과 서비스를 제공하여 수익 창출에 초점을 맞춘 기업으로, 민군융합 과정에서 상용기술(COTS)의 군사적 활용 가능성을 제공하는 중요한 역할을 수행한다.

　산업관련 용어를 기술 및 기업 개념과 연계해, 체계적으로 구분하고 번역하였다. 산업은 적용기술과 기업활동과 밀접하게 연관되어 있으며, 특히 방위산업관련 개념들은 단순한 무기 생산을 넘어 국가안보, 첨단 기술 개발, 산업 간 연계성을 포함하는 복합적 구조로 발전해 왔다. 주요 개념들은 다음과 같다.

　방위산업(Defense Industries), 군수산업(Military Industries), 무기산업(Arms Industries), 상업산업(Commercial Industries), 민간(비군사)산업(Civilian Industries), 민간기술산업(Private Technology Industries), 군산복합체(Military Industrial Complex), 방산복합체(Defense Industrial Complex), 방위산업 기반(Defense Industrial Base), 국방기술 · 방위산업 기반(Defense Technology and Industrial Base) 등이다.

　특히, 방위산업과 군수산업, 상업산업과 민간산업 등은 개념상 유사해 보이나, 역할과 기능에서 차이가 있다. 방위산업은 군사 장비 및 무기의 설계, 개발, 생산을 담당하며, 국가안보를 위한 전략적 산업으로 기능한다. 오늘날 방위산업은 기술 혁신, 안보 전략, 민군 연계까지 포함하는 국가전략산업으로 발전하고 있다. 군수산업은 군의 작전 수행과 유지에 필요한 장비, 물자, 기술 등을 포함하며, 병참과 후방 지원 중심의 실무적 산업이다. 무기산업은 군수산업의 하위 개념으로, 무기 및 군사 장비 생산에 특화된 산업이다. 상업산업은 민간 시장을 대상으로 제품과 서비스를 생산·판매하며, 이윤 창출이 주된 목적이다. 반면, 민간산업은 군사 목적과 무관하게 공공의 이익과 생활의 질 향상 등 사회 기반 조성에 기여하는 산업을 말한다.*

군산복합체(MIC)는 정부, 군대, 방산업체 간의 긴밀한 연계를 의미하며, 국방정책과 산업 간 상호작용을 설명하는 거시적 개념이다. 방산복합체(DIC)는 군산복합체와 유사하나, 보다 중립적 표현으로 방위산업중심의 정책지원 구조를 말한다. 방위산업 기반(DIB)은 무기체계의 생산, 유지, 현대화에 필요한 산업 인프라와 인적 역량을 포함하며, 방위산업의 물적 기반에 초점을 둔다. 국방기술·방위산업 기반(DTIB)은 방위산업 기반(DIB)을 확장한 개념으로, 첨단 기술 개발과 민군겸용기술의 활용 등 기술 중심의 국방 역량 강화를 강조한다.

결과적으로 방위산업은 군산복합체(MIC), 방위산업 기반(DIB), 국방기술·방위산업 기반(DTIB)의 중심축으로 기능하며, 기술·산업·정책이 결합된 국방혁신의 핵심 인프라로 작동하고 있다.

---

* Civilian industries는 군사 목적과 무관한 비군사적 '민간산업'을 의미하며, Private industries는 운영 주체가 민간인 '민간산업'으로, 영리와 비영리 부문을 모두 포함한다. 한편, Civil use industries는 '민수산업'으로, 기술이나 제품의 사용 목적이 민간용(민수)인 산업을 지칭하며, 일반적으로 Civilian industries와 Commercial Industries를 포괄할 수 있다. 이 용어는 방위산업의 대비 개념으로, 민군기술협력이나 민군겸용기술 등과 같은 문맥에서 자주 사용된다.

마지막으로, 조달(Procurement)과 획득(Acquisition)의 개념 차이를
명확히 구분해 번역하였다. 조달은 무기나 군수물자의 구매·계약 등
공급 과정에 초점을 둔다. 획득은 연구·개발부터, 조달, 운영 및 유지
보수 단계까지 전 과정을 포함하는 포괄적인 개념이다. 예로 무기조달
(Arms Procurement)은 미사일 등 무기의 구매를, 군사조달(Military
Procurement)은 무기뿐만 아니라 탄약, 군수품 등 군 운영 전반에 필요
한 물자의 조달을 의미한다. 국방조달(Defense Procurement)은 국방부
또는 군이 수행하는 무기 및 장비의 계약, 구매 절차를 의미한다. 반
면, 무기획득(Arms Acquisition)은 무기의 연구·개발, 구매, 운용, 유지
보수 등 전 생애주기를 포함한다. 군사획득(Military Acquisition) 및 국
방획득(Defense Acquisition)은 동일하게 기술 확보, 연구·개발, 조달,
운영 전반을 아우르는 포괄적 의미를 갖고 있다. 이러한 용어 간 차이
를 반영해 원문 의미에 충실하게 번역했다.

이 책은 군사혁신과 민간기술융합에 대한 깊이 있는 통찰을 제공하
는 필독서로서, 국가안보, 군사혁신, 국방 연구개발, 방위산업 발전에
관심 있는 정책 입안자, 군사 전문가, 방산기업 리더들에게 유용한 지
침이 될 수 있다. 특히, 4차 산업혁명 기술을 군사력 강화의 핵심 기반
으로 파악해 이를 전략적으로 활용하고자 하는 사람들에게 실질적인
방향성과 해법을 제시한다. 국방정책 결정자와 고위급 장교들에게는
국방개혁, 군사혁신, K-방산 도약을 위한 실천적 전략과 정책적 비
전을 제공할 것으로 기대된다. 또한 방위산업을 국가전략산업으로 육
성하고 있는 한국의 현실을 고려할 때, 민군융합(CMF)과 4차 산업혁명
기술의 글로벌 적용 사례를 통해 방위산업 경쟁력 강화를 위한 실질적
참고자료로 활용될 수 있다. 마지막으로, 미국 등 주요국들의 전략적

환경과 기술 역량에 따라 4차 산업혁명 기술을 어떻게 군사적으로 활용하고, 민군융합을 어떻게 구체화하고 있는지를 살펴보았다. 이를 우리 상황에 어떻게 적용할 수 있을지 숙고하면서 책을 읽는다면, 매우 흥미로운 시사점과 함께 실질적이고 유의미한 통찰을 얻게 될 것이다.

2023년 6월 출간된 책을 2024년 하반기에 접한 후, 신속히 국내에 소개하고자 지난 4개월 간 정성을 다해 번역과 교정을 반복해 왔다. 원문의 의미를 충실히 전달하고, 전문 용어를 명확하게 표현하기 위해 노력했고, 독자의 이해를 돕고자 각 페이지마다 보충 설명도 덧붙였다. 복잡하고 다양한 주제를 보다 명확히 전달하기 위해 '생성형 AI'와의 대화를 병행해, 책의 완성도를 높이고자 했다. 사실관계의 오류나 번역상의 미흡한 부분이 있다면 전적으로 역자의 부족함에서 기인한 것이다. 책의 출간을 위해 아낌없는 지원을 보내주신 한국해양전략연구소에 깊이 감사드린다. 초고를 읽고 고견을 주신 김택환, 김종삼, 박종성, 배학영 님께도 진심으로 감사드린다. 아울러 가독성을 높이기 위해 세심하게 편집해주신 박영사 관계자 여러분께 깊은 감사를 전한다.

2025년 4월
역자 드림

차례

그림 목차

표 목차

약어

Abbreviations

4IR　　　Fourth Industrial Revolution 제4차 산업 혁명

A2/AD　　Anti-Access/Area Denial 반접근·지역 거부

AI　　　　Artificial Intelligence 인공지능

ASB　　　AirSea Battle 공해전투

ASCM　　antiship cruise missile 대함미사일

ATC　　　Advanced Technology Center 첨단 기술 센터

ATP　　　Advanced Technology Program 첨단 기술 프로그램

C4ISR　　Command, Control, Communications, Computing, Intelligence, Surveillance, and Reconnaissance 지휘, 통제, 통신, 컴퓨팅, 정보, 감시 및 정찰

C-RAM　　Counter-Rocket, Artillery, and Mortar 로켓, 포병, 박격포 대응 시스템

CAD/CAM Computer-Aided Design/Computer-Aided Manufacturing 컴퓨터 지원 설계/컴퓨터 지원 제조

CII　　　　Confederation of Indian Industry 인도 산업 연합

CMC　　　Central Military Commission 중앙군사위원회(중국)

CMI　　　Civil Military Fusion 민군융합

CMI　　　Civil Military Integration 민군통합

COSTIND Commission for Science, Technology, and Industry for National Defense 국방과학기술산업위원회(중국)

COTS　　Commercial off-the-shelf 상용제품

CRADA　Cooperative Research and Development Agreement 공동연구개발협정(미국)

DARPA	Defense Advanced Research Projects Agency 방위고등연구계획국(미국)
DDR&D	Directorate of Defense Research and Development (MAF'AT) 국방연구개발국(이스라엘)
DIB	Defense Industrial Base 방위산업 기반
DII	Defense Innovation Initiative 국방혁신구상(미국)
DIU	Defense Innovation Unit 국방혁신단(미국)
DoD	Department of Defense 국방부
DPP	Defense Procurement Procedure 국방조달 절차
DPSU	Defense Public Sector Undertaking 국영 방산기업(인도)
DRDO	Defense Research and Development Organization 국방연구개발기구(인도)
DTIB	Defense Technology and Industrial Base 국방기술·방위산업 기반
FFRDC	Federally Funded Research and Development Center 연방 지원 연구개발 센터(미국)
FMS	Foreign Military Sale 외국 군사 판매
FPDI	Flat-Panel Display Initiative 평판 디스플레이 이니셔티브
GAD	General Armaments Department 총장비부(중국)
GPS	Global Positioning System 글로벌 위치 확인 시스템
HAL	Hindustan Aeronautics Ltd. 힌두스탄 항공
IAF	Israeli Air Force 이스라엘 공군
IAI	Israel Aerospace Industries 이스라엘 항공우주산업
ICT	Information and Communication Technologies 정보 통신 기술
IDDM	Indigenously Designed, Developed, and Manufactured 국산 설계, 개발, 제조(인도)
IDF	Israel Defense Forces 이스라엘 방위군
IGMDP	Integrated Guided Missile Development Program 통합 유도미사일 개발 프로그램
IMI	Israel Military Industries 이스라엘 군수산업

IoT   Internet of Things 사물인터넷
IPR   Intellectual Property Rights 지식재산권
IT   Information Technologies 정보 기술
IT-RMA   information technologies revolution in military affairs
           정보 기술에 기반한 군사혁신
J/v   joint venture 합동 벤처
JAIC   Joint Artificial Intelligence Center 합동인공지능센터(미국)
JAM-GC   Joint Concept for Access and Maneuver in the Global
           Commons 글로벌 공공영역에서의 접근 및 기동에 대한 합동개념
           (미국)
KMT   Guamindang (Nationalist party) 국민당
LAWS   lethal autonomous weapons system 치명적 자율무기 시스템
LRRDPP   Long-Range Research and Development Program Plan
           장기 연구개발 프로그램 계획
MATIMOP   Israeli Industry Center for R&D 이스라엘 산업 연구개발 센터
MCF   Military Civil Fusion 군민융합
MIIT   Ministry of Industry and Information Technology
           산업정보기술부(중국)
MLDP   Medium and Long-Term Defense Science and Technology
           Development Plan 중장기 국방과학기술 발전계획
MLP   Medium and Long-Term Science and Technology Development
           Plan 중장기 과학기술 발전계획
MMB   Ministry of Machine Building 기계산업부
MoD   Ministry of Defense 국방부
MRO   Maintenance, Repair, and Overhaul/Operations
           유지보수, 수리 및 점검/운영
MSME   Micro, Small, and Medium-sized Enterprises
           중소기업 및 소기업
NCW   Network Centric Warfare 네트워크 중심전

NDSTC	National Defense Science and Technology Commission 국방 과학기술 위원회
NSCAI	National Security Commission on Artificial Intelligence 인공지능 국가안보위원회(미국)
NSF	National Science Foundation 국립과학재단
OF	Ordnance Factory 군수 공장
OTA	Office of Technology Assessment 의회기술평가국(미국)
PLA	People's Liberation Army 인민해방군
PRC	People's Republic of China 중화인민공화국
R&D	Research and Development 연구개발
RDT&E	research, development, testing, and evaluation 연구, 개발, 시험, 평가
RMA	Revolutions in Military Affairs 군사혁신
S&T	Science and Technology 과학·기술
SASTIND	State Administration for Science, Technology, and Industry for National Defense 국가 국방과학기술공업국(중국)
SIPRI	Stockholm International Peace Research Institute 스톡홀름 국제평화연구소
SOE	state-owned enterprise 국영기업
TRP	Technology Reinvestment Program 기술재투자 프로그램
UAV	unmanned aerial vehicle 무인항공기

CHAPTER

01

서론

Introduction

- 민군융합, 기술패권시대의 게임체인저 -

- 연구 배경 및 목적
- 연구 범위와 구성
- 연구 방법 및 도전

Chapter 01
서론
Introduction

연구 배경 및 목적

1990년대 이후, 첨단 재래식 무기와 군사기술의 급속한 발전으로 인해 '군사관련 기술(militarily relevant technologies)'*을 명확히 구분하고 정의하는 일이 점점 더 어려워지고 있다. 많은 첨단 상업기술(commercial technologies)이 국방 분야에서 새로운 기회를 창출하고 있으며, 이는 군사력 증강과 경쟁국과의 군사적 우위를 결정하는 핵심 요소가 되고 있다. 냉전이 끝나기 전부터, 상업적 첨단 기술 분야에서 개발된 기술이 군산복합체에서 개발된 기술보다 성능이 우수하고 비용 대비 효율성이 높다는 점이 점차 분명해지고 있었다.[1] 특히, 3차 산업혁명(3IR)의 후반부에는 마이크로 전자, 컴퓨팅, 통신 및 기타 정보기술(IT)이 실리콘밸리, 이스라엘의 기술 인큐베이터, 구글, 아마존, 알리바바와 같은 글로벌 민간기업들에 의해 주도되었다. 이러한 상업기술의 우위는 4차 산업혁명(4IR)과 함께 더욱 명확해졌으며, 인공지

---

* 군사관련 기술(militarily relevant technologies)은 군사작전, 국방전략, 전쟁수행 능력 등에 중요한 영향을 미치는 기술을 지칭한다. 이러한 기술은 전투 시스템, 통신, 사이버, 인공지능, 드론, 로봇 공학 등 다양한 분야를 포함한다.

3

능(AI), 자율 시스템, 빅데이터, 양자 컴퓨팅 등의 최첨단 기술이 민간
부문에서 먼저 개발되고, 이후 군사적 활용으로 전환되는 흐름이 강화
되었다. 이에 따라 군사기술(military technologies)과 민간기술(civilian
technologies)의 경계뿐만 아니라, 군사 기반 혁신과 민간 기반 혁신 간
의 구분도 점차 모호해지고 있다.

이러한 맥락에서, 이 책은 두 가지 상호 연결된 논지를 중심으로 전
개된다. 첫 번째 논지는 4차 산업혁명 기술이 미래 군사력의 핵심 요소
로 자리 잡으며, 군사적 효과와 우위를 결정짓는 데 중요한 역할을 한
다는 것이다. 3차 산업혁명과 마찬가지로, 4차 산업혁명 역시 디지털
기술, 특히 데이터 수집, 저장, 처리기술을 기반으로 한다. 그러나 4차
산업혁명은 3차 산업혁명이 예상했던 기술적 한계를 훨씬 뛰어넘는
다. 또한 4차 산업혁명은 통신 및 네트워킹 기술을 한층 고도화하며,
연결성(connectivity), 공유(sharing) 그리고 공동운영(jointness) 측면에
서 이전보다 더욱 정교하고 강력한 특성을 지닌다. 4차 산업혁명의 핵
심은 방대한 데이터 처리 능력, 확장된 저장 용량 그리고 정보에 대한
광범위한 접근성을 통해 인간과 사물 간의 연결성을 극대화하는 데 있
다. 이로 인해 물리적, 디지털, 생물학적 영역의 경계가 사라지며, '기
술의 융합(fusion of technologies)'*이 더욱 가속화되고 있다.[2]

4차 산업혁명의 신기술은 우리가 인식하든 하지 않든 점점 더 일상
속에 스며들고 있으며, 이를 좋아하든 좋아하지 않든 우리의 삶에 깊
숙이 영향을 미치고 있다. 예를 들어, 중국은 이미 인공지능(AI)과 빅
데이터 기술을 활용하여 감시 장치, 데이터베이스, 소프트웨어를 통합

---

* '기술의 융합'은 서로 다른 기술이나 분야를 결합하여 새로운 기능, 제품, 서비스, 가치를 창
출하는 과정을 의미한다. 산업과 기술의 경계를 허물고, 다양한 분야의 협력을 통해 혁신적
이고 다목적인 솔루션을 만들어 낸다.

한 사회신용 시스템(social credit system)을 구축하여 운영하고 있다. 이 시스템은 정부가 정의한 기준에 따라 개인들의 행동을 감시하여 개인과 기업의 신뢰도를 평가하고, 이에 따라 보상하거나 제재하는 방식으로 작동한다. 영국은 얼굴 인식 소프트웨어와 AI를 활용하여 테러리스트와 범죄자를 탐지하고 있다. 이스라엘은 빅데이터 기반 인공지능 분석 도구를 사용해 국경지역의 이상 활동을 추적하고 있다. 또한 세계 각국의 정보기관들은 인공지능 도구를 활용해 대규모 온라인 커뮤니케이션을 분석하고, 이를 통해 자국에 대한 테러와 적대적인 활동을 추적하고 있다.

4차 산업혁명 기술은 혁신적 역량과 새로운 기회를 창출하며, 향후 수십 년 동안 군사적 우위를 확보하고 정치적 영향력을 증대시키는 핵심 요소가 될 것이다. 특히 인공지능은 정보수집, 분석 및 관리 능력을 획기적으로 향상시킬 것이다. 또한, 4차 산업혁명 기술은 장거리 정밀 타격을 가능하게 하고, 군대의 기동성을 전반적으로 향상시키며, 군인과 무기의 물리적 보호를 강화할 수 있다. 이러한 기술은 적의 정보 시스템과 핵심 인프라를 무력화하고, 지휘통제 네트워크를 교란하며, 전반적으로 적의 공격을 효과적으로 차단하는 동시에 국가의 전략적·전술적 방어 능력을 극대화하는데 기여할 것이다.[3]

이러한 기술적 발전은 일반적으로 군사혁신(RMA, Revolution in Military Affairs)으로 정의된다. RMA는 군대의 전투 방식에서 발생하는 단절적이고 불연속적인 변화, 즉 군사작전 수행 방식의 패러다임 전환으로 간주된다. 이는 혁신적인 작전 개념과 조직 적응을 포함하며, 이를 통해 "분쟁의 성격과 진행 방식을 근본적으로 변화시키고, 군대의 전투 잠재력과 군사적 효율성을 극적으로 증가"시키는 결과를 낳는다.4 또한, RMA는 단순한 기술적 변화에 국한되지 않고, 조직적·제도적·교리적 혁신을 포함하는 포괄적인 개념이다. 그러나 기술 혁신은 여전히 군사적 효율성을 결정짓는 핵심 요인으로 작용한다. 기술은 직접적이든, 혹은 교리적·조직적 변화를 촉진하고 지원하는 간접적인 방식이든, 군사적 효율성을 결정짓는 핵심 요인으로 작용한다. 따라서 최첨단 기술을 효과적으로 활용하는 것은 군사적 성공과 우위를 확보하는 필수 조건이 된다. 결국 기술 혁신은 RMA의 조직적·작전적 변화를 이끄는 핵심 동력이다. 첨단 기술 없이는 군사혁신을 구체화하거나 실현할 수 없으며, 이러한 점에서 4차 산업혁명은 더욱 중요한 의미를 갖는다.

이 책의 두 번째 핵심 논지는, 군대가 제4차 산업혁명의 기술적 잠재력을 극대화하려면 과학·기술(S&T) 분야에서 새로운 형태의 '민군협력(CMC, Civil Military Cooperation)'이 필수적이라는 점이다. 2010년대 후반부터, 이러한 전략은 민군 협력의 한 형태인 '민군융합(CMF, Civil Military Fusion)'으로 불리며, 4차 산업혁명 기술을 군사 시스템에 접목(assimilation)하는 핵심 메커니즘으로 주목받고 있다.5 간단히 말해, 냉전 이후 민간 부문이 혁신 기술의 주요 공급원으로 자리 잡으면서, 민군융합은 상업기술을 군사적으로 활용하는 데 초점을 맞추고 있다. 현대의 민군융합은 최첨단 상업기술, 특히 4차 산업혁명 기술을 중심으로 하며, 이를 군사 시스템에 적합하게 조정하고 통합하여 군사적 역량을 크게 강화하는 데 중점을 둔다. 그러나 민군융합은 단순히 민간기술을 발굴하고 군사에 접목하는 수준을 넘어선다. 민군융합은 적합한 민간기술과 생산업체를 선별해 군사 연구개발 프로젝트에 적극적으로 참여시키고, 초기 단계부터 민간기관과 군대 간 민군 연구개발 협력을 구축하며, 첨단 민간기술을 군사적 요구에 맞게 조정하는 전략과 이니셔티브를 포함한다. 결국, 민군융합은 군사와 민간 연구개발 기반이 협력하여, 양측이 공동으로 활용할 수 있는 '공동 기술 우물(technology well)'*을 구축하는 과정이라 할 수 있다.6

4차 산업혁명(4IR) 기술은 군사 역량 강화를 위한 핵심 요소로 자리 잡았으며, 민군융합은 국가가 경쟁국 및 적대국에 대해 군사적 우위를 확보하는 데 필수 전략으로 작용하고 있다. 민군융합은 혁신을 보다 신속하고 신뢰성 있게 그리고 경제적으로 실현할 수 있는 지름길을 제공한다는 점에서 특별한 전략적 가치를 갖는다. 민군융합은 기존 및 신흥 상업기술을 적극적으로 활용하는 방식이기 때문에, 군사기술 개발 과정에서 불필요한 중복 연구 즉, '바퀴를 다시 발명(reinventing the wheel)'†하는 문제를 피할 수 있는 잠재력을 갖는다. 이러한 특성은 21세기 들어 국제 안보 환경이 복잡해지고 갈등이 심화되는 가운데, 각국이 군사적 경쟁에서 혁신적인 비교 우위를 확보하는 데 점점 더 중요한 요소로 작용하고 있다. 예를 들어, 미국과 중국은 정치·군사적 패권경쟁이 심화되는 상황에서 군사기술 발전을 통해 상대국에 대한 전략적 우위를 확보하려 하고 있다. 또한, 인도와 같은 지역 강대국으로 성장하려는 국가나 국가 방위를 위해 첨단 군사기술을 중시하는 국가들, 특히 양적 열세나 지리적 불리함을 극복하려는 국가들(예: 전략적 완충지대가 부족한 싱가포르나 이스라엘)은 4차 산업혁명 기술의 군사적 활

---

* 'technology well'은 민군융합의 핵심적인 철학으로, 공동기술 자원으로 기술 개발 과정에서 협력적인 생태계를 구축하고 기술 혁신을 촉진하는데 중요한 역할을 한다.
† 이미 효과적으로 존재하는 기술이나 방법을 무시하고, 불필요하게 이를 새롭게 개발하려는 과정을 표현한 용어로, 시간과 자원의 낭비를 초래할 수 있는 비효율성을 강조하는 데 사용된다.

용에 적극적으로 나설 가능성이 크다.

다음 사례들은 4차 산업혁명 기술이 군사력 증강 및 민군융합에 미치는 영향을 구체적으로 보여준다. 인도 군 지도부는 국가가 직면한 복잡한 군사적 도전에 대응하기 위해 첨단 기술을 군사작전에 적극적으로 통합하고 배치해야 한다고 판단하고 있다. 이러한 도전에는 중국 및 파키스탄과의 지속적인 군사적 갈등이 포함되며, 특히 중국은 세계에서 두 번째로 강력한 군사력을 보유하고 있다. 중국은 지상, 해상, 공중, 우주, 사이버 역량을 비롯한 첨단 기술을 확보하고 있으며, 이를 4차 산업혁명 기술로 뒷받침하고 있다. 또한, 인도는 국경 지역 및 국내 전역에서 테러와 반군의 위협에 지속적으로 노출되어 있다. 이러한 도전에 대응하기 위해, 인도는 첨단 민간기술과 민군융합을 전략적 격차 해소 수단으로 인식하고, 2000년대 초반부터 이를 촉진하기 위한 정책을 도입해 왔다.

이스라엘은 21세기 들어 비정형적이고 비대칭적인 군사적 위협*에 대응하기 위해 새로운 군사교리를 수립했다. 이 교리의 핵심은 원거리 정밀 타격이 가능한 무기, 실시간 정확한 정보 제공 그리고 무인 및 부분 자율 작전 차량의 광범위한 활용에 있다. 이러한 기술들은 모두 4차 산업혁명 기술을 기반으로 한다. 이스라엘은 예산의 제약 속에서도 21세기 초부터 국방 연구개발에서 민간 첨단 기술 부문의 역할을 지속적으로 확대해 왔다. 그 결과, 이미 구축된 국방기관과 민간 첨단 기술 산업 간의 강력한 연계를 더욱 강화하며, 민간 부문에서의 기술 혁신을 군사적 요구에 맞게 신속하게 적용할 수 있는 기반을 마련했다.

---

* 전통적인 군사교리나 정규군 간의 전쟁에서 벗어나, 테러, 게릴라 공격, 지하터널 · 도심 전투, 드론 공격 등과 같은 비정규적이고 예측하기 어려운 방식으로 전개되는 위협을 의미한다.

러시아는 4차 산업혁명 기술, 특히 인공지능을 국가안보의 필수적인 요소로 인식하고 있으며, 민군융합도 이에 있어 중요한 전략적 역할을 수행한다고 평가하고 있다.[7] 2019년 10월, 푸틴 대통령은 2030년까지 추진될 '인공지능(AI) 개발 국가전략'을 승인하였다.[8] 이 전략은 인공지능의 연구, 교육, 정보 공유를 확대하여 러시아의 인공지능 역량을 가속적으로 발전시키는 것을 목표로 하고 있다. 같은 해 12월, 러시아 정부는 인공지능을 '국가 디지털 경제 프로젝트'의 핵심 전략 프로그램으로 공식 지정하였다.[9] 이러한 조치들은 2030년까지 러시아를 인공지능 분야에서 글로벌 선도국 중 하나로 도약시키는 것을 목표로 한다. 더 나아가 러시아는 인공지능의 군사적 응용 가능성에 대한 관심을 점차 확대하고 있다. 러시아 군은 군사 시스템의 '지능화(intellectualization)' 및 '디지털화(digitization)'를 핵심 군사전략으로 강조하고 있다. 인공지능을 정보수집 및 분석, 로봇 기술 그리고 '다중 에이전트 시스템'*(예: 스와밍 swarming) 개발에 적극 활용하는 방안을 모색하고 있다.[10] 이와 관련하여, 푸틴 대통령은 군사 과학과 민간 과학의 융합을 통해 국방력을 증진시키기 위해 과학적 역량을 적극 활용해야 한다고 여러 차례 강조해 왔다. 2012년, 푸틴 대통령은 "군사 연구의 발전은 민간 과학과의 협력 없이는 불가능하다"고 언급하며, 러시아 과학의 역량을 활용하여 국방력을 강화해야 한다"고 명확히 밝혔다.[11] 비록 이러한 전략을 어떻게 구현할 것인지에 대해서는 아직 명확하지 않지만, '융합(convergence)'이라는 개념의 강조는 민군융합을 활용한 특정 전략의 일환임을 분명히 보여준다.

---

* Multi-Agent System은 여러 개의 독립적인 agent들이 상호작용하며 공동의 목표를 달성하거나 문제를 해결하기 위해 협력하는 분산형 시스템이다.

　민군융합(CMF)은 4차 산업혁명 기술을 활용한 미래 군사 현대화의
핵심 촉진자로서 중요한 역할을 하고 있다. 그러나 민간기술을 군사적
으로 전용하는 스핀온(spin-on) 방식은 단순히 군대가 상용기술을 식
별하여 즉각적으로 적용하는 '플러그 앤 플레이(plug-and-play)'*
형태로 이루어지지 않는다. 민간기업과 민간 연구기관이 군사 연구개
발 및 생산에 참여하는 과정에서는 행정적, 법적, 정치적, 상업적 그리
고 문화적 장벽이 다층적으로 존재한다.12 두 부문 간의 협력이 심화될
수록 충돌 가능성 또한 커지며, 특히 민군융합 체제에서는 이러한 연
계가 그 어느 때보다도 밀접하게 이루어질 것으로 예상된다. 물론 민
간기업이 방위산업에 참여하는 것은 새로운 현상이 아니다. 제2차 세
계대전 이전까지 군수산업(military industries)과 상업산업(commercial
industries)은 동일한 기술 기반을 공유하며 발전하였으며, 함정과 항공
기 등 다양한 군사 장비가 민간기업에 의해 생산되었다. 제2차 세계대
전과 냉전을 거치며 군수산업은 급격히 확장되었으며, 마이크로 전자,
통신, 복합 재료, 핵 기술 등 다양한 분야에서 기술적 주도권을 확보했
다. 그럼에도 불구하고, 많은 국가에서 민간기업은 방위산업의 하청업
체로 무기 생산에 참여하는 한편, 일부 국가는 민간기업을 국방기관의
직접 공급업체로 지정하고 있다. 이와 마찬가지로, 민간 연구소, 대학
또한 냉전기간 동안 국방 프로젝트에 적극적으로 참여해 왔다.13

　그러나 4차 산업혁명 기술을 중심으로 한 군사 연구개발 협력은 이
전보다 더욱 심층적이고 포괄적인 형태로 전개될 것으로 전망된다. 냉
전 기간 동안 민군 간 기술 및 산업 협력은 주로 방위산업이 주도하였

* 새로운 하드웨어나 소프트웨어를 기존 시스템에 별도의 복잡한 설정 없이 즉시 연결(plug)
하고, 즉시 작동(play)할 수 있는 기능이나 방식.

으며, 민간 부문은 공급망 하위 단계(즉, 2차 및 3차 공급업체)에서 제한적이고 보조적인 역할을 수행하는 데 그쳤다. 이러한 협력은 비용 · 편익 고려 사항에 크게 좌우되었다. 그러나 4차 산업혁명 환경에서는 기존의 위계적 구조가 명확하지 않다. 실제로 드론, 인공지능(AI), 사물인터넷(IoT), 양자 컴퓨팅과 같은 첨단 기술 분야에서는 민간기업(다국적 기업, 대형 국내 기업, 중소기업 등)이 기술적 혁신과 채택을 주도하고 있기 때문이다. 이러한 환경에서, 전통적인 방위산업과 국방기관은 첨단 무기 시스템과 군사 장비의 연구, 개발, 생산, 유지보수 등 전 과정에서 민간기업과의 협력을 더욱 강화할 필요가 있다. 이에 따라, 과거에는 군사 공급업체로 고려되지 않았던 상업기업들이 국방계약 분야에서 점점 더 중요한 역할을 맡고 있다. 대표적인 사례로는 마이크로소프트(Microsoft)와 구글(Google)이 있다. 이러한 기업들을 국방 프로그램에 적극적으로 참여시키고, 민군융합 체제에 포함하는 것은 현대 군사혁신 과정에서 중요한 과제 중 하나로 평가된다.

각국의 민군융합(CMF) 성공 여부는 다양한 요인에 의해 결정된다. 이러한 요인에는 국가 방위산업 기반(DIB)의 구조 및 조직, 기존의 국방기술 · 방위산업 기반(DTIB) 외부에서 개발된 대체 기술과 혁신 자원에 대한 국방기관의 개방성 그리고 위험 감수와 혁신을 수용하는 국가의 전략 문화 등이 포함된다. 따라서 일부 국가는 민군융합을 효과적으로 실행할 수 있는 반면, 최선의 정책을 수립하더라도 일부 국가는 민군융합을 구현하는 과정에서 훨씬 더 큰 어려움을 겪을 수 있다. 민군융합의 성공 여부는 정권 유형, 국가안보 환경, 시장 구조 그리고 이 책에서 분석하는 다양한 요인들에 의해 좌우된다. 따라서 이 책의 목적은 국가들이 민군융합을 통해 4차 산업혁명 기술을 군사적으로 활용하고 배치하는 방식을 종합적으로 분석하는 것이다. 또한, 민군융합 구현 과정에서 직면하는 도전 과제, 이를 해결하기 위한 전략, 그리고 성공적인 실행을 위한 핵심 요인을 규명하는 데 초점을 맞춘다. 더 나아가, 민군융합이 국가안보, 국제 세력균형 그리고 세계 경제에 미치는 영향을 분석하여 초기적 통찰을 제공하고자 한다. 보다 구체적으로, 이 책은 다음과 같은 핵심 연구 질문을 다룬다. ① 제2차 세계대전 이후 전통적인 군산복합체(military industrial complex)가 독립적 기술 영역으로 발전한 배경과 과정, ② 전통적인 방위산업이 현대 군대의 첨단 군사기술 수요를 충족하지 못한 원인, ③ 방위산업 기업과 군대가 군사적으로 긴밀히 연결된 배경, ④ 군대가 미래의 첨단 군사 역량과 군사적 우위를 확보하기 위한 해결책으로 민군융합을 주목하는 이유, ⑤ 국가별 민군융합을 구현하기 위해 채택한 전략과 방법, ⑥ 민군융합이 군대뿐만 아니라 국가 전체의 혁신 역량을 경쟁전략으로 활용하려는 국가들에게 가져다줄 잠재적 이점과 영향, ⑦ 특정 사례(즉, 국가별 사례 연구)에서 민군융합이 실제로 작동한 방식이다. 이 책에서는 비교 정치학 및 국제 안보 연구의 개념적 틀과 분석 방법을 적용하여 이러한 연구 질문을 탐구한다. 궁극적으로, 민군융합이 국방기술 개발 전략으로서 얼마나 효과적인지, 그 효과에 영향을 미치는 요인들은 무엇인지 그리고 군사 역량, 군사적 우위, 국제 세력균형에 어떤 변화를 가져올 수 있는지를 분석하는 것이 이 책의 핵심 목표다.

연구 범위와 구성

본 연구는 비교 사례 연구 방법론을 적용하여, 정치·경제·군사 체제가 서로 다른 주요 국가들의 민군융합 전략을 분석한다. 비교 분석

대상 국가는 미국, 중국, 인도, 이스라엘이며, 각국의 민군융합 구현 사례를 심층적으로 연구한다. 전 세계 모든 형태의 민군융합을 포괄적으로 다루기보다는, 민군융합 구현에 유리한 조건을 갖춘 국가 사례를 분석하여 핵심 요소, 주요 과제, 근본적 동력 그리고 전형적인 실행 방식을 규명하는 데 초점을 맞춘다. 민군융합의 핵심 구성 요소는 국가 군산복합체와 첨단 기술 개발에 참여하는 민간기관 간의 기술 협력이다. 이러한 기준에 따르면, 연구 대상인 네 국가 모두 대규모 방위산업을 보유하고 있으며, 4차 산업혁명 기술을 포함한 첨단 기술 기반의 민간산업이 활발히 운영되고 있다. 이러한 조건의 중요성은 명확하지만, 몇 가지 추가적인 설명이 필요하다.

첫째, 활발한 민간기술 산업이 필요하다는 것이 민군융합이 오직 시장 경제를 가진 국가에서만 가능하다는 것을 의미하지 않는다. 국가혁신 시스템(NIS)*에 관한 연구에 따르면, 시장 경제는 일반적으로 혁신에 유리한 환경을 조성하지만, 국가의 시장 개입이 높은 경우에도 기술 발전이 촉진될 수 있음을 보여준다. 특히 이는 개발도상국이 선진국을 추격하는 과정에서 더욱 두드러진다.[14] 그러나 이는 국가의 시장 구조가 민군융합 구현에 영향을 미치지 않는다는 의미는 아니다. 마흐무드(Mahmood)와 루핀(Rufin)은 기업이 산업 추격 단계를 벗어나면, 국가의 지속적인 과도한 시장 개입이 시장 자본주의 발전을 저해할 수 있으며, 궁극적으로 기업의 혁신 동력을 약화시킬 수 있다고 지적한다.[15] 민군융합이 본질적으로 혁신을 기반으로 한다는 점에서, 자유 시장 경제가 민군융합 구현에 보다 유리한 환경을 제공할 가능성이 크다.

---

* 국가혁신 시스템(National Innovation System)은 국가가 기술을 개발하고 확산하며, 이를 경제 발전과 연계하는 방식을 분석하는 개념이다. 이는 기술 혁신과 경제 성장을 촉진하는 조직, 제도, 정책 그리고 상호작용의 네트워크를 의미한다.

둘째, 민간 학술기관과 정부연구기관 간의 협력 그리고 이들과 국가 방위산업과의 협력(collaboration)은 이론적으로 민군융합(CMF) 정의의 최소 기준을 충족할 수 있다. 그러나 실제로는 민간 부문의 참여 수준이 더 높아야 하며, 비즈니스 기술 부문까지 포함할 필요가 있다.[16] 우선, 제2차 세계대전 이후 여러 국가에서 국방기관과 학술기관 간의 연구개발(R&D) 협력이 정례화되었으나, 이를 민군융합의 독자적 현상으로 보기 어렵다. 이 문제는 다음 장에서 더욱 자세히 논의될 것이다. 또한, 20세기 후반부터 민간 부문은 국가혁신 시스템의 핵심 구성 요소로 자리 잡았으며, 국방관련 4차 산업혁명 기술 개발에 있어서도 민간기업의 역할이 점차 확대되고 있다.[17] 예를 들어, 2017년 기준 스위스에서는 민간 부문이 국가 전체 R&D 지출의 72%를 차지했으며, 일본은 82%, 한국은 89%, 이스라엘은 86%를 기록했다.[18] 이는 민간 부문이 국방기술 혁신에 있어 점차 중요한 주체로 부상하고 있음을 시사한다.

또 다른 사례 연구 선정 기준은 국가가 지속적이고 집중적인 군사 현대화 과정을 추진하도록 만드는 전략적 환경이다. 겉보기에는 이러한 조건은 민군융합 구현에 필수적인 요소로 보이지 않을 수도 있다. 방위산업과 민간기업 간 기술 협력은 국가의 전략적 환경과 무관하게 진행될 수 있기 때문이다. 그러나 이 책에서는 성공적인 민군융합 구현에 있어 전략적 환경이 핵심적인 요인임을 가정한다. 민군융합은 비교적 새로운 접근 방식으로, 여전히 실험적 단계에 있는 군사력 증강 전략이며, 다수의 제약 요인에 직면해 있다. 따라서 군사 현대화에 적극적으로 투자하고 이를 체계적으로 추진하는 국가에서 민군융합이 가장 완전한 형태로 구현될 가능성이 크다. 반대로, 군사 현대화가 적극적으로 이루어지지 않는 경우, 민군융합 구현은 제한적이고 부분적으로 진행될 가능성이 높다. 다시 말해, 군사 현대화와 기술 혁신에 대한 긴급한 필요성이 낮은 국가에서 민군융합 구현의 한계를 분석하는 것은 명확한 결론을 도출하는 데 어려움을 초래할 수 있다. 마찬가지로, 국가별 군사 현대화의 우선순위가 상이한 상황에서 민군융합 구현을 비교하는 것은 연구 결과의 편향성을 초래할 가능성이 있다.

마지막으로, 공식적으로 선언되지 않았더라도 적극적으로 민군융합 정책을 추진하는 국가들을 분석한다. 방위산업과 민간산업 간 긴밀하고 확장된 협력을 촉진하려면, 장기적인 정책적 의지와 다각적인 노력이 필수적이다. 두 부문은 오랫동안 다양한 구조적 장벽으로 인해 분리되어 있었기 때문이다. 이러한 정책적 의지와 노력은 국가안보 위협, 군비 경쟁, 또는 이와 유사한 요인으로 인해 지속적인 군사 현대화를 추진하는 국가에서 더욱 두드러진다. 또한, 이를 뒷받침하는 법적·행정적·상업적 조치와 같은 정책적 지원은 민군융합 구현의 실효성을 높이는 데 중요한 역할을 한다. 예를 들어, 인센티브 제공, 이해관계자 간 협력 촉진을 위한 플랫폼 구축 등이 이에 해당된다. 이러한 조치들은 상당한 비용과 복잡성을 수반하지만, 공식적이든 비공식적이든 민군융합 정책은 이러한 장벽을 완화하는 데 기여할 수 있다. 특히 시장경제가 원활하게 운영되지 않는 국가에서는 이러한 정책적 지원의 효과가 더욱 두드러질 가능성이 크다.

연구 방법과 도전

이 책에서 다루는 사례 연구들은 이러한 모든 조건을 충족한다. 네 국가 모두 특정한 전략적 상황에 직면해 있으며, 이는 지속적인 군사력 증강과 현대화 추진의 주요 동력으로 작용하고 있다. 이러한 과정에서 각국은 자국의 확립된 방위산업에 일정 부분 의존하고 있다. 미국과 중국은 각각 세계 1위와 2위의 국방비 지출 국가이며, 양국의 국방예산은 주로 서로를 견제하기 위한 전략적 목적으로 편성되고 있다.[19] 이스라엘은 설립 초기부터 복잡한 안보 환경에 직면해 있으며, 지역 내 다른 행위자들에 대한 군사기술적 우위를 유지하는 군사전략을 지속적으로 추구해 왔다. 인도는 복잡한 안보 문제에 대응하기 위해 대규모 군사비 투자를 지속하고 있으며, 2018~2020년 기준 세계에서 세 번째로 높은 국방비 지출국이다. 또한, 첨단 기술을 중심으로 하는 군사교리를 채택하고 있다. 특히, 2017년 공식 교리 문서에서는 "정보기술과 통합된 정찰, 감시, 지휘, 통제, 통신, 컴퓨터, 정보 및 정보 시스템이 전쟁의 승패를 결정할 것이다"라고 명시하며 첨단 기술의 전략적 중요성을 강조하였다.[20]

이와 더불어, 네 국가 모두 활발한 첨단 민간기술 산업을 보유하고 있다. 특히, 중국과 인도의 경우 각각 강력한 국가 주도 경제 체제와 경제 발전 수준의 차이로 인해 첨단 민간기술 산업의 실질적인 역할이 가려질 가능성이 있어 이에 대한 명확한 설명이 필요하다. 중국은 2021년 글로벌혁신지수(Global Innovation Index)*에서 세계 12위로 평가되었으며, GDP의 30%를 차지하는 디지털 경제와 세계 2위 규모의 R&D 투자를 바탕으로 여러 기술 분야에서 글로벌 강국으로 자리 잡았다.[21] 이러한 급부상은 막대한 투자, 강력한 산업정책, 적극적인 시장 개입 그리고 해외 선진 기술과의 협력 등 중국 정부의 전략적 개

---

* GII는 세계 각국의 혁신 역량과 성과를 평가하고 순위를 매기는 지표로, 세계 지적재산권기구(WIPO), 인시아드(INSEAD) 그리고 콘콜디아 국제경영대학원(Cornell University)이 공동으로 개발하여 매년 발표한다.

입의 결과이다. 동시에, 민간기술 기업의 설립을 허용하고 적극적으로 지원한 정책도 중요한 역할을 하였다. 알리바바(Alibaba), 화웨이(Huawei), 텐센트(Tencent), ZTE와 같은 대기업뿐만 아니라, 빠르게 성장하는 스타트업들이 이러한 발전을 견인하고 있다. 2021년 기준, 중국은 300개 이상의 유니콘 기업(기업 가치 10억 달러 이상의 스타트업)을 보유하며, 세계 최대 스타트업 생태계 중 하나로 자리 잡았다.[22] 이러한 기술 기업들은 매년 수십억 달러 규모의 국내외 투자를 유치하며, 인공지능(AI), 5G, 자율 주행차, 양자 컴퓨팅과 같은 핵심 4차 산업혁명 기술 개발에 주력하고 있다. 중국의 첨단 기술 기업들은 단순한 기술 모방 단계를 넘어 독자적인 연구개발을 수행하며, 글로벌 기술 강국으로 자리 잡고 있다. 예를 들어, 중국 기업은 미국 주식 시장에 상장된 외국 기업 중 가장 큰 비중을 차지하고 있다. 따라서 민간기업과 국영기업을 포함한 중국의 산업 부문이 연구개발 지출의 주요 주체가 된 것은 자연스러운 결과이다. 2020년 기준, 민간 부문은 중국 전체 연구개발(R&D) 지출의 76%를 담당하며, 연구개발의 핵심 동력으로 자리하고 있다.[23]

물론, 이는 중국의 민간기술 부문이 자유 시장 경제 체제에서 운영되고 있음을 의미하지는 않는다. 오히려 반대로, 중국 정부는 민간기업 운영에 강하게 개입하며, 기업들은 점점 강화되는 정치적 통제 하에 놓여 있다. 2017년 중국의 공식 보고서에 따르면, 공산당 세포 조직(party cells)*이 민간기업의 68%, 국영기업의 91%에 설치되어 운영되고 있다.[24] 또한, 중국 정부는 국영기업과 금융기관을 통해 스타트업

---

* 중국 공산당이 기업, 기관 등 다양한 조직 내에서 운영하는 기층 조직으로, 이들은 당의 이념과 정책을 현장에서 실행하고, 당의 통제와 영향력을 유지·확대하기 위한 중요한 수단으로 작동한다.

부문에 대한 투자를 확대하는 한편, 2020년 초부터 첨단 기술 기업의 운영을 감시하고 전략적 방향을 조정하기 위한 개입을 강화해 왔다.[25] 이러한 정부 개입과 규제 강화는 기업의 의사결정, 자금 조달, 운영 방식 전반에 걸쳐 상당한 영향을 미친다. 그럼에도 불구하고, 민간기업을 포함한 중국의 첨단 기술 기업은 여전히 강력한 재정적·기술적 역량을 보유하며, 국가 경제 성장의 핵심 동력으로 자리하고 있다.

인도는 오랫동안 글로벌 ICT 강국으로 자리매김해 왔으며, 최근에는 역동적인 스타트업 생태계를 조성하고 있다. 그 결과, 2021년 기준 인도는 2,000개 이상의 소프트웨어 기업, 25,000개 이상의 첨단 기술 스타트업(신규 유니콘 42개 포함)을 보유하며, 2,000억 달러 이상의 기술산업 수익을 창출하는 등 빠르고 지속적인 성장을 이어가고 있다.[26] 2020년 글로벌혁신지수에서 세계 3위의 스타트업 경제로 평가된 인도는 전통적인 IT 아웃소싱 서비스와 플랫폼을 글로벌 기업에 제공하는 동시에, 다양한 분야의 연구개발 중심지로 자리매김하고 있다. 2010년대 중반부터 글로벌 벤처캐피털 기업들이 수십억 달러를 투자하면서, 인도의 스타트업과 첨단 기술 기업들은 인공지능(AI), 첨단 IT 솔루션, 사물인터넷(IoT), 에너지, 빅데이터 등 다양한 4차 산업혁명 기술 개발에 주력하고 있다.[27] 그럼에도 불구하고, 인도의 민간기술 부문은 여전히 잠재력을 완전히 실현하지 못하고 있다. 민간 부문은 국가 및 지방 정부 차원의 복잡한 관료주의에 직면해 있으며, 연구개발 투자 비율 또한 주요 혁신국가에 비해 상대적으로 낮은 수준에 머물러 있다. 주요 혁신 국가는 민간 부문이 국가 전체 연구개발(R&D) 투자에서 70% 이상을 차지하는 반면, 인도는 약 40% 수준에 머물러 있다. 그럼에도 불구하고, 인도 정부는 최대 연구개발 투자자이자 기술 개발 환경을 주도하는 핵심 역할을 수행하고 있다. 주요 조치로는 다양한 분야에서의 혁신 및 기술 개발을 촉진하기 위한 국가 계획 및 이니셔티브 그리고 스타트업 생태계 성장을 위한 구체적인 정책들이 포함된다. 이러한 정책에는 수백 개의 인큐베이터 설립, 재정 지원, 연구소 설립, 스타트업 대상 세제 혜택 제공 그리고 관료적 부담 완화 등이 포함된다.[28]

그러나 인도의 관료주의와 대기업이 초래하는 장애물은 오히려 민간기술 기업들에게 새로운 기회를 창출하며, 준(準)국가 자본주의 환경을 완화하는 데 기여하고 있다. 인도의 대기업들은 증가하는 혁신 압력에 대응하기 위해 독자적인 혁신보다는 스타트업과의 협력을 선호하는 경향을 보이고 있다. 이러한 전략은 스타트업과의 파트너십 형성 및 다양한 협력 관계 구축을 통해 민간기술 부문의 성장과 혁신을 촉진하는 데 기여하고 있다.[29]

마지막으로, 네 국가 모두 국방 연구개발과 생산 과정에 민간 부문(및 기타 민간 조직)을 효과적으로 통합하기 위한 포괄적이고 체계적인 조치를 시행하고 있다. 이러한 조치들은 다양한 방식으로 시행되며, 항상 민군융합과 직접적으로 연계된 정책으로 공식 인정되는 것은 아니다. 또한, 국방 분야와 밀접하게 연관된 이러한 협력은 종종 비공식적으로 진행되거나 기밀로 유지되기도 한다. 따라서 본 연구의 실증적 과제는 이러한 정책과 조치를 규명하고, 이를 국가별 민군융합 추진 노력과 연계하여 분석하는 것이다.

예를 들어, 미국의 경우 민군융합 구현을 위한 지침, 목표, 실행 메커니즘에 대한 접근이 비교적 용이하였다. 이에 따라, 민군융합의 지원과 실행을 개념화, 표준화 그리고 문서화하려는 노력이 체계적으로 정리되어 있다. 반면, 이스라엘의 민군융합 목표와 실행 과정은 공식적인 정책 문서가 존재하지 않으며, 산발적인 증거와 준(準)공식 발표를 신중히 분석해야만 추적이 가능하다. 이는 이스라엘의 독특한 문화적 특성, 즉 "실천중심적 태도(orientation toward doing)와 반지성주의적(anti‑intellectualism) 경향"*과 깊은 관련이 있다.[30]

이스라엘 국방기관은 특정 관행을 오랜 기간 실행하면서도 이를 체계적으로 개념화하거나 공식 명칭을 부여하지 않는 경우가 많다. 민군융합도 예외가 아니다. 현재까지 이스라엘 국방기관은 민군융합이 국방조달에서 차지하는 역할을 명확히 정의하거나, 이를 실행하기 위한 목표 및 실행 방안을 설정하는 공식 문서를 발행한 적이 없다. 대신, 국방기관 내에서는 이러한 현상에 대한 인식이 점차 높아지고 있으며, 체계적인 개념화나 명확한 정책 없이도 점진적으로 민군융합은 실행되고 있다. 그럼에도 불구하고, 현역 및 전직 군 관계자들이 군사 및 방위 저널에 게재한 보고서와 분석 그리고 현역 및 전직 이스라엘 방위군(IDF) 장교 및 국방부 관계자와의 인터뷰를 통해 공개된 자료를 바탕으로, 이스라엘 국방 기구가 민군융합과 관련하여 추구하는 목표, 활용하는 수단, 성과 그리고 직면한 도전에 대한 명확한 그림을 그릴 수 있었다.

중국은 또 다른 방법론적 도전을 제공한다. 민군융합 목표는 공식적으로 발표되었으나, 구체적인 실행 데이터는 여전히 부족하다. 이는 오랜 기간 유지된 국방체계의 비밀주의와 비교적 최근 도입된 베이징의 민군융합 접근법이 혼재되면서, 목표와 실제 진행 상황을 명확히

---

* 반지성주의(anti-intellectualism)는 학문적, 이론적, 또는 엘리트주의적 접근을 지나치게 강조하기 보다는, 실제 경험과 실질적인 결과를 더 중시하는 경향을 말한다.

구분하기 어렵게 만들었기 때문이다. 그러나 최근 몇 년 동안 베이징은 민군융합에 대한 광범위한 목표와 전략을 보다 개방적으로 발표하고 있으며, 이를 통해 중국의 민군융합 목표, 실행 과정 그리고 그 영향을 평가할 수 있는 충분한 정보 데이터를 축적하고 있다. 특히, 민간 부문 중심의 정책 특성상, 중국 정부는 관련 문서, 활동, 온라인 플랫폼 등의 정보를 공개할 수밖에 없으며, 이를 통해 민군융합관련 결정, 정책 수단 그리고 구체적인 실행 조치에 대한 방대한 1차 자료를 확보할 수 있었다.

인도는 이와 다른 상황에 놓여 있다. 인도는 기술적으로 개방적이고 다원적인 사회이고, 언론의 자유가 보장된 국가이지만, 무기 생산은 여전히 국영기업이 독점적으로 지배하고 있다. 더욱이, 인도의 군산복합체는 폐쇄적이며 소통이 부족한 구조적 특성을 지니고 있어, 민군융합 접근법을 분석하는 데 상당한 어려움을 초래하고 있다. 이러한 한계를 극복하기 위해, 인도의 민군융합 정책을 연구하는 과정에서 공식 문서, 정부 발표, 전직 고위 장교들의 분석 그리고 언론 보도 등을 면밀히 검토하였다. 이를 통해 인도의 국방획득 과정 전반에 대한 다양한 측면을 파악할 수 있었다. 다만, 인도 군산복합체가 민간산업의 국방조달 참여를 결정하는 기본 조건을 조성하는 역량에 대해서는 여전히 명확한 정보가 부족하다. 그러나 관련된 방대한 1차 및 2차 자료는 이러한 정보 격차를 상당 부분 보완해 준다. 특히 4차 산업혁명 기술에 대한 인도의 실질적 관심, 현지 방위산업의 대응 역량, 국방 조직의 민군융합 접근법, 실행 과정 및 성과 그리고 성공과 실패를 결정짓는 주요 요인들을 분석하는 데 중요한 기초 자료를 제공하였다.

물론, 이 네 국가가 민군융합(CMF)을 통해 4차 산업혁명 기술을 군사적으로 활용하기 위해 채택한 전략과 접근 방식이 민군융합의 모든 정책을 포괄하는 것은 아니다. 또한, 본 연구에서 분석한 사례들은 정권 유형, 전략적 상황, 시장 구조 등 모든 변수를 포함하는 것도 아니다. 이 모든 가능성을 완전히 포괄하려면 2000년대 초반부터 진행된 모든 민군융합과 실행 사례를 체계적으로 기록해야 한다. 그러나 이는 본 연구의 범위를 초과하는 작업일 뿐만 아니라, 분석적 유용성이 반드시 보장되는 것도 아니다. 그럼에도 불구하고, 이 네 가지 사례는 민군융합 구현의 필수 조건을 충족하면서도, 글로벌 및 지역적 위치, 국가 규모, 정권 유형, 시장 구조, 혁신 역량, 방위산업 효율성 등 여러 핵심 요소에서 차별적인 특징을 보인다. 이 사례들을 종합적으로 분석하면, 민군융합의 다양한 형태와 실행 양상을 이해할 수 있는 포괄적인 관점을 제공하며, 민군융합 구현의 핵심 요인들을 비교·분석할 수 있는 탄탄한 근거를 마련해 준다.

이러한 방법론적 한계를 극복하려는 지속적인 노력에도 불구하고, 본 연구는 여전히 중대한 도전에 직면해 있다. 민군융합이 군사기술 혁신의 주요 패러다임으로 자리 잡은 지 오래되지 않았으며, 4차 산업혁명 또한 여전히 발전 초기 단계에 있는 개념이기 때문이다. 많은 4차 산업혁명 기술이 여전히 실험적이거나 개념적 단계에 머물러 있으며, 일부는 추론적 수준에서 연구가 진행되고 있다는 점도 주목할 필요가 있다. 이러한 초기 단계의 특성은 민군융합을 지지하는 이들에게 4차 산업혁명 기술 개발 및 군사적 활용에 '출발점에서(get in at the ground floor)' 참여할 기회를 제공한다. 즉, 군사 및 상업 분야의 연구개발(R&D) 협력을 초기 단계부터 촉진할 수 있는 가능성을 제시한 것이다. 그러나 이는 동시에 민군융합이 아직 초기 단계에 있으며, 성공 가능성이 확실하게 보장되지 않는다는 한계를 시사한다. 따라서, 이 책에서 제시하는 발견과 각 사례 분석 그리고 민군융합의 미래 전망에 대한 논의는 일정 수준의 유보적 시각에서 해석될 필요가 있다. 이러한 분석의 정확성은 시간이 지나야 검증될 수 있기 때문이다. 궁극적으로, 민군융합 개념과 혁신전략은 여전히 발전 초기 단계에 있으며, 국방 조직과 산업계는 이를 군사적 활용을 위해 다양한 접근 방식을 실험하고 있다. 따라서 민군융합 실행의 성공 여부를 명확히 판단하기에는 아직 이르다. 그러나 민군융합은 이미 다수의 전문가들에게 미래 군사기술 혁신의 핵심 경로이자 주요 전략적 수단으로 인식되고 있다. 따라서, 이에 대한 연구를 더 이상 지연될 수 없으며, 체계적이고 지속적인 분석이 요구된다.

02

민군융합(CMF): 개념적 프레임워크

Civil Miitary Fusion: A Conceptual Framework

- 민군융합(CMF)이란?
- 민군융합(CMF)과 4차 산업혁명
- 군산복합체의 부상
- 군산복합체의 직면한 도전과 민군융합의 성장 가치
- 민군융합(CMF)의 형태

Chapter 02

민군융합(CMF): 개념적 프레임워크
Civil Miitary Fusion: A Conceptual Framework

들어가며

기술(Technology)은 군사혁신, 군사적 효과성 그리고 군사적 우위를 결정짓는 핵심 요인이다. 그러나 기술만으로 군 현대화의 모든 것을 설명하거나 해결책이 될 수는 없다. 청(Cheung), 마켄(Mahnken) 그리고 로스(Ross)는 "기술은 군사혁신(military innovation)의 가장 가시적인 차원이지만, 이를 단순히 기술 혁신과 동일시하거나 축소해서는 안 된다. 군사혁신의 조직적·교리적 요소도 기술적 요소만큼이나 중요하다"고 지적한다.[1] 그들은 또한 "무기와 무기체계 형태의 기술은 군사혁신의 하드웨어적 차원의 원천이자 구체적 산물로 작용한다"고 언급한다.[2] 따라서 기술은 군사혁신을 이끄는 가장 중요한 요인 중 하나로 평가되지만, 조직적·교리적 요소와 함께 종합적으로 고려되어야 한다.

이론적으로 뿐만 아니라, 실제로도 첨단 군사관련 기술(militarily relevant technologies)의 확보는 더 효과적인 무기체계의 개발로 이어지며, 이는 강력한 군사력 증강과 궁극적으로 지정학적 영향력을 확대하는 데 기여한다. 지난 수십 년간 이러한 첨단 군사기술의 효과는 전투 경험을 통해 명백히 입증되었다. 많은 전투 사례에서 보듯이, 재래식 전투에서는 기술적으로 우위를 점한 측이 대체로 승리한다. 이러한 교훈은 중국이나 인도와 같은 신흥 강대국뿐만 아니라, 이란이나 한국과 같은 지역 경쟁국 그리고 자국 방어 역량을 확보하려는 여러 국가에 깊은 영향을 미쳤다. 그 결과, 적어도 1990년대 초반 이후 전 세계의 군대는 빠른 속도로 다양한 무기체계를 도입해 왔다. 군 현대화와 재정비는 단순히 구형 장비를 최신 장비로 교체하는 것을 넘어선다. 노후화된 전투기를 더 정교화된 기종으로 교체하거나, 오래된 전차, 대포, 군함 등의 구형 장비를 최신 모델로 교체하는 것은 '단순한 현대화'를 넘어 전쟁 수행 능력을 획기적으로 확장하는 과정이라 할 수 있다. 새로운 세대의 무기 도입은 무력 투사와 정밀 타격, 스텔스 기술 그리고 대폭 개선된 C4ISR 네트워크와 같은 새로운 작전 역량을 가능하게 했다. 예를 들어, 중거리 능동유도 공대공미사일(AMRAAM, R-77), 지상공격 순항미사일, GPS 유도폭탄(JDAM) 등의 도입으로 전례 없는 원거리(stand-off) 공격 능력과 정밀 타격능력을 제공하였다. 또한 드론과 위성 기술의 발전은 정찰 및 정보수집 능력을 비약적으로 향상시켰으며, 잠수함, 수상전투함, 상륙강습함, 공중급유기, 해상초계기 등의 첨단 플랫폼은 군의 작전 범위를 대폭 확장했다. 마지막으로, 스텔스 기술과 미사일 방어와 같은 능동 방어 기술의 도입은 군대의 생존 가능성과 작전 효율성을 크게 향상시키고 있다.[3]

이러한 환경에서 첨단 군사기술의 확보는 분명한 군사적 우위를 제공한다. 그러나 서론에서 언급한 바와 같이, '군사관련 기술'의 개념을 이해하고 명확히 정의하는 일은 점점 더 어려워지고 있다. 인공지능, 자율 시스템, 빅데이터 등 4차 산업혁명 기술들은 본래 상업적 목적으로 개발되었지만, 군사적 활용 가능성은 매우 방대하며 전략적 중요성 또한 커지고 있다. 이에 따라 전 세계 군대와 정부는 첨단 상업기술과 혁신이 군사력 우위를 확보하고 새로운 역량을 창출하는데 어떻게 기여할 수 있는지에 대해 점점 더 주목하고 있다. 이러한 민간 기반의 첨단 기술을 군사적 목적으로 전환하여 활용하는 과정이 바로 '민군융합(CMF)'이며, 이 개념은 점차 더 널리 사용되고 있다.

민군융합은 기존 개념에서 한 단계 발전한 비교적 새로운 용어(label)이다. '민군융합(CMF)'이라는 용어는 2007년 제17차 당 대회에서 당시 중국 공산당 총서기였던 후진타오(Hu Jintao)가 처음 사용한 것으로 알려져 있다. 그러나 민군융합 전략은 현재의 시진핑(Xi Jinping) 총서기와 더 밀접하게 연관되어 있다. 시진핑 총서기는 2015년 민군융합(CMF)을 "민간기술과 국방기술 개발의 연대"*로 정의하며, 이를 국가 최우선 과제로 제시했다.[4] 이후, 이 전략은 2015년 중국의 군사전략 백서와 2017년 10월 19차 당대회에서 다시 한번 강조되었다.[5]

그러나 민군융합은 민간 부문과 군사 부문 간의 기술적 상호작용을 설명하는 유일한 개념은 아니다. 민간 및 군사기술 그리고 산업 부문 간의 상호작용을 설명할 때 다양한 용어들이 사용되어 왔다. 대표적인 개념으로 민군통합(CMI, Civil Military Integration), 민군겸용(dual use), 스핀온(spin-on), 스핀오프(spin-off) 그리고 최근 주목받고 있는 민

---

* Aligning of Civil and Defense Technology Development, 민간 부문에서 발전하는 첨단 기술과 국방기술 개발을 분리된 영역이 아니라, 상호 긴밀하게 연결된 하나의 시스템으로 통합하는 전략을 국가 차원의 핵심 정책으로 추진하겠다는 의미이다. 이는 중국이 4차 산업혁명 시대의 기술 패권경쟁에서 우위를 점하고, 군사적 강국으로 도약하기 위한 전략적 방향을 설정한 것으로 해석된다.

군융합(CMF, civil military Fusion) 등이 있다. 이 용어들은 종종 혼용되지만, 각각 고유한 의미와 기능을 지니고 있다.

민군융합(Civil Military Fusion)이란?

민군융합(CMF)이라는 용어가 등장하기 이전에는 민군통합(CMI)이 더 일반적으로 사용되었다. 민군통합은 방위산업과 민간산업 기반을 연결하여 공통의 기술, 제조 공정, 장비, 인력 및 시설을 국방과 민간에서 모두 활용하는 개념이다. 미국 의회기술평가국(OTA)은 "민군통합(CMI)은 연구개발, 제조, 유지보수 운영에서 정부와 민간 시설 간의 협력, 부품 및 하위 시스템을 포함한 군사 및 상업 제품을 단일 생산 라인 또는 단일 기업이나 시설에서 병행 생산하는 것을 의미한다. 또한 상용제품(COTS)을 군사 시스템에서 직접 활용하는 것도 포함한다"라고 설명한다.[6]

즉, 민군통합은 민간과 군사기관이 민간 및 군사적으로 활용 가능한 기술과 제조 역량을 공동으로 활용하기 위해 협력하는 과정을 의미한다. 그러나 이러한 민간과 군사 간의 연결은 단순한 협력을 넘어 일반적으로 민군겸용(dual use)이라고 불리는 개념과도 밀접하게 연관된다. 민군겸용이란 주로 민간 부문에서 개발된 기술, 시스템, 서비스, 노하우 등이 이후 군사적 및 민간 목적으로 모두 활용될 수 있는 것을 의미한다. 이에 따라 미국 정부는 민군겸용기술을 "군사적, 비군사적 목적의 요구를 충족할 수 있는 제품, 서비스, 표준, 프로세스 또는 획득 방법이다"라고 정의하고 있다.[7] 또한 민군통합과 민군겸용은 일반적으로 군사 및 상업기술 – 산업 부문 간의 양방향 기술 이전을 포함한다는 점에서 주목할 만하다. 이는 군사기술을 민간산업에 활용하는 스핀오프와 민간기술을 군사적으로 활용하는 스핀온 개념을 모두 포괄한다.

민군융합(CMF)은 민군통합(CMI)과 마찬가지로 민간기술 생산자와 민군겸용기술을 포함하는 과정이다. 또한 민군통합처럼 민군융합 역시 상업적 역량을 군사적으로 전환하는 것을 목표로 한다. 그러나 두 개념 사이에는 중요한 차이가 있다. 전통적인 민군통합이 주로 상업적 제조 역량을 군사적으로 활용하는 것과 군에서 개발한 첨단 기술을 민간 부문으로 이전하는 것에 초점을 맞춘다. 반면, 민군융합은 첨단 기술을 군사 제품에 융합하는 데 중점을 두며, 특히, 제품 연구개발의 초기 단계부터 민군 간의 기술 협력을 시작하는 것이 중요한 특징이다. 이 과정에서 개발된 기술은 종종 민간 시장의 요구에 맞게 조정된 후 다시 민간 부문으로 확산되기도 한다. 이러한 점에서, 민군융합은 군사와 민간 연구개발 기반이 공동으로 기여하고, 양측이 필요할 때 활용할 수 있는 '공통의 기술 원천(technology well)'*을 구축하는 과정으로 이해할 수 있다.[8]

따라서 민군융합은 'spin−together'† 과정으로 볼 수 있다. 이를 잘 보여주는 대표적인 사례로는 반도체, 컴퓨터, 무선 통신, 데이터 링

---

* 공통의 기술 원천(technology well)은 민간과 군사 부문이 공동으로 기여하고 활용할 수 있는 첨단 기술 및 지식의 집합체를 의미한다. 민군융합의 핵심 원칙 중 하나로, 민간과 군사 연구개발이 단절된 것이 아니라 하나의 기술 풀(pool)을 공유하면서 발전하는 방식이다.

† 'Spin-Together'는 단순한 기술 이전(Spin-on, Spin-off)을 넘어, 민·군이 초기부터 협력하여 동시 발전하는 새로운 기술 개발 모델이다. 연구개발 초기 단계부터 군사 및 민간 요구를 모두 반영하여 기술 개발 비용 절감 및 혁신을 가속화하고, 국가차원의 기술경쟁력 강화 및 방산·민간산업의 동반성장을 유도한다. 이는 미래 군사기술 개발의 새로운 패러다임이며, 민군융합의 핵심적 구현 방식으로 자리 잡고 있다.

크, 적외선 카메라 등이 있다. 이들 기술은 원래 군사적 용도로 개발되었지만, 이후 민간 부문으로 확산되었으며, 민간에서 더욱 개선된 후 다시 발전된 국방 제품의 형태로 군사 부문에 재도입되었다.

　민군융합(CMF)과 민군통합(CMI)은 종종 혼용되어 사용되며 이 책에서도 그렇게 다룰 예정이다. 두 개념 모두 상업적 기술 역량을 군사적 이점으로 활용한다는 동일한 목표를 지향하지만, 전통적인 민군통합과 현대적 민군융합 모델 사이에는 중요한 차이가 있다. 민군융합은 국방조달 과정에서 민군 간 기술적 협력을 포함하는 개념으로, 연구개발(R&D) 과정, 민간기술 및 민군겸용기술과 군사물자(military items)의 통합을 포괄한다. 즉, 민군융합은 민간 또는 민군겸용기술을 군사적 수단과 그 개발·제조 과정에 통합하는 것이 핵심이다. 반면, 민군통합이 군사기술이 민간 부문에 기여하는데 초점을 맞추는 반면, 민군융합은 그 반대로 민간기술을 군사적 활용에 집중한다. 그렇다고 해서 민군융합이 통합된 산업 기반이 군사력 발전에 기여할 가능성을 부정하는 것은 아니다. 다만 민군융합은 현대 첨단 상업기술 부문의 혁신을 군사력 강화에 더욱 집중한다는 점에서 민군통합과 차별화된다. 또한 민군융합은 단순히 더 나은 무기를 더 저렴한 비용으로 개발하고 생산하는 메커니즘에 그치지 않는다. 물론 이는 민군융합의 중요한 과제 중 하나이지만, 보다 근본적으로 민군융합은 경쟁전략(competitive strategy)*으로서 국가가 경쟁국 및 적국에 대해 군사적·기술적 우위

---

* 경쟁전략(competitive strategy)은 기업, 조직 또는 국가가 시장이나 특정 환경에서 경쟁 우위를 확보하고 유지하기 위해 사용하는 전략적 접근 방식을 의미한다. 이 개념은 마이클 포터(Michael E. Porter)가 그의 저서 "Competitive Strategy: Techniques for Analyzing Industries and Competitors"(1980)를 통해 널리 알려졌다. 국가안보 차원에서 경쟁전략의 핵심 요소는 군사기술 혁신, 작전개념 발전, 방위산업 경쟁력 강화, 자원 최적화 운영 등이다. 실제 사례는 미국의 '제3차 상쇄 전략' 추진, 중국의 민군융합을 통한 군사·

를 확보하려는 수단이다. 이러한 정의는 민군융합을 일반적인 민군겸
용(dual use) 프로세스와 명확히 구분할 뿐만 아니라, 기존의 민군통합
개념과도 차별화한다. 이 장의 후반부에서는 민군융합의 형태와 특성
을 심층적으로 분석하며, 이러한 차이를 더욱 구체적으로 확장해 나갈
것이다.

민군융합(CMF)과 4차 산업혁명

민군융합(CMF)을 경쟁전략으로 활용하는 것은 세계 경제와 글로벌
기술 환경이 산업화와 혁신의 새로운 단계로 빠르게 진입하고 있다는
점에서 더욱 중요하다. 이 새로운 단계는 '4차 산업혁명(fourth in-
dustrial revolution)'으로 불리며, 흔히 '4IR'로 줄여 표현된다. 역사적으
로, 인류는 적어도 세 차례의 산업혁명을 경험했다는 것이 일반적인
견해이다. 첫 번째 산업혁명은 18세기 후반에 시작되었으며, 주로 석
탄을 연료로 사용하는 증기기관과 철 생산이 특징이다. 이 시기는 섬
유 산업과 철도 산업의 기계화가 대표적인 혁신으로 꼽힌다. 2차 산업
혁명은 19세기 후반에 시작되어 철강, 석유, 전기, 내연기관을 기반으
로 한 급속한 산업화와 대량 생산이 주요 특징이다. 이 시기는 대략 20
세기 중반까지 지속되었으며, 전등과 전력, 전신과 전화, 무선 라디오
와 텔레비전 그리고 자동차의 대량 사용 등이 그 시대를 상징하는 혁
신으로 포함된다.

3차 산업혁명(3IR), 즉 디지털 혁명은 1950년경 트랜지스터와 최초
의 집적 회로 발명으로 시작되었다. 이 단계는 컴퓨터, 디지털 통신,

민간기술 협력 강화 등이 있다.

인터넷의 대중화가 이루어졌으며, 이러한 기술 발전은 일상생활뿐만 아니라 군사 분야에도 막대한 영향을 미쳤다. 1, 2차 산업혁명이 주로 상업적 혁신이 군사적 용도로 전환된 시기였다면, 3차 산업혁명은 군사기술과 상업기술이 혼합된(hybrid) 시기로 볼 수 있다. 초기에는 레이더, 디지털 컴퓨터, 초소형 전자기기, 미사일, 위성 등 첨단 전자 기술이 군사적 수요에 의해 혁신을 주도했다. 그러나 이후에는 상업 정보통신 기술 부문에서의 급속한 발전이 이를 대체하며, 상업기술이 다시 군사적으로 활용되는 스핀온 흐름이 강화되었다. 이러한 상업기술의 군사적 적용은 현재까지도 지속되고 있다.

현재 우리는 인공지능, 머신러닝, 블록체인, 인간·기계 인터페이스, 자동화와 로봇공학, 양자 컴퓨팅, 사물 인터넷(IoT) 등을 포함하는 4차 산업혁명의 정점에 서 있다.[9] 분명히, 3차 산업혁명과 4차 산업혁명은 디지털 기술, 특히 정보 기술이라는 공통된 기반을 공유한다. 그러나 4차 산업혁명은 3차 산업혁명의 단순한 확장 버전(3IR mk.2)이 아니라, 연결성*과 대규모 기술융합이 특징인 새로운 혁신 패러다임이다라는 점에서 차별화된다. 4차 산업혁명이라는 용어를 처음 사용한 인물 중 한 명인 클라우스 슈밥(Klaus Schwab)은 4차 산업혁명을 "물리적, 디지털, 생물학적 영역 사이의 경계를 모호하게 만드는 기술의 융합을 의미한다"라고 정의한다. 그는 이 기술이 "전례 없는 처리 능력과 저장 용량, 지식에 대한 무한한 접근성을 제공하는 장치(devices)를 통해 사람과 사물을 상호 연결한다"고 설명한다.[10] 따라서 4차 산업혁

---

* 연결성(connectivity)은 개체 간의 정보, 신호, 데이터, 자원 등이 물리적·디지털 네트워크를 통해 상호 연결되는 정도를 의미한다. 4차 산업혁명 시대에는 디지털 네트워크와 사물 인터넷, 인공지능, 클라우드 컴퓨팅 등의 기술을 활용한 초연결(hyperconnectivity)이 핵심 요소로 자리 잡고 있다.

명 또 다른 산업혁명이다. 이는 "인간이 가치를 창출하고, 교환하며, 분배하는 방식을 근본적으로 변화시키며, 이전에는 볼 수 없었던 사회적, 정치적, 문화적, 경제적 격변"을 예고하기 때문이다. 결과적으로, 이전의 산업혁명들과 마찬가지로 4차 산업혁명 역시 "제도, 산업, 개인을 근본적으로 변혁"시킬 것이다.[11]

4차 산업혁명은 군사 능력에도 다양한 방식으로 영향을 미칠 것으로 예상된다. 사라 커치버거(Sarah Kirchberger)는 4차 산업혁명이 다양한 군사 영역 간의 상호 연결성을 강화할 뿐만 아니라 우주와 사이버 영역과도 연결을 더욱 견고하게 만드는 기술을 창출할 것이라 설명한다. 우주와 사이버 영역은 내비게이션, ISR, 통신, 표적화(targeting)와 같은 기능을 가능하게 하는 핵심 요소이다. 그러나 이러한 기능을 수행하려면 대량의 센서 및 기타 입력 데이터를 처리할 수 있는 방대한 컴퓨팅 파워가 필요하다. 또한, 안전한 데이터 링크를 통해 서로 다른 부대 간의 연결성을 제공하고, 실시간 또는 근 실시간(near real time)으로 상황 인식을 공유할 수 있어야 한다.[12] 이와 더불어, 적층 제조(예: 3D 프린팅), 사이버 영역의 군사화, 초음속 기술, 지향성 에너지 무기, 전자기 레일 건 그리고 스텔스 기술과 같은 신흥 기술들도 4차 산업혁명이 군사 분야에 미치는 영향으로 포함될 수 있다.[13]

4차 산업혁명은 미래 전장에 다양한 방식으로 영향을 미칠 것으로 예상된다. 그 중 가장 자주 언급되는 사례 중 하나는 무장 자율 드론의 광범위한 활용이다. 이러한 드론은 "첨단 센서를 장착하고, 무선 명령 및 제어 네트워크에 연결되며, 인공지능을 통해 의사 결정을 내리되, 치명적인 무력을 사용할 필요가 있을 때만 인간의 개입이 요구된다"는 특징을 가진다. 또한 이 드론은 대규모 군집(swarm) 작전에서도 "개선

된 인간·기계 인터페이스를 통해 단 한 명의 군인이 원격으로 제어할 수 있다"는 특징을 지닌다.[14]

그러나 4차 산업혁명 기술 중 고도로 자율화된 무장 드론과 같은 일부 기술들은 그 복잡성으로 인해 적어도 가까운 미래에는 널리 확산되기는 어려울 가능성이 높다. 이러한 기술을 개발하고 통합할 수 있는 능력은 기술적으로 더 선진화된 대규모 국가들에게 국한될 것으로 보인다. 4차 산업혁명 기술의 광범위한 개발, 보급, 활용에는 여전히 높은 장벽이 존재하며, 이는 특히 소규모 군대에게 더 큰 도전 과제로 작용한다. 기술은 각국의 기술 노하우, 접근성, 흡수력, 활용 능력에 따라 불균등하게 분배되는 경향이 있다. 그럼에도 불구하고, 기술적으로 덜 선진화된 군대가 항상 영구적인 열세에 처하는 것은 아니다. 최 첨단 기술이 아니더라도 지역적 힘의 균형을 흔들 수 있는 잠재력을 가진 기술들이 여전히 존재한다. 이러한 맥락에서, 소규모 군대, 비국가 테러리스트, 준(準)군사조직들은 이미 '상쇄 전략(Offset Strategy)'*을 활용하여 더 크고 기술적으로 우월한 경쟁자들과 비대칭적 경쟁을 수행할 수 있는 방법을 모색하고 있다.

예를 들어, 단순 로봇, 인공지능(AI), 공격용 사이버 시스템과 같은 특정 기능에 특화된 4차 산업혁명 기술은 소규모 국가에서도 기존 군사 구조에 효과적으로 통합할 수 있는 유용한 기술이 될 수 있다. 특히, 무인 항공기(UAV)는 유인 정찰 플랫폼을 보완하거나 대체하는 역할을 하며, 더욱 혁신적인 무인 시스템들도 제한적이지만 점차 도입되고 있다. 상황은 역동적이며 변화 가능성이 크다. 일부 소규모 국가들은 이

---

* 상쇄전략(Offset Strategy)은 상대의 군사적 우위를 효과적으로 약화시키거나 무력화하기 위해 비대칭적 기술, 전략, 작전개념을 활용하는 군사전략을 의미한다. 단순한 무기체계의 양적·질적 경쟁이 아니라, 첨단 기술이나 혁신적인 작전개념을 통해 대응하는 방식이다.

미 자체 개발한 무인 항공기를 활용한 제한적 군집 운용 개념을 실험하고 있다.[15] 이러한 흐름은 향후 소규모 국가와 비국가 행위자들도 4차 산업혁명 기술을 활용하여 군사적 역량을 증대시키는 가능성을 시사한다.

마지막으로, 현대 군사 환경에서 주목해야 할 점은 전 세계가 인터넷과 소셜 미디어를 통해 네트워크킹과 연결성의 혁명을 경험하고 있다는 사실이다. 4차 산업혁명 기술 발전이 상업 부문에서 가속화됨에 따라, 전 세계 주요 국가들은 사이버 및 정보 작전의 군사화를 적극적으로 추진하고 있다. 실제로, 오늘날 글로벌 군사 환경은 그 어느 때보다 사이버 작전과 하이브리드 전쟁*에 적합한 구조를 갖추고 있으며, "사이버 기술의 파괴적인 잠재력은 막대하다"고 평가된다.[16]

이러한 이유로, 4차 산업혁명에 기반한 신흥 상업기술의 군사적 활용 가능성에 대한 관심이 점점 높아지고 있다. 과거에는 이러한 기술이 본래의 직접적인 사용 목적(immediate end-use)인 상업적 용도에만 국한되어 고려되었으나, 이제는 모든 잠재적인 군사적 활용 가능성†까지 아우르는 방향으로 변화하고 있다.[17]

앞서 언급했듯이, 4차 산업혁명 기술은 군사 현대화와 밀접하게 연결되어 있다. 예를 들어, 상용 기술을 군사적 요구에 맞게 적용하면 비용 절감, 개발 및 생산 주기 단축, 무기 개발 위험(risk) 감소 등의 이점

---

* Hybrid Warfare은 정규전과 비정규전을 결합하여 군사적 · 경제적 · 정보적 우위를 확보하는 전쟁 방식으로, 군사력뿐만 아니라, 정보기술(IT), 사이버전, 심리전, 경제 압박, 민간 조직 활용 등 다양한 전술이 혼합된 복합적 전쟁 형태를 띤다.

† '잠재적 군사적 활용 가능성'은 인공지능, 로봇공학, 바이오, 나노기술, 양자 컴퓨팅, 블록체인 등 다양한 첨단 기술이 군사적으로 적용될 수 있는 방식과 범위를 고려하는 개념이다. 현대 군사전략과 국가안보에서 중요한 역할을 하며, 미래 전장의 판도를 결정할 핵심 요소가 될 것이다.

을 제공한다. 민군융합(CMF)은 이러한 흐름 속에서 핵심적인 역할을 수행한다. 특히, 현대 정보통신 기술의 발전이 민군융합에 미치는 영향은 매우 크며, 정보전, 전장의 디지털화, 네트워크 시스템 구축 등에 중요한 촉진제(enabler)이자 전력증폭(force multiplier) 시스템 역할을 한다. 또한, 민군융합은 군사 장비의 품질을 향상시키고, 군사 시스템의 생산성과 획득 효율성을 높이는 데 기여할 수 있다. 무엇보다도, 민군융합은 민간 부문이 주도하는 기술의 혁신을 군수산업(arms in-dustries)과 군대가 효과적으로 활용할 수 있도록 연결하는 기능을 수행한다. 현재까지 이러한 과정은 주로 3차 산업혁명 기술을 포함하고 있으나, 점차 4차 산업혁명 기술로 확장되고 있다.[18]

군사관련 기술이 상업 부문에서 점차 더 많이 발견됨에 따라, 민군융합 지지자들은 민군겸용(dual use) 기술과 상용제품(COTS)이 21세기 국가 경쟁에서 기술적 우위를 확보하는 핵심 경로(path)가 될 것이라고 주장한다.[19] 특히, 민군융합과 4차 산업혁명의 결합은 군사기술 발전에 있어 여러 가지 새로운 기회를 제공할 가능성이 크다. 이를 위해, 첫째, 새로운 군사관련 기술을 정의하고 개발을 촉진하는 방안을 모색하는 것이 중요하다. 둘째, 이러한 기술이 향후 수십 년 동안 혁신적인 군사 역량과 군사적 우위를 창출하는 데 어떤 역할을 할 수 있는지 분석해야 한다. 마지막으로, 새롭게 개발된 기술을 군사 연구개발(R&D)과 무기 생산 과정에 효과적으로 통합하는 방안을 마련해야 한다.[20] 이러한 내용을 보다 구체적으로 이해하기 위해서는 먼저 전 세계 군대의 첨단 무기와 장비에 대한 수요가 증가하는 가운데, 전통적인 방위산업의 한계가 점점 더 두드러지고 있다는 점을 인식할 필요가 있다.

군산복합체(military industrial complex)의 부상

민군융합(CMF), 민군통합(CMI) 그리고 민군겸용(dual use) 기술의 중요성이 널리 인식되고 있음에도 불구하고, 민군융합이라는 개념은 여전히 많은 이들에게 비교적 생소하게 다가온다. 이러한 인식의 원인은 19세기 중반까지 방위산업(defense industry)이라는 독립적이고 체계적인 개념이 실질적으로 존재하지 않았던 역사적 배경에서 찾을 수 있다.21 오늘날 우리는 군산복합체(MIC, Military Industrial Complex), 방위산업 기반(DIB, Defense Industrial Base), 또는 '국방기술 · 방위산업 기반'(DTIB, Defense Technology and Industrial Base)과 같은 용어를 흔히 사용한다. 하지만 이러한 개념들은 본질적으로 비교적 최근에 형성된 개념적 산물이다. 물론, 인류는 신석기 시대부터 무기를 제작해 왔으며, 역사의 진전에 따라 무기와 전쟁 도구를 생산하는 조직적 구조가 점차 등장하였다. 이러한 조직들은 방위산업의 전신으로 볼 수 있으며, 당시의 무기 생산은 단순히 무기 제조 활동에 머물렀으며, 오늘날 우리가 이해하는 독립적이고 체계적인 방위산업 기반(DIB)과는 상당한 차이가 있었다.

역사적으로 볼 때, 무기 생산은 대규모 산업이라기 보다는 당시의 기존의 경제 체제에 통합된 부수적인 활동으로 이루어졌다. 예를 들어, 칼, 창, 방패, 활, 화살과 같은 기본적인 전쟁의 도구들은 수천 년 동안 보편적이고 널리 사용되는 기술을 바탕으로 제조되었다. 군함 역시 무역선을 건조하던 조선소에서 생산되었으며, 일반적인 선박 설계였던 카라크(carrack)와 같은 전형적인 사각형 범선 디자인을 기반으로 건조되었다. 중세 후기에 시작된 대포 제조는 종 제작 기술에서 유래되었다. 대포와 종을 주조하는 데 사용된 재료와 기술이 거의 동일했기 때문에, 교회 종을 주조하던 주조 공장이 대포를 생산하는 역할을 맡기도 했다.[22] 19세기 말부터 20세기 초에 이르러, 소총, 탄약, 대포, 함포, 전차와 같은 무기를 생산하는 전문화된 무기 공장과 민간 공장이 등장하기 시작했다. 군함 건조를 위한 전문 조선소도 설립되었다. 특히, 제1차 세계대전을 계기로 항공산업이 빠르게 성장하면서 1920년대와 1930년대에는 전투기와 폭격기의 설계 및 개발이 본격화되었다.[23]

그러나 이 시기에도 무기 제조는 여전히 전쟁의 흐름에 따라 규모가 작고 산발적으로 이루어졌다. 특히, 미국 남북전쟁, 제1차 세계대전과 같은 대규모 전쟁을 겪으면서도 방위산업은 여전히 지속적이고 독립적인 산업으로 자리를 잡지 못했다. 대부분의 경우, 무기를 생산하는 민간기업들은 군사용 제품을 생산하면서 동시에 민간 시장에도 물품을 공급했다. 예를 들어, 윈체스터 무기 회사는 모델 1873 소총을 군용뿐만 아니라 민간 시장에서도 판매했다. 반면, 미국의 워터블리트(Watervliet) 조병창, 영국 포츠머스(Portsmouth)의 왕립 해군조선소 그리고 스웨덴의 보포스(Bofors)와 같은 국영 군수 공장들은 군에서만 필요로 하는 전문적이고 매우 제한된 범위의 구축함, 대포, 수압식 반동포 등을 생산했다. 결과적으로, 이 시기의 무기 생산은 여전히 독특하거나 독점적인 기술이 거의 없는 부수적인 사업으로 남아 있었다.[24]

실제로, 15세기부터 20세기까지의 군사혁신(RMA)의 사례를 살펴보면, 민간기술, 제품 그리고 생산 방식이 군사혁신에 얼마나 깊이 통합되었는지를 명확하게 알 수 있다.[25] 예를 들어, 16세기부터 19세기까지 지속된 이른바 '돛과 포의 혁명'*과 16세기의 '요새(要塞) RMA'†

---

* '돛과 포의 혁명'은 해군전력의 중심이 노를 젓는 갤리선에서 돛을 단 군함과 함포로 혁신이

는 선박 건조와 대형 엔지니어링 프로젝트에서 활용된 다목적 기술에 크게 의존했다. 이후 19세기 중반에 이르러, 전쟁은 산업혁명의 발전과 긴밀하게 연결되었다. 미국 남북전쟁, 크림전쟁, 1870년 프랑코—프로이센(Franco-Prussian) 전쟁과 같은 초기 산업화 시대의 주요 전쟁에서 민간산업에서 파생된 현대적 기술, 제품 그리고 생산 프로세스가 적극적으로 활용되었다. 이 시기 철도를 이용해 군대를 신속하게 이동시켰으며, 전신(telegraph)을 활용한 군 통신체계가 구축되었고, 대량생산 기술을 활용한 소총 제조가 이루어졌으며, 표준화된 상호 교환가능한 부품 도입으로 생산 효율성이 크게 향상되었다. 특히, 베세머공정*의 도입은 군함 건조에 저렴한 강철 사용을 가능하게 했으며, 이는 강력한 '드레드노트'†전함의 탄생으로 이어졌다. 트럭과 전화, 대량 생산 기술은 제1차 세계대전 당시 전장 혁신을 이끄는 중요한 요소로 작용했다. 친(Chin)의 주장처럼, "군대의 기술적 요구는 제조업이 상업적 요구를 충족하기 위해 사용한 것과 동일한 과학적·기술적 지식으로 충족되었다"고 할 수 있다.26 이러한 경향은 제2차 세계대전에서도 이어졌다. 독일이 제2차 세계대전 초기에 보여준 전격전(blitzkrieg)

이루어진 시대를 의미, 이는 해상 패권경쟁과 해군전략, 전술, 함선 설계를 근본적으로 변화시킨 군사혁신의 대표적 사례로 꼽는다.

† '요새 RMA'는 16세기 화약무기의 등장에 따라 공병·토목·건조 기술 등 다목적 기술을 접목해, 마치 요새처럼 견고하고 지속 가능한 방어체계를 구축하려 했던 초기 군사혁신의 대표적 사례이다.

* 1856년 영국 베세머(Bessemer)가 선철에서 불순물을 제거, 철강을 값싸고 대량 생산하는 제조공정을 개발하였다. 이 공정은 철강산업을 혁신적으로 변화시켰으며, 군함, 철도, 건축, 무기 제조 등 다양한 분야에 영향을 미쳤다.

† Dreadnought 전함은 1906년 영국 해군이 건조한 세계 최초의 현대식 전함으로, 해군전력의 패러다임을 바꾼 혁신적인 함정이었다. 단일 구경의 대구경 포와 증기터빈을 처음 적용하였으며, 이후 등장하는 전함의 표준이 되었다.

은 신속한 기동전을 핵심으로 하였으며, 이는 내연기관과 양방향 무전기와 같은 상업적 기술에 크게 의존한 결과였다.[27]

동시에, 제2차 세계대전은 전 세계 군수산업(arms industry)과 민군통합(CMI) 개념의 발전에 중대한 변화를 가져왔으며, 냉전 시기에 이러한 변화는 더욱 가속화되었다. 전 세계적으로 확대된 분쟁은 영구적이고 지속적인 현상이 되었으며, 이로 인해 대규모 군대들은 지속적으로 최첨단 군사 장비에 대한 수요를 요구하게 되었다. 이러한 수요를 충족시키기 위해, 규모가 크고 안정적이며 전담 가능한 '국방기술 · 방위산업 기반(DTIB)'이 필수적인 요소로 자리 잡았다.

특히 1945년 이후, 군의 기술 발전 속도가 빠르게 진행되면서, 상업산업(commercial industries)이 군대의 기술적 요구를 충족하지 못하는 한계가 점차 드러났다. 현대화된 군대는 기술 혁신을 촉진할 수 있는 첨단 기술 개발에 집중했지만, 상업 부문은 필요한 자금과 인력 부족, 민간 수요의 한계 등으로 인해 이를 효과적으로 지원하는 데 어려움을 겪었다.[28] 군대는 핵무기, 미사일, 장갑차 등 민간 부문에서 접근하기 어려운 특수 시스템을 필요로 했으며, 제트 추진, 인공위성, 마이크로전자 기술처럼 대규모 자원이 필요하지만 상업적으로 발전하기 어려운 분야에 대한 군사적 수요도 증가했다. 이러한 요구를 충족시키기 위해, 전후 초기에 영구적이고 독립적인 군산복합체(MIC)의 필요성이 제기되었고, 정부가 무기 생산과 관련한 사업에 더욱 직접적으로 관여하는 구조가 정착되었다. 이는 막대한 자원과 특화된 연구개발을 정부가 주도하고 관리해야만 가능했기 때문이다.[29]

그 결과로, 1945년부터 1990년까지 전 세계적으로 무기 생산에 전념하는 기업들이 등장하면서 방위산업이 독립적인 산업 부문으로 자리 잡았다. 이 시기 방위산업은 다른 경제 부문과 거의 완전히 분리되어 운영되었으며, 군사 장비와 무기의 설계, 개발, 생산에 집중했다. 이들 기업들은 전투기, 미사일 시스템, 전차, 잠수함, 군함, 포병 시스템, 소형 무기, 레이더, 통신 시스템, 컴퓨터, 트럭, 지프, 제복, 보호 장비, 특수 금속 등 다양한 군사 장비와 물자를 생산하며 군 현대화에 중요한 역할을 수행했다. 서방 국가에서는 민간기업들이 방위산업에 적극적으로 참여하여 군수물자 생산을 주도했다. 미국의 록히드, 영국의 배스 아이언 웍스와 잉글리시 일렉트릭, 캐나다의 아브로 캐나다, 프랑스의 다쏘, 스웨덴의 사브 그리고 일본은 미쓰비시 중공업과 같은 민간기업들은 전투기, 군함, 미사일 시스템 등의 무기 개발과 생산을 담당했다.

한편, 소련은 중국을 포함한 공산권 국가들은 정부 주도의 방위산업을 구축했다. 소련은 인민위원회(이후 국방부처로 변경)를 통해 전투기, 폭격기, 군함, 병기를 생산했으며, 중국은 군수 물자를 자체적으로 생산하기 위해 여러 기계 제작 부처를 설립했다. 1950년대부터 1970년대에 이르러, 개발도상국들도 무기 생산 능력을 확보하기 위해 국영 방산기업을 설립하기 시작했다. 브라질 엠브라에르, 남아공 암스코, 인도 힌두스탄 에어로노틱스, 이스라엘 IMI, 대만 항공우주산업개발공사(AIDC), 파키스탄 항공 단지, 인도네시아 IPTN 등이 대표적인 사례로 꼽힌다.[30]

이처럼 전적으로 방위산업에 집중된, 광범위하고 대규모의 방위산업 기반(DIB)이 등장한 사례 중 미국만큼 두드러진 국가는 없었다. 제2차 세계대전 이전, 미국의 방위산업은 매우 제한적이었고, 정부가 운영하는 몇 안 되는 무기고와 조선소에 의존했다. 무기 생산은 소규모의 부수적인 사업에 불과했으며, 상시적인 대규모 방위산업 기반이 존재하지 않았다. 남북전쟁(1861~5) 동안에는 철갑선, 반복식 소총, 회전식 포탑 등 현대전에 필요한 기술 개발이 일시적으로 활기를 띠었지만, 전쟁이 끝난 후 스페인－미국 전쟁(1898), 제1차 세계대전과 같은 전쟁이 종료될 때마다 미국의 방위산업은 다시 침체되었다. 전쟁이 끝난 뒤 군대 규모가 축소됨에 따라 무기에 대한 수요도 감소했다. 예를 들어 남북전쟁 당시 100만 명이 넘었던 미 육군은 19세기 말에는 약 27,000명으로 축소되었다. 해군 조선업 역시 침체되었으며, 1880년대 후반에 이르러서야 회복되기 시작했다. 게다가, 19세기 말과 20세기 초 미국이 참전한 전쟁들은 대부분 짧았으며, 국가 군수산업에 큰 영향을 미치지 못했다. 제1차 세계대전 당시 미국은 전차, 대포, 기관총, 전투기, 심지어 헬멧까지 영국과 프랑스에 의존했다.[31]

　　제2차 세계대전은 미국의 방위산업을 주류 산업으로 끌어올린 결정적 계기가 되었다. 1939년 이후, 전쟁물자 생산의 영향은 즉각적이고 분명하게 나타났으며, 이는 미국 경제와 사회, 정치 전반에 걸쳐 커다란 변화를 초래했다. 이 시기는 전면전(total war)의 시대로, 무기 생산이 국가 경제의 핵심으로 자리 잡았다. 기존 민간산업은 전쟁을 지원하기 위해 대대적으로 개편되었으며, 자동차 공장은 전차, 항공기 엔진, 폭격기를 생산하기 위해 전환되었다. 철강 회사는 조선소에 철판을 공급하며 구축함, 항공모함, 잠수함 건조에 기여했다. 이로 인해 대부분의 민간 제조업이 중단되었고, 지역사회 전체가 방위산업에 의존하는 구조가 형성되었다. 또한 무기 제조는 미국의 주요 고용 산업으로 자리 잡으면서, 여성과 아프리카계 미국인을 비롯한 기존의 소외계층에게도 새로운 일자리 기회를 제공했다.

제2차 세계대전 이후, 미국은 '민주주의의 무기고'*에서 군산복합체를 포용하는 국가로 완벽하게 변모했다. 미국의 방위산업은 전쟁이 끝난 후에도 축소되지 않고 오히려 냉전 시대를 맞아 더욱 확장되었다. 특히, 민간 부문이 정부 운영의 무기 공장과 조선소를 대체하면서 록히드, 노스롭, 제너럴 다이나믹스, 뉴포트 뉴스 조선, 북미 항공과 같은 방산기업들이 산업의 선두 주자로 떠올랐다. 미국 정부의 수십억 달러에 달하는 연구개발 투자를 단행했으며, 이를 바탕으로 상업용 무기산업은 전후 미국의 기술 및 산업 발전에 중대한 영향을 미쳤다. 또한, 서방 블록 방어가 미국 대전략(grand strategy)의 핵심이 되면서 무기 생산은 거대한 사업으로 발전했다. 1950년대와 1960년대 미국의 국방비는 국내총생산(GDP)의 평균 7~10% 수준에 달했다. 거의 모든 의회 지역구에서 방위계약(defense contracts)이 체결되었으며, 그 결과, 군대, 무기산업, 의회를 아우르는 '철의 삼각지대(Iron Triangle)'†가 형성되었고, 이는 미국 정치 시스템 전반에 깊은 영향을 미쳤으며, 이후 방위산업과 국가 경제, 정책 결정 간의 긴밀한 관계를 형성하는 기반이 되었다(3장 참조).32

이 책에서는 제2차 세계대전 이후 형성된 글로벌 군산복합체가 초기 냉전 시대의 주요 기술 혁신을 주도했다고 주장한다. 1940년대에서 1970년대에 걸쳐, 제트 추진, 로켓, 마이크로파, 레이더, 원자력,

---

* "Arsenal of Democracy"는 2차 세계대전 중, 프랭클린 D. 루즈벨트가 미 의회에서 '미국이 민주주의를 방어하고 나치 독일과 일본의 위협에 맞서 싸우기 위해 전 세계에 군사적, 물자적 지원을 해야 한다며, "미국은 민주주의의 무기고가 되어야 한다"고 강조한 표현이다.
† 철의 삼각지대는 정치학에서 정부 정책이 형성되는 과정에서의 특정한 세 가지 주요 세력 간의 상호작용을 설명하는 개념이다. 여기서는 정부의 행정기관, 의회의 특정 위원회, 특정 이익 단체나 산업을 포함하는 세 개의 요소로 구성된다. 서로 밀접하게 연계되어 있으며, 상호이익을 추구하면서 정책 결정에 영향을 미친다.

회전익 비행, 마이크로 전자, 통신, 컴퓨팅 등의 혁신은 대부분 방위산업에서 시작되었다. 냉전 시대 동안, 방위산업은 인터넷, 위성 항법, 무선 통신, 가상 현실과 같은 첨단 기술의 발전에 결정적인 역할을 했다.33 무기 제조는 단순히 군사 장비 생산을 넘어, 컴퓨터 지원 설계 (CAD), 컴퓨터 지원 제조(CAM), 수치 제어 공작 기계, 모듈형 조선과 같은 첨단 생산 기술에도 영향을 미쳤다. 또한 야금술과 복합 재료 기술의 발전에도 중요한 기여를 했다.

실제로, 3차 산업혁명(즉, 디지털 혁명)의 초기 단계는 군산복합체에 뿌리를 두고 있었다. 하인리히(Heinrich)의 실리콘밸리 초기 군사 계약에 관한 연구에 따르면, "정부는 군 계약을 통해 이 지역의 핵심 산업을 창출하고 유지하는 데 결정적인 역할을 했다"고 평가했다. 이러한 핵심 산업에는 "마이크로파 전자, 미사일, 위성, 반도체 산업"이 포함된다. 또한 "맞춤형 군사기술에 대한 수요는 계약업체들로 하여금 유연한 전문화, 단계적 소량 생산,* 지속적인 혁신의 길을 걷게 했다"고 분석했다.34

1950년대와 1960년대, 실리콘밸리의 많은 기업들은 초기 매출의 상당 부분을 군사 계약에 의존했다. 이러한 경향은 특히 마이크로파 전자제품, 미사일, 위성, 우주 전자제품 분야에서 두드러졌다. 하인리히는 마이크로 전자제품을 실리콘 밸리의 첫 고급 기술 산업으로 언급하며, 군사 수요에 의해 촉진되었다고 분석했다. 이 시기 미국 방위산업은 록히드(미사일 및 우주), 필코(후에 Ford Aerospace로 변경), 웨스팅하

---

* 단계적 소량 생산(Batch Production)은 빠르게 변화하는 기술 환경에서 유연성과 효율성을 극대화할 수 있는 생산 방식이다. 특히, 함정과 같이 전력화 기간이 장기간 소요되고 첨단 기술을 적용하는 무기체계에서는 지속적인 개량과 기술 업그레이드가 필요하기 때문에 대량 생산보다 소량 생산 방식을 선호한다.

우스와 같은 기업들이 주도했다.[35] 또한, 전후 미국 컴퓨터 산업의 하드웨어와 소프트웨어 발전은 연방정부, 특히 국방부의 대규모 지원과 보조금 덕분에 가능했다.[36] 예를 들어, 1950년대 실리콘 밸리에 위치한 반도체 제조업체인 페어차일드(최초의 솔리드 스테이트 회로 제조업체 중 하나)는 생산한 트랜지스터의 절반을 군에 판매했다.[37]

하인리히(Heinrich)는 다음과 같이 말했다:

"정교한 설계와 제품을 요구하는 군사적 수요는 1950~1960년대 마이크로 전자기술을 포함한 실리콘 밸리 국방기술 산업의 생태계를 조직화하고 기술 개발을 촉진하는데 기여했다. 그 결과, 점점 더 정확도가 높아지는 미사일, 기하급수적으로 증가하는 데이터를 수집·분석하는 전자전 시스템, 군사 하드웨어를 스마트 무기로 변환하는 맞춤형 마이크로 전자 시스템 그리고 적군의 무기와 병력 정보를 실시간으로 상세히 제공하는 군사위성 등 다양하고 복잡한 시스템이 개발되었다."[38]

이처럼 기술적으로 높은 요구를 받는 복잡한 무기 생산에는 막대한 자원과 체계적인 행정 관리가 필요했다. 그 결과, 국가는 전후 군수산업의 설립과 육성에 점점 더 중요한 역할을 맡게 되었으며, 방위산업화 과정에 긴밀하고 적극적으로 관여하게 되었다.[39]

친(Chin)은 다음과 같이 말했다:

"국가는 필수적인 재정 자원을 제공함으로써, 초기 단계의 기술들을 민간 시장에서는 상상할 수 없을 정도로 빠르게 발전시킬 수 있었다. 이는 국가와 민간산업 간의 관계에 중대한 변화를 가져왔으며, 정부가 대규모의 복잡한 연구개발을 수행할 수 있는 방위산업 계약업체를 지원하기로 선택하면서 자유 시장의 운영을 약화*시켰다."[40]

따라서 방위생산(defense production)은 국가의 핵심적인 관심사로 자리 잡았다. 많은 경우, 무기 제조는 국가에 의해 전적으로 또는 부분적으로 통제되며, 군대가 직접 운영하거나, 국가 소유 및 관리하는 기업을 통해 이루어지는 방식이 일반적이다. 이러한 방식은 소련, 공산주의 중국, 네루주의 인도와 같은 국가 주도 경제에서 흔히 나타나지만, 프랑스, 스웨덴, 호주와 같은 자유 시장 경제 국가에서도 국영 방위산업이 존재한다. 또한 브라질, 이스라엘, 인도네시아, 대만과 같은 대부분의 개발도상국에서는 국가가 무기 제조에 필요한 자금을 조달하고 관리하는 유일한 주체로 기능한다. 한편, 미국, 영국, 일본, 한국과 같이 무기 제조를 민간 부문에 맡긴 국가들에서도 정부는 방위산업을 적극적으로 지원한다. 이러한 정부 지원 방식에는 연구개발 자금 지원, 군사 계약의 보장, 세제 혜택, 독점적 조달 계약, 기타 형태의 투자 등이 포함된다. 결과적으로, 방위산업은 단순한 민간 경제 활동이 아니라 국가안보와 경제 전략의 핵심 요소로 자리 잡았으며, 국가가 직접 통제하든, 민간기업에 맡기든 간에 정부의 개입과 지원이 필수적인 산업으로 발전하게 되었다.

---

* 냉전 동안 미국 정부는 국방 목적으로 록히드 마틴, 보잉 등 방위계약 업체에 대규모 지원을 제공했다. 이는 방위산업이 발전하는 계기가 되었지만, 동시에 민간 부문의 경쟁을 약화시키고, 특정 기업에 과도한 경제적 · 정치적 영향력을 부여했다.

군산복합체의 직면한 도전과 민군융합의 성장 가치

1945년부터 1990년대 중반까지는 무기산업(arms industry)의 '황금기'로 평가된다. 냉전으로 인해 군비 경쟁이 지속되었고, 각국의 군대는 더욱 복잡하고 첨단화된 군사 장비를 요구했다. 이러한 수요에 대응하기 위해 선진국 및 개발도상국의 정부는 군산복합체를 적극 지원하며, 대규모 국방예산을 투입했다.

그림 2-1 **주요 국가의 전체 정부 연구개발 지출에서 방위산업 R&D가 차지하는 비율, 1981-2019**

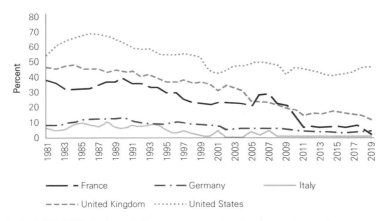

출처: 경제협력개발기구(OECD), "Main Science and Technology Indicators,"

그러나 1990년대 초부터, 기존의 폐쇄적이고 밀폐된 군산복합체 모델은 점차 변화하기 시작했다. 이러한 변화는 두 가지 주요 요인에 의해 촉진되었다. 첫 번째 요인은 현대 무기체계 개발과 유지 비용 증가로 인한 국방예산부담의 심화였다. 냉전 종식 이후 국방예산 축소와 맞물려 이러한 부담은 더욱 가중되었다. 그림 2−1에서 볼 수 있듯이,

첨단 방위산업을 보유한 국가들은 냉전 말기 이후 국방 연구개발에 대한 정부 지출을 지속적으로 축소한 반면, 비정부 부문에서의 연구개발 지출은 증가하는 추세를 보였다. 예를 들어, 민군융합 분야의 선도국인 미국에서는 비정부 연구개발 지출 비중이 49%에서 63%로 증가하며, 전체적으로 약 30% 상승하는 변화를 보였다(그림 2-2 참조). 두 번째 요인은 상업 부문의 혁신 속도가 군산복합체를 앞지르기 시작했다는 점이다. 특히, 정보기술(IT) 분야에서의 군사기술 개발의 중심이 민간 연구개발 부문으로 이동했다. 군대가 정보기술을 활용한 새로운 군사 역량 개발에 집중하던 시기에 이러한 변화는 더욱 중요한 영향을 미쳤다.[41]

그림 2-2 **주요 국가의 국가 R&D에서 민간 부문이 차지하는 비율, 1981-2015**

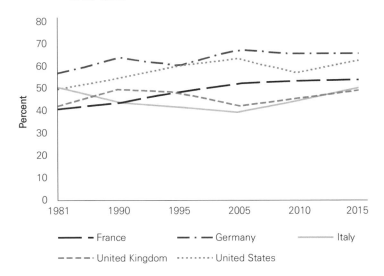

출처: 경제협력개발기구(OECD)

　동시에, 냉전의 종식은 많은 군대에 구조 조정 및 긴축을 요구했다. 1990년대 들어 평화 배당금*이라는 개념이 등장하면서, 서방 국가들과 구 바르샤바 조약기구(Warsaw Pact) 회원국들의 국방비가 급격히 감소했다. 특히, 러시아를 비롯한 여러 국가의 국방예산이 큰 폭으로 축소되었다.[42] 예를 들어, 1990년부터 1998년까지 주요 국가들의 국방예산 변화를 보면, 미국은 실질적으로 28% 감소, 프랑스 12%, 영국 21%, 독일 31% 감소했다. 러시아는 1992년부터 1998년까지 국방비가 3분의 2 이상 축소되었다.[43] 이러한 국방예산 감축으로 인해, 군사기지와 민간기지를 별도로 운영하는 것이 경제적으로 비효율적이라는 주장이 제기되었다. 대신, 통합을 통해 군이 민간 부문의 시장중심 효율성을 활용해야 한다는 논의가 활발히 이루어졌다.[44] 그러나 2000년대와 2010년대에 들어서면서 미국, 이스라엘, 러시아 등의 국가에서 국방예산이 다시 증가하면서 이러한 주장은 점차 설득력을 잃었다. 반면, 중국은 국방예산이 실질 기준으로 연평균 약 10%씩 꾸준히 증가하며 예외적인 사례로 주목받았다. 한편, 서유럽과 중부 유럽의 국방비 지출은 여전히 정체 상태에 머물러 있으며, 냉전 이후의 긴축 기조가 지속된 양상을 보이고 있다.

　국방예산의 증액과 삭감 문제를 넘어, 군대는 새로운 군사 시스템 개발 및 도입 비용이 급격히 상승하면서 큰 압박을 받고 있다. 특히, 전투기 개발 비용은 세대가 거듭될수록 인플레이션을 감안하더라도 크게 증가했다. 세 가지 합동공격전투기(Joint Strike Fighter)는 모두 이전 기종보다 훨씬 높은 가격대를 보이고 있다. F-35A는 약 1억 달러

* 평화 배당금(peace dividend)은 냉전 종식 후 군비축소로 얻어진 자원을 다른 사회적 분야로 전환하려는 이상적인 목표였으나, 현실적으로는 군비축소가 일정 부분 이루어졌지만 경제적 혜택이 기대만큼 실현되지 않았고, 군비는 다시 증가하는 추세를 보였다.

로, 대체 기종인 F−16의 가격 3,500만~4,000만 달러의 두 배를 넘는다. 항공모함 탑재형 F−35C는 대당 1억 3,120만 달러로, 6,500만 달러인 F/A−18C 호넷을 대체하며, 이는 두 배 가까이 인상된 가격이다. 해병대용 F−35B는 1억 3,160만 달러로, 5,000만 달러의 AV−8B 해리어 II와 6,000만 달러의 F/A−18 호넷보다 상당히 비싸다. 가장 큰 가격 차이는 공중우세 전투기(air superiority fighters)에서 나타난다. F−22 랩터(Raptor)는 대당 약 2억 5천만 달러로, 대당 기종인 F−15 이글의 가격 6,500만 달러를 크게 상회한다.[45]

물론, 각 세대의 전투기는 대체되는 이전 전투기보다 기하급수적으로 더 개선된 성능을 제공하지만,[46] 차세대 전투기 개발 과정에서 비용 문제는 여전히 해결되지 않은 난제로 남아 있다. 오히려 연구개발 비용 절감에 대한 압박은 더욱 커지고 있으며, 상업 부문의 비용 절감 기술을 활용하여 개발비를 줄여야 한다는 요구가 증가하고 있다.[47]

두 번째 요인은 민군융합(CMF)을 지지하는 주장 중 하나인, 상업 부문에서 첨단 기술에 접근할 수 있는 가능성과 그 이점에 대한 인식 증가였다. 민군융합 지지자들은 종종 혁신의 역동성*이 군사 부문에서 민간·상업 부문으로 이동했다고 주장한다. 냉전 시대에는 항공우주, 고체 마이크로 전자, 컴퓨터, 반도체, 소프트웨어 등 국방기술·방위산업 기반(DTIB)이 첨단의 혁신과 발명의 중심이었다고 평가된다. 그러나 1990년대 후반부터 상황이 변화하면서, 상업적 기반 기술이 군사적 활용 가능성이 더 크다는 인식이 확산되었다. 현재 전 세계 연구개발 지출의 약 90%가 민간 목적을 위한 것이며, 상업 연구개발 지출

• 혁신의 역동성(dynamic of innovation)은 혁신이 단지 기술 개별에 국한되지 않고 다양한 주체들 간의 상호작용 협력을 통해 지식을 교환하면서 사회 전체에 영향을 미치는 복합적인 과정을 설명하는 개념이다

은 군사 연구개발 지출보다 10배에 달한다.**48** 이러한 경향은 특히 정보기술 분야에서 두드러지며, 혁신의 중심이 점점 민간 첨단 기술 산업으로 이동하고 있다. 대표적인 분야로는 무선 및 이동 통신(특히 4G와 5G 광대역 네트워킹), 인터넷, 소셜 미디어, 양자 컴퓨팅, 인공지능(AI), 로봇 공학, 블록체인, 빅데이터 등이 포함된다. 반면, 군사기술과 혁신은 상업적 용도로 사용하기에는 지나치게 복잡하고 난해하다는 평가를 받는다. 냉전 시대에 이루어졌던 군사기술의 민간 전환, 즉 스핀오프는 현재 그 가능성이 제한적이라고 분석된다.**49**

따라서 상업적 첨단 기술과 연관되면서도 군사 시스템에 활용될 수 있는 민군겸용기술의 중요성은 최근 몇 년 동안 더욱 커지고 있다. 이러한 민군겸용기술을 군사 목적으로 활용함으로써 얻을 수 있는 잠재적 이점은 다양하다. 첫째, 국방기술·방위산업 기반(DTIB)을 넘어 새로운 최첨단 기술에 접근할 수 있는 기회를 확장할 수 있다. 둘째, 이를 통해 군사 시스템을 위해 국가혁신 기반*으로 확장하고, 군사 연구개발 비용을 절감하며, 연구개발 자금을 보다 효율적으로 활용할 수 있다. 셋째, 민군겸용기술의 성공적 활용은 통합된 국가산업 기반†구축에 기여할 수 있다. 이를 통해 방위 계약 분야에 더 큰 경쟁을 유발하고, 혁신을 촉진하며, 조달 비용, 수명주기 비용, 획득 시간을 줄이는 데 도움이 될 수 있다. 마지막으로, 민군겸용기술은 긴급 상황에서 군수품 생산 능력을 확대하는 긴급생산역량‡을 강화하고 더 나아가 국

---

* 국가혁신 기반(National Innovation Base)은 기술 개발과 혁신을 촉진하는 국가의 전반적인 환경과 시스템을 의미하며, 여기에는 다양한 연구기관, 대학, 기업, 정부가 포함된다.
† 국가산업 기반(National Industrial Base)은 방위산업을 포함한 국가의 산업적 역량과 생산 능력을 의미하며, 군사 및 민간 부문에서 실제로 필요한 제품과 서비스를 생산할 수 있는 능력을 강조한다.
‡ 긴급생산역량(surge capacity)은 전시나 위기 상황에서 국가나 기업이 생산 능력을 단기

가 경제의 전반적인 경쟁력을 높이는데 기여할 수 있다.[50]

　민군융합(CMF)은 군사력 증강, 준비태세 향상 그리고 무기 개발 및 생산에서 중요한 역할을 수행한다. 20세기 중반부터 현재까지 군산복합체가 주도해 온 기술 개발은 점차 국가혁신 시스템 내에서 핵심 영역으로 자리 잡고 있으며, '통합된 산업 및 기술 기반'개념으로 확장되고 있다.[51] 이 모델은 여러 혁신 주체들이 협력하는 통합 네트워크로 운영되며, 협력과 지식 공유를 촉진하는 방식으로 기능한다. 국가혁신 시스템은 정부의 자금 지원과 정책적 지침 아래 다양한 기관과 조직이 협력하는 구조로 구성된다. 여기에는 연구 대학, 정부 연구소, 기업 연구개발 조직 그리고 공공 및 민간 제조 기업 등이 포함된다. 대표적인 정부기관과 연구 지원기관으로는 미국의 국립과학재단, 방위고등연구계획국(DARPA), 중국의 중국과학원, 중앙군민통합발전위원회 등이 있다. 이러한 국가혁신 시스템 내에서는 연구개발 지식이 다양한 기관과 주체 간에 폭넓게 공유되며, 첨단 군사 및 상업기술 시스템의 민군 겸용기술 개발이나 공동개발이 이루어진다. 이상적으로, 이러한 혁신 시스템을 통해 국방기술·방위산업 기반(DTIB)은 공통의 기술과 혁신 자원을 활용하여, 군과 해외 구매자에게 최소 비용으로 최고의 제품을 제공할 수 있다.

민군융합(CMF)의 형태

　일반적으로, 군사 연구(Research) ─개발(Development) ─획득(Acquisition)의 주기에 민간 부문과 상업적 전문성이 참여하는 방식은 다양한 형태

　적으로 급격하게 증가시킬 수 있는 능력을 의미한다.

로 이루어진다. 이러한 참여는 시스템 요구사항 정의부터 연구개발, 생산 그리고 수명주기 지원 등 전 과정에 걸쳐 적용될 수 있다. 미국 의회기술평가국(OTA)의 보고서에 따르면, 민군통합 개념은 "각각 통합의 요소로 간주될 수 있는 다양한 활동"을 포함한다. OTA는 이러한 통합 활동을 다음과 같이 네가지 사례로 제시한다. 첫째, 상용제품을 포함한 비개발 품목(NDI)*의 사용 확대가 민군통합의 한 형태로 간주된다. 이를 통해 군사 시스템 개발 비용을 절감하고 상업기술의 발전을 효과적으로 활용할 수 있다. 둘째, 민간과 국방 제품의 연구개발 또는 생산을 단일 조립라인에서 수행할 수 있도록 정부조달법 개정을 추진하는 것도 민군통합 일환으로 볼 수 있다. 이러한 접근 방식은 군사와 민간산업 간의 생산 효율성을 극대화하는 데 기여한다. 셋째, 정부 연구시설과 민간 부문 간의 연구개발 및 제조 기술 협력을 강화하는 것도 민군통합의 핵심 활동으로 여겨진다. 이는 군사기술과 민간기술 간의 시너지를 창출하여, 군사적 혁신을 촉진하고 기술 이전을 원활하게 하는 역할을 한다. 넷째, 군과 민간이 함께 무기와 군사 장비를 정비하는 창정비(DLM)†수준의 시설을 통합하고, 효율적인 운영체계를 구축하는 것도 민군통합의 중요한 부분으로 간주된다. 예를 들어, 군 시설에서 민간 시설로 군용 제트엔진의 정비와 점검을 이전하는 것은 군수 지원의 효율성을 높이고, 운영 비용을 절감하며, 민간 부문의 기술 역량을 적극 활용하는 방안으로 평가된다.[52] 이처럼 민군통합은 군사기술과 민간기술이 협력하여 효율성을 극대화하고, 방위산업과 민

---

* 비개발 품목(Non-Developmental Item)은 새롭게 개발할 필요 없이 기존에 사용되거나 상용으로 제공되는 제품을 의미합니다
† 창정비(Depot-Level Maintenance)는 전문기관에서 무기체계나 주요 군수품을 정밀하게 점검하고 수리하는 최고 수준의 정비 단계를 의미한다.

간산업의 경계를 점차 허물어가는 과정에서 중요한 역할을 하고 있다.

민군통합과 마찬가지로, 민군융합은 개념적으로는 이해하기 쉽지만, 실제 실행 과정에서는 훨씬 더 복잡한 과제로 나타나고 있다. 이는 민간산업과 군수산업 기반이 오랜 기간 동안 분리되어 운영되었기 때문이다. 다음 장에서 자세히 설명하겠지만, 대부분의 국가에서 방위산업은 자유 시장의 변동성으로부터 보호받으며, 정부 주도의 폐쇄적 환경에서 운영되어 왔다.53 이러한 구조적 특성으로 인해, 민군융합을 성공적으로 구현하려면 상업 부문과 군사 부문 간의 장벽을 허물어야 한다. 이를 위해 상업 첨단 기술 부문의 혁신을 군사 부문에 효과적으로 활용할 수 있도록 다양한 전략, 이니셔티브 그리고 실행 방안들이 제시되고 있다.

민군융합 구현의 도전 과제와 전략을 체계적으로 분석하기 위해, 민군통합과 민군융합이 실현될 수 있는 다양한 형태를 살펴본다. 일반적으로 이러한 형태는 스핀오프(spin-off), 스핀온(spin-on) 그리고 민군겸용(dual use)이라는 세 가지 접근 방식으로 분류된다.

스핀오프(spin-off)는 군사기술을 상업 제품에 적용하는 과정을 의미한다. 앞서 언급했듯이, 냉전 시기 동안 군사 연구개발은 과학과 기술 발전의 핵심적인 역할을 담당했다. 특히 냉전 초기 수십 년 동안, 전자공학과 신소재 분야에서 군사적 요구가 연구개발을 주도하면서 혁신이 이루어졌다. 이러한 기술들은 자연스럽게 상업 부문으로 확산되었으며, 대표적인 사례로 트랜지스터 라디오를 들 수 있다.54 그 외에도 스핀오프가 활발히 이루어진 분야로는 유인 우주 시스템 및 인공위성을 포함한 우주 기술, 인터넷, GPS 및 내비게이션, 태양광 전지, 디지털 카메라, 드론 등이 있다.

스핀오프는 방산전환(defense conversion) 또는 다각화(diversification)의 개념을 포함하기도 한다. 방산전환은 기존의 방위산업 시설을 민간 제품 생산으로 전환하거나, 방산기업이 상업 제품 라인으로 사업을 확대하는 것을 의미한다. 보스(Voss)는 방산전환을 다음과 같이 정의한다.

"방산전환이란 군사 생산 역량을 민간 생산 역량으로 전환하는 것을 의미한다. 이는 기업이 일부 군수품의 생산을 중단하고 민간 제품으로 전환하는 과정뿐만 아니라, 군사 프로젝트에 종사하던 인력이 민간 프로젝트로 이동하고, 군수품을 생산하던 공장 시설이 민간 작업에 활용되는 것까지 포함한다."[55]

전환과 다각화는 방산기업이 완전히 새로운 상업 제품 라인을 개척하거나 다른 상업기업을 인수하는 과정을 포함한다. 이러한 접근법은 냉전 종식 이후 국방예산이 대폭 삭감된 1990년대, 소위 '평화 배당금' 시기에 특히 활발하게 추진되었다. 당시 방산기업들은 새로운 수익원을 찾기 위해 분주히 움직였으며, 상업 분야로의 진출은 매력적인 대안으로 여겨졌다. 대표적인 사례로, 미국에서 보잉은 연방정부의 지원을 받아 공공 교통 분야의 성장 가능성에 주목하고 경전철 차량 제조 사업으로 다각화했으며, 그루먼은 버스와 태양광 패널 제작에 진출하며 새로운 시장을 개척했다. 또한 마틴 마리에타는 에너지 및 환경 서비스 사업에 진출했고, 맥도널 더글러스는 부동산 사업에 진출하며 새로운 수익원을 모색했다.[56]

중국과 러시아는 각각의 방식으로 방산전환을 추진했다. 중국에서는 1980년대부터 정부 주도로 군수산업 기업들이 다양한 민간 제품 생산에 나섰다. 군사 장비를 제조하던 기업들이 골판지 상자, 냉장고,

소형 자동차 등 생활 소비재를 생산하기 시작했으며, 1990년대 중반
까지 이러한 변화는 더욱 두드러졌다. 당시 중국 내 택시의 70%, 카메
라의 20%, 오토바이의 3분의 2가 군수 공장에서 생산된 제품이었
다.[57] 1990년대 후반에는 중국 방위산업 생산품의 90% 이상이 비군사
제품으로 구성되었다는 분석도 있다.[58] 한편, 러시아는 일류신
II-114 터보프롭 항공기와 수호이 슈퍼젯 100과 같은 상업용 여객기 사
업에 진출하며 군용 항공기 제조 역량을 민간 시장으로 확장하려 했다.

　스핀오프는 민군통합의 한 형태로 볼 수는 있지만, 민군융합과 동일
한 개념이라고 보기는 어렵다. 앞서 설명했듯이, 민군융합의 핵심 목
표는 첨단 상업기술을 국방기술·방위산업 기반(DTIB)으로 직접 유입
하는 데 있다. 반면, 전환 또는 다각화 형태의 민군통합은 주로 방산기
업의 재정 건전성을 유지하고 사업을 지속하는 전략적 대응책이었다.
즉 방산기업들이 사업을 지속하면서 주요 고객(즉, 군대)에 군수품을
공급할 수 있도록 하는 데 초점이 맞춰져 있었다. 국방예산과 군사획
득이 감소하는 상황에서, 전환이나 다각화 전략은 해고, 공장 폐쇄, 사
업 실패의 위험을 줄이는 수단으로 활용되었다.[59] 또한, 방산기업이
특정 시장(즉, 무기 사업)이나 주요 고객(국방부)에 대한 과도한 의존도를
완화하는 전략으로 고려되었다. 그러나 스핀오프는 첨단 상업기술을
국방기술·방위산업 기반(DTIB)으로 유입시키는 효과적인 수단이 되
지는 못했다.

　특히, 1990년대 후반에는 방산전환이나 다각화 형태의 스핀오프가
국가 군수산업의 '경제 재조정 전략'*으로서 실패했다는 점이 명확해

---

* 경제 재조정 전략(Economic Readjustment Strategy)은 특정 산업이나 경제 구조가 변
　화하는 환경에 적응하기 위해 자원을 재배치하고 새로운 성장 동력을 모색하는 과정을 의미
　한다.

졌다. 미국에서는 방산기업들이 익숙하지 않은 상업 분야로 진출하는 과정에서 한계를 드러냈다. 이들은 잠재적 시장에 대한 이해도가 부족했고, 고객 기반이 자유 시장의 변동성에 영향을 받는다는 점을 간과했으며, 상업 제품 개발을 위한 엔지니어링이 기존의 국방 연구개발(R&D) 절차와 크게 다르다는 사실도 충분히 고려하지 않았다.[60] 크리스토퍼 레이(Christopher Ray)는 이에 대해 "민군통합에서 방산전환은 가장 위험한 정책임이 증명되었다"고 평가했다.[61]

방산전환은 여러 국가에서 성공하지 못했다. 예를 들어, 스웨덴의 사브는 상업용 여객기 시장으로 다각화를 시도했지만, Saab−340과 Saab−2000 터보프롭 항공기 시리즈가 충분한 주문을 확보하지 못해 결국 실패했다. 중국의 군수 공장들도 민간 제품을 생산으로 전환을 시도했으나, 품질 문제로 인해 한계를 드러냈다. 특히, 1990~2000년 대 중국이 수천 개의 합작 기업을 설립하면서, 서구 및 한국, 대만 등 산업화된 국가에서 유입된 첨단 기술이 기존 군수 공장의 경쟁력을 약화시키는 요인이 되었다. 결국, 대부분의 방산기업은 방산전환을 포기하거나 애초에 시도조차 하지 않은 채, 군수품 생산에 집중하는 전략을 택했다. 더욱이 21세기에 들어 전 세계 국방 지출이 다시 증가하고, 세계 무기 거래도 활발해지면서, 방산기업들은 민간 부문으로 전환하거나 다각화해야 할 필요성을 크게 느끼지 않게 되었다.

스핀온(spin−on)은 민간 부문에서 개발된 기술, 프로세스, 또는 혁신을 국방기술·방위산업 기반(DTIB)으로 전환하는 과정을 의미한다. 스핀온은 민간 부문이 주도하는 기술 전환 방식으로, 단순한 제품뿐만 아니라 인적 자본(노하우 및 기술), 제조공정, 관리기법 등 다양한 요소를 포함한다. 스핀온의 가장 큰 특징은 군사기술이 아니라, 민간 부문에서 먼저 개발된 기술을 군사적으로 활용한다는 점이다. 예를 들어, 새로운 무기체계나 군용 장비가 처음부터 군사 목적으로 개발된 것이 아니라, 민간 용도로 개발된 기술이나 제품을 기반으로 하거나 이를 변형하여 군사 연구개발 과정에 도입되는 경우가 많다.[62] 이러한 과정이 단순한 상용제품 활용 방식으로 이루어지기도 한다.

예를 들면, 보잉 707과 767, 에어버스 A330과 같은 대형 민간 항공기는 군사적 용도로 개조되어 조기경보기(AEW), 수송기, 공중급유기, 정찰기 등으로 활용되고 있다. 또한, 프랫 앤 휘트니 PW2000 터보팬 엔진과 같은 상업용 제트 엔진이 C-17 수송기와 같은 군용 항공기의 동력원으로 사용되고 있다. 군에서 널리 사용하는 상용제품 중에는 헬리콥터, 트럭, 소프트웨어, 상업 위성 이미지 등이 있으며, 이들 대부분은 민간 시장에서 먼저 개발된 후 군사적으로 전용되었다. 또한, 군대가 민간기술과 아이디어를 변형하여 특수 목적에 맞게 활용하는 사례도 많다. 예를 들어, 미국 군대는 군사작전에 특화된 스마트폰 애플리케이션을 개발하여 실전에 적용한 사례가 있다. 이와 함께, 군사 및 민간 제조가 동일한 시설에서 이루어지는 경우도 존재한다. 예를 들어, 군복은 상업용 의류를 생산하는 공장에서 함께 제조될 수 있으며, 특히 조선업에서는 민간 선박을 건조하는 조선소에서 군함도 함께 건조된다.[63] 이러한 조선소에서는 건선거(drydock), 슬립웨이(slipway), 부두, 크레인, 제작 작업장과 같은 주요 시설이 군함과 민간선박 생산에 공통적으로 사용되며, 엔지니어, 프로젝트 관리자, 용접공, 전기기사, 보일러공, 도장공 등 동일한 인력이 동원된다.

4장에서 자세히 설명하겠지만, 21세기에 들어 중국의 군산복합체에서도 스핀온 전략이 빠르게 확산되고 발전했다. 중국은 상업 부문에서 개발된 첨단 기술과 제조 공정을 국방 연구개발과 생산에 적극적으로 도입하는 전략을 본격적으로 추진하기 시작했다.[64] 스핀온은 군사 연구개발 프로세스를 단축하고, 민간기술의 혁신을 신속하게 군사 부문에 적용할 수 있는 실질적인 수단으로 인식되었다. 이 전략은 2002년 중국 공산당 제16차 당 대회에서 처음 언급된 '우군우민(寓軍于民)'＊ 원칙과 함께, 2006~2020년 중장기 과학기술발전계획(MLP) 및 국방과학기술발전계획(MLDP)에 구체화되었다.[65] 이러한 전략이 등장한 시점은 결코 우연이 아니었다. 이 시기 중국의 유수 기업과 대학들이 세계적 수준에 도달하면서, 그동안 군사 부문에서 접근이 제한되었던 첨단 기술을 군사 연구 및 생산에 적용할 기회가 마련되었기 때문이다. 특히 중국은 이 기간 동안 마이크로 전자, 우주 시스템, 신소재(복합재와 금속 합금 등), 추진 시스템, 컴퓨터 지원 제조(CAM), 정보기술 등 핵심 분야의 발전에 집중했다. 또한 정부 차원에서 CAD/CAM, 다축 공작기계, 모듈식 선박건조 등 첨단 제조 기술에 대한 국내 산업의 투자를 적극 장려했다.[66]

그 결과, 중국은 첨단 상업기술 개발을 국방 부문에 스핀온 형태로 적용하면서 미사일, 우주, 인공위성, 항공기 생산뿐만 아니라 조선 부문에서도 상당한 성과를 거두었다. 특히 조선업 분야에서 중국은 해외 조선업체로부터 도입한 선진 기술을 활용하여 조선소를 현대화하고 생산 능력을 확장했다. 이를 위해 새로운 건선거 건설, CAD(3D 설계 도면) 도입, 모듈식 건조 기술 확보 등의 혁신적 조치를 시행하며, 민간 조선 기술을 군함 건조에 적용할 수 있는 기반을 마련했다. 이러한 기

＊ 우군우민(寓軍于民)은 '군사적 잠재력을 민간 역량에서 찾는다'는 의미로, 시진핑(习近平) 정부가 민군융합을 국가전략으로 채택하면서 강조되었으며, 중국 군사 현대화 정책의 핵심 기조 중 하나가 되었다.

술적 개선 덕분에, 2010년대 이후 중국 해군이 인수받은 군함들은 이 전보다 높은 품질과 향상된 생산 효율성을 갖추게 되었다.[67]

또한, 중국 인민해방군(PLA)은 정보통신기술(ICT) 산업의 성장 덕분에 상당한 이점을 누리고 있다. 멀베논(Mulvenon)과 티롤러 쿠퍼(Tyroler Cooper)에 따르면, 상용제품의 활용 증가로 인민해방군의 디지털화가 크게 촉진되었으며, 이를 통해 중국의 상업 IT 기업들이 개발한 세계적 수준의 기술을 직접 도입할 수 있게 되었다.[68]

그러나 중국의 상용제품 활용 경험은 스핀온 구현에 심각한 장애 요인이 될 수 있음을 보여준다. 실제로 상용제품 기반의 조달은 여전히 제한적이며, 특정 분야에서만 상용제품이 명확한 해결책을 제공하는 경우가 많다. 대표적인 사례로 상업용 항공기 기체를 군사용으로 개조하는 경우가 있다. 반면, 전투기, 포병 시스템, 잠수함 등과 같은 핵심 군사 시스템에는 직접 적용할 수 있는 민간 제품이 거의 없다. 또한 군대는 상용제품이나 민간기술을 채택하는 데 있어 엄격한 조달 규정을 적용하며, 이는 상업기술의 군사적 활용을 제한하는 주요 요인 중 하나로 작용한다.[69] 이와 더불어, 법률이나 표준운영절차(SOP)에 따라 입찰이나 제안요청서(RFP)에 특정 기술 요구 사항이 포함되는 경우가 많다. 이로 인해 혁신적인 민간 제품이나 기술이 애초에 배제되는 사례도 발생한다. 또한 국방획득기관은 군사적 전문 용어, 조직 문화, 복잡한 조달 환경에 익숙하고 이를 신속하게 대응할 수 있는 공급업체를 선호하는 경향이 강하다. 반면, 조달 경험이 부족한 민간기업은 이러한 환경에 적응하는 데 어려움을 겪는 경우가 많다.[70]

뿐만 아니라, 일부 상업기업은 국방계약이 지나치게 복잡하거나 경제성이 낮다고 판단하여 참여를 꺼리기도 한다. 예를 들어, 특수 군용 컴퓨터 칩과 같은 제품은 생산량이 적어 수익성이 낮다고 평가될 수 있다. 또한 많은 민간기업은 자사 기술이나 지식재산권(IPR)을 군에 공개하는 것을 원치 않을 수도 있다. 더 나아가, 오늘날 상업기술과 산업 공급망이 글로벌화되면서, 민간기업이 보유한 지식재산권을 국방 부문에 제공하는 것이 더욱 어려워졌다. 이에 따라 다수의 국가에서 군대는 수입 부품과 해외 기술에 대한 의존도를 줄이려는 경향이 강해지고 있다.[71]

이러한 문제를 해결하기 위해 국방기관과 국방획득 전문가들은 여러 가지 대안을 모색하고 있다. 주요 해결책으로는 민군 공동 연구개발 프로젝트에 대한 재정적 인센티브 제공, 민간기업이 국방조달 입찰에 쉽게 참여할 수 있도록 조달 절차 개방, 조달 및 계약관련된 행정적·법적 부담 완화, 군사 프로젝트에서 활용되는 기업의 지식재산권에 대한 법적 보호 등이 제시된다. 또한, 군사 연구개발 프로젝트에 민간 과학자 및 학술기관을 적극 참여시키는 방안도 고려되고 있다. 그러나 이러한 해결책의 구체적인 실행 방식은 각국의 산업 환경과 정책적 조건에 따라 다르게 적용되며, 각국의 지역적 상황이 궁극적으로 그 결과를 결정짓는다.

마지막으로, 기술 개발 과정의 초기 단계에서 민간과 군사 부문이 공동으로 연구개발을 수행하는 방식이 있다. 이를 통해 양측이 새로운 기술의 혜택을 공유할 수 있으며, 이러한 접근 방식은 '민군겸용 개발'로 불린다. 여기에서 주의할 점은 민군겸용 개발 전략은 단순히 '민군겸용 품목(items)'을 생산하는 것과 다르다는 점이다. 민군겸용 개발 전략은 군사 또는 민간 부문이 개별적으로 기술을 발전시킨 후, 스핀오프나 스핀온 방식으로 공유하는 기존 모델과는 근본적으로 다르다.

대신, 군사 및 민간 부문이 초기 연구개발 단계에서부터 협력하여, 군사와 상업적 용도로 모두 활용할 수 있는 기술을 공동으로 개발하는 것을 목표로 한다. 특히, 이 전략은 "기본적인 지식과 기술을 개발한다(developing generic knowledge and technology)"는 개념에 초점을 맞춘다. 즉, 군사 및 민간 연구개발이 공동으로 '기술 풀(pool)'을 형성하고, 이를 통해 군사 및 민간 사용자 모두가 필요에 따라 자유롭게 활용할 수 있도록 하는 것이 핵심이다.[72]

스핀온과 스핀오프와 마찬가지로, 민군겸용 개발 전략 역시 새로운 무기체계의 개발 및 제조 비용을 절감하고, 방위산업 기반을 강화하는 것을 목표로 한다. 또한, 민군통합과 마찬가지로, 민군겸용 개발은 군사와 민간 부문 모두에 적용할 수 있는 기술, 지식, 기량, 생산 프로세스, 관리 기법 등 다양한 영역에서 활용될 수 있다.[73] 그러나 민군겸용 개발 전략은 한 가지 중요한 측면에서 스핀온 및 스핀오프와 큰 차이를 보인다. 이 전략은 연구개발의 초기 단계, 가능하다면 기초 및 응용과학 연구 단계에서부터 민군 공동 협력을 촉진하는 데 초점을 둔다. 즉, 기술이 완성된 후에 군사 또는 민간 부문으로 이전되는 것이 아니라, 처음부터 양측이 협력하여 개발하는 방식을 의미한다. 이처럼 초기 단계에서 공동 기술 개발에 중점을 둔다는 점에서, 민군겸용 개발 전략은 아마도 'spin-together' 전략이라는 표현이 더 적절할 수 있다. 따라서, 이는 이 책에서 개념화하는 현대적 민군융합 접근 방식과 가장 부합하는 전략이라 할 수 있다.

또한, 민군겸용 개발 전략은 병행적 또는 통합적 방식으로 진행될 수 있다. 병행적 민군겸용 개발은 군사기술과 민간기술이 개별적으로 개발되었지만, 상호보완적이며 긴밀히 연결된 기술이나 제품을 의미

한다. 브르조스카(Brzoska)는 이를 '전쟁과 복지(warfare and welfare)'
라는 개념으로 설명하며, 군사 및 민간기술이 독립적으로 발전하면서
도 서로를 지원하는 관계를 형성하는 과정을 강조했다.

　일부 국가에서는 1960년대부터 군사기술과 민간기술을 동시에 발
전시키면서, 양 부문 간의 상호작용을 촉진하는 이중적 전략을 정부
차원에서 추진하기 시작했다. 이 과정에서 각 부문은 제도적으로 분리
되어 있었지만, 협력은 적극적으로 추진되었다. 예를 들어, 1960년대
중반부터 프랑스에서는 이러한 접근 방식을 채택했다. 군사 연구개발
이 국가 차원의 최우선 과제로 지정되었지만, 이를 전략적 민간산업과
연계하여 실행하는 방식이 도입되었다. 그 결과, 프랑스의 독립적인
핵 전력 개발에 투입된 막대한 비용이 원자력 발전 부문의 발전과 연
계되면서 상호 보완적인 효과를 창출했다.[74] 즉, 군사 분야에서의 기
술적 성과가 민간 원자력 산업의 성장으로 이어졌으며, 반대로 민간
원자력 산업에서 발전한 기술이 군사적 활용에도 기여하는 선순환 구
조가 형성된 것이다.

　또한, 유럽의 대표적인 항공우주 기업인 에어버스 SE는 민군겸용기
술 개발의 성공적인 사례로 꼽힌다. 에어버스는 상업용 항공기와 군용
항공기를 동시에 생산하면서, 두 부문이 제도적으로는 독립적으로 운
영되었지만 기술과 인력은 상호 보완적으로 활용되고 있다. 예를 들
어, 에어버스의 각 부문은 과학기술 연구와 성과를 정기적으로 공유하
며, 핵심 기술 혁신과 관련된 정보를 내부적으로 활발히 교환한다. 또
한, 숙련된 인력과 제조 노하우를 공유함으로써, 군용기와 민항기 개
발 과정에서 기술적 성과를 극대화하고 있다. 이처럼 병행적 민군겸용
개발은 개별적으로 진행되는 군사 및 민간기술 개발이 서로에게 긍정

적인 영향을 미치도록 설계된 전략으로, 국가 차원의 혁신 역량을 강화하는 데 기여한다.

통합적 민군겸용(integrated dual use) 개발은 민군 기술 통합의 가장 발전된 형태로, 현대적 민군융합 개념에 가장 부합하는 방식으로 평가된다. 이는 상업 부문과 군사 부문이 긴밀히 협력하고 조율하여 기술과 혁신을 공동 개발하는 방식을 의미한다. 여기에서 민간산업은 연구개발을 주도하며, 군사 부문은 협력자로서 이를 수용하고 지원하는 역할을 한다. 이 전략의 기본 가정은 정보기술(IT)이나 3D 프린팅과 같은 빠르게 변화하는 산업에서 민간이 기술 혁신을 주도하며, 상업산업과의 강력한 파트너십을 통해 이를 활용하면 '미래 국방 수요를 보다 낮은 비용으로 충족'할 수 있다는 점이다.[75] 예를 들어, 1990년대 미국 연방정부와 국방부는 군사적으로 중요한 분야에서 기술 발전을 촉진하기 위한 다양한 프로그램을 추진했다. 여기에는, 국가 평면패널 디스플레이 이니셔티브와 차세대의 반도체 제조 기술 개발을 위해 정부가 자금을 지원한 SEMATECH 프로그램이 포함된다. 또한 미국 정부는 방위고등연구계획국(DARPA)이 관리하는 다양한 협력적 연구개발 프로그램을 운영 했다. 대표적인 사례로 공동연구개발협정(CRADA)* 과 기술재투자프로그램(TRP)†이 있다.[76] CRADA는 군사 및 상업 연구개발 센터를 설립하여 기술 공유와 공동 연구개발을 촉진하는 역할을 수행했다. 예를 들어 미 육군의 국립자동차 센터(NAC)는 포드, 제너럴 모터스, 크라이슬러와 CRADA 협정을 체결하여 군·민간 자동차

---

* CRADA(Cooperative Research and Development Agreements)는 미국 연방 연구소와 민간기업 간의 협력을 공식적으로 촉진하는 공동 연구개발 협정이다.
† TRP(Technology Reinvestment Program)은 미국 국방부와 DARPA가 1993년부터 추진한 민군겸용기술 개발 지원 프로그램이다.

기술 협력을 추진했다.[77] TRP는 상업 연구개발을 기반으로 군수품을 개발하고, 이러한 획기적인 기술을 방위산업 기반(DIB)에 이전할 수 있도록 기업에 매칭 펀드를 제공했다. 이를 통해 민간 부문에서 개발된 혁신 기술이 군사 시스템에 신속하게 적용될 수 있도록 지원하는 체계를 마련했다.[78]

미국 의회기술평가국(OTA)은 통합된 프로세스를 "기술, 인력, 시설, 행정 조직 등의 공통 자산을 활용하여 국방 및 상업 상품과 서비스를 동시에 생산하는 과정"이라고 정의했다.[79] 이에 따라, 군사 및 상업 장비의 설계, 개발, 생산, 유지보수에 사용되는 여러 프로세스는 기술적으로 동일하거나 매우 유사하다. 이러한 프로세스 통합을 방해하는 장벽을 제거하면, 다음과 같은 여러 가지 이점을 얻을 수 있다. ① 획득 비용과 수명주기 비용 절감, ② 혁신 기술에 대한 군사 및 민간 부문의 접근성 향상, ③ 군수품 조달 시간 단축, ④ 국방기술·방위산업 기반(DTIB) 강화, ⑤ 미국 상업 경쟁력 증대 등이다.[80] 결과적으로, 통합적 민군겸용 개발은 방위산업과 민간산업 모두의 성장과 혁신을 촉진하는 핵심적인 접근 방식으로 자리 잡고 있다.

통합적 민군겸용 개발은 시설, 기업, 또는 산업 부문 수준에서 운영될 수 있다. 시설(facility) 수준에서는 군수 및 상업 제품을 동일한 인력과 통합 공정을 통해 개발, 생산, 유지하는 방식이 적용될 수 있다. 예를 들어, 동일한 공장에서 군용과 민수용 차량을 함께 생산하거나, 민간 조선소에서 군함과 상업 선박을 동시에 건조하는 사례가 이에 해당한다. 기업(firm) 수준에서는 군수품과 상업 제품을 위한 별도의 생산라인이 존재하지만 경영, 기획, 인력, 특히 연구개발과 같은 핵심 기업 자원을 민·군이 공동으로 활용하는 방식이 채택될 수 있다. 방산기업이 군용 및 민간기술을 동시에 개발하는 것이 대표적인 예다. 마지막으로, 산업 부문 수준에서는 항공우주산업, 조선산업과 같은 특정 산업에서 연구개발 노력, 기술, 생산 공정을 공유하는 공통 풀을 형성하는 방식이 활용될 수 있다. 이 과정에는 산업 및 정부 표준화 기구, 공유 국가 시험 시설, 공동 연구개발 컨소시엄 등이 포함될 수 있다. 특히, 산업 수준의 통합적 개발 전략은 민군융합에서 가장 효과적이고 유망한 접근 방식으로 점차 주목받고 있다.[81]

민군겸용기술 개발 전략, 특히 통합적 민군겸용기술 개발은 강력한 정부 지원과 주도, 민간 부문의 초기 참여 그리고 공공·민간 협력을 필요로 한다. 이러한 요소는 현대 군사 요구를 충족하기 위해 등장한 4차 산업혁명 기술을 효과적으로 활용하는 데 특히 중요하다. 현재 4차 산업혁명의 핵심 기술, 특히 인공지능(AI), 머신러닝, 자율 시스템, 소형화 기술, 빅데이터, 양자 컴퓨팅, 적층 제조 등은 상업 연구개발 부문이 주도하고 있다. 따라서, 군이 이러한 기술 혁신을 효과적으로 활용하려면, 민군겸용 개발을 추진하기 위한 정부의 체계적인 하향식 정책 추진과 조정이 필수적이다.

국가별 사례를 살펴보면, 중국은 통합적 민군겸용기술 개발 모델의 잠재력을 특히 높게 평가해 왔다. 1980년대 중반부터, IT, 항공우주, 레이저, 광전자, 반도체, 신소재를 포함한 다양한 분야에서 첨단 기술 기반을 확장하고 발전시키기 위해 장기 과학기술 개발 프로그램인 '863 프로그램'을 도입했다. 이 프로그램은 본질적으로 기초 및 응용 연구에 초점을 맞추었지만, 포함된 기술 분야 대부분이 군사적 활용 가능성을 갖고 있었다. 실제로 1986년부터 2001년 사이에 '863 프로그램'의 주요 연구 분야 중 90% 이상이 민군겸용기술로 적용될 가능성이 있었으며, 연구에 참여한 인력의 약 20%가 국방 과학자와 엔지니어로 구성되었다. 이들은 총 1,500개 이상의 프로젝트를 수행하며, 중국의 민군융합 전략 발전에 중요한 역할을 했다.[82]

궁극적으로 '863 프로그램'이 엇갈린 성과를 남겼지만, 중국이 민군융합(CMF) 접근 방식을 명확히 정립하고 이를 국가전략으로 강조하는 계기가 되었다. 시진핑 주석 체제에서 중국은 민군융합을 서방과의 군사기술 격차를 좁힐 핵심 전략으로 간주하며, 이를 적극적으로 확대하고 있다. 2017년, 중국은 민군융합 전략을 체계적으로 추진하기 위해 '중앙군사민간통합발전위원회'를 신설했다. 같은 해, 중국은 국제 경쟁에서 우위를 확보하기 위해 AI, 생명공학, 첨단 전자, 양자 컴퓨팅, 첨단 에너지, 첨단 제조, 미래 네트워크, 신소재 분야에서 기초 및 첨단 연구개발을 수행하는 통합 시스템 구축을 목표로 하는 '제13차 과학기술 군민융합 발전 5개년 특별 계획'을 발표했다. 이 계획의 핵심 목표는 국제 경쟁의 주도권을 확보하는 것이었다.[83]

새로운 민군융합 전략은 기존의 중국 민군통합 정책과 몇 가지 중요한 측면에서 차이를 보인다. 과거 민군통합이 군사와 민간기술 협력을 촉진하는 전반적인 정책이었다면, 현재의 민군융합은 중국 인민해방군이 4차 산업혁명 기술을 신속히 확보하고 이를 군사적으로 활용하는데 초점을 맞추고 있다. 특히, 민군융합 전략은 인공지능(AI)의 군사화와 밀접하게 연계되어 있으며, 인민해방군은 AI를 다음과 같은 핵심 군사 임무에 적극 활용하고 있다. ① 지휘 및 통제, ② 정보 처리 및 분석(예: 이미지 인식 및 데이터 마이닝), ③ 표적탐지 및 타격, ④ 항법 및 자율 시스템 운영 등이다.[84] AI를 포함한 첨단 기술을 군사 시스템에 통합하려는 중국의 노력은 새로운 민군융합 전략의 핵심 요소로 자리 잡고 있다.

나아가야 할 방향

4차 산업혁명의 발전은 민군융합(CMF)을 세계 군사 현대화의 핵심 요소로 자리 잡게 했으며, 이에 따라 민군융합의 중요성과 가치는 지속적으로 높아지고 있다. 전통적인 군산복합체가 경제 전반과 분리된 방식으로 운영되던 과거의 모델은 점차 지속 가능하지 않을 뿐만 아니라 비효율적이라는 평가를 받고 있다. 현재 첨단 기술 혁신의 최전선은 군수산업이 아니라 상업 부문에서 이루어지고 있으며, 이에 따라 군대와 기존 군수 공급업체들은 이러한 변화에 능동적으로 적응해야 하는 상황에 직면해 있다. 적응하지 못할 경우, 미래 군사력과 군사적 우위를 결정짓는 핵심 기술에 대한 접근 기회를 잃을 위험이 커질 수 있다. 따라서, 다음 단계는 전 세계 군대가 4차 산업혁명과 민군융합의 잠재력을 어떻게 활용하고 있는지 분석하는 것이다. 이를 통해 각국의 군사전략, 산업 정책, 기술 개발 과정에서 민군융합이 수행하는 역할을 심층적으로 평가하고, 그 영향과 전망을 보다 명확히 제시할 수 있을 것이다.

03

미국의 민군융합

CMF in the United States of America

- 군산복합체의 형성과 변화
- 전후 군산복합체: 스핀온, 스핀오프, 스핀어파트까지
- 1990년대: 방위산업에서 민군통합의 성장
- 2010년대: 3차 상쇄전략, 4IR과 민군융합의 등장
- 소결론

Chapter 03
미국의 민군융합
CMF in the United States of America

들어가며

미국은 전 세계 방위산업에서 독보적인 위치를 차지하고 있다. 유일하게 무기조달의 완전한 자급자족이 가능한 국가이며, 첨단 국방기술에서도 전반적인 우위를 유지하고 있다. 또한, 세계 최대의 방위산업을 보유하고 있으며, 300만 명 이상의 민간 인력을 고용하고, 전 세계 방위산업 생산량의 약 75%를 차지한다.

미국의 무기 제조에서 상업 부문은 핵심적인 역할을 해왔다. 국영 방위산업(state−owned arms industry)은 정부 운영 병기 공장(arsenals)과 해군 조선소를 중심으로 소규모 체제로 유지되었다. 특히, 대규모 동원이 필요한 시기에는 무기 생산과 공급의 대부분을 민간기업에 의존했다.[1] 예를 들어, 남북전쟁 기간 동안 미국 정부는 물류와 통신을 위해 상업 철도 및 전신 회사(예: Western Union)에 크게 의존해 왔다. 병기 공장은 대포와 전차용 총통을 제작하고, M1903 스프링필드(Springfield)와 M1 개런드(Garand)와 같은 소총을 설계했지만, 이러한 무기 제조는 종종 민간기업과의 계약을 통해 이루어졌다. 해군 조선소는 미 해군을 위해 군함을 건조했지만, 민간 조선소와 경쟁하기도 했다. 남북전쟁 당시 USS 모니터는 발명가인 존 에릭슨(John Ericsson)이 설계하고 브루클린의 상업 철공소에서 건조되었다. 또한, 중력 비행체가 발명된 이후 미국 군대는 항공기와 우주항공기를 민간 항공우주 기업으로부터 조달해 왔다.

미국은 전통적으로 무기 생산에서 민간산업에 의존해 왔음에도 불구하고, 민군융합(CMF) 정책은 상대적으로 소극적으로 추진되었다. 특히 냉전 시기, 미군은 혁신적인 민간기술을 활용하기 보다는 국방에 특화된 (병행 가능한) 기술과 제품 개발을 우선시하는 경향이 강했다. 그러나 이러한 경향이 항상 일관되게 유지된 것은 아니다. 워렌 친(Warren Chin)에 따르면, 제2차 세계대전 이전에는 미국을 비롯한 여러 국가의 군대는 기본적으로 민간 및 상업 부문과 동일한 기술적 기반을 공유했다. 그는 "군대의 기술적 요구는 상업 부문이 활용하는 동일한 과학 및 기술 지식을 통해 충족되었다"고 지적한다.[2] 그러나 전쟁이 끝나고 냉전이 시작되면서 군사 부문의 기술적 요구는 점차 상업 부문의 공급 능력을 초과하기 시작했다. 그 결과, 군사 부문은 과학과 기술 혁신의 중심적 주체로 자리 잡게 되었다. 특히 미국에서는 국방부(DoD)가 국가의 첨단 기술 연구개발(R&D)을 주도하면서, 항공우주 및 전자공학과 같은 분야에서 두드러진 성과를 보였다.[3] 예를 들어, 1960년대 국방부는 미국 전체 R&D 예산의 약 50%을 단독으로 지원했으며, 연방정부는 전체 R&D 지출의 3분의 2를 차지하며, 국방 연구를 주도했다.[4] 그러나 이러한 대규모 투자가 이루어졌음에도 불구하고, 첨단 상업기술이 국방 분야에 적극적으로 활용되는 사례는 여전히 제한적이었다. 또한, 군과 민간 간 기술 이전을 활성화하려는 여러 시도가 있었음에도, 이를 일반적인 관행으로 정착시키는 데는 어려움이 있었다.

미국은 첨단 기술 분야에서 과거 군사적 우위를 가능하게 했던 '선점자 우위'*를 점차 상실하고 있음을 인식하고 있다. 반면, 잠재적 적국들은 주요 전략적 지역에서 미국의 전력 투사 능력을 위협할 수 있는 역량을 꾸준히 확보하고 있다. 이러한 도전에 직면한 미국은 경쟁자 또는 잠재적 적국을 억제하거나 격퇴할 수 있도록 전쟁 수행 방식을 지속적으로 발전시키고 있다. 이에 따라 미군은 기술적 우위를 유지하고 강화하기 위해 새로운 기술을 끊임없이 탐색하고 있다.[5]

이와 관련하여, 미국 국방부와 미군은 첨단 상업기술의 군사적 활용 가능성을 점점 더 높이 평가하고 있다. 특히, 4차 산업혁명 기술이 미래 국방 전략에서 핵심적인 역할을 할 것으로 전망된다. 이에 따라 국방부는 4차 산업혁명 기술 혁신을 적극적으로 도입하고자 하며, 이를 위해 군산복합체와 상업 첨단 기술 부문간 협력을 강화하고 있다. 이러한 노력은 상업기술 혁신을 군사적 역량으로 전환하는 과정에서 민군융합의 중요성을 더욱 부각시키고, 그 역할을 필연적으로 확대할 것이다.[6]

군산복합체의 형성과 변화

미국은 세계에서 가장 크고 강력한 군대를 운영하고 있다. 220만 명이 넘는 현역 및 예비군 병력을 보유하고 있으며, 이들은 인간이 거주

---

* First-mover advantage는 시장이나 산업에서 처음으로 혁신적인 제품, 서비스, 또는 기술을 도입한 기업이나 조직이 그로 인해 얻는 경쟁적인 유리한 위치를 의미한다.

하는 모든 대륙에 배치되어 활동 중이다. 미군은 10,000대 이상의 전차와 장갑차, 약 3,500대의 전투기, 4,000대의 헬리콥터, 10,000대 이상의 드론, 19척의 항공모함과 강습상륙함 그리고 110척 이상의 대형 수상전투함을 운용하고 있다. 이 거대한 규모의 군사력은 2021년 기준 7,500억 달러에 달하는 세계 최대 국방예산에 의해 뒷받침된다. 실제로, 미국의 국방 지출은 전 세계 군사비의 약 40%를 차지하며, 다음으로 많은 국방비를 지출하는 상위 10개국의 국방예산 총액보다 많다.[7]

흥미로운 점은, 이처럼 거대한 군사력이 비교적 최근에 형성되었다는 사실이다. 1776년 건국부터 1940년까지, 미국은 대규모 상비군을 보유하지 않았다. 19세기 동안, 미군의 병력은 1812년 영국과의 전쟁, 남북전쟁, 스페인—미국 전쟁과 같은 주요 전쟁 시기를 제외하면 4만 명을 넘지 않았으며, 대규모 상비군은 특별한 상황에서만 조직되었다. 남북전쟁 기간에는 병력이 100만 명 이상으로 급증했지만, 전쟁 종료 후 직업 군인의 수는 급격히 감소했다. 예를 들어, 남북전쟁 이후 미 육군은 약 26,000명으로 줄었고, 이들은 주로 서부 개척지에서 원주민과의 전투에 투입되었다. 또한, 미 해군은 1865년의 60,000명에서 1880년대에는 10,000명 미만으로 감소했다. 대부분의 유럽 국가들과 달리, 미국은 평시에는 의무 징병제를 시행하지 않았고, 전시에만 한시적으로 도입했다. 이러한 경향은 20세기 초반까지 지속되었다. 제1차 세계대전 동안 미군 병력은 약 300만 명으로 급격히 증가했으나, 전쟁 후 다시 크게 축소되었다. 전간기(戰間期, 1918~39년)에는 미군 병력이 약 25만 명(미 육군 15만 명, 해병대 1만 7,000명 포함) 수준으로 유지되었다.[8]

제2차 세계대전은 미국의 군사력과 방위산업을 근본적으로 변화시켰다. 징병제 도입과 국가 자원 동원으로 1945년까지 군인 및 군무원 수가 1,200만 명에 달하는 엄청난 규모로 확대되었다. 그러나 더 주목할 점은, 전쟁이 끝난 후에도 이전 전쟁과 달리 병력 감축이 급격하게 이루어지지 않았다는 것이다. 오히려 냉전이 본격화되면서 미군의 규모는 다시 증가하기 시작했으며, 이는 평시에도 대규모 군사력을 유지한 첫 사례가 되었다. 1950~1960년대에는 약 300만 명 규모의 상비군을 유지했으며, 이는 미국의 무기 생산체계에도 중대한 변화를 가져왔다. 1차 세계대전 이전까지 미국에는 현재와 같은 대규모 군수산업이 존재하지 않았으며, 소규모 무기 공장이 무기생산을 담당했다. 당시에는 소총과 대포를 생산하는 병기 공장과 함께, 미 해군 조선소와 민간 조선소에서 군함을 건조하는 수준에 머물렀다. 그러나 무기 생산은 미국 정치와 경제 발전에도 중요한 영향을 미쳤다. 특히, 대량 생산의 개념의 도입은 방위산업을 넘어 제조업 전반에 큰 변화를 일으켰다. 표준화된 부품 사용, 숙련된 제조 공정과 반숙련된 조립 공정 간의 분업하는 방식은 방위산업에서 처음 도입되었다. 19세기 초, 미국 정부는 미군에 저렴하고 표준화된 소총을 공급할 방법을 모색했으며, 이에 따라 표준화된 교환 부품, 반자동화 공정 그리고 간단한 조립 라인이 도입되었으며, 이는 후에 '미국의 제조 시스템'으로 알려지게 되었다. 이러한 생산 방식은 매사추세츠주 스프링필드와 웨스트버지니아주 하퍼스페리의 병기 공장에서 시작되었다. 이들 병기 공장은 머스킷총, 대포, 탄약, 신관, 곡사포, 소총 등의 설계와 생산을 주도하며 무기 산업의 토대를 마련했다.[9]

그럼에도 불구하고, 19세기와 20세기 초반까지 미국의 방위산업은

규모가 작고 부차적인 사업에 불과했으며, 전쟁과 분쟁의 증감에 따라
확장과 축소를 반복하는 불규칙한 특성을 보였다. 남북전쟁은 예외적
인 사례로, 당시 북군과 남군은 사상 최대 규모의 군사적 수요를 충족
하기 위해 무기 생산을 대폭 확대했다. 소총, 권총, 대포, 박격포, 군함
등 다양한 군수품의 생산이 급증했으며, 철갑선, 반복 장전 소총, 회전
식 포탑, 관측용 열기구 풍선, 심지어 잠수함 등 당시로서는 혁신적인
기술들이 개발되었다. 그러나 남북전쟁을 비롯한 19세기 대부분의 전
쟁이 끝난 후, 미국 방위산업은 다시 침체기에 접어들었다. 예를 들어,
남북전쟁 이후 미 해군은 심각한 쇠퇴를 겪었으며, 해군 선박건조는
1880년대에 들어서야 다시 회복되기 시작했다.[10] 이 회복은 시어도어
루스벨트(Theodore Roosevelt) 행정부(1901~1909년) 시기의 '대(大)백색
함대'* 건설로 절정을 이루었다. 제1차 세계대전 이후에도 미국 해군
은 워싱턴 해군군축조약의 제한과 예산 제약으로 인해 1918~39년 동
안 사실상 함선 건조를 중단하는 '건조 휴식기'†를 경험하며 다시 감
소세를 보였다.[11]

그러나 미국의 방위산업 중에서도 군용 항공산업만큼 큰 타격을 입
은 분야는 없었다. 미국은 제1차 세계대전을 통해 유인 비행을 본격적
으로 시작했지만, 군용 항공기의 혁신과 개발에서는 유럽보다 크게 뒤

---

* Great White Fleet는 1907~1909년 미국 해군이 세계 일주하며 군사력과 국제적 위상을
  과시한 사건이다. 루스벨트 지시에 따라 조직되었으며, 해군전력을 전 세계에 알리고, 군사
  적 존재감을 확립하는 것이 주 목적이었다. 16척의 전함으로 구성되었으며, 함선 모두 하얀
  색으로 칠해져 "백색"이라는 이름을 얻었다.
† Building holiday는 해군 함선 건조가 중단되거나 극히 제한된 시기를 나타냄. 미 해군은
  새로운 군함을 건조하지 못하고, 군사력이 감소하는 상황을 맞이하게 되었다. 이 시기 동안
  해군은 제한된 예산 내에서 군비를 조정하고, 새로운 함선 건조를 일시적으로 멈추거나 축
  소했다.

처져 있었다. 1917년 미국이 전쟁에 참전했을 때, 대량 생산된 전투기
나 폭격기가 없었으며, 신생 미 육군 항공대는 영국이나 프랑스의 전
투기를 운용해야 했다. 휴전 이후, 미군의 항공기 개발 및 생산 확대
계획은 취소되었고, 의회는 항공관련 예산을 90% 삭감했다. 이로 인
해 미국의 군용 항공산업은 1920년대 후반까지 사실상 정체 상태에
머물렀다. 1930년대 들어서 단발 비행기 혁신에 중요한 기여를 하며
XP−9 전투기, YIB−9, B−10 폭격기 등을 생산했지만, 제2차 세계
대전 발발 전까지 생산 규모는 여전히 제한적이었다.[12]

　제2차 세계대전 이전까지 미국 군수산업(arms industry)은 상대적으
로 미미하고 일회적인 역할을 했으며, 이는 학자들, 특히 정치학자와
경제학자들 사이에서도 큰 관심을 받지 못했다는 점에서 드러난다.
1940년대 이전까지 무기 제조업체를 다룬 연구는 드물었으며, 그 중
대표적인 사례가 H. C. 엥겔브레히트(H. C. Engelbrecht)와 F. C. 하니
겐(F. C. Hanighen)이 1934년에 발간한 「죽음의 상인」*이다. 이 책은
주로 크루프, 맥심, 비커스와 같은 유럽 기업들에 대한 비판에 초점을
맞췄으며, 미국 무기 공급업체에 대한 비판은 듀폰(화약과 폭발물의 주요
공급업체), US스틸, 모건은행그룹 등 몇몇 민간기업에 한정되었다. 반
면, 정부가 운영하는 병기 공장이나 해군 조선소 네트워크에 대한 비
판은 다뤄지지 않았다.[13]

　그러나 제2차 세계대전과 냉전은 미국 방위산업의 규모, 범위, 성격
을 근본적으로 변화시켰다. 1941~1945년, 전쟁 물자 생산은 미국 사
회 전반에 즉각적인 영향을 미쳤다. 무기 생산은 경제, 사회, 정치 구

---

* 'Merchants of Death'은 무기 제조업체나 무기 거래상들이 막대한 이익을 추구하며 전쟁
　과 갈등을 조장하거나 이를 통해 경제적 이익을 얻는 사람들을 비판적으로 지칭하는 표현이다.

조에 깊숙이 스며들었고, '총력전(total war)'의 시대는 많은 미국인의
일상에까지 변화를 가져왔다. 자동차 공장은 전차, 항공기 엔진, 폭격
기를 생산했고, 철강 회사는 구축함, 항공모함, 잠수함을 건조하는 조
선소에 철판을 공급하면서 민간 생산은 대부분 중단되었다. 또한 방위
계약에 크게 의존하는 지역사회가 새롭게 형성되었으며, 무기 제조업
은 국가의 주요 고용 분야 중 하나로 자리 잡았다. 이 과정에서 기존 노
동 시장에서 소외되었던 여성과 흑인 등 다양한 계층의 미국인들에게
새로운 일자리 기회가 열리기 시작했다.

더 중요한 점은, 제2차 세계대전 이후 미국은 '민주주의의 무기고'*
에서 '군산복합체'를 가진 국가로 변화했다는 것이다. 일반적으로 전
쟁이 끝난 후 방위산업이 축소되는 경향이 있지만, 냉전 기간 동안 미
국의 방위산업은 오히려 확장되었다. 이 과정에서 민간 방위산업이 정
부 운영 병기 공장과 조선소를 대체하면서, 록히드, 노스롭, 제너럴 다
이나믹스, 뉴포트 뉴스 조선, 노스 아메리카 에이비에이션 등과 같은
기업들이 방위산업의 중심적인 역할을 맡게 되었다. 또한, 미국 정부
는 수십억 달러 규모의 연구개발(R&D) 자금을 지원하며, 민간 군수산
업(private arms industry)이 전후 미국의 기술 및 산업 발전에 기여하도
록 유도했다. 1940~1970년대, 방위산업은 제트 추진, 원자력, 마이크
로 전자, 통신, 컴퓨팅 등 주요 기술 혁신을 주도했다. 또한 무기 제조
는 컴퓨터 지원 설계(CAD)와 컴퓨터 지원 제조(CAM)†와 같은 첨단 생

---

* 'Arsenal of Democracy'는 제2차 세계대전 중, 프랭클린 D. 루즈벨트가 의회 연설에서
  사용한 표현이다. 미국이 민주주의를 방어하고 나치 독일과 일본 위협에 맞서 싸우기 위해
  전 세계에 동맹국들에게 군사 및 물자를 지원해야 한다고 강조하며 "민주주의의 무기고가
  되어야 한다"고 주장했다.
† Computer-Aided Design은 컴퓨터를 이용하여 3D 모델링 및 설계를 수행하는 기술이
  다. Computer-Aided Manufacturing은 CAD 데이터를 활용하여 기계 가공, 로봇조립,

산 기술의 발전도 이끌었다. 무엇보다도 중요한 점은, 미국이 서방 세계 방어를 핵심 전략으로 삼으면서 무기 생산은 거대한 사업으로 성장했다는 것이다. 1950년대 미국의 국방비는 급격히 증가해 국내총생산(GDP)의 10%에 달했으며, 거의 모든 하원의원 지역구에 방위 계약이 할당되었다. 이 시기 미국 방위산업은 규모가 크고, 광범위하며, 민간기업이 주도했지만, 국가가 자금을 지원하고 지휘하며 규제함으로써 공공 부문과 민간 부문 간의 경계가 점차 모호해졌다. 이에 따라 군대, 방위산업, 정부로 이루어진 이른바 '철의 삼각지대(Iron Triangle)'가 형성되며, 미국 정치 시스템 전반에 걸쳐 강력한 영향을 행사하게 되었다.[14]

　놀랍게도, 냉전이 끝난 후에도 미국의 군산복합체는 지속적으로 유지되었다. 실존적 위협이 감소했음에도 불구하고, 미국 방위산업은 쇠퇴하지 않고 오히려 성장했다. 아마도 농업을 제외하면 미국 경제의 다른 어떤 부문도 이처럼 '시장의 힘'*으로부터 강력하게 보호받지 못했을 것이다. 미군은 여전히 군사 연구개발(R&D)과 무기 제조에 막대한 자금을 투입하고 있다. 21세기 초반, 미국의 국방조달 및 R&D 지출은 크게 증가했다. 2000년 1,380억 달러였던 국방예산은 2020년 2,580억 달러로 거의 두 배 확대되었다. 군사 연구, 개발, 테스트 및 평가(RDT&E) 예산도 2002년 700억 달러에서 2020년 1,070억 달러로 증가했다(그림 3−1 참조).[15]

　3D 프린팅 등 자동화된 제조 공정을 수행하는 기술이다. 이 두 기술은 현대 제조업에서 필수적인 요소이다.
* 방위산업이 시장의 자율 경쟁 논리보다 국가 정책과 자금 지원에 의해 유지되고 성장해 왔다는 점을 강조한다.

그림 3-1 미국의 군사 연구 · 개발 · 시험 · 평가(RDT&E) 지출(2021년 기준 고정 미화)

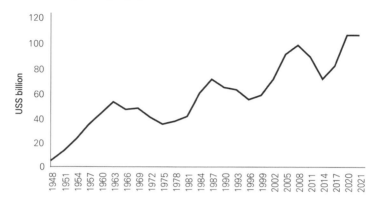

출처: 미국 국방부, 2021 회계연도 국방 예산 추정치 (Washington, DC: Office of the Under Secretary of Defense, April, 2020), 136-43

미국의 방위 생태계는 국가 과학기술(S&T) 및 첨단 군사기술의 연구, 개발, 시험, 평가(RDT&E)를 지원하는 강력한 네트워크에 의해 뒷받침되고 있다. 연방정부는 국방관련 S&T 및 R&D에 막대한 자금을 투입하지만, 실제 연구개발은 민간기업과 비영리 연구기관이 주도적으로 수행한다. 예를 들어, 2018년 미국의 총 R&D 지출(6,070억 달러)에서 민간 부문이 차지하는 비중은 63%로, 정부의 비중인 22%보다 크게 상회했다(그림 3−2 참조). 이러한 구조는 방위산업과 민간기술 부문 간의 긴밀한 연계를 보여준다. 또한 미국 정부는 국가 S&T 기반을 강화하기 위해 국립과학재단(NSF)을 통해 연간 수십억 달러를 대학, 연구 센터, 연구소 등에 지원하며, 기초 연구를 적극적으로 육성하고 있다. NSF는 미국 대학에서 수행되는 모든 연방 지원 기초 연구의 약 4분의 1을 담당하며, 의학을 제외한 모든 기초 과학 및 공학 분야를 지원하는 역할을 맡고 있다. 특히, NSF는 미국이 연구의 최전선에 서도록 지원하는 것을 목표로 하며, 전통적인 학문 분야의 연구뿐만 아니라 '고위험, 고수익'이 예상되는 혁신적 아이디어에도 적극적으로 자금을 투자하고 있다.[16]

그림 3-2 **자금 출처별 미국 연구개발(R&D) 지출, 2018**

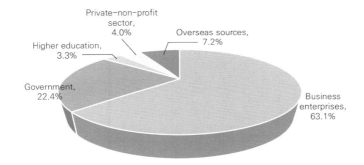

출처: 경제협력개발기구(OECD), "Main Science and Technology Indicator,"

　미국 정부는 여러 개의 연방정부 지원 연구개발 센터(FFRDC)*를 운영하며, 이들은 국방 R&D를 포함한 다양한 연구를 수행하고 있다. 예를 들어, 로스 알라모스, 로렌스 리버모어, 오크리지는 핵무기 연구를 담당하며, 그 외에도 여러 기관들은 첨단 항공, 항공우주, 컴퓨팅, 사이버 보안, 생물방어 등 첨단 기술 분야를 연구하고 있다. 또한, 방위고등연구계획국(DARPA)은 군사적 필요를 넘어 기술과 과학의 새로운 가능성을 탐구하기 위해 혁신적인 연구를 수행한다. DARPA는 흔히 'Blue Sky 연구'†라 불리는 장기적이고 탐색적인 연구개발을 기획하

---

* Federally Funded Research and Development Centers는 미국 연방정부가 국방, 과학, 기술, 국가안보 등 전략적 연구개발(R&D)을 수행하기 위해 지원하는 비영리 연구기관이다.

고 실행하며, 연간 예산은 약 36억 달러에 달한다.[17]

　미국은 대부분의 무기 생산에서 민간 부문에 의존하지만, 연방정부는 국가 방위산업을 강력히 지원하고 보호하고 있다. 민간 방산기업(Private defense firms)들은 국방부와 계약을 맺고, 응용 연구, 개발, 시제품 제작, 테스트, 평가 그리고 일반적으로 실제 무기 생산까지 수행한다. 이러한 활동은 국방부의 연구개발, 시험 및 평가(RDT&E) 예산으로 지원되며, 2021 회계연도 기준으로 약 1,000억 달러가 투입되었다(그림 3–1 참조). 또한 대부분의 방산기업들은 기술 인큐베이터(예: 록히드의 스컹크 웍스)를 운영하거나 자체 R&D 프로젝트에 자금을 투자하여, 이를 통해 향후 국방조달 프로그램과 연계하는 전략을 취하고 있다. 마지막으로, 미국 정부는 높은 수준의 R&D 및 조달 예산(2021 회계연도 기준 총 2,500억 달러)을 유지함으로써 방위산업에 안정적이고 신뢰할 수 있는 장기 재원을 제공하고 있으며, 이를 통해 연구개발과 생산 활동을 지속적으로 뒷받침하고 있다.[18]

　또한, 미국 정부는 주요 방산기업들이 재정적 안정성을 유지할 수 있도록 '공정한 몫(fair share)'의 방산계약을 보장해 왔다. 국방 프로젝트는 대개 비공식적으로 여러 경쟁 기업들 간 균등하게 배분되는 경우가 많다. 예를 들어, 전투기 부문에서 록히드는 F–16과 F–35 전투기를, 보잉은 F–15와 F/A–18을, 노스롭 그루먼은 B–2 폭격기와 향후 출시될 B–21 폭격기를 생산한다. 또한, 배스 아이언 웍스(Bath Iron Works)와 잉걸스 조선소(Ingalls Shipbuilding)는 알레이 버크급 구축함의 건조를 분담하고 있다. 이러한 '방위산업 기반 유지'*는 특정

✝ Blue sky 연구는 DARPA가 추진하는 혁신적이고 미래지향적인 기술 개발을 의미하는 용어로, 기존 기술이나 방식을 넘어서는 혁신적인 해결책을 탐색하는 데 초점을 맞춘다. 대표적인 사례로 인터넷과 GPS가 있다.

무기 프로그램을 계속 추진하는 주요 근거로 자주 활용되어 왔다. 국방부는 M1 전차를 M1A2 기준 이상으로 업그레이드하는 개선 프로젝트와 같은 사업을 지속적으로 수행하며, 심지어 필요성이 낮게 평가되더라도 이를 유지하는 경우가 많다.19 그러나 이러한 정책은 산업 효율성을 희생시키고, 중복된 생산 능력과 낮은 성과를 내는 국방 시설을 유지하는 결과를 초래하기도 한다. 예를 들어, 미 해군은 앞으로 수십 년 동안 연간 잠수함 두 척만 구매할 계획이지만, 단일 조선소에서 충분히 감당할 수 있음에도 불구하고 두 개의 잠수함 건조 시설을 유지하고 있다. 마지막으로, 미국은 외국과의 경쟁으로부터 자국의 방위산업을 보호하는 정책을 지속적으로 시행하고 있다. 국방부는 엄격한 '미국산 구매 법(Buy American Act)'*의 적용을 받기 때문에 대부분의 무기 수입이 금지된다. 또한, 미국 방위산업에 대한 외국인 직접 투자도 엄격히 제한된다. 결론적으로, 연방정부는 방위산업을 대부분의 자유 시장 경제 원칙에서 벗어나도록 조정하여, 대규모이면서도 기술적으로 첨단화된 군산복합체를 지속적으로 유지하도록 보장하고 있다. 이는 효율성과 비용 절감보다 지속 가능성을 우선시한 결과라 할 수 있다.

결과적으로, 미국 무기 제조업체들은 세계에서 가장 중요한 두 개의 시장, 즉 '국내 방산 시장과 글로벌 무기 수출 시장'에서 지배적인 위

---

* 'Preserving the defense industrial base'는 효율성과 비용 절감보다 안정성과 전략적 자립을 우선하는 정책을 의미한다. 이는 국가안보와 경제적 이익을 동시에 고려하는 미국 방위산업의 핵심 기둥이라 할 수 있다.

* 'Buy American Act'은 1933년에 제정된 미국의 연방 법으로, 미 정부가 공공 계약에서 물품을 구매할 때 미국에서 제조된 제품을 우선적으로 구매하도록 의무화하는 법률이다. 미국 산업과 경제를 보호하고, 안보관련 제품의 해외 의존 없이 안정적으로 공급하며, 미국 내 일자리를 창출 및 유지하기 위한 목적으로 도입되었다.

치를 차지하게 되었다. 미국 방산 시장은 세계 무기 구매의 약 절반을 차지하며, 미국 방산기업들은 자국 시장에서 방산계약의 90% 이상을 안정적으로 수주하고 있다. 또한, 이처럼 거대하고 강력하게 보호된 국내 시장은 미국 방산기업들에게 지속적이고 수익성 높은 조달 계약과 풍부한 R&D 자금을 제공한다. 이러한 탄탄한 국내 기반을 바탕으로, 미국 방위산업은 해외 무기 판매에서도 경쟁력을 유지하며, 세계 무기 거래의 약 40%를 차지하고 있다. 이를 통해 미국은 글로벌 무기 시장에서 핵심적인 역할을 지속적으로 수행하고 있다.[20]

전후 군산복합체: 스핀온에서 스핀오프, 스핀어파트*까지

댄 구어(Dan Goure)는 1940년대부터 냉전 종식까지의 미국 무기산업의 발전을 간결하게 정리했다. 그는 미군이 전시나 국가 위기 상황에서 국방 물자 공급을 위해 상업기업에 의존해 온 전통을 강조했다. 냉전 시기에는 국방부, NASA, 정보기관 등 주요 정부기관에 상품과 서비스를 제공하는 데 특화된 기업들이 등장했다. 또한 국방부 지원을 받은 혁신 기술은 항공, 컴퓨터, 원자력 발전, 장거리 통신, 우주 시스템 등 첨단 분야에서 상업적 우위를 확보하는 데 중요한 역할을 했다.[21]

제2차 세계대전 이전, 미군은 제조뿐만 아니라 기술 개발에서도 미국 상업 부문에 크게 의존했다. 특히 전간기(1918~39년), 기술 혁신 속도가 빨라지고 적용 범위가 확장되면서 이러한 의존도는 더욱 두드러

---

* Spin-apart는 군산복합체와 같은 복잡한 시스템이 단순한 분리(spin-off)를 넘어, 구조적·기능적 통합성을 상실하고 해체되는 상태를 의미한다.

졌다. 이 시기에는 전자, 통신, 자동차, 의학, 화학, 특히 항공 같은 분야가 급속히 성장했다. 반면, 1920년대와 1930년대에 미군은 규모가 작고 재정적으로 열악해, 자체적으로 발명과 혁신을 주도하기 어려운 상황이었다. 따라서 이 시기의 군사기술 혁신은 대부분 상업 경제와 기술 기반에 의해 이루어졌다. 이 시기는 민간기술이 군사적으로 전환되는 "스핀온(spin-on)"시대였다. 즉, 대부분의 주요 기술은 상업 부문에서 먼저 개발된 후 군사적 용도로 채택되었다. 대표적인 사례로는 무전기, 레이더, 소나, 일반 자동차(전차·장갑차 서스펜션 및 구동계)뿐만 아니라 페니실린·모르핀과 같은 의약품이 있다. 특히 민간 항공산업은 전간기에 발명과 기술 발전을 주도하며 단발 비행기 날개 디자인, 방사형 엔진, 카울링,* 유선형 접이식 랜딩 기어, 가변 피치 프로펠러, 모노코크 구조† 그리고 항공기 제작에 알루미늄을 활용하는 혁신을 완성했다. 이후 군용 항공기 설계자들은 이러한 민간기술을 적극적으로 채택하며 군사 항공기술을 발전시켜 나갔다.

제2차 세계대전 당시, 미국은 종합적인 상업·산업 경제의 기술력과 제조 능력에 주로 의존하고 있었다. 그러나 제2차 세계대전과 그 이후의 냉전은 미국 군산복합체의 부상을 촉진했고, 국방에 특화된 새로운 산업군을 형성하는 계기가 되었다. 현대 전쟁에서 요구되는 기술적 수준이 계속해서 높아지면서 핵무기, 제트 추진 전투기 및 폭격기, 항공모함, 잠수함과 같은 시스템이 포함되었고, 이는 군사에 특화된 혁신의 중요성을 더욱 부각시켰다.[22] 이러한 기술적 요구를 충족하는 데 있어 민간 부문은 점점 더 역부족이 되었다. 일부 기술은 이미 지나치게

---

* Cowling은 항공기 엔진을 덮는 덮개 또는 외피로, 공기역학적으로 설계된 구조물이다.
† Monocoque 구조는 "외부 표면(껍질)이 하중을 지지, 별도의 내부 프레임이 필요 없는 설계로 경량화와 고강도가 요구되는 현대 기술 산업에서 필수적인 구조 방식이다."

전문화되어 민간산업에서 유사한 사례를 찾을 수 없었다. 대표적인 예로, 핵무기, 로켓 및 미사일 시스템, 잠수함, 초음속 비행 기술 등이 해당한다. 또 다른 경우, 전자기술, 컴퓨팅, 제트 추진 등 일부 분야는 연구개발(R&D) 비용이 매우 높아, 미국 정부의 R&D 자금 지원 없이는 민간산업이 독자적으로 개발하기 어려운 상황이었다. 그 결과, 군사에 특화된 기술적 요구를 충족시키기 위해 주로 또는 전적으로 활동하는 기업들이 등장하기 시작했다. 일부 기업은 오로지 무기 생산에만 전념하는 독립적이고 분리된 자회사를 설립하며, 방위산업과 민간산업을 구분하는 전략을 취하기도 했다.23

냉전 초기(1940~1950년대), 미국의 군사 · 기술 혁신 전략은 공식적인 민군융합(CMF) 정책으로 명문화되지는 않았지만, 유사한 효과를 가져왔다. 캐슬린 월시(Kathleen Walsh)는 이 시기 미국 정부, 특히 국방부의 역할을 다음과 같이 설명한다. "국가안보 이익에 대한 외부 위협에 대응하여 기술적 해결책을 개발하기 위해 과학기술(S&T) 자산을 투입하는 것이었다." 이에 따라 미국 정부는 국가 과학기술 연구에 재정 지원을 집중하면서, "어떤 과학적 · 기술적 발전을 추구하고, 어떤 목적을 위해 수행할 것인지를 결정하는 데 지배적인 역할"을 하게 되었다.24 이를 위해 연방정부는 방위고등연구계획국(DARPA), 국립과학재단(NSF), 원자력위원회, 미국 항공우주국(NASA) 등 여러 연구기관을 설립했다. 그러나 이들 기관의 주요 임무는 기초 과학연구(이론적 · 실험적 연구)에 한정되었다. 과학기술 혁신을 실제 응용 분야에 적용하고, 연구개발을 실행하는 역할은 주로 다른 정부 조직이나 민간기업이 맡았다. 이 과정에서 정부와 민간이 협력하여 연구개발을 수행하는 사례도 많았다.

　미국의 국방중심 과학기술(S&T)이 크게 확장될 수 있었던 핵심 요인은 평시 국방비 지출 증가와 이를 지속적으로 유지한 데 있었다. 1948년, 미 국방부는 연구개발, 시험 및 평가(RDT&E)에 4억 1,300만 달러(2021년 기준 약 50억 달러)를 지출했다. 이후 1958년에는 43억 달러(2021년 기준 약 337억 달러)로 증가했다(그림 3-1 참조). 이와 함께, 국방부의 조달 예산(간접적으로 연구개발을 지원)은 1948년 36억 9천만 달러(2021년 기준 약 410억 달러)에서 1958년에는 97억 달러(2021년 기준 약 860억 달러)로 크게 증가했다(그림 3-3 참조).[25] 냉전 초기, 미국의 전체 국방비 지출은 1948년 국내총생산(GDP)의 3.5%였으나, 1953년 한국전쟁 직후 최고치인 13.8%로 상승했다. 이후 1970년대 중반까지 군사비 지출은 GDP 대비 7% 이하로 거의 내려가지 않았다(표 3-1 참조).[26]

표 3-1　미국 GDP 대비 국방비 지출 비율

년도	1948	1950	1955	1960	1965	1970	1975	1980
비율	3.5	4.9	10.5	9	7.1	7.8	5.4	4.8
년도	1985	1990	1995	2000	2005	2010	2015	2020
비율	5.9	5.1	3.6	2.9	3.9	4.7	3.3	3.3

출처 : 미 국방부, 2021 회계연도 국방 예산 추정치 (Washington, DC: Office of the Under Secretary of Defense, April, 2020), 292

　1950~1960년대에는 군사 주도의 상업적 기술 혁신, 즉 초기 민군 융합(CMF)이 등장한 시기였다. 토마스 하인리히(Thomas Heinrich)는 실리콘밸리의 군사계약 연구를 통해, 냉전 초기에 미국 군대가 이 지역의 전자, 미사일, 위성, 반도체 산업 발전에 결정적 역할을 했음을 밝혀냈다.[27] 1950년대와 1960년대 동안 실리콘밸리의 많은 기업들은

군사계약에 크게 의존했다. 하인리히는 "연방정부는 군사계약을 통해 실리콘밸리의 핵심 산업을 창출하고 유지하는 데 결정적인 역할을 했으며, 맞춤형 군사기술에 대한 수요는 계약 업체들로 하여금 유연한 전문화, 단계적 소량 생산, 지속적인 혁신의 길로 이끌었다"고 지적했다.28 실리콘밸리의 첫 번째 '첨단 기술 산업'으로 평가받는 마이크로 전자공학 기술은 군사계약을 기반으로 시작되었으며, 이후 미사일, 위성, 우주 전자제품과 같은 산업들로 확장되었다. 이러한 산업들은 거의 전적으로 군사적 기원(起源)을 가지고 있었으며, 록히드 미사일 및 우주 회사(LMSC, 미사일 및 위성), 필코(나중에 포드 항공우주로 변경, 위성), 웨스팅하우스(주로 레이더 시스템) 등 주요 군사계약 기업들이 이를 주도했다.29

또 다른 초기 민군융합(CMF) 사례로, 미국 반도체 산업의 성장은 군의 강력한 지원을 받으며 이루어졌다. 1950~1960년대 동안, 미 국방부는 실리콘밸리 기업 페어차일드와 광범위한 계약을 체결하여 마이크로 전자공학 기술 발전을 촉진했다. 1950년대 페어차일드의 고체 전자제품 생산량 중 절반은 군사용이었으며, 이후 상업용 반도체 생산이 군사 구매를 초과한 이후에도 군사 수요는 반도체 기술 발전을 지속적으로 견인했다. 특히 반도체 소형화 분야에서 군사적 필요성이 혁신을 주도하는 핵심 동력으로 작용했다.30 결국, 1950~1960년대 동안 미국 국방부의 첨단 군사 시스템에 대한 수요는 실리콘밸리의 구조와 역동성, 특히 마이크로 전자공학 부문의 형성에 결정적인 영향을 미쳤다. 그 결과, 점점 더 높은 정확도를 갖춘 미사일, 기하급수적으로 증가하는 데이터를 수집하고 해독하는 전자전 시스템, 군사 하드웨어를 '스마트 무기'로 변환하는 맞춤형 마이크로 전자 시스템과 같은 다

양하고 복잡한 시스템이 개발되었다.[31]

　군사 연구개발(R&D) 자금은 미국 컴퓨터 소프트웨어 산업의 초기 발전에 중요한 역할을 했다. 모워리(Mowery)와 랭루아(Langlois)에 따르면, 전후 미국 소프트웨어 산업은 정부, 특히 국방부 R&D 지원에 크게 의존했다.[32] 미군은 컴퓨터를 최초로 대규모로 활용한 사용자였으며, 이 과정에서 기술 혁신을 촉진했다. 대표적인 사례로, SAGE 지상 방공 시스템*이 있다. SAGE는 세계 최초의 컴퓨터 네트워크 시스템 중 하나이자, 당시 가장 대규모의 소프트웨어 개발 프로젝트였다.[33] 연방정부는 반도체 및 컴퓨터 하드웨어와 마찬가지로 소프트웨어 개발에도 상당한 R&D 자금을 지원했다. 특히 국립과학재단과 방위고등연구계획국(DARPA)은 대학 연구를 직접 지원하며, 소프트웨어 산업 발전을 견인했다. 예를 들어, 초기 컴퓨터 프로그래밍 언어인 COBOL은 국방부의 요청에 따라 개발되었으며, 주로 군사 용도로 사용되었다.[34] 소프트웨어 산업은 반도체 부문보다도 초기 단계에서 군사적 요구에 크게 의존했으며, 맞춤형 소프트웨어 개발을 통해 군사 분야와 긴밀한 관계를 유지했다.[35]

　비록, 민군융합(CMF)이 공식 정책으로 추진되지는 않았지만, 냉전 초기 군대와 연방정부(특히 국방부)는 위성, 미사일, 전자공학, 컴퓨터, 소프트웨어 등 첨단 기술 개발을 주도했다. 이 시기의 대부분의 정부 지원 과학기술 활동은 국방에 적용할 수 있는 분야에 초점이 맞춰졌으며, 상업적 용도는 부차적인 우선순위로 간주되었다.[36] 그럼에도 불구하고, 이러한 연구에서 파생된 기술들은 상업적 응용의 '예상된 부산

---

* SAGE(Semi-Automatic Ground Environment)는 1950년대 미국에서 개발된 컴퓨터 기반 방공 시스템으로, 소련의 장거리 폭격기와 핵무기 위협에 대응하기 위해 구축된 자동화 방공 네트워크이다.

물'로 여겨졌다. 이는 군사기술 부문에서 개발된 기술과 혁신이 민간·
상업 부문으로 이전되는 스핀오프(spin－off)의 사례로 이어졌다.

　냉전 초기 스핀오프 사례로는 컴퓨터 하드웨어와 소프트웨어, 전자
공학, 항공기술, 제트 엔진, 우주 시스템, 원자력 기술 등이 있다. 모워
리(Mowery)와 랭루아(Langlois)는 소프트웨어 산업에서 국방관련 지출
과 활동이 비군사적 컴퓨터 산업에 중요한 파급 효과(spillovers)를 가
져왔음을 강조했다. 그들은 다음과 같이 설명했다. "국방관련 지출은
컴퓨터 과학 분야에서 연구개발, 훈련, 기술 개발을 지원하기 위한 인
프라를 구축하는 데 기여했으며, 이는 미국 상업 소프트웨어 산업에
중요한 혜택을 제공했다."37

　초기 민군 공동개발 사례는 대형 제트 엔진 상업용 여객기의 설계와
개발에서도 찾아볼 수 있다. 보잉 707은 상업용 여객기와 군용 항공기
로 모두 활용할 수 있도록 설계된 대형 항공기 프로젝트 367－80을 기
반으로 개발되었다. 1950년대 중반까지 주로 군용 항공기(B－17,
B－29, B－47, B－52 폭격기 등)를 제작하던 보잉은 대형 군용 항공기 제
작에서 축적한 기술적 노하우를 활용해 367－80/B－707을 개발했
고, 이를 제트 추진 기술과 결합했다.38 보잉 707은 수천 대가 판매되
며, 대형 제트 여객기 시장을 개척하는 데 기여했다. 동시에, 367－80
은 KC－135 공중급유기와 C－135 수송기의 기본 기체로 활용되었으
며, 보잉707은 C－137 VIP 수송기, E－3 센트리 공중 조기경보통제
기(AWACS), E－8 JSTARS(합동감시타격 레이더 시스템) 등 다양한 군용
항공기로도 활용되었다. 또 다른 사례로, 보잉은 미 공군의 차세대 중
(重)수송기 계약에서 탈락한 이후, 747 점보 여객기를 개발하며 상업
시장에서 새로운 기회를 모색했다.39 이와 같은 사례들은 군사기술과

민간산업이 상호 작용하며 발전해 온 초기 민군융합(CMF)의 대표적인 사례로 평가될 수 있다.

따라서, 국방관련 조달 및 연구개발 프로그램은 전후 미국 첨단 기술 산업의 성장을 전반적으로 지원했다. 특히, 상업용 항공기, 반도체, 컴퓨터 하드웨어 산업의 발전에 중요한 역할을 했다. 정부의 자금 지원은 미국 기술 혁신을 위한 '선순환(virtuous circle)'을 형성했다. 연방정부의 과학기술(S&T) 자금은 대학과 연구소로 유입되었으며, 이를 통해 미국 군산복합체는 무기와 기타 군사 시스템 개발을 위한 직접적인 R&D 자금을 지원받으며, 더욱 강화되었다. 동시에 이러한 연구는 민간 및 학술 공동체에도 스핀오프 기회를 제공했다. 이러한 지원은 이어지는 획기적인 발견과 혁신을 뒷받침하며, 추가적인 재정 지원을 끌어들이는 데 기여했다.

그러나 냉전이 진행되면서 군사기술 부문과 민간기술 부문 간의 분리는 점점 심화되기 시작했다. 그 주요 원인 중 하나는 국방 제품이 점점 더 복잡하고 특수화되었기 때문이다. 이로 인해, 상업산업이 기존의 공통 기술 기반에서 개발된 시스템이나 솔루션으로 미군의 까다로운 요구를 충족시키기가 점점 더 어려워졌다. 군사 장비는 점점 더 고도로 전문화된 기술을 포함하게 되었으며, 이러한 기술은 전용 국방 과학기술(S&T) 기반에서만 개발이 가능했다. 존 앨릭(John Alic) 등은 저서 *Beyond Spin−off**에서 이를 다음과 같이 설명했다.

"제2차 세계대전 이후, 많은 군사 하드웨어는 민간 유사 제품들과 점점 더 차별화되었다. 전차, 항공기, 전자 지휘통제 시스템의 경우,

---

• 1992년 발간된 이 책은 냉전 이후 군사기술과 민간기술의 관계 변화를 분석하며, 국방 연구개발(R&D)이 단순히 스핀오프 방식이 아니라, 점차 군·민 기술이 상호 융합하는 방향으로 변화하고 있음을 주장한다.

구성 요소와 하위 시스템 수준에서는 여전히 유사성이 존재하지만, 시스템 전체에서는 큰 차이가 있다. 예를 들어, 제1차 세계대전 초기의 전차는 농업용 트랙터를 기반으로 제작되었으나, 오늘날 육군의 M−1 전차와 민간의 트럭, 트랙터, 오프로드 건설 장비 간에는 시스템 수준에서 거의 유사점을 찾아볼 수 없다."[40]

1950~1960년대부터 상업 및 민간 첨단 기술 산업은 과학기술(S&T) 분야에서 독립적인 역량과 전문성을 구축하기 시작했다. 특히, 1950년대 이후 주요 첨단 기술 산업에서 민간 부문의 연구개발(R&D) 투자가 군사 R&D 지출을 크게 초과하기 시작했으며, 2020년대 초에는 민간 R&D 지출이 군사 R&D 지출의 약 10배에 달하게 되었다.[41] 이러한 변화로 인해 민간 상업 부문은 군산복합체를 넘어, 특히 마이크로 전자, 컴퓨팅, 소프트웨어, 무선 통신 등 첨단 기술 개발의 여러 영역에서 우위를 점하게 되었다. 예를 들어, 1세대 고체(solid−state) 전자 부품(진공관 대신 트랜지스터와 같은 고체의 반도체 기반 기술을 활용)은 소형 트랜지스터 라디오, 고체 텔레비전, 전자레인지 등 소비자 전자 제품 시장의 폭발적인 성장을 촉진했다. 최초의 집적회로(IC)는 원래 미 공군을 위해 개발되었지만, 곧바로 포켓 계산기, 기업용 메인프레임 컴퓨터, 전화 네트워크 등 다양한 민간 분야로 확산되었다. 오늘날 반도체, 특히 마이크로프로세서는 자동차를 비롯한 다양한 민간 제품에 널리 사용되며, 개인용 컴퓨터, DVD 플레이어, 휴대용 미디어 플레이어(예: 애플 아이팟), 휴대전화 등 새로운 소비자 제품의 탄생을 가능하게 했다. 결과적으로, 소비자 수요에 의해 주도된 상업 제품이 전자산업의 R&D를 지배하게 되었으며, 대량 시장의 규모는 전자산업 발전에 유리하게 작용했다. 예를 들어, DRAM*칩과 같은 반도체는

높은 성능과 안정성을 제공하면서도 대량 생산을 통해 비용 절감 효과를 극대화할 수 있었다.

유사한 발전은 다른 첨단 기술 분야에서도 이루어졌다. NASA의 설립은 우주 분야를 군사와 민간 운영으로 분리시키는 계기가 되었으며, 점차 두 부문 간의 연계를 약화시키는 결과를 초래했다. 1940~1950년대 동안 미군이 주도했던 우주 개발은 점차 민간기관에 이양되었다. 특히 NASA는 유인 및 과학 탐사를 포함한 대부분의 우주 활동을 담당하게 되었으며, 이로 인해 X-20 다이나소어(Dyna-Soar) 우주비행기와 공군의 유인궤도 실험실(MOL)*과 같은 군사 우주 프로그램은 중단되었다. 대신, 제미니(Gemini), 아폴로(Apollo), 우주왕복선, 국제우주정거장(ISS)과 같은 민간 주도의 우주 프로젝트가 추진되었다.

또한 1960~1970년대 상업용 여객기 사업이 급성장하면서, 군사연구개발 및 군사계약과는 별도로 새로운 항공우주산업 부문이 형성되었다. 이 과정에서 보잉, 맥도넬 더글라스, 록히드, 제너럴 다이내믹스와 같은 방산기업들은 독립적인 민간 여객기 자회사를 설립했다. 예를 들어, 록히드는 L-1011을 제작했으며, 초음속 여객기 개발을 시도했다. 제너럴 다이내믹스의 컨베어(Convair) 부문은 컨베어 880 여객기를 생산했다. 한편, 보잉과 맥도넬 더글라스는 민간 여객기를 핵심적이며, 독립적인 제조산업으로 발전시켰다. 상업용 제트기의 설계, 연구개발, 생산은 군사계약과는 별도로 독립된 시설에서 이루어졌으

* Dynamic Random Access Memory, 동적 랜덤 액세스 메모리는 컴퓨터와 전자 기기에서 널리 사용되는 휘발성 메모리(RAM)의 한 종류로, 데이터를 일시적으로 저장하고 빠르게 접근할 수 있도록 설계된 반도체 기억장치이다.
* Manned Orbiting Laboratory은 1960년대 미 공군이 개발한 군사 우주정거장 프로젝트로, 군사 정찰 및 우주 기술 실험을 목적으로 설계되었다. 1969년 예산 문제와 기술적 한계로 인해 공식적으로 취소되었다.

며, 일부 시설은 방산 부문과 완전히 다른 도시에 위치하기도 했다.[42]

그 결과, 냉전 시대를 거치며 군사 및 상업용 하이테크 부문은 점차 분리되어 서로 다른 방향으로 발전하기 시작했다. 예를 들어, 1970년 대에는 상업용 반도체 산업이 군사 부문을 능가하기 시작했을 뿐만 아니라, 여러 중요한 분야에서 연구개발을 주도하게 되었다. 인텔(Intel) 은 초기 마이크로프로세서 칩을 발명한 기업 중 하나로, 이후 상업용 x86 시리즈 마이크로프로세서를 개발했다. 이시기에 민간기술이 군사 기술로 전환되는 스핀온 사례가 드물었지만, 예외적으로, 1970~1980 년대 동안 미국 국방부는 상업용 마이크로프로세서를 군사규격 (mil−spec)에 맞게 맞춤화하여 도입했다. 이후 국방부는 이러한 칩의 주요 소비자 및 사용자가 되었으며, 전체 생산량의 최대 30%를 차지 하기에 이르렀다.[43]

그러나 냉전 중·후반기(1970~1980년대), 민간기술이 군사기술로 전환되는 사례는 점점 줄어 들었다. 상업 첨단 기술 부문은 연구개발 과 생산에서 독립적으로 발전했으며, 반면 군사기술은 점점 더 특수 화, 소형화, 내구성 강화라는 방향으로 발전했다. 특히 공대공유도탄 용 TWT*나 적외선 센서와 같은 군사적 독창성을 요구하는 기술은 민 간산업에서 쉽게 충족하기 어려운 수준에 이르렀다. 이로 인해, 민간 기술을 상당한 추가 수정 작업 없이 군사적으로 바로 사용하는 것은 거의 불가능해졌다. 이는 군사 부문이 민간기술에 대한 관심이 부족해 서가 아니었다. 오히려 "미 국방부, 군대 그리고 주요 방산 계약업체들 은 상업 반도체 산업에서 나오는 기술적 파급효과를 높이 평가했다.

---

* TWT traveling wave tubes는 고주파 전자파 신호를 증폭하는 데 사용되는 진공관 기반 의 전자 장치이다.

이는 군사 장치 개발 비용에서 수십억 달러를 절감할 수 있었기 때문이었다."**44** 예를 들어, 인텔의 x86 시리즈 칩과 같은 마이크로프로세서는 군사용으로 맞춤화할 수 있었지만, DRAM이나 기타 '범용' 칩은 군사적 요구를 충족하지 못했다. 이러한 한계로 인해, 국방부는 ASIC*과 같은 특수화된 칩을 생산하는 소규모 '부티크(boutique)' 반도체 회사에 의존할 수밖에 없었다.

냉전 말기, 미국의 상업기술과 군사기술 간 격차는 오히려 더 많은 분야에서 확대되었다. 예를 들어, 1980년대와 1990년대 초반, 미국의 반도체 산업은 일본(그리고 이후 한국)으로부터 수입된 더 저렴한 반도체 칩에 효과적으로 대응하지 못했다. 그 결과, 미국은 DRAM 칩과 같은 범용 저가 반도체 사업에서 철수하고, 대신 고급화되고 특수화된 맞춤형 전자제품을 설계하고 제조하는 방향으로 전환했다. 이러한 전환은 국방부가 지원하는 대학 연구 및 방위고등연구계획국(DARPA)과의 직접 계약을 통해 이루어지는 경우가 많았다. 군사기술의 특수화가 심화되면서, 미국 반도체 산업은 대량 생산보다는 군사용 고성능 반도체 개발에 집중하는 전략을 선택하게 되었다.**45**

1970~1980년대에 이르러, 미국의 방위산업 기반(DIB)은 사실상 자체적으로 고립된 '첨단 기술 게토(high-tech ghetto)'† 안에서 분리된 상태로 운영되었다. 이러한 무기산업(arms industry)의 다른 산업 부문과의 '분리(siloing)'는 여러 가지 요인에 의해 발생했다. 주요 원인은

---

* Application-Specific Integrated Circuit, 응용별 맞춤형 집적회로는 특정 목적에 맞게 설계된 반도체 칩으로, 범용 프로세서(CPU, GPU)와 달리 특정 기능을 수행하는 데 최적화된 맞춤형 집적회로이다.

† 'high-tech ghetto'는 방위산업이 상업산업과 분리되어, 외부와의 교류없이 자체적으로 기술을 개발하고 운영하는 폐쇄적 환경을 비유적으로 표현한 용어이다.

다음과 같다.46

- 조달 규정(acquisition regulations)
- 국방 전용 제품은 국방 전용 기술과 사업을 필요로 한다는 믿음
- 특정 군사규격(mil-spec)을 충족해야 하는 필요성
- 핵무기나 스텔스와 같은 특정 기술의 기밀 유지 필요성
- 정부의 조달 문화
- 특정 국방 제품의 상업적 경제성 부족
- 컴퓨터, 제트 항공기 등의 군사적 용도가 상업산업을 잠식할 가능성(적어도 초기에는)

이와 같은 환경 속에서, 냉전 기간 동안 미국의 군산복합체는 국가 경제에서 가장 보호받는 부문 중 하나로 자리 잡았다. 특히 미국 정부와 군은 무기 생산에서 '자급자족(self-sufficiency)'과 '자립(autarky)'을 핵심 원칙으로 삼았다. 그 결과, 국가 방위산업은 전통적인 자유 시장 경제의 규범에서 크게 벗어나게 되었으며, 효과성, 비용 효율성, 경쟁과 같은 요소는 미국이 가장 기술적으로 진보된 무기와 군사 장비를 보유해야 한다는 믿음에 비해 부차적인 것으로 여겨졌다.

이 시스템은 미국 의회와 국방부가 군사 연구개발(R&D) 비용을 감당하는 한 원활하게 작동했다. 그러나 냉전 종식(1989~1991년)과 함께, 폐쇄적이던 군산복합체는 점차 해체되기 시작했다. 우선, 냉전 직후의 낙관적인 분위기는 이른바 1990년대 초의 '평화 배당금(peace divi-dend)'으로 이어졌으며, 이에 따라 미국의 군사비 지출이 크게 삭감되었다. 예를 들어, 1989년에서 1998년까지 국방조달 예산은 실질적으로 28% 감소했다(그림 3-3 참조).47 이러한 감소로 인해 자립(autarky) 체제를 유지하는 것이 점점 더 어려워졌으며, 독립적이고 고립된 군산

복합체 구조도 지속 가능성이 낮아졌다. 또한, 민간·상업 첨단 기술 부문이 군사적 요구를 충족시킬 가능성에 대한 재검토가 이루어지기 시작했다.

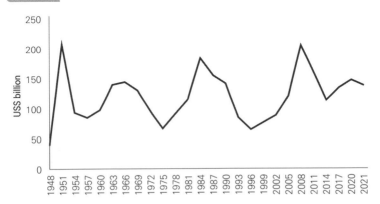

그림 3-3 **미국의 군사조달 지출(2021년 기준 고정 미화)**

출처: 미국 국방부, 2021 회계연도 국방 예산 추정치(Washington, DC: Office of the Under Secretary of Defense, April, 2020), 139-40.

　동시에, 전문가와 정책 입안자들은 기술 혁신의 중심이 다시 군산복합체에서 민간 연구개발(R&D) 기반으로 이동하고 있음을 인식했다. 이는 제2차 세계대전 이전과 유사한 흐름이었다. 또한, 상업적 첨단 기술 산업에서의 혁신이 방위산업 기반(DIB)의 기술적 역량을 초월하기 시작했다는 점도 주목되었다.[48] 이러한 변화는 특히 상업 IT 분야에서 중요한 의미를 가졌다. 당시 많은 군대가 IT를 새로운 군사 역량과 군사적 우위를 확보하는 데 어떻게 활용할 수 있을지에 점점 더 집중하고 있었기 때문이다. 결과적으로, 군사와 민간산업을 분리하여 유지하는 것이 경제적으로 비효율적이라는 주장이 점차 제기되었다. 대신,

군사와 민간산업을 통합하면 상업 부문의 혁신 역량과 비용 절감 효과를 활용하여 방위산업의 생산성과 효율성을 높일 수 있다는 논리가 대두되었다.[49]

1990년대: 방위산업 기반에서 민군통합(CMI)의 성장

냉전이 끝날 무렵, 군산복합체는 40년 이상 미국의 정치, 군사, 경제적 환경에서 핵심적인 역할을 수행해 왔다. 독립적이고 분리된 방위산업 기반(DIB)이라는 개념은 이미 체계적으로 정착된 상태였지만, 1990년대 초에 이르러 이러한 구조가 더 이상 지속 가능하지 않다는 주장이 제기되었다. 이에 따라 미국 정부, 국방부 그리고 방산업계는 민군통합을 목표로 본격적인 변화를 추진하기 시작했다. 이들의 궁극적인 목표는 민간 소비자와 군사 부문의 수요를 동시에 충족할 수 있는 통합된 산업 기반을 구축하는 것이었다.

당시 민군통합(CMI)은 방위산업과 첨단 기술 간의 연계를 강화할 수 있는 매력적인 개념으로 평가되었다. 민군통합을 통해 방위산업이 더 큰 상업 부문에서 창출된 첨단 기술에 접근할 수 있을 것으로 기대되었으며, 이를 통해 다음과 같은 효과를 기대할 수 있었다. 무기체계 개발 시간 단축, 조달 비용 절감, 획득 시간 단축, 생산량 조정의 유연성 확보, 수명주기 비용 절감, 군사 시스템의 신속한 기술 통합 등의 효과이다. 또한, 민군통합은 군사계약에 더 많은 경쟁을 도입하여 비용 절감과 혁신 촉진이라는 두 가지 목표를 동시에 달성할 수 있는 가능성을 열었다. 동시에, 첨단 군사기술에서 파생된 혁신을 민간 부문으로 이전함으로써 미국 제조업 전반의 경쟁력을 강화하는 데도 기여할 것

으로 기대되었다.50

　민군통합의 초기 시도는 1970년대 방위산업 전환(defense con-version)이라는 형태로 나타났다. 이는 베트남 전쟁 이후 국방예산이 대폭 축소된 상황에서 추진된 것이다. 당시 미국 국방조달 예산은 실질적으로 약 40% 감소했으며, 이는 방위산업 전반에 큰 타격을 입혔다.51 이에 따라 일부 방산업체(defense contractors)는 미국 정부의 지원과 독려 아래 민간 생산으로의 다각화를 시도했다. 대표적인 사례로, 보잉 버톨(Boeing Vertol)은 군용 헬리콥터 CH-46과 CH-47을 제작한 경험을 바탕으로 지하철 차량 생산에 도전했다. 이 회사는 연방정부의 표준 경전철 차량(SLRV) 프로젝트의 핵심 공급자로 선정되었으나, 낮은 신뢰성과 저조한 판매 실적으로 인해 1979년 사업이 중단되었다. 이 차량을 도입한 두 도시(보스턴과 샌프란시스코) 역시 결국 차량을 모두 폐기했다.52 이외에도 다양한 방위산업 전환 시도가 이루어졌다. 예를 들어, 그루먼은 대중교통 버스 생산에 진출했고, 노스럽은 오염 제어 장치와 원자력 발전소 장비를 제작했으며, 맥도넬 더글러스는 부동산 사업 및 의료 기기 제조에 참여했다. 레이시온은 전자레인지와 텔레비전 송신기를 생산했고, TRW는 통신 사업에 뛰어들었다.53 일부 프로젝트는 단기간에는 성공을 거두기도 했다. 그러나 전반적으로 1970년대의 방위산업 전환은 실패로 귀결되었는데, 이는 방위산업체들이 진출하려던 시장에 대한 이해가 부족했으며, 정부의 막대한 지원 없이 독립적으로 운영하는 데 익숙하지 않았기 때문이었다.54 결국, 1980년대 레이건 대통령의 군비 증강 정책으로 국방예산이 다시 증가하자, 대부분의 방위산업체는 상업 부문 사업을 매각하거나 철수했다.

　1990년대의 '평화 배당(peace dividend)'은 국방예산의 대폭적인 삭감과 미국 방위산업 기반(DIB)의 지속적인 축소를 예고했다. 이에 따라 연방정부는 민군통합(CMI)을 기술 혁신과 첨단 상업기술의 군사적 활용을 확대하기 위한 새로운 메커니즘으로 적극 모색하기 시작했다. 이러한 CMI의 의도적이고 체계적인 초기 노력들은 조지 H. W. 부시 (George H. W. Bush) 대통령 재임 기간(1989~1993년) 동안 시작되었다. 특히 부시 행정부는 차세대 마이크로 칩 제조 기술을 개발하기 위해 정부 자금을 활용하여 SEMATECH 컨소시엄*을 설립했으며, 국립표준기술연구소(NIST)가 운영하는 첨단 기술 프로그램(ATP)을 출범시켰다. ATP는 기존에 국립과학재단(NSF)이 주로 지원하던 학계나 연구소와는 달리, 민간산업의 초기 단계의 연구를 촉진하기 위해 설계된 프로그램이었다.[55] 특히, 기존 경로로는 자금 지원을 받기 어려운 연구 프로젝트들이 이 프로그램을 통해 지원받을 수 있었다. 또한 국방부는 공동연구개발협정(CRADA)의 활용을 확대했다. 이 협정은 연방 연구소와 민간 부문 파트너가 자원을 공유하여 공동 연구개발을 수행하고, 이를 통해 기술을 민간 부문으로 이전할 수 있도록 설계된 제도였다.[56]

1992년, 빌 클린턴이 대통령에 당선된 이후 민군통합(CMI) 정책은 본격적으로 추진력을 얻었으며, 민주당의 첨단 기술 경제 촉진 노력과 함께 더욱 발전했다. 클린턴 행정부에는 연방정부가 국가 전반의 첨단 기술(군사와 민간 모두) 분야에서 선도적 리더십을 발휘해야 한다고 믿는 관료들이 다수 포진해 있었다. 특히, 자칭 '기술 애호가'인 앨 고어 부통령을 포함한 주요 정책 입안자들은 신(新)조합주의적† '국가혁신

---

* Semiconductor Manufacturing Technology Consortium은 1987년 미국 정부와 주요 반도체 기업들이 공동으로 설립한 반도체 제조 기술 연구 컨소시엄으로, 반도체 산업의 경쟁력 회복과 첨단 제조 기술 개발을 목표로 했다.

전략'을 추진하며, 통합된 산업 기반을 구축하는 데 정부가 주도적 역할을 수행해야 한다고 주장했다.[57] 마이클 브조스카(Michael Brzoska)에 따르면, 이 전략의 목표는 "군사 및 민간 연구개발이 기술의 공동 '풀(pool)'에 기여하여, 민간과 군사기술 사용자 모두가 이를 활용할 수 있도록 하는 것"이었다.[58] 이러한 노력은 미국 정부가 처음으로 의도적이고 체계적인 민군융합(CMF)을 시도한 사례로 평가된다. 이에 따라 군사적 및 비군사적 목적을 모두 충족할 수 있는 제품, 서비스, 표준, 프로세스, 또는 조달 관행과 같은 이른바 '민군겸용기술' 개발이 특히 강조되었다. 클린턴 행정부는 이러한 '민군겸용' 민군통합(CMI)을 실행하기 위해 처음으로 의도적이고 포괄적인 접근 방식을 채택했다.[59] 민군겸용기술 개발은 협력적 R&D를 초기 단계부터 포함하는 통합적 개발(joint development) 방식으로, 또는 민간과 군사 R&D 노력이 병행되면서도 상호 연결되고 상호 지원적인 병행적 개발(concurrent development) 방식으로 진행되었다.[60]

이후 클린턴 행정부는 민간과 국방기술의 통합을 통해 경제 전반을 발전시키고자 하였으며, 이를 장려하고 지원하기 위해 연방정부의 초기 자금을 활용하는 여러 정책을 추진했다. 이 새로운 민군겸용 전략은 국방부가 주도하고 DARPA가 관리하도록 설계되었다. 이를 반영해 DARPA는 '국방(defense)'을 의미하는 'D'를 삭제하고 ARPA로 개명되었다. 이 변화는 기관의 확대된 임무, 즉 민간화된 역할을 반영한 것이었다. 새롭게 개편된 ARPA는 다양한 민군겸용기술 정책의 설계와 운영을 담당하게 되었다. 이들 프로그램 중 가장 중요한 것은 기술

---

† 신조합주의(Neo-Corporatism)는 정부, 기업, 노동조합 등 사회의 주요 조직들이 협력하여 경제 및 사회 정책을 조정하는 거버넌스 모델을 의미, 국가와 사회 간의 조정 및 타협을 중시하는 경제·정치적 체제이다.

재투자 프로젝트(TRP)*였다. TRP는 ARPA가 관리했으며, NASA, 국
립과학재단, 에너지부, 교통부, 국립표준기술연구소 등의 기관이 공동
후원했다. TRP는 첨단 제조 기술 파트너십, 민군겸용 핵심 기술 파트
너십, 상업·군사 통합 파트너십 등을 포함한 하위 프로그램을 통해 운
영되었다.[61] 또한 TRP는 협력 프로젝트에 대해 1:1 매칭 펀드를 제공
했다. 프로그램에 참여하는 방위산업 및 상업 부문 기업들은 대학, 주
및 지방 정부, 또는 국가 연구소와 반드시 협력해야 한다는 의무가 부
과되었다.[62] 이러한 노력은 민군통합과 민군겸용기술 개발을 통해 경
제와 기술 혁신을 동시에 촉진하려는 클린턴 행정부의 전략을 잘 보여
준다.

기술재투자 프로젝트(TRP)는 클린턴 행정부의 핵심 정책 도구로서,
방위산업 전환을 지원하기 위한 스핀오프 전략과 민간 첨단 기술을 군
사 부문에 활용하기 위한 스핀온 전략을 동시에 추진했다. 이를 통해
TRP는 민간기업들이 상업적 과학기술을 기반으로 군수품을 개발하도
록 장려했다.[63] 또한, 방위산업에 의존하는 기업이 민간산업으로 전환
할 기회를 제공하고, 실직한 과학자, 엔지니어, 노동자들이 민간 부문
에서 새로운 일자리를 찾을 수 있도록 지원하는 역할을 수행했다.[64] 아
울러, 국방부에서 개발한 기술이 새로운 상업적 응용 분야로 이전되도
록 장려하였다. 이러한 목표에 따라 TRP 프로젝트는 실질적이고 현실
적인 해결책을 제공할 수 있는 기술, 즉 상업적으로 실행 가능한 기술
을 개발할 수 있는 역량을 기준으로 선정되었다. TRP가 지원한 주요
스핀오프 프로젝트에는 전기 하이브리드 기술, 차량용 터보 발전기,

---

* Technology Reinvestment Project는 1993년 미국 국방부가 DARPA를 통해 시작한
  민군겸용기술 개발 프로그램이다. TRP는 스핀온, 스핀오프를 확산하는 것을 목표로 하였
  다. 인터넷, GPS, 반도체 기술 발전에 기여했다.

저비용 야간투시 시스템, 의료 영상 기술, 첨단 복합재료 등의 기술이 포함되었다.[65] 다른 한편으로, TRP는 스핀온 전략도 적극적으로 추진했다. 이를 위해, TRP는 상업기술과 상업적 R&D 과정에서 '시장 주도형 개발 경로'*를 활용하여 미국 군대에 우수한 기술을 공급하는 것을 목표로 삼았다. 이 전략을 통해 TRP는 '시간이 지나면서 경제성을 확보하게 되는 첨단 기술'을 미국 군대에 제공하고, 이를 자립적인 상업 산업을 창출로 연결되도록 설계했다. 결론적으로, TRP는 미국 군대와 상업 첨단 기술 부문 모두에 혜택을 제공할 수 있는 '범용적이고 유연한 R&D 전략'을 지원하고자 하였다. 이를 통해 민군통합과 첨단 기술 혁신을 촉진함으로써 미국 경제와 군사 역량을 동시에 발전시키는 것을 목표로 했다.[66]

클린턴 행정부는 첫 임기(1993~1997년) 동안 민군통합(CMI)을 적극적으로 추진하였다. 1994년에는 방위산업 전환 및 민군겸용기술 프로그램에 17억 달러의 예산을 배정했으며, 이 중 4억 400만 달러는 TRP에 할당했다.[67] 이러한 노력 중 특히 주목할 만한 사례는 평판 디스플레이 이니셔티브(FPDI)†였다. 당시 행정부는 일본과 한국이 평판 디스플레이(FPD) 기술에서 미국을 추월할 가능성을 우려했다. 더 나아가, 이들 국가가 미국 국방부에 FPD 공급을 제한할 가능성도 제기되었다. 당시 국방부는 유리 조종석(glass cockpit), 함정 전투정보 센터, 탱크 및 장갑차용 컴퓨터 모니터 등 다양한 군사 시스템에 평판 디스

---

* 시장 수요와 기업의 경쟁력을 기반으로 혁신과 기술 발전이 이루어지는 경로를 의미, 정부 주도의 중앙집권적 계획보다는 민간기업, 시장의 경쟁 환경, 소비자 수요가 핵심적인 역할을 하는 기술 및 산업 발전 방식이다.
† Flat-Panel Display Initiative는 1990년대 미국 정부가 첨단 디스플레이 산업 육성을 위해 추진한 국가전략 프로그램이다. FPD 기술 개발 및 생산 역량 강화를 목표로 하며, 국방 및 민간기술 경쟁력을 높이는 데 중점을 두었다.

플레이 기술을 통합하기 시작한 상황이었다. FPDI의 주요 목표는 상업적 평판 디스플레이 산업의 발전을 지원하여, 제한적인 국방 시장의 수요도 충족할 수 있는 기반을 구축하는 것이었다. 특히, 민간 평판 디스플레이 산업이 기술적으로 더 빠르게 발전하고 있다는 점에 주목하여, 강력한 상업적 산업 기반을 통해 군사 분야에 혁신을 더 신속하고 비용 효율적으로 제공할 수 있을 것이라고 판단하였다.**68** 이와 같이 FPDI는 민군통합을 통해 민간기술과 군사기술 간의 상호 시너지를 창출하며, 미국의 경제적 및 군사적 경쟁력을 강화하기 위한 핵심적인 전략적 접근으로 자리 잡았다.

초기에는 높은 기대를 받았으나, 클린턴 행정부의 후반기에는 민군통합과 방위산업 전환이 정책 우선순위에서 사실상 밀려났다. 기술재투자 프로젝트(TRP)는 일부 혁신을 창출하는 데 그쳤으며, 이러한 기술 혁신들이 군사에서 상업으로, 혹은 상업에서 군사로 성공적으로 전환되었는지는 불분명했다. 결국, TRP는 운영 3년만에 종료되었고, 1997년에는 육·해·공군 민군겸용 과학기술 프로그램(DUS&T, Dual Use Science and Technology)으로 대체되었다.**69** 아울러, 같은 시기 고등연구계획국(ARPA)은 다시 방위고등연구계획국(DARPA)으로 명칭을 변경하며 본래의 국방중심 역할로 복귀하였다.

평판 디스플레이 이니셔티브(FPDI)는 특히 실망스러운 실패 사례로 평가된다. 국방부는 고도로 전문화된 고해상도 군사 전용 평판 디스플레이에만 관심을 가졌으며, 이는 소형이면서도 견고하고, 비표준 크기로 제작되며, 소량 생산되는 제품이었다. 이러한 특수한 요구사항은 FPDI가 미국 제조업체들에게 해당 프로젝트 참여의 경제적 타당성을 설득하는 데 있어 큰 장애물로 작용하였다.**70** 결과적으로, 클린턴 행정부 말기에는 TRP, 방위산업 전환 그리고 민군겸용기술 이니셔티브 정책이 점차 축소되었으며, 대신 국방예산 증액을 통한 전통적인 군사 투자로 전환되었다. 이러한 변화는 방위산업과 군이 직면했던 상당한 부담을 완화하는데 기여했다. 그러나 2001년 조지 W. 부시 대통령이 취임할 무렵, 민군통합(CMI)은 사실상 정책 의제에서 제외되었다. 그럼에도 불구하고, 1990년대의 CMI 노력은 일부 성과를 거두었다.

예를 들어, 보잉(Boeing)은 767 기체를 군사 용도로 개조(AWACS 항공기 등)하는 데 성공하였으며, AM 제너럴은 고기동 다목적 휠형 차량을 민간용으로 개조한 험머(Hummer)를 개발하였다.[71] 또한, 휴스 스페이스 앤 커뮤니케이션스(후에 보잉에 인수)는 민군겸용 통신 위성인 HS−601을 개발하였으며, 이 위성의 민간 및 군사 버전은 추진 시스템, 전력 시스템, 고도 제어 센서, 디지털 컴퓨터, 구조 시스템을 공유하였다.[72] C−17 수송기는 상업용 CFM−47 제트 엔진을 장착하였으며, 프랫 앤드 휘트니 카나다의 JT15D 터보팬 엔진은 소형 비즈니스 제트기와 군용 훈련기에 모두 활용되었다.

이 시기에 등장한 가장 유명한 민군겸용 프로그램은 GPS(위성 항법 시스템)과 인터넷이다. GPS는 원래 미군의 정밀 항법, 추적, 유도, 정찰을 위해 개발된 시스템이었으나, 이후 민간 부문에서 폭넓게 채택되었다. 현재 GPS는 사람과 차량, 선박, 상업 항공기의 추적 및 항법, 지도 제작, 재난 구호, 자율 주행 차량, 천문학 등 다양한 분야에서 활용된다. 한편, 현대 인터넷은 ARPANET에서 기원하였다. 이는 1960년대 DARPA가 지원한 광역 패킷 교환 네트워크로 시작되어, 초기에는 정부와 대학에서 사용되었다. 1990년대에 들어 인터넷은 상업용 브라우저 소프트웨어*와 네트워크 하드웨어†의 발전을 통해 전 세계적인 네트워크의 네트워크(network of networks)*로 확장되었다. GPS와 마찬가지로 인터넷 역시 제한적인 군사 프로젝트로 시작되었으나, 이후 민간 시장에서 폭발적인 성장을 이루며 활용 범위와 기능이 대폭 확장되었다. 위와 같이, 1990년대의 민군통합 노력은 다방면에서 한계를 드러냈지만, 일부 민군겸용기술은 군사와 민간 양측에서 중요한 성과를 남겼다.

　전반적으로, 당시의 연구들은 민군통합(CMI)이 특히 제한적인 현상임을 보여주었다. 1994년 미국 의회기술평가국(OTA)이 발표한 CMI의 잠재력에 관한 보고서에 따르면, 일부 사례에서 CMI가 확인되었으나, 그 범위는 여전히 매우 제한적이었다. 기업 차원에서, 보잉(Boeing)이나 프랫 앤드 휘트니(Pratt & Whitney)와 같은 대규모 방위산업체들은 군사 및 상업 부문에서 동시에 운영되면서 경영, 재정, 연구개발과 같은 기업 자원을 부서 간에 공유하는 방식으로 민군통합을 실현할 수 있었다. 특정 상황에서는 시설 차원에서도 통합이 이루어졌다. 동일한 공장에서 또는 동일한 조립 라인에서 군사 및 상업 제품이 함께 연구, 설계, 생산 및 유지 보수되는 경우가 있었으며, 일부 생산 라인에서는 기계 공구, 인력, 경영 자원 또는 생산 시설을 공유하여 군사 및 상업 제품을 함께 제작하기도 했다. OTA 보고서에서는 이러한 통합된 시설에서 군사 부품과 하위 구성 요소, 자재가 함께 제조되었음을 강조

---

* 상용 브라우저 소프트웨어는 일반 사용자가 웹사이트를 탐색하고 정보를 검색할 수 있도록 개발된 상업용 웹 브라우저를 의미한다. 이 소프트웨어는 월드 와이드 웹(WWW)의 핵심 요소로, 사용자가 인터넷에 연결된 웹 페이지를 시각적으로 탐색할 수 있도록 돕는다.

† 네트워크 하드웨어는 라우터, 스위치, 모뎀, 서버 등으로 구성되며, 네트워크 구축과 운영을 위한 핵심 인프라 요소이다.

* 네트워크의 네트워크는 개별 네트워크가 연결되어 하나의 거대한 정보 인프라를 형성하는 개념으로, 현대 인터넷과 글로벌 IT 환경의 핵심 기반이 된다.

했다. 예를 들어, 군사 전자제품에 사용되는 금속 밀봉제, 실리콘, 첨가제(dopants), 전선, 광학 시스템용 유리, 폭약용 화학 물질, 특정 플라스틱용 수지 등의 생산이 동일한 시설에서 이루어졌다.[73]

이러한 성과들은 클린턴 행정부의 CMI 촉진 노력과는 독립적으로 이루어진 것으로 보인다. 더욱이, CMI가 이루어진 사례들조차 일반적인 경향이 아니라 예외적인 사례에 불과했다. 초기 CMI 시도는 여러 가지 이유로 실패로 귀결되었으며, 특히 민간기업이 군사계약 및 생산에 진입하는 데 있어 높은 진입 비용이 존재했다. 이는 민군겸용기술 및 상용제품(COTS)의 스핀온을 저해하는 주요 요인으로 작용했다. 크리스토퍼 레이(Christopher Ray)에 따르면, 이러한 진입에는 다음과 같은 요인들이 포함되었다. ① 회계 관행의 차이: 정부가 승인한 원가회계 시스템을 사용해야 했으며, '허용 가능한' 비용을 산정하는 복잡한 요구 사항을 충족해야 했다. 예를 들어, 모토로라가 1991년 걸프전 당시 상용제품 휴대전화를 군에 판매하려 했으나, 국방부의 경직된 원가 회계 규정으로 인해 실패했다.[74] ② 번거로운 서류 작업: 국방계약에는 과도한 행정 절차와 복잡한 규제가 수반되었다. ③ 복잡하고 난해한 정부 입찰 방식: 국방계약을 수주하기 위한 입찰 과정이 지나치게 까다롭고 시간이 오래 걸렸다. ④ 방위산업의 낮은 수익성: 국방계약의 상당수가 고정가격계약(fixed-price contract) 방식으로 체결되었으며, 이는 기업 수익성을 저해하는 요인으로 작용했다. ⑤ 경직된 조달 정책과 군사규격(mil-spec): 군사 표준을 준수하는 과정이 복잡하고 비용이 많이 들었다. ⑥ 기술 데이터와 제품의 지적재산권 소유권에 대한 분쟁: 연방 자금으로 개발된 기술의 소유권은 일반적으로 정부에 귀속되었으며, 이로 인해 민간기업의 권리가 제한되었다. ⑦ 독특한

계약 요구 사항: Buy American 규정, 수출 통제, 외국부패방지법 (FCPA)* 등과 같은 법적 요구사항이 적용되었다. 이러한 제약들은 민간기업이 방위산업체와 협업하는 과정에서 감수해야 하는 부담으로 작용했다. 또한 방위산업의 낮은 수익성과 복잡한 절차로 인해, 많은 상업기업들은 군과의 협력 또는 방위산업 참여를 경제적으로 가치 없는 노력으로 평가했다.[75]

미국 의회기술평가국(OTA)은 1990년대 민군통합(CMI) 정책이 방위산업 공급망에서 지속적인 장애를 겪고 있다는 점을 지적했다. OTA는 특히 군사 전용 제품의 비중이 여전히 크다는 점에 주목했다. 핵무기, 전투기 조립, 장갑 차량, 군함, 탄약 등은 민간 부문에서 대체할 수 없는 독점적인 군사 제품으로, 이들 무기체계를 생산하기 위해서는 특수한 제조 시설이 필요했다. 특히, 핵무기나 스텔스 폭격기와 같은 고도의 기밀성이 요구되는 군사 시스템은 민간 부문과 완전히 분리된 환경에서 운영될 수밖에 없었다. 또한, 해당 프로그램에 참여하는 근로자는 보안상의 이유로 철저한 신원 확인 절차를 거쳐야 했다. OTA는 또한 군사 제품의 소량 생산 체제는 민간기업의 참여를 저해하는 주요 요인으로 작용한다고 분석했다. 군사계약은 민간기업이 초기 투자 대상으로 고려하기에는 제약이 크고, 진입 장벽이 높은 분야로 평가되었다. 앞서 언급한 여러 제한 사항과 더불어, 방위산업 계약 업체는 상업적 또는 비군사적 활동을 배제하고 방위산업 업무에 집중하는 경향을 보였다. 이는 스핀오프를 시도하는 것이 지나치게 어렵고, 불확실하며, 비용이 많이 들었기 때문이다.

---

* Foreign Corrupt Practices Act는 미국 기업 및 개인이 해외 정부 관계자에게 뇌물을 제공하는 행위를 금지하는 미국 연방법률이다. 1977년 제정되었으며, 국제 비즈니스 거래에서 부패를 방지하고 공정한 경쟁을 촉진하는 것이 주요 목적이다.

OTA는 성공적인 기업의 다각화(Diversification) 패턴을 분석한 결과, 새로운 제품과 기존 제품 모두에서 유사한 핵심 역량을 활용하는 것이 중요하다는 점을 지적했다. 이러한 기업들은 서로 다른 분야로 사업을 확장하기보다는 기존 기술 역량을 중심으로 활동을 제한하는 경향을 보였다. 또한, 국방부는 R&D에서 상업 지향적인 기업에 의존하는 것을 꺼리는 경향이 있었다. 대신, 로렌스 리버모어, 샌디아, 로스앨러모스와 같은 국립 연구소와 같은 정부 주도 연구기관이나, RAND, 에어로스페이스 코퍼레이션과 같은 국방중심 싱크탱크를 선호했다. 이러한 공공 부문 연구시설은 군이 더 직접적으로 통제하거나 소유할 수 있었으며, 국방부의 특정 요구에 맞춰 R&D를 보다 쉽게 조정할 수 있는 장점이 있었다. 한편, 미 의회는 지역 경제와 정치적 이해관계와 연결된 정부 소유 및 운영(GOGO, Government−Owned and Operated) 시설을 선호했다. 예를 들어 군수 공장과 병기 공장은 지역 주민들에게 직접적인 일자리를 제공하는 중요한 역할을 수행했으며, 이러한 이유로 방위산업관련 정책에서 핵심적인 정치적 영향력을 행사했다.[76]

2010년대: 제3차 상쇄전략, 4차 산업혁명, 민군융합의 등장

클린턴 행정부 1기 동안 민군통합(CMI)과 방산전환(defense con−version)에 대한 관심이 급증했지만, 이후 이러한 개념에 대한 열기는 급격히 줄어들었다. 클린턴 행정부 2기부터 조지 W. 부시 행정부 그리고 오바마 행정부 초기까지 이러한 개념들에 대한 정책적 관심은 거의 나타나지 않았다. 전반적으로 국방부와 방위산업계 모두 군사적 응용 가능성이 있는 혁신적인 상업기술을 적극적으로 탐구하려는 동기를 보이지 않았다. 이는 1990년대 후반부터 시작된 국방비의 급격한 증가와 2000년대 내내 지속된 국방예산의 확대에 기인한 것으로 볼 수 있다. 예를 들어, 1998년에서 2010년 사이, 미국 국방예산은 실질 기준으로 거의 두 배 증가했다.[77] 이러한 상황에서, 군산복합체는 CMI 와 같은 접근 방식을 실험하거나 채택할 필요성을 느끼지 않았다. 충분한 예산 지원을 받는 상황에서, 민간기술과의 융합을 통한 비용 절감이나 혁신 도입에 대한 압박이 크지 않았기 때문이다

역설적으로, 이러한 무관심은 군사개혁(military reform) 지지하는 일부 인사들이 특정 첨단 상업기술이 그 어느 때보다도 더 효과적이라는 주장을 강력히 펼치던 시기와 맞물렸다. 특히, 1990년대의 전쟁이 군사혁신(RMA)을 겪고 있다는 개념을 신봉하는 이들에 의해 이러한 주장은 더욱 강조되었다. RMA의 주요 지지자 중 한 명인 앤드루 크레피네비치(Andrew Krepinevich)는 이를 다음과 같이 정의했다. "새로운 기술이 군사 시스템에 적용되고, 혁신적인 작전개념과 조직 개편이 결합하여 분쟁의 성격과 수행 방식을 근본적으로 변화시키는 현상"[78] 즉, RMA는 미래 전쟁 수행 방식을 근본적으로 '변혁(transformation)'시킬 잠재력을 가진 개념으로 간주되었다.

더 구체적으로, 많은 전문가들은 정보기술(IT) 분야에서의 급격한 발전이 새로운 군사혁신(RMA)을 가능하게 할 것이라고 주장하기 시작했다. 이른바 IT 기반 RMA, 즉 'IT-RMA'는 주로 상업 IT 부문에서의 혁신적인 발전이 주도하는 형태로 전개되었다. 전반적인 '정보 혁명'은 정찰 및 감시, 컴퓨팅 및 통신, 자동화, 정밀 타격, 센서 및 탐색기 기술의 획기적인 혁신과 개선을 가능하게 했다. 특히, 20세기 후반

과 21세기 초반의 국방변혁(defense transformation)은 네트워크중심전(NCW) 개념의 등장과 밀접하게 연결되었다. NCW은 IT 기반 혁신을 활용해 전장의 정보 흐름과 연결성을 극대화하고, 보다 강력한 C4ISR(지휘, 통제, 통신, 컴퓨터, 정보, 감시 및 정찰) 네트워크를 구축하는 것을 목표로 했다. 또한 IT-RMA의 또 다른 핵심 요소로는 다음과 같은 기술적 혁신이 포함되었다. 무기 시스템과 탄약의 정밀성 및 사거리 증가, 무인 및 자율 기술 발전을 통한 원격 작전 수행능력 강화, 악천후 및 모든 기상 조건에서 군사력 운용 능력을 확보하는 것이다. 이러한 변화는 현대 전쟁 수행 방식의 근본적인 혁신을 이끄는 요소로 작용했다.

조지 W. 부시 행정부 시기, 국방변혁(defense transformation)에 대한 의지는 국방부에서 강력하게 드러났다. 도널드 럼즈펠드(Donald Rumsfeld) 국방장관(2001~2006)의 지도 아래, IT 기반 군사혁신(IT- RMA)은 미국 군대의 핵심 원칙으로 자리 잡았다. 럼즈펠드 국방부는 네트워킹, 통합, 전장 상황 인식, 정찰-타격 복합체 개념을 강조하며, IT 기반 국방변혁이 미군의 역량을 비약적으로 확장할 것이라는 신념을 갖고 있었다. IT 기반으로 한 미군의 변혁은 미래 전쟁 수행 방식을 근본적으로 변화시킬 수 있는 잠재력을 가진 것으로 간주되었으며, 어떠한 전통적인 원칙도 성역으로 남지 않았다. 이에 따라, 병력 구조, 조직, 장비, 예산, 교리, 전략 등 모든 국방 요소가 논의와 재검토의 대상이 되었다. 궁극적으로, 이러한 변혁의 목표는 주어진 모든 자원을 활용해 최대의 군사적 효과를 발휘할 수 있는 미군을 구축하고, 향후 수십 년 동안 미국 군사력의 우위를 공고히 하는 것이었다.

그 결과, 군사개혁론자들은 민군통합(CMI)과 유사한 다양한 접근 방식을 통해 군사기술 혁신을 지속적으로 추진해야 한다고 주장하였다. 이러한 접근 방식에는 민군겸용 R&D의 확대와 상용제품 기술 및 시스템의 활용 증대가 포함되었다. 또한, 군사혁신(RMA) 지지자들은 미국 방위산업 기반(DIB) 역시 '비즈니스 혁신'*을 겪어야 한다고 강조했다. 이러한 배경에서, 2003년 국방부 산업정책차관실(OUSD/IP)은 "Transforming the Defense Industrial Base: A Roadmap"이라는 연구를 발표하였다. 이 문서는 럼즈펠드의 변혁적 비전에 따라 미국 방위산업 정책을 조정하기 위한 여러 권고안을 제시했다. 보고서에서 OUSD/IP는 국방부가 민간과 군사 부문을 아우르는 국가산업 기반(NIB)을 '효과 기반 부문'†으로 접근할 것을 제안하였다. 여기에는 전력 투사, 정밀 타격, 전투 지원, 네트워크중심전, 자율·무인 시스템, 사이버전 등 국방변혁을 지원할 수 있는 다양한 부문이 포함되었다. 또한, OUSD/IP는 획득 의사 결정을 '프로그램, 플랫폼, 무기 시스템' 중심이 아닌, 작전효과중심으로 재구성할 것을 권고하였다.[79] 특히, 보고서는 국방부가 전통적으로 직접 공급하지 않았던 소규모 기업이나 비전통적 기업들 사이에서 새로운 산업 및 기술 혁신의 원천을 적극적으로 식별해야 한다고 강조했다.[80] 이는 방위산업 기반의 확장과 기술 혁신 촉진을 위한 전략적 접근 방식으로 제시되었다.

당시 럼즈펠드가 이끄는 국방부는 IT 기반 군사혁신(RMA)에 대한 높은 관심을 보였으며, 첨단 상업기술이 군사력 변혁(force trans‑

---

* 비즈니스 혁신(Revolution in Business Affairs)은 방위산업의 운영 방식, 조달 시스템, 생산 구조, 기업 참여 모델 등을 근본적으로 개선하여, 미래 군사력의 경쟁력을 지속적으로 유지하는 전략적 접근 방식이다.

† 효과 기반 부문(effects‑based sectors) 접근 방식은 무기 플랫폼 자체가 아니라, 플랫폼이 제공하는 전투 효과에 초점을 맞춰 방위산업 부문을 재편해야 한다는 개념이다. 이를 통해 방위산업을 더욱 유연하고 혁신적인 구조로 전환하고, 민간 혁신 기술을 보다 효과적으로 활용할 수 있도록 조정하는 것이 핵심 목표였다.

formation)에 중요한 역할을 할 수 있다는 인식도 자리 잡고 있었다. 그러나 이러한 기대와는 달리, 실제로 이루어진 성과는 거의 없었다. 럼즈펠드는 이라크와 아프가니스탄 전쟁 이후의 혼란 그리고 이들 국가에서 안정화를 달성하지 못한 한계로 인해 점차 영향력이 약화되었고, 결국 2006년 국방장관직에서 사임하게 되었다. 그의 퇴진은 IT 기반 RMA의 중요한 지지자를 잃게 만든 사건으로 평가되며, 이후 미국 군대는 군사력 변혁이라는 개념에서 점점 멀어지기 시작했다. 그럼에도 불구하고, 이라크와 아프가니스탄 분쟁에서 두드러진 성과를 보였던 창의적인 군사 시스템들은 대부분 전통적인 방위산업 기반(DIB)에서 설계, 개발, 제조된 것이었다. 예를 들어, 무인 항공기(UAV), 무장 드론, GPS, 정밀 유도 무기, E-8 JSTARS(합동감시타격레이더시스템) 항공기 등 이러한 전력들은 전통적인 방위산업 구조 속에서 발전한 결과물이었다.

그럼에도 불구하고, 첨단 상업기술을 군사적 역량과 우위로 활용하려는 아이디어는 완전히 사라지지 않았다. 오히려 민군융합(CMF)을 지지하는 목소리는 이후 수년 동안 더욱 커졌다. 2010년대에 접어들면서, 미국은 정찰·타격 역량에서 보유하던'사실상의 독점적인 우위'를 상실할 위험이 커지고 있다는 우려가 제기되었다. 이는 잠재적 적국들이 미국의 전력 투사를 저지하기 위해 독자적인 정찰·타격 네트워크를 구축할 수 있는 능력을 갖추기 시작했기 때문이었다.[81] 이로 인해 미군은 장거리 타격, 현대화된 통합 방공 시스템, 고도화된 수중 전력 그리고 우주 및 사이버 영역에서의 공격에 점점 더 취약해졌다. 특히 워싱턴은 중국의 군사기술력 향상과 이로 인한 군사력 증강이 미국의'우위의 여유(margin of superiority)'를 약화시키고 있다는 점에 깊은

우려를 나타냈다.⁸²

중국은 '반접근·지역거부(A2/AD, anti-access/area denial)' 전략을 통해, 미국 군사력이 장거리 이동 후 전력을 투사해야 하는 상황에서 이를 저지하려는 의도를 반영했다.⁸³ 이러한 A2/AD 전략을 통해 중국은 대만 해협, 동중국해와 남중국해에서 미군의 자유로운 작전을 방해할 수 있는 역량을 보유할 가능성이 높아졌다. 여기에는 장거리 탄도 및 순항 미사일, 잠수함, 정교한 통합 방공망, 우주 무기(군사 정찰위성을 무력화하고 C4ISR 인프라를 방해하는 장비) 그리고 사이버 무기(군수체계를 마비시키기 위한 공격 도구) 등이 포함되었다.⁸⁴ 이처럼 중국뿐만 아니라, 러시아 역시 군사적 도전을 강화하면서 미국의 군사적 우위에 위협을 가했다. 또한 페르시아만 지역에서는 이란과 같은 국가들이 상대적으로 덜 중요하지만 여전히 유의미한 군사적 도전을 가하고 있다. 이에 따라, 미국은 이러한 위협을 무력화하고 군사기술적 우위를 유지하기 위한 새로운 기술을 모색하기 시작했다.⁸⁵ 2010년, 이러한 'A2/AD 대응 혁신(counter-A2/AD revolution)'의 일환으로 '공·해 전투(ASB, Air-Sea Battle)' 개념이 발표되었다. 이후 '글로벌 공유영역에서의 접근 및 기동에 대한 합동 개념(JAM-GC, Joint Concept for Access and Maneuver in the Global Commons)'으로 명칭이 변경되었다. ASB/JAM-GC는 "공중, 해상, 육상, 사이버 공간 등 다양한 도메인에서 시너지 효과를 창출하여, 임무에 필요한 행동의 자유를 보장하기 위해 특정 도메인 조합에서 우위를 확보하는" 미래 합동전력 구축을 목표로 삼았다.⁸⁶ 이에 따라, 합동성과 네트워킹은 ASB의 핵심 요소로 자리 잡았다. 더 나아가 적군을 '교란, 파괴, 격퇴'하기 위해 '네트워크화되고 통합된 심층 공격' 개념이 핵심 전술로 떠올랐다.⁸⁷

이 새로운 작전개념은 필연적으로 새로운 역량과 이를 가능하게 하는 첨단 기술을 요구했다. 이러한 ASB/JAM−GC를 지원하기 위해, 미국 국방부는 2014년 '3차 상쇄전략(Third Offset Strategy)'*이라는 새로운 이니셔티브를 도입했다. 그해 11월, 레이건 국방 포럼에서 당시 국방장관인 척 헤이글(Chuck Hagel)은 3차 상쇄전략을 "21세기에 미국의 군사적 우위를 유지하고 발전시키기 위한 혁신적 방안을 식별하고 투자하는 메커니즘"으로 공식 발표했다. 또한, 제3차 상쇄전략의 일환으로, 미국 국방부는 국방혁신 이니셔티브(DII, Defense Innovation Initiative)를 출범시켰다. 이 프로그램은 미군의 기술적 우위를 유지하고 발전시키기 위해 혁신적인 기술을 식별하고, 우선순위를 설정하며, 이에 투자하는 것을 목표로 하였다.[88]

제3차 상세전략은 21세기 후반까지 미국의 군사기술 우위를 유지하고, 이를 바탕으로 첨단 기술과 시스템중심의 군사적 지배력을 확보하는 데 중점을 두었다. 여기에는 인공지능(AI) 및 기계 학습, 자율 시스템 및 로봇공학, 소형화 기술, 빅데이터 분석, 사이버 보안 및 공격 대응, 극초음속 추진, 지향성 에너지(레이저 무기 등), 첨단 제조 기술(3D 프린팅 포함) 등이 포함되었다.[89] 2018년, 국방연구·공학차관실(Office of the Under Secretary of Defense for Research and Engineering)은 최우선 기술 과제로 다음 10개 핵심 분야를 선정했다:

- 극초음속(hypersonics)
- 지향성 에너지(directed energy)

---

* 상쇄전략(Offset Strategy)은 미국이 군사적 경쟁에서 상대국의 강점을 무력화하고, 독보적인 우위를 확보하기 위해 채택하는 전략으로, 과거 1차(1950년대: 핵무기중심), 2차(1970~80년대: 정밀 유도 무기, 스텔스 기술중심) 상쇄전략을 기반으로 한 세 번째 전략이다. 제3차 상쇄전략은 첨단 정보기술과 군사기술을 융합하여, 미래 전장에서 미국의 군사적 우위를 유지하는 데 초점을 맞추었다.

- 지휘, 통제 및 통신(command, control, and communications)
- 우주 공격 및 방어(space offense & defense)
- 사이버 보안(cybersecurity)
- 인공지능 및 기계 학습(AI & machine learning)
- 미사일 방어(missile defense)
- 양자 과학 및 컴퓨팅(quantum science & computing)
- 마이크로 전자(microelectronics)
- 자율 시스템(autonomous systems)

특히, 이 우선순위 중 최소 6개는 첨단 정보 및 컴퓨팅 기술과 관련되었다. 이후 추가된 기술 분야는 5G 네트워크, 빅데이터, 첨단 제조 기술이며, 이들 역시 정보기술의 광범위한 통합을 포함하고 있다.[90]

이들 기술은 4차 산업혁명의 핵심 요소이며, 특히 인공지능(AI)은 자율 시스템, 기계 학습, 인간·기계 인터페이싱의 기반이 되는 핵심 기술이다. 2016년 4월, 당시 국방부 부장관인 밥 워크(Bob Work)는 AI 와 자율성이 "제3차 상쇄전략의 기술적 핵심 요소"가 될 것이라고 언급한 바 있다.[91] 이외에도 제4차 산업혁명의 중요한 기술로는 다음이 포함된다:

- 블록체인(blockchains): 데이터를 안전하고 분산된 방식으로 기록 및 공유할 수 있는 기술
- 클라우드 컴퓨팅(cloud computing): 방대한 데이터를 처리하고 저장하며, 네트워크를 통해 신속하고 안전하게 데이터 접근을 가능하게 하는 기술
- 양자 컴퓨팅(quantum computing): 기존의 컴퓨팅 기술로는 불가능한 수준의 연산을 가능하게 하는 차세대 컴퓨팅 기술

- 사물인터넷(IoT): 방대한 데이터를 이전보다 훨씬 빠르게 처리하고, 인터넷을 통해 언제 어디서나 데이터를 안전하게 저장하고 전송할 수 있도록 지원하는 기술

이러한 기술들은 4차 산업혁명을 대표하며, 특히 방대한 데이터 처리와 안전한 데이터 관리 그리고 효율적인 데이터 전송 역량을 강화하는 데 핵심적인 역할을 한다.[92]

4차 산업혁명이 상업 분야의 R&D에 기반하고 있다는 점에서, 미국군은 경쟁국 및 잠재적 적국에 대한 기술적 우위를 유지하기 위해 최첨단 기술을 점점 더 상업 부문의 첨단 기술에서 도출해야 한다는 인식을 강화하고 있다. 이러한 인식의 확산은 21세기 들어 새로운 형태의 민군융합(CMF)을 촉진하는 계기가 되었으며, 이에 따라, 미국 국방부와 군은 국방 R&D와 혁신을 지원하기 위해 CMF를 활성화하는 다양한 기관과 프로젝트를 출범시켰다. 이러한 변화의 일환으로, 제3차 상쇄전략의 핵심 구성요소 중 하나로 국방혁신 이니셔티브(DII, Defense Innovation Initiative)가 추진되었다. 이는 군사혁신을 가속화하기 위한 다양한 노력을 포함하고 있으며, 특히 장기 연구개발프로그램 계획(LRRDPP, Long-Range Research and Development Program Plan)을 출범시켜,[93] 국방부가 새로운 비전통적 기술 응용을 우선적으로 검토하고, 향후 10년 내 군사적 파급력이 클 것으로 예상되는 시스템 개념에 집중적으로 투자하는 것을 목표로 설정하고 있다.

또한, DII의 일환으로 국방부는 상업기술을 신속하게 군사적 용도로 전환하기 위해 국방혁신단(DIU, Defense Innovation Unit)을 설립하였다. DIU는 2021년 기준, 상업 부문이 최첨단이라고 인정되는 다음 다섯 가지 핵심 기술 분야에 우선순위를 설정하여 집중하고 있다: ①

인공지능(AI) 및 기계 학습, ② 자율 시스템, ③ 사이버 보안, ④ 인간·기계 시스템, ⑤ 우주 역량이다. DIU는 캘리포니아주 마운틴뷰에 본부를 두고 있으며, 실리콘밸리와의 근접성을 활용하여 상업기술과의 협력을 용이하게 하고 있다.[94] 또한, 에어맵, 비디오레이, 셜록 바이오사이언스, 쿠두 다이나믹스, L3헤리스, 디바이스 솔루션, 로직 허브와 같은 다양한 민간기업과 협력하여 기존의 상용제품 기술이나 시스템을 군사적 용도로 전환하는 계약을 체결하고 있다.[95] 한편, 각 군도 특성에 맞게 상용제품 기술을 군사적 목적으로 활용하는 방안을 적극적으로 모색하고 있다. 예를 들어, 미국 육군과 해병대는 상용제품 컴퓨터 게임을 활용해 가상현실(VR) 훈련을 진행하고 있으며, 그 사례 중 하나로 보헤미아 인터랙티브가 개발한 'Virtual Battle Space Mk.2(VBS2)'가 있다.[96] 이와 같이, 첨단 상업기술을 군사적 혁신에 적용하려는 노력은 미국이 군사적 기술 우위를 지속적으로 유지하기 위한 핵심 전략으로 자리 잡고 있다.

미 국방부는 특히 정보기술(IT) 분야에서 첨단 상업 혁신에 접근하고 이를 군사적 목적으로 활용하기 위한 다양한 프로그램을 추진해 왔다. 2018년, 미군은 합동 인공지능 센터(JAIC, Joint Artificial Intelligence Center)를 설립했으며, 이 센터의 주요 임무는 "인공지능(AI)의 제공과 채택을 가속화하는 것"이었다. JAIC는 대형 기술 기업, 소규모 스타트업, 학계, 동맹국 및 우호국과 협력하는 '전체론적 접근'*을 통해 이러한 목표를 달성하려고 하고 있다.[97] JAIC의 대표적인 프로젝트로는 '프로젝트 메이븐(Project Maven)'이 있다. 이 프로젝트는 무인 항공기

---

* 전체론적 접근(holistic approach)은 문제를 개별 요소가 아닌, 전체적인 시스템의 관점에서 분석하고 해결하는 방식을 의미한다

(UAV)를 위한 AI 기반 감시 플랫폼을 구축하는 것을 목표로 하며, 인공지능을 활용한 영상 분석 및 정찰 기술을 군사 작전에 적용하는 데 중점을 두고 있다.[98] 보다 야심 찬 프로젝트로는 '합동 엔터프라이즈 국방 인프라(JEDI, Joint Enterprise Defense Infrastructure)'가 있다. JEDI는 미국 군대를 위한 안전하고 강력한 클라우드 인프라를 구축하는 것을 목표로 하며, 2020년에 마이크로소프트와 첫 번째 계약이 체결되었다. 총 계약 규모는 최대 100억 달러에 이를 것으로 예상되며, 이는 국방부가 클라우드 기반 데이터 처리 및 AI 연산 역량을 강화하기 위한 전략적 투자로 평가된다.[99]

또한, 2020년 8월, 트럼프 행정부는 'AI 및 양자 컴퓨팅 연구 허브' 설립을 위한 다학제적 연구에 최대 10억 달러를 지원하겠다고 발표하였다. 이 연구는 국가안보에 기여할 것으로 기대되며, 일부 민간기술기업들은 이 이니셔티브를 지원하기 위해 최대 3억 달러 상당의 '기술·서비스 기부'를 제공할 것을 합의하였다.[100] 미군은 AT&T, 노키아, 제너럴 일렉트릭과 같은 여러 민간기업들과 협력하여 약 6억 달러 규모의 프로젝트를 추진하고 있으며, 이를 통해 다양한 군사시설에서 5G 기술을 실험하고 있다. 이 프로젝트는 "세계에서 가장 대규모로 이루어지는 민군겸용 애플리케이션을 위한 5G 테스트"로 평가되며, 군사와 상업기술의 통합을 상징적으로 보여주는 사례로 주목받고 있다.[101]

미국 의회는 군 현대화의 중요성을 인식하고, 적어도 1990년대부터 민군융합(CMF)을 촉진하는데 일관된 지지를 보내왔다.[102] 의회는 국방부와 기타 정부기관의 인공지능(AI) 연구개발에 필요한 자금을 지원할 수 있도록 승인하는 역할을 맡고 있으며, 동시에 미국의 첨단 기술이 외국의 경쟁국의 기술 절도 및 경제적 침해로부터 보호할 수 있도록 핵심적인 책임을 지고 있다. 또한, AI를 비롯한 첨단 기술 개발 및 적용과 관련하여 연방 규정을 작성하고 개정할 수 있는 권한을 보유하고 있으며, 이를 통해 국가안보와 기술 경쟁력을 강화하기 위한 정책적 방향을 제시하고 있다.103 대표적인 사례로, 2020년 의회는 '기타 거래권한'*의 활용을 확대하기 위해 정부 조달규정을 개정하였다. OTA는 전통적인 조달 절차를 간소화하여, 국방부가 신속하게 상업기업과 계약을 체결하고, 혁신적인 민간 제품과 기술을 군사적으로 활용할 수 있도록 지원하는 법적 수단이다. 이러한 개정 조치는 상업기업들이 국방중심의 과학기술 연구개발에 보다 적극적으로 참여할 수 있도록 장려하고, 민간 혁신 기술을 효과적으로 군사적 응용으로 전환하는 데 중요한 역할을 하였다. 미국 의회는 군사혁신을 가속화하고 CMF를 강화하기 위해 지속적으로 법적·제도적 기반을 조성하며, 국방부와 민간기업 간의 협력을 촉진하는 정책적 지원을 확대해 왔다.104

미국 국방부는 현재 해외에서 이루어지고 있는 반도체 칩 생산 및 테스트를 미국으로 다시 이전하여 마이크로 전자산업을 활성화하는 방안을 모색하고 있다. 마이크로 전자 기술, 특히 마이크로프로세서 칩과 반도체는 4차 산업혁명 기술의 핵심 기술(예: AI, 양자 컴퓨팅, 5G 무

---

* 기타 거래권한(OTAs, Other Transaction Authorities)은 미국 정부, 특히 국방부가 전통적인 연방 조달법의 복잡한 절차를 거치지 않고 신속하게 계약을 체결할 수 있도록 허용하는 특별한 계약 방식이다. 이 제도는 스타트업이나 비전통적 방위산업체가 국방 연구개발 및 혁신 기술 프로젝트에 보다 쉽게 참여할 수 있도록 설계되었으며, AI, 자율 시스템, 5G 통신, 양자 컴퓨팅 등 최첨단 기술을 신속하게 도입하는 데 중요한 역할을 하고 있다. 대표적인 활용사례로 메이븐 프로젝트에서 구글, JEDI 클라우드 프로젝트에서 마이크로소프트, 국방혁신단 프로젝트에서 스타트업과 협력 등이 있다.

선 네트워크)뿐만 아니라 대부분의 무기 시스템에서도 필수적인 구성 요소로 활용된다. 이에 따라 국방부는 국내 반도체 생산을 확대함으로써 보안성과 신뢰성을 강화하고, 외국 제조업체를 통한 공급망에서 발생할 수 있는 위협을 차단하려는 전략을 추진하고 있다. 이러한 조치는 외국 제조업체가 악성 코드, 백도어,* 데이터 유출 명령 등을 칩에 삽입하는 보안 위협을 방지하기 위한 것이다.105 이에 대응하여, 2017년 DARPA은 '전자 기술 부흥 이니셔티브(ERI, Electronics Resurgence Initiative)'를 출범시켰다. 이 이니셔티브는 첨단 신소재, 회로 설계 도구, 시스템 아키텍처 육성하는 것을 목표로 하며, 초기 자금으로 최대 15억 달러를 지원할 계획이다.106 또한, 2021년에 바이든 행정부는 미국 내 반도체 생산 확대를 위한 전략을 수립하고 연구를 위해 행정명령을 발령하며, 관련 정책을 더욱 강화하였다.107 이는 글로벌 반도체 공급망에서 미국의 주도권을 회복하고, 반도체의 국내 생산 역량을 강화하기 위한 국가 차원의 전략적 대응으로 평가된다.

마지막으로, 일부 대형 전통적 비(非)방위 기업들은 자사의 독창적인 상업적 역량을 기반으로 첨단 제품을 개발하여 미국 군대에 제공하면서, 방위산업에 새롭게 진출하거나 재진입하거나 기존 방위산업을 강화하는 전략을 추진하고 있다. 대표적인 사례로, 제너럴 모터스는 GM Defense라는 신규 자회사를 설립하며, 방위산업에 본격적으로 참여할 것을 발표했다. GM Defense는 "혁신적인 스타트업의 장점과 대형 제조 기업의 경험, 인프라, 자원을 결합하는 데 중점을 둔다"고 밝히며, 방위산업에서 차별화된 접근 방식을 강조하고 있다.108 이 회

---

* 백도어(Backdoor)는 시스템, 네트워크, 소프트웨어 등에 몰래 설치된 숨겨진 접근 경로, 승인되지 않은 사용자가 보안 시스템을 우회하여 비밀리에 접근할 수 있도록 하는 의도적인 기능을 의미한다.

사의 주요 제품에는 경량 전술 차량, 수소 기반 추진 시스템 그리고 자율 시스템 등이 포함된다.

결국, 미국 군대는 점점 더 전통적인 군산복합체 외부에서 발생하는 기술 혁신의 수혜자로 변화하고 있다. 미국 국방부는 인공지능(AI), 사이버·컴퓨팅, 첨단 마이크로 전자, 데이터·통신 네트워크, 생명공학 등 정보기술(IT) 전반에서 상업적 혁신을 군사적으로 활용하기 위한 전략을 적극 추진하고 있다.[109] 이는 4차 산업혁명 기술이 군사적 역량 강화와 우위 확보를 위한 주요 전력증폭기(force multiplier)가 될 가능성이 크다는 공감대가 확산되고 있음을 시사한다. 특히, 이러한 기술 혁신의 상당 부분은 민간 부문에 의해 주도되고 있으며, 군은 민군융합(CMF)을 통해 이를 효율적으로 활용하고자 한다. 반면, 극초음속 기술이나 및 수중전과 같은 일부 특수 기술 영역에서는 여전히 군사 연구개발이 주도적인 역할을 유지하는 경우도 존재한다. 이와 같은 변화는 군사기술 혁신이 더 이상 전통적인 방위산업체에 의존하는 것이 아니라, 민간과 군사 부문 간의 협력을 통해 새로운 형태로 발전하고 있음을 의미한다. 따라서 미국은 CMF를 보다 체계적이고 집중적으로 추진하여, 민간 혁신을 군사적 우위 확보에 효과적으로 활용하는 전략적 접근이 더욱 중요해지고 있다.

결론적으로, 2010년대와 2020년대의 민군융합(CMF)은 1990년대의 민군통합(CMI)과 본질적으로 상당한 차이를 보인다. 여러 측면에서, 현대적 CMF는 과거보다 더 단순하면서도 야심 찬 접근 방식을 채택하고 있다. CMF의 단순성은 현재 CMF가 기초 연구 수준에서 이루어지고 있다는 점에서 드러난다. 이는 상업적 과학기술을 지원하고, 이를 군사 부문에 효과적으로 이전하는 방안을 모색하는 데 집중하고 있기 때문이다. 이는 과거처럼 민간기업이 방위산업과 협력하여 구체적인 군사 제품을 개발하도록 직접 요구하거나 압박하는 방식과는 차별화된다. 예를 들어, 실패 사례로 평가받는 평판 디스플레이 이니셔티브처럼 특정 군사 제품 개발을 강제하는 것이 아니라, 민간기업이 기초 연구를 통해 최상의 성과를 도출하도록 장려하는 방식을 채택하고 있다. 이러한 차이는 특히 미국 국방부가 인공지능(AI), 양자 컴퓨팅, 사물인터넷(IoT), 5G 무선 네트워크 등의 기술을 지원하는 방식에서 두드러진다. 국방부는 민간 연구를 직접 주도하는 것이 아니라, 민간기업이 최상의 혁신을 이루도록 환경을 조성하며, 이를 자연스럽게 군사적 응용으로 연결하는 전략을 채택하고 있다.

동시에, 현대의 민군융합(CMF) 전략은 이전의 민군통합(CMI) 노력보다 더욱 야심 찬 목표를 지닌다. 이는 현재 개발중인 최첨단 기술을 집중적으로 활용하고, 이를 군사적 우위 확보에 전략적으로 적용하려는 의도가 더욱 뚜렷하다. 이러한 기술들이 효과적으로 통합될 경우, 군의 작전개념과 전투 방식에 혁신적 변화를 가져올 수 있는 잠재력을 지니고 있다.

소결론

현재 미국의 민군융합(CMF) 노력이 얼마나 성공적일지는 아직 판단하기 이르다. 현재 진행중인 CMF 프로그램과 이니셔티브는 여전히 탐색, 실험, 평가 단계에 머물러 있으며, 이들 중 일부, 혹은 상당수가 의미 있는 성과를 내지 못할 가능성도 존재한다. 또한, CMF의 확대는 전통적인 군산복합체가 주도하는 혁신을 선호하는 미국 방위체계 내의 오래 편견과 이해관계와 충돌할 수 있다. 동시에, 일부 상업기업들은 도덕적 · 윤리적 이유로 국방 프로그램에 참여를 꺼리는 경우도 있다. 대표적인 사례로, 구글은 프로젝트 메이븐(Project Maven)에서 철수했는데, 이는 다수의 직원들이 회사가 '전쟁 산업(business of war)'에 관여하는 것을 반대했기 때문이었다.[110] 그럼에도 불구하고, 4차 산업혁명 기반의 첨단 상업기술이 미래 군사 역량에 미칠 잠재적 영향에 대한 인식이 국방부, 미군, 민간 부문 모두에서 중대한 태도 변화를 이끌어내고 있다. 특히 정보기술(IT), 통신, 마이크로 전자 기술, 소프트웨어와 같은 분야에서는 상업적 제품과 서비스가 전통적인 국방조달 시스템을 넘어서는 경향을 보이고 있다. 더 나아가, 전력 생성, 추진 시스템, 구동 장치, 변속기, 항공 구조, 유도 기술 등 다양한 기술 분야에서도 CMF가 상당한 잠재력을 지닌 것으로 평가된다.[111]

특히, 인공지능(AI)은 민군융합을 주도하는 핵심 기술로 자리 잡으며, 새로운 전략적 인식의 주요 동인으로 부상하고 있다. AI는 미래 전쟁의 전력증폭기(force multiplier)로 인식되며, 이를 통해 군사적 우위를 확보하는 결정적 요소가 될 것으로 예상된다. 이와 관련하여, 미국 국가안보 인공지능위원회(NSCAI, National Security Commission on Artificial Intelligence)는 2021년 최종 보고서에서 다음과 같이 강조했다.

"인공지능(AI)의 등장은 새로운 전쟁 패러다임을 형성하고 있다." 이러한 개념은 '알고리즘 전쟁'* 또는 '모자이크 전쟁'†으로 불리며, 중국의 군사 이론가들은 이를 '지능화 전쟁'‡이라고 정의하고 있다.

---

* 알고리즘 전쟁(Algorithmic Warfare)은 인공지능(AI)과 빅데이터, 자동화된 의사결정 시스템이 전쟁의 핵심 요소가 되는 현대 및 미래의 전쟁 개념이다.

† 모자이크 전쟁(Mosaic Warfare)**은 소규모, 다중 도메인(multi-domain) 작전 단위가 네트워크를 통해 유기적으로 결합하여 적을 교란하고 압도하는 새로운 전쟁 개념이다.

‡ 지능화 전쟁(Intelligentized War)은 인공지능(AI), 빅데이터, 클라우드 컴퓨팅, 5G, 양자 기술 등 4차 산업혁명 기술을 통합하여, 전쟁 수행 방식과 군사전략을 근본적으로 변화시키

이 용어들은 AI가 주도하는 새로운 갈등의 시대와 알고리즘 간의 경쟁이라는 핵심 특징을 상징적으로 반영한다. 군사적 우위는 다음의 요소들에 의해 결정될 것이다:112

- 군이 보유한 데이터의 양과 질
- 개발된 알고리즘의 성능
- AI 기반 네트워크의 연결성과 통합 수준
- 배치된 AI 지원 무기 시스템
- AI 기반 작전개념의 채택 및 활용

보고서는 이어서 다음과 같이 설명한다:

인공지능 기반 전쟁(AI-enabled warfare)은 단순히 특정 신무기나 기술, 또는 작전개념 하나에 의존하는 것이 아니라, 인공지능(AI) 기술을 전쟁 수행의 모든 영역과 기능에 걸쳐 통합하고 적용하는 데 중점을 둔다. AI는 수중에서 우주까지, 사이버 공간과 전자기 스펙트럼을 포함한 모든 전장 환경에서 작전개념과 전투 수행방식을 혁신적으로 변화시킬 잠재력을 지니고 있다. 이러한 변화는 전략적 의사결정부터 작전 기획, 전술적 기동 그리고 후방 지원 업무에 이르기까지 전쟁 수행의 모든 단계에 걸쳐 중대한 영향을 미칠 것으로 예상된다.113

이에 따라, 민군융합(CMF)을 지지하는 이들은 1990년대 초반 이후 군사혁신의 동력이 군사 부문에서 민간 및 상업 부문으로 이동했다고 주장한다. 상업 기반 기술은 점점 더 군사적 활용 가능성이 높은 핵심 기술로 인식되고 있으며, 이러한 흐름은 특히 정보기술(IT) 분야에서 두드러진다. 대표적인 기술로는 인공지능(AI), 로봇공학, 자동화, 5G

는 개념이다.

광대역 네트워크, 양자 컴퓨팅, 빅데이터 등이 있다.

이러한 변화 속에서, 민군융합(CMF)은 미국 군사체계 내에서 다시 금 중요한 전략적 요소로 자리 잡고 있다. 현재 국방부, 미군, 의회 그 리고 국가안보 싱크탱크들은 CMF의 잠재적 이점에 주목하고 있으며, 이를 미래 군사전략의 필수적인 발전 경로로 인식하고 있다. 이를 뒷 받침하는 최근 연구에서는 다음과 같이 주장한다:

"미국은 현재의 기술 환경에 부합하는 적합한 기술 전략을 채택해 야 한다. 1960~80년대에 사용되었던 기존 접근 방식은 오늘날처럼 혁신이 세계화되고 민간 부문이 주도하는 상황에서는 더 이상 효과적 이지 않다. 또한, 7,000억 달러가 넘는 국방예산에도 불구하고, 미군 은 모든 잠재적인 기술에 투자할 수 있는 충분한 자원을 보유하고 있 지 않다. 따라서 미국 국방부는 전쟁 양상을 근본적으로 변화시킬 가 능성이 높은 핵심 기술에 전략적으로 집중 투자해야 하며, 동시에, 예 상치 못한 상황에 대비하기 위해 다양한 기술에 대한 소규모 투자를 병행해야 한다."114

민군융합(CMF)과 제4차 산업혁명 기술, 특히 인공지능은 미국 군대 에 새로운 기회와 도전 과제를 제시하고 있다. 미래 군사력과 군사적 우위를 창출하는 데 있어, 중요한 군사관련 기술을 식별하고, 이를 효 과적으로 군사 연구개발과 생산체계에 통합하는 것이 핵심 과제가 될 것이다. CMF를 효과적으로 활용하기 위해서는 기존의 군사 연구개발 과 국방조달체계를 근본적으로 혁신하고 새로운 접근 방식이 필요하 다. 이에 따라 미 국방부와 미군은 상업 부문에서 발전하고 있는 유망 기술을 조기에 식별하고 군사적으로 활용하기 위한 다양한 이니셔티 브와 기관을 설립하고 있다. 대표적인 조직과 프로젝트로는 국방혁신단(DIU), 합동인공지능 센터(JAIC), 프로젝트 JEDI, 프로젝트 메이븐 그리고 전자공학 부흥 이니셔티브(ERI)가 있다. 이와 함께 미국 군대는 중소기업 및 비전통적인 기술 기업들이 국방계약을 체결하는 절차를 단순화하고 보다 적극적으로 참여할 수 있도록 돕고 있다. 예를 들어, '피치 데이(Pitch Days)'*와 같은 창의적인 방식을 도입하여, 기업이나 연구기관이 기술 프로젝트를 제안하면 당일 계약을 체결할 수 있도록 절차를 간소화하고 있다.[115] 결론적으로 민군융합(CMF)은 단순한 기술 통합을 넘어 미래 전장의 패러다임을 변화시키는 핵심 요소로 자리 잡을 가능성이 크다. 이는 미국 군사 연구개발의 미래 전략에서 점점 더 중요한 개념으로 부각될 것이며, 국방부와 군이 혁신적 기술을 보다 효과적으로 활용하는 방향으로 나아가는 데 핵심적인 역할을 할 것이다.

---

* 피치 데이(Pitch Days)는 미국 국방부와 군이 스타트업, 중소기업, 비전통적인 기술 기업들이 국방계약을 보다 신속하고 효율적으로 체결할 수 있도록 지원하는 제도적 접근 방식이다.

CHAPTER

04

중국의 민군융합

CMF in China

- 군산복합체
- 민군 경제 통합에서 민군융합으로의 긴 여정
- 군 현대화로의 전환: 민군통합(CMI)과 민군겸용기술의 활용
- 시진핑 시대의 민군융합(CMF): 새로운 시작
- 민군융합(CMF)의 전략적·정치적 함의
- 소결론

Chapter 04
중국의 민군융합
CMF in China

들어가며

중국은 여러 국가들과 마찬가지로 민군융합(Civil Military Fusion) *
이 무기 개발 및 생산의 비용과 위험을 줄이는 동시에 군사 현대화를
가속화하는 데 기여할 수 있다는 점을 오랫동안 인식해 왔다. 또한, 중
국 지도부는 전통적으로 민군통합(Civil Military Integration)을 민군융합
의 선행 개념으로 보고 있으며, 이를 통해 인민해방군(PLA)이 "핵심적
이고 민감한 기술을 국내에서 안정적으로 조달"하여 첨단 무기에 대한
해외 의존도를 줄이는 것을 목표로 삼아왔다.[1] 이에 따라, 중국에서 민
군융합(CMF)은 정부, 산업, 군이 협력하여 국가안보와 국방에 필수적
인 민군겸용기술을 확보, 육성, 국산화 및 확산하는 전통적인 기술 민
족주의 발전전략의 현대적 형태라 할 수 있다.[2] 이러한 이유로 중국은

---

* 중국에서는 민군융합(CMF)을 '군민융합(MCF, Military-Civil Fusion)'이라고 표현한다.
중국의 군민융합은 정부 주도로 민간기업과 연구기관을 군사기술 개발에 적극적으로 동원하
는 특징을 지닌다. '군민융합(MCF)'이라는 용어는 2007년 후진타오 총서기가 처음 사용했
으나, 본격적인 추진은 시진핑 집권 이후 이루어졌다. 2015년 3월, 제12기 전국인민대표대
회에서 시진핑 주석은 군민융합을 국가전략으로 공식화하며 전면적인 추진을 선언했다. 독
자들의 혼란을 방지하기 위해, 일관성을 유지하여 '민군융합(CMF)'으로 일괄 표기하였다.

민군융합의 성공적 정착에 높은 관심을 기울이며, 이를 국가의 전략적 경쟁력을 강화하는 핵심 수단으로 삼고 있다.

　이러한 관점에서 볼 때, 최근 기술 발전, 특히 4차 산업혁명(4IR)의 등장은 이러한 전략을 더욱 강화하는 계기가 되고 있다. 4IR은 군사기술과 민간기술 간의 경계를 허물고 있으며, 상업적 4IR 기술의 군사적 활용 가능성에 대한 관심이 점점 더 커지고 있다. 이에 따라 중국은 민군융합을 통해 이러한 첨단 기술을 군사혁신에 적극적으로 활용하려는 노력을 확대하고 있다. 특히, 인공지능(AI), 로봇공학, 첨단 마이크로 전자, 컴퓨팅, 양자 기술 등의 분야는 인민해방군이 추진하는 군 현대화 전략인 '정보화(informationization.)'를 실현하는 데 핵심적인 역할을 하고 있다. 이러한 흐름 속에서, 시진핑 주석은 2015년 "민간과 국방기술 개발의 연대"를 국가 최우선 과제로 선언하였다. 이어 2017년에는 중앙군민융합발전위원회를 설립하여, 민군융합(CMF) 정책을 총괄하고 추진하는 역할을 담당하도록 했다.[3] 이후, 중국은 산업, 연구소, 군대 간의 협업을 활성화하고, 기술과 정보의 흐름을 촉진하기 위해 행정적·정치적 장벽을 제거하는 노력을 지속해 왔다. 이를 위해 민군융합을 조율하고 촉진하기 위한 새로운 정책과 기구를 도입했으며, 부문 간 협력을 강화하기 위한 규칙, 규정 및 재정적 인센티브도 마련했다.

　그럼에도 불구하고, 중국의 민군융합 추진 노력은 현재까지 엇갈린 성과를 보이고 있다.[4] 수년간 다양한 형태의 민군 기술 통합을 시도해 왔지만, 그 성과는 아직까지 제한적이었다. 이는 정책적·구조적 그리고 산업적 도전 요인이 복합적으로 작용한 결과라고 볼 수 있다. 따라서 현재 중국이 추진중인 민군융합 전략이 이전의 시도들과 어떤 차별점을 가진지 분석하는 것이 매우 중요하다. 이를 통해 중국의 민군융합 전략이 향후 얼마나 발전할 수 있을지 그리고 어떠한 한계를 가질 것인지 보다 명확하게 이해할 수 있을 것이다.

중국의 군산복합체(Military Industrial Complex)

중국의 민군통합(CMI)은 국가 방위산업복합체(defense industry complex)*와 군사조달 시스템의 특성과 밀접하게 연결되어 있다. 인민해방군은 첨단 무기와 장비를 확보하기 위해 국내 및 해외에서 기술과 하드웨어를 조달해야 하며, 획득한 무기의 설계, 개발, 제조, 공급 과정에서 품질을 보증해야 한다. 또한 모든 조달 과정은 정해진 예산 범위 내에서 이루어져야 한다.[5] 인민해방군은 항상 최신 군사기술 확보를 최우선 과제로 삼아왔다. 이는 과거 인민전쟁(People's War, 보병 및 게릴라 스타일 전쟁을 중심으로 한 이론) 개념이 중심이던 시기에도 예외는 아니었지만, 당시에는 기술 발전보다 무기 생산의 자립과 자급자족이 더욱 강조되었다. 이러한 접근 방식은 중국만의 독특한 사례는 아니지만, 국가안보와 정책 목표에 따라 차별화된 방식으로 실현되었으며, 이는 중국의 특수한 상황을 반영한다. 많은 국가들이 방위산업의 자율성을 확보하려는 노력에서 주로 생산 능력에 초점을 맞추는 반면, 중국은 연구개발과 생산 전반에 걸쳐 자급자족을 실현하려는 것을 더욱 중시해 왔다. 따라서 외국 기술에 과도하게 의존하는 것은 바람직하지 않다고 판단했으며, 첨단 무기 확보와 자급자족이라는 정치적 목표 사이에서 균형을 유지하려는 지속적인 노력이 이루어졌다. 이러한

---

* 국가 방위산업복합체는 무기 생산과 방위 기술 개발을 위한 산업적 · 조직적 구조로, 방산기업과 정부가 군사력 강화를 위해 협력하는 체계를 의미한다. 반면, 군산복합체(MIC)는 방산기업과 정부 · 군의 경제적 이해관계가 결합하여 정치 · 경제적으로 영향력을 행사하는 현상을 뜻한다. 중국은 민군융합 전략을 통해 국가 방위산업복합체를 운영하고 있지만, MIC 수준의 정치적 · 경제적 영향력은 상대적으로 낮다.

접근 방식은 1950년대 초반부터 인민해방군이 필요로 하는 모든 무기와 장비를 자체적으로 공급할 수 있는 방대한 군산복합체 구축으로 이어졌으며, 이는 중국이 국가안보와 군사적 자립을 강화하려는 핵심 전략의 일환으로 추진해온 것이다.

1949년 이후 중국의 방위산업 모델은 소련의 체계를 전반적으로 따랐다. 방위산업 활동은 국가의 독점적 관할 아래에 이루어졌으며, 강력한 중앙 통제와 관료적 구조가 특징이었다. 초기에는 정부 부처 산하의 제조 단위에서 무기를 생산했으나, 이후 국영기업 체제로 전환되었다. 국방 연구개발은 무기 프로그램의 다양한 분야를 담당하는 기계공업부(MMB)* 산하 연구소나 국가 소속의 학술기관에서 수행되었다. 1970년대 후반 경제 개혁 정책이 시작되기 전까지, 무기 생산의 경제적 타당성은 고려 대상이 아니었다. 그럼에도 불구하고, 인민해방군의 막대한 무기 수요 덕분에 대규모 생산으로 경제적 이점을 확보할 수 있었다. 그러나 상업적 관점에서의 관심 부족으로 인해, 잠재적인 수출 시장의 요구를 반영한 맞춤형 무기 개발에는 자원이 투자되지 않았다. 또한, 외국 무기의 품질 수준에 도달하려는 시도를 하지 않았으며, 상대적으로 단순한 무기를 대량 생산하여 인민해방군의 수요를 충족시키는 데 집중했다.

중국의 군사조달(military procurement) 시스템은 비효율성, 기술 낙후, 부패 등의 구조적 한계를 안고 있었다.6 특히, 낙후된 방위산업복합체에 대한 높은 의존도와 심각한 내부 부패 문제가 주요 문제로 지적되었다. 또한, 인민해방군과 대형 방위산업 기업 간에는 독점적이고

---

* 기계공업부(Ministry of Machine-Building Industry)는 중국의 방위산업 및 중공업 발전을 총괄했던 정부기관으로, 특히 무기 및 군수 장비의 연구개발(R&D)과 생산을 담당했던 핵심 부처였다.

규제가 미비한 공급자·수요자 관계가 형성되면서, 인민해방군은 방위산업과의 협상에서 상대적으로 낮은 협상력을 가질 수밖에 없었다. 여기에 더해, 중국은 서방국가들의 공식적·비공식적인 무기 금수 조치로 인해 서방 무기 시장에 대한 접근하는 데 큰 제약을 받았다. 더욱이, 1970년대 후반부터 방위산업은 국가적 우선순위 경쟁 속에서 다른 산업과 치열한 경쟁을 벌여야 했다.[7]

이러한 문제를 해결하기 위해, 중국은 군사조달 시스템과 국방기술·방위산업 기반(DTIB)을 현대화하는 장기적인 개혁 계획을 추진했다. 이는 인민해방군을 21세기형 현대적 군대로 전환하는 핵심 조건으로 평가되었다. 이러한 노력은 1990년대 후반부터 국방예산의 대폭적인 증가를 통해 가능해졌다. 1997년부터 2019년까지 중국의 국방예산은 연평균 13% 이상의 증가율을 기록하였으며, 그 결과 인민해방군 예산은 1997년 약 100억 달러에서 2019년 약 2,600억 달러로 급증하였다.

 **그림 4-1** 중국의 군사비 지출, 1989-2019

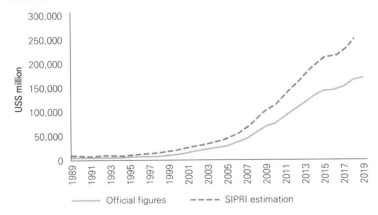

출처: 중국 국가통계연감(다년도); SIPRI, "Military Expenditure Database"
  * 공식수치는 위안화로 표시되었으나, 연도별 평균 환율에 따라 미화로 환산했음

게다가, 이 기간 동안 군사비 항목 중 장비관련 지출이 인력, 훈련 및 유지비보다 가장 큰 성장을 보였다. 스톡홀름 국제평화연구소 (SIPRI)의 2021년 추정에 따르면, 2010년~2017년 사이 국방예산에서 장비 비용이 차지하는 비중은 33%에서 41%로 증가했다. 반면, 인력 비용과 훈련 및 유지비의 비중은 각각 35%에서 31%, 32%에서 28%로 감소하였다(그림 4−2 참조). 특히, 이러한 지출의 대부분은 무기 수입이 아닌 국내 무기 개발 및 생산에 집중되었다. 2010년대 초반까지 중국의 무기 수입은 2005년 약 35억 달러의 정점에서 2010년대에는 10억 달러 미만으로 줄어들었으며, 2012년과 2018년을 제외하면 연간 15억 달러 이하를 유지했다(그림 4−3 참조). 또한, 무기 연구·개발·시험·평가(RDT&E)에 대한 비용은 중국 공식 국방예산에 포함되지 않는 항목 중 가장 큰 비중을 지속적으로 차지했다. SIPRI의 추정에 따르면, 2010년~2019년 사이 RDT&E 지출은 전체 국방비의 10% 이상을 차지했으며, 2019년에는 약 250억 달러에 달했다.[8]

그림 4-2 **중국의 군사비 지출 내역, 2010-2017**

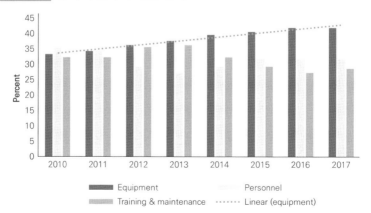

출처: Tian and Su, A New Estimate of China's Military Expenditure, 5

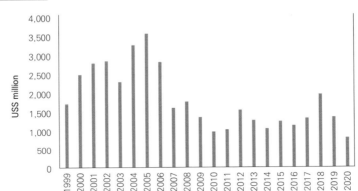

그림 4-3 중국, 무기 수입(arms imports), 1999-2020

출처: SIPRI, "Arms Transfers Database"

　　1998년 군사조달 개혁은 중국 군사 현대화의 중요한 전환점이었다. 개혁의 핵심 조치는 군사조달 기능을 국가국방과학기술공업위원회(COSTIND)*에서 인민해방군으로 이관하는 것이었다. 그동안 COSTIND는 방위산업을 감독하면서, 동시에 군사조달을 관리하는 역할을 맡아왔으나, 이번 이관을 통해 구조적인 개선이 이루어졌다. 이 개혁의 일환으로 인민해방군 내에 총참모부와 동등한 위계를 가진 총장비부(GAD)가 신설되었다. GAD는 무기조달뿐만 아니라 군사 연구개발, 신형 무기체계의 시험 및 평가까지 책임지는 조직으로 자리 잡았다. 이를 통해 인민해방군은 국방혁신과 연구개발을 주도하는 역할을 담당하게 되었다.[9] 이 변화는 기존 구조에서 발생한 이해관계 충돌을 해소

---

* 국가국방과학기술공업위원회(Commission for Science, Technology and Industry for National Defense)는 중국의 국방과학기술 개발 및 방위산업 관리를 담당했던 정부기관으로, 1982년 설립되어 2008년 해체되기 전까지 방위산업 정책을 총괄했다. 이는 군사 연구개발, 무기 및 군사 장비 생산, 기술 표준화, 민군겸용기술 개발을 조정하는 역할을 수행했으며, 국방기술의 현대화를 위한 핵심 기관이었다.

하기 위한 조치였다. 이전에는 COSTIND가 방위산업(공급자)과 군사
조달(수요자)을 동시에 관리하면서 내재적인 갈등이 발생할 가능성이
높았다. 이번 개혁을 통해 이러한 문제를 해결하고, 조달 시스템의 효
율성과 투명성을 높이려는 목적이 반영되었다.

개혁의 또 다른 목표는 방위산업 내 경쟁을 촉진하는 것이었다. 이
를 위해 항공우주, 항공, 조선, 무기, 핵 분야의 5대 방위산업 그룹을
각각 두 개의 기업으로 분할하여 경쟁을 유도했다. 또한, 중국 정부와
인민해방군은 민군통합과 민간기술의 군사적 활용을 본격적으로 추진
했다. 2000년대 중반, 국무원은 민간기업의 군사조달 참여를 의무화
했다. 이는 민군겸용 산업 시스템을 확대하여 민간 제품과 군수품의
동시 개발 및 제조를 촉진하기 위한 조치였다.[10] 이 조치는 군사조달
과정에서 시장 경제 메커니즘을 강화하고, 민간의 기술 역량을 방위산
업에 도입하며, 궁극적으로 중국의 군사 연구개발 시스템에서 혁신을
촉진하는 것을 목표로 했다. 이를 위해 조달 계약 및 지불체계를 개선
하여 군사 부문과 공급업체 간에 직접 거래가 이루어질 수 있도록 했
으며, 입찰 제도를 도입하여 공급업체를 선정함으로써 군 부서가 제품
의 종류, 품질, 공급 조건을 보다 효율적으로 통제할 수 있도록 했다.

또한, 경영과 기술 부문에서 효율성을 높이기 위한 개혁도 이루어졌
다. 주요 조치로는 공장에 대한 재정 및 행정 감독 강화, 근로자 성과
독려 프로그램 도입 그리고 수천 개의 기술 표준과 작업 절차 채택이
포함되었다. 이와 함께 프로젝트 관리 및 시스템 통합 역량이 새롭게
개발되었다. 방위산업 내에서는 민간 생산과 군사 생산을 명확히 구분
하는 체계가 정립되었으며, 오랜 기간 군이 무기 연구개발 및 생산 과
정에 제한적으로 접근하던 상황도 개선되었다. 이제 군은 개발 및 생

산 조직에 대표자를 배치할 수 있게 되었으며, 이를 통해 제품 기획과 품질 보증에 보다 적극적으로 참여할 수 있는 권한을 부여받았다.[11]

마지막으로, 방산기업과 연구소들이 자본 시장을 통한 자금 조달이 가능해졌다. 일부 기업들은 처음으로 주식 및 채권 발행이 허용되었으며, 정부의 통제하에 비밀리에 진행되었다. 이는 방위산업의 재정 구조를 획기적으로 변화시키는 계기가 되었다. 이러한 조치를 통해 방산기업들은 상장 기업에 요구되는 엄격한 관리와 감독 기준을 준수하도록 강제되었으며, 적자 계열사를 처리하는 방식에서도 다른 국영기업과 동일한 기준을 따르도록 지시받았다. 이에 따라, 오랜 기간 동안 누적된 방위산업 부문의 대규모 손실을 줄이기 위해 기업들은 매각, 폐쇄, 또는 합병 등의 조치를 단행했다. 그 결과, 방위산업 부문은 더욱 강화되었다. 보고에 따르면, 2000년대 중반부터 2010년대 초반까지 주요 10대 국영 방산기업의 연평균 매출은 약 20% 증가했으며, 2011년 기준 총 매출은 약 1조 4,770억 위안(미화 약 2,330억 달러)에 달했다. 또한 수익성도 크게 개선되어, 2004년부터 2015년 사이 주요 10대 기업의 총이익은 약 150억 위안(미화 약 18억 달러)에서 1,200억 위안(미화 약 190억 달러)으로 증가했다.[12]

그러나 이러한 개혁 조치는 군사조달 시스템의 근본적인 문제를 해결하지 못했다. 방산기업의 분할은 경쟁을 촉진하기보다 오히려 관료주의 확대와 낭비 증가로 이어졌다. 실제로 방위산업 대기업(defense industry conglomerates)들은 여전히 1,100개 이상의 기업, 공장, 연구소 그리고 200만 명의 직원으로 이루어진 거대한 국영복합체(huge state-owned complex)로 유지되었다.[13] 이 과정에서 이전에 분할되었던 일부 방위산업 대기업들이 다시 합병되었다(표 4-1 참조). 또한, 방위산업

| 표 4-1 | 중국의 개혁기 방위산업 구조 재편 |

1982	1993	1999	2008	2018
Ministry of Nuclear Industry	China National Nuclear Corp.(CNNC)	CNNC	CNNC	CNNC (CNECC합병)
Ministry of Aviation Industry	Aviation Industries of China(AVIC)	AVIC-I AVIC-II	AVIC (AVIC-I, II 합병)	AVIC
Ministry of Electronics Industry	Ministry of Electronics Industry(MEI)	China Electronics Technology Group Corp.(CETC)	CETC	CETC
Ministry of Ordnance Industry	China North Industry Corp. (NORINCO)	NORINCO/ CNGC China South Industry Group Corp.(CSGC)	NORINCO/ CNGC China North Industries Group Corp. CSGC	NORINCO/ CNGC CSGC
China State Shipbuildining Corp.(CSSC)	CSSC	CSSC China Ship building Industry Corp.(CSIC)	CSSC CSIC	CSSC CSIC
Ministry of Aerospace Industry	China Aerospace Corp.(CASC)	China Aerospace Science & Technology Corp.(CASTC) China Aerospace Science & Industry Corp.(CASIC)	CASTC CASIC	CASTC CASIC

출처: Yoram Evron, China's Procurement in the Reform Ear: The Setting of New Directions (London:Routledge,2016), 55

자금을 증권 시장을 통해 조달하려는 목표 역시 여러 장애물에 직면하며 기대했던 성과를 거두지 못했다. 주요 원인은 기업들의 낮은 수익성, 높은 부채 비율 그리고 정부가 주주의 경영 개입을 허용하지 않은 점이 지적된다. 이러한 요인들로 인해, 방위산업은 자본 시장에서 1조 위안에 달하는 자금 조달 잠재력을 실현하지 못했다.[14]

기존의 조달 구조로는 방위산업의 문제를 해결할 수 없다는 인식이 확산되면서, 2015년 중국은 또 다른 개혁을 단행하였다. 이는 1950년대 이후 인민해방군에서 가장 큰 구조 개편으로 평가된다. 특히, 지상군 현대화에 집중하던 총장비부(GAD)는 중앙군사위원회(CMC) 산하 장비개발부(EDD)*로 대체되었다. 동시에, 이전에 분할되었던 일부 방산기업들이 다시 합병되었다(표 4-1 참조). CMC는 중국의 최고 군사 정책 결정 및 감독기관으로, 이번 개혁을 통해 무기 개발과 군사조달을 중앙 집중화하면서, EDD가 인민해방군 전체의 무기 개발을 총괄하는 역할을 맡게 되었다. 기존의 GAD가 지상군중심의 무기 개발을 담당했던 것과는 달리, EDD는 국방 연구개발 및 조달 시스템 개혁을 담당하는 역할로 확장되었다. 이를 통해 EDD는 인민해방군의 무기와 서비스 조달의 우선순위를 설정하고, 조달 노력을 보다 효율적으로 조정할 예정이다. 또한, CMC의 공식적인 관료체계에 포함됨으로써, EDD는 이전 조직(GAD)보다 조달 과정을 더욱 효과적으로 감독할 수 있으며, 이를 인민해방군의 군사력 확장 계획과 일치하도록 조정할 수 있을 것으로 평가된다.[15]

그럼에도 불구하고, 이러한 개혁은 중국 군사조달 시스템의 근본적

---

* 장비개발부(Equipment Development Department)는 중국 중앙군사위원회(Central Military Commission) 산하의 핵심 기관으로, 인민해방군의 무기 및 장비 조달, 연구개발(R&D), 유지보수 및 현대화를 총괄하는 부서이다.

인 문제를 해결하지 못했다. 여전히 국영기업이 지배하는 비효율적인 구조로 인해 시장 원리가 충분히 적용되지 않는 한계가 존재한다. 국영기업들은 효율성을 높일 동기가 부족하고, 혁신 역량 또한 제한적이다. 그 결과, 인민해방군은 무기와 장비 설계 과정에 미칠 수 있는 영향력이 제한적이며, 조달 비용 또한 여전히 높은 수준을 유지하고 있다. 또한, 무기와 장비의 공급이 불규칙하고, 불량품의 비율이 상대적으로 높으며, 장비 유지 보수가 충분히 이루어지지 않는 상황이 지속될 가능성이 크다.

민군 경제 통합에서 민군융합(CMF)으로의 긴 여정

중국의 민군통합(CMI) 개념은 마오쩌둥의 인민전쟁 이론에 뿌리를 두고 있으며, 그 기원은 황제 시대, 나아가 그 이전까지 거슬러 올라간다. 중국 전략가들은 군사력, 전쟁 그리고 민간 경제가 긴밀히 연결되어 있음을 인식해 왔다. 이를 명확히 보여주는 사례는 손자의 『손자병법』(기원전 5세기경)이다. 이 책의 제2장에서는 전쟁의 경제적 비용을 국가 차원에서 분석하며 다음과 같이 설명한다. "군대를 장기간 전투에 노출시키면 국가의 자원이 부족해질 것이다. 무기가 무디어지고 군의 사기가 저하되며, 국가의 힘은 소진된다. 이때 봉건 제후들은 백성의 피로를 틈타 반란을 일으킬 것이다." 손자는 이를 통해 군사 운영의 올바른 방식을 도출하며, "군사를 잘 운용하는 자는 백성을 두 번 징집하거나 군수품을 세 번 운반하지 않는다"라고 강조했다.16 이처럼 군사 활동과 군사력의 물질적 측면에 대한 우려는 이후 수세기 동안 지속되었으며, 이를 해결하기 위해 군과 민간 활동 및 자원을 연계하는 다양한 방법들이 채택되었다. 예를 들어, 국경 지역에 주둔한 군대의 식량 부담을 줄이기 위해 국경 수비대는 스스로 자원을 조달해야 했다. 그 결과, 중국 역사에서 군인들은 농장을 설립하고 식량용 작물과 가축을 기르며, 일부 징집된 병사들은 이러한 농장에서 노동을 담당하는 역할을 맡았다.[17] 군사력이 민간 경제에 개입하는 것은 중국에서 군사 생활의 중요한 부분으로 자리 잡았으며, 군 장교들은 종종 자신이 지휘하는 병력을 경제적 활동에 활용하기도 했다. 실제로 국민당 시대(1912~1949)에는 일부 지방 군대가 공장을 운영하며 병사들을 노동력으로 활용한 사례도 존재했다.[18]

마오쩌둥은 1920년대 후반부터 1930년대 후반까지 인민전쟁 교리를 발전시켰으며, 이는 중국의 민군통합(CMI) 개념을 개념적으로나 실질적으로 심화하는 계기가 되었다. 이 교리는 공산당이 국민당과 일본군과의 군사 투쟁에서 국가 전체의 인구와 물적 자원을 전쟁 지원 자원으로 간주하는 기반이 되었다. 이러한 접근은 공산당의 재산 소유에 대한 이념과 결합되면서, 당과 군대가 민간 및 사유 자원에 거의 제한 없이 접근할 수 있도록 만들었다. 그 결과, 사적 자원과 공적 자원, 민간과 군사 자원의 경계가 모호해졌다. 군대는 자급자족을 목표로 농업에 종사하는 한편, 다양한 소규모 상업 공장이나 심지어 광산을 운영하기도 했다.[19] 군사 활동이 덜 활발한 시기에는 마오쩌둥은 군대가 민간 생산과 행정 업무에 적극적으로 참여할 것을 기대했다.

1940년대 초, 국민당(KMT)과 일본군과의 투쟁 상황에 대한 보고에서 그는 다음과 같이 언급하였다. "변방 경계 지역의 주민들은 우리에게 곡식을 제공했을 뿐만 아니라, 정부는 변방 경계 지역의 필요를 충족하기 위해 여러 산업을 설립했다. 군대는 광범위한 생산 캠페인에 참여해 농업, 산업, 상업을 확장하여 스스로의 필요를 충족했다."[20] 이와 같이, 게릴라 부대지휘관들이 1949년 이전 전쟁 동안 점령한 고립된 지역에서 실질적으로 행정관 역할을 했다는 사실은 이러한 경향을 더욱 강화했다. 이들은 전쟁 수행에 있어 주로 지역 자원에 의존했으며, 지역 주민들의 경제적 생존을 보장해야 했기에 해당 지역을 민간과 군사 기능이 결합된 거대한 기반으로 전환시켰다. 이러한 조치들은 혁명전쟁 중의 필요성에서 비롯되었으나, 마오쩌둥은 이를 일시적인 해결책이 아닌 장기적인 정책으로 간주했다. 1949년 초, 승리가 가시화되었을 때, 마오는 최고 군사 지도부에 다음과 같이 지시했다. "모든 군 간부는 산업과 상업을 잘 관리하고, 식량, 석탄 및 기타 생필품 문제를 해결할 줄 알아야 하며, 화폐와 금융 문제를 잘 다룰 줄 알아야 한다. 요컨대, 모든 지역 문제를 해결할 수 있어야 한다."[21] 또한 전쟁 시기와 평화 시기를 구분하면서, 평화 시기에 대해 다음과 같이 강조했다. "군대는 여전히 전투 부대이다. 그럼에도 불구하고 이제 우리는 군대를 노동력으로 전환하는 임무를 설정해야 할 때이다. 우리는 군대에 의존하여 노동 간부를 공급해야 한다."[22]

중국 군대의 경제 활동 참여는 1949년 중화인민공화국(PRC) 수립 이후에도 지속되었다. 혁명 시기에 운영되던 공장, 농장, 광산을 유지하면서 확장하고 현대화했으며, 새로운 시설도 설립되었다. 방위산업과 민간산업은 엄격한 관료적 장벽으로 분리되었으나, 방위산업은 여전히 식품, 의류, 트럭 등과 같은 민간용 제품을 생산하였다. 반면, 민간 공장은 필요에 따라 군사 프로젝트에 필요한 자재와 부품을 공급하는 역할을 수행했다.[23] 또한, 전투 부대는 기본적인 물자를 자체적으로 생산했으며, 일부 후방 부대는 제방이나 철도와 같은 민간 인프라 프로젝트를 건설하고 운영하기 위해 특별히 조직되었다. 마오쩌둥 집 권기(1949~1976) 동안 인민해방군은 약 2,400개의 공장과 광산 그리 고 2,000개 이상의 농장을 운영했다.

제임스 멀베논(James Mulvenon)은 "1949년 이후 군대가 경제 활동 에서 완전히 철수한 시기가 있었다는 증거는 없다"고 지적했다.24 이 러한 인민해방군(PLA)의 경제 활동은 세 가지 목표로 요약될 수 있다. 첫째, 마오쩌둥의 게릴라 전술 교리에 따라 군대는 높은 수준의 자급 자족을 유지해야 한다는 신념에 기반했다. 이를 위해 생산 활동에 적 극 참여했다. 둘째, 세계 강국으로 자리매김하고, 국가 차원의 군사 자 립을 추구하기 위해 방대한 방위산업복합체를 설립하고 운영하였다. 이를 통해 인민해방군은 필요한 모든 무기, 탄약, 군사 장비를 자체적 으로 공급할 수 있도록 했다. 마지막으로, 마오는 인민해방군을 국가 건설의 필수적이고 분리할 수 없는 일부로 간주했으며, 군대가 농업, 산업, 인프라 건설 및 운영에 지속적으로 참여할 것을 요구했다.

군사와 민간의 경계가 흐려진 또 다른 핵심 분야는 과학기술이었다. 중국은 군사 자립을 위해 단순한 무기 생산을 넘어, 무기 개발 능력 구 축도 필수적으로 고려했다. 이러한 목표는 궁극적으로 민간과 군사 과 학기술 시스템의 통합으로 이어졌다. 이를 실행에 옮긴 대표적인 계획 이 바로 '국가과학기술발전전망계획'(1956~67), 줄여서 '12개년 계획' 이다. 이 계획의 목표는 12년 안에 중국을 세계적인 연구 및 기술 수준 으로 끌어올리는 것이었다. 이를 위해 600개 이상의 프로젝트가 정의 되고, 연구 분야는 12개의 주요 범주로 나뉘었다. 특히, 군사적 응용을 염두에 두고 핵에너지, 제트 및 로켓, 반도체, 컴퓨터, 자동제어 기술 등 첨단 군사·민간기술 개발이 동시에 추진되었다. 이러한 계획의 일환으로 국방과학기술발전계획이라는 부속 프로그램도 포함되었으며, 이는 군사 역량 강화를 목적으로 한 핵심 프로그램이었다. 이러한 연구개발을 조직적으로 뒷받침하기 위해 1958년 국방과학기술위원회(NDSTC)가 설립되었다. 이 기구는 당 조직으로, 국방부 산하 국가평의회에 직접 보고하는 구조를 가졌으며, 초대 수장은 니에룽전(Nie Rongzhen)* 원수가 맡았다. 니에룽전은 국방과학기술위원회의 수장직과 더불어 중국 민간 과학기술 시스템을 감독하는 국가과학기술위원회의 수장직도 겸임했다. 이를 통해 그는 마오쩌둥 집권기 동안 중국의 군사 및 민간 과학기술 부문을 총괄하는 최고 지도자로 자리매김했다. 니에룽전의 지도 아래, 중국은 국방기술 연구개발과 국가 기술 발전을 긴밀히 연결하는 전략을 추진했다.[25] 민간 과학기술 자원은 군사적 목적에 활용될 수 있도록 전환되었으며, 과학자, 엔지니어, 학생들이 군사 프로젝트에 대규모로 동원되었다.[26] 이러한 정책은 단순한 방위산업 발전을 넘어, 국가 전체의 과학기술 역량을 군사적 필요에 맞춰 발전시키려는 전략적 노력의 일환이었다.

마오쩌둥의 사망과 덩샤오핑의 부상을 계기로, 중국의 민군통합(CMI)은 새로운 방향과 강조점을 가지게 되었다. 1970년대 후반부터 중국은 계급 투쟁보다는 안정적인 경제 발전을 우선시하기 시작했으며, 이에 따라 방위산업도 민간 부문과의 협력 방식을 새롭게 정립할 필요성이 제기되었다. 마오주의 시대 이후, 중국의 방위산업이 추진한 첫 번째 민군통합 노력은 1980년대 초반에서 1990년대 중반까지 진행되었다. 이 시기의 핵심 전략은 군수 공장을 민간 제품 제조로 전환하

---

* 니에룽전(1899-1992)은 마오쩌둥 시대의 군사 지도자로 군사와 과학기술 두 분야에서 중국의 발전에 큰 기여를 한 인물이다.

려는 시도였다. 이는 방위산업이 직면한 경제적·구조적·조직적 문제
를 해결하기 위한 집중적인 노력이었다. 특히 상업적 생산은 군수산업
에서 초과 용량과 인력을 흡수하는 방법으로 활용되었다. 또한, 이를
통해 방위산업 기업에 추가적인 수익원을 제공하여 군사 제품의 생산
부진과 예산 삭감을 보완하고, 경영자들이 시장 원리에 더 잘 부합하
는 경영 방식을 도입하도록 유도하는 방안으로 간주되었다. 이 전략은
덩샤오핑의 '16자 방침'*을 통해 공식적으로 구체화되었으며, 그 내
용은 "군과 민을 결합하고, 평화와 전쟁을 결합하며, 군사 제품에 우선
순위를 두고, 민간이 군을 지원하도록 하라"는 것이었다.27 이 방침을
바탕으로, 중국은 민군통합을 방위산업의 새로운 방향으로 설정하고,
군과 민간기업 간 협력을 본격적으로 추진하기 시작했다.

　따라서 베이징의 강력한 지원을 받은 중국의 방위산업은 1980년대
와 1990년대 동안 민간 제조 분야로 크게 확장되었다. 예를 들어, 중국
항공산업은 세계 여러 항공사들과 상업적 합작 투자를 체결하며 민간
항공산업에 본격적으로 진출했다. 맥도넬 더글라스는 상하이에 생산
라인을 설립하여 MD−82 및 MD−90 여객기를 생산하였다. 보잉,
유럽의 항공사 컨소시엄인 에어버스, 시코르스키 헬리콥터, 캐나다의
봄바디어 등 항공 기업들도 중국 내 항공기 공장에 시설을 설립하고,
민간 항공기 부품 및 하위 조립품을 생산했다.28 1980년대부터 중국의
조선소는 벌크선과 일반 화물선과 같은 수익성이 더 높은 민간 선박
생산으로 전환했다. 또한 중국의 미사일 산업은 '장정(長征 Long
March)' 우주 발사 차량을 활용하여 민간 위성 발사 사업에 진출하면서

---

* 16자 방침(十六字方针)은 군민 결합(军民结合), 평전 결합(平战结合), 군품 우선(军品优
　先), 위민양군(以民养军)이다. 이는 민군통합(CMI) 정책의 기초가 되었으며, 이후 시진핑
　시대의 군민융합(Military-Civil Fusion) 전략으로 발전하는 기반이 되었다.

상업적 영역을 확대했다. 이와 함께, 많은 방위산업 기업들이 전통적인 군사적 경제 활동을 넘어선 다양한 상업적 사업에 참여하였다. 예를 들어, 탄약 공장들은 오토바이를 조립했고, 항공기 제조 기업들은 미니카와 버스를 생산했으며, 미사일 제조 시설들은 냉장고, 텔레비전 세트, 심지어 골판지 상자까지 생산했다.[29] 이러한 민간 전환의 결과, 1990년대 중반까지 중국에서 생산된 택시의 70%, 카메라의 20%, 오토바이의 3분의 2가 이전의 군수 공장에서 제조되었으며, 1990년대 후반에는 중국 방위산업의 생산 가치 중 80~90%가 군사 목적이 아닌 제품에서 창출된 것으로 추정되었다.[30]

그러나 이러한 초기 전환 노력은 중국 군산복합체에 실질적인 성과를 가져오지 못했다. 첫째, 방산전환(defense conversion)이 반드시 재정적 성공을 의미하는 것은 아니었다. 오히려 많은 무기 공장이 민간 제품을 생산하면서 손실을 입었다. 둘째, 많은 기업들이 경쟁력 있는 주력 제품 라인을 구축하지 못했으며, 가격·품질·기능 개선에서도 소비자중심의 접근 방식을 개발하는 데 실패했다.[31] 또한 방산전환이 군사 부문에 유용한 상업적 기술을 확보하거나 이를 군사 부문에 확산하는 데 기여하는 바는 미미했다.[32] 한 서방 분석가는 전환을 "칼을 쟁기로 바꾸고… 더 나은 칼로 만드는 것"이라 표현했지만, 실제로는 근거가 부족한 주장이다.[33] 오히려, 이 시기에는 군사기술이 민간으로 이전되는 스핀오프가 활발했으나, 반대로 민간기술이 군사로 전환되는 스핀온은 상대적으로 적었다. 예를 들어, 중국의 우주 발사 사업은 대륙간 탄도미사일(ICBM) 시스템을 상업화하는 과정에서 시작되었으며, 이는 군사기술이 민간 부문으로 이전된 대표적인 사례였다.

실제로, 민간기술을 군사 생산으로 직접 전환하는 스핀온 기회는 여전히 제한적이었다. 예를 들어, 중국 항공산업은 상업용 항공기 생산을 위해 첨단 수치제어 공작기계를 확보했으나, '최종 사용자 제한'* 으로 인해 군사적 활용이 어려웠다.34 또한, 1990년대 중반까지 중국 조선산업의 상업적 프로그램은 현대식 군함 생산과 해군 기술 개발에 실질적인 기여를 하지 못했다.35 당시 조선산업 기술은 화물선 건조에는 적합했지만, 군함 설계와 건조에는 미흡했다. 특히, 첨단 군함 설계에는 손상통제(damage control)와 생존성(survivability)과 같은 특수 기술과 노하우가 필수적이었으나, 이는 상업용 선박 설계 및 건조 과정만으로는 확보하기 어려운 요소였다.36

이 시기에 민군겸용기술 개발을 위한 노력이 전혀 없었던 것은 아니다. 1980년대 중반, 중국은 첨단 기술 개발을 위해 '863 프로그램'†을 시작했다. 이 프로그램은 다양한 분야에서 기술 기반을 확장하는 장기적인 이니셔티브로, 많은 분야가 군사적 응용 가능성을 내포하고 있었다. 이 분야에는 항공 우주, 레이저 기술, 광전자학, 반도체, 신소재 등이 포함되었다. 그러나 863 프로그램은 본질적으로 기초 및 응용 연구 활동에 초점을 맞추었으며, 초기에는 이러한 기술들이 실용적이고, 특히 군사적 용도로 확산되거나 촉진될 수 있도록 설계되지는 않았고, 이에 대한 자금 지원도 이루어지지 않았다.37

따라서, 이 시기의 민군통합(CMI) 노력은 중국의 무기 개발 및 생산에 대해 간접적인 지원만을 제공했으며, 그 효과는 군산복합체가 전체

---

* 최종 사용자 제한(End-User Restrictions)은 첨단 기술이나 장비가 군사적 용도로 전용되는 것을 방지하기 위한 국제적 통제 조치이다.

† 863 프로그램(National High Technology Research and Development Program)은 1986년 3월 3일 중국 정부가 군사 및 민간 첨단 기술 개발을 촉진하기 위해 출범한 국가기술연구개발계획이다. 이 명칭은 출범 연도와 개시 월에서 유래되었다.

경제 성장의 혜택을 일부 누린 수준에 그쳤다. 일부의 경우, 방위산업 전환을 통해 간접비용을 절감하고 새로운 수익원을 창출함으로써 무기 생산을 지원하는 데 기여하기도 했으나, 전반적으로 군사 생산과 민간 생산 간의 연계는 미미했다. 특히, 민군겸용기술 개발이나 혁신적인 민간기술을 군사적 용도로 적용하려는 노력은 거의 이루어지지 않았다.[38]

군 현대화로의 전환: 민군통합(CMI)과 민군겸용기술의 활용

1990년대 중반을 기점으로, 중국의 민군통합(CMI) 전략은 기존 '방위산업 전환'에서 '통합적 민군겸용 개발' 촉진으로 변화하기 시작했다. 이는 단순히 군수 공장을 민간 용도로 전환하는 방식에서 벗어나, 국방 및 군수 제품을 동시에 개발·제조하는 방향으로 전환한 것이다. 이 새로운 전략은 2001~2005년 방위산업 5개년 계획에서 구체화되었으며, 군사기술의 상업적 활용과 상업기술의 군사적 활용이라는 두 가지 핵심 목표를 강조했다. 이에 따라, 중국의 방위산업은 단순히 민군겸용기술을 개발하는 것에 그치지 않고, 민간과 군사기술 간의 협력을 적극적으로 촉진해야 한다는 과제를 안게 되었다. 그 결과, 첨단 상업기술을 중국 군산복합체에 통합하고, 인민해방군의 전반적인 현대화를 지원하는 스핀온 전략이 명확한 정책으로 채택되었다.[39]

많은 분석가들에 따르면, 민군통합(CMI)은 1997년부터 2017년까지 방위산업 개혁의 핵심 요소로 자리 잡았다.[40] CMI는 첨단 무기체계와 관련된 연구개발 과정을 단축하거나 가속화할 수 있는 신속하고 실용적인 수단으로 인식되었다. 이를 통해 민간 제조 기술(예: CAD, CAM, 프로그램 관리 도구 등)을 선별적으로 활용하고, 감시, 통신, 내비게이션

을 위한 우주 시스템과 같은 민군겸용기술을 군사지원 목적으로 적용
하는 것이 가능해졌다. 특히, 중국이 추진하던 정보기술(IT) 기반 군사
혁신을 발전시키기 위해 민간 IT 기반의 잠재력을 적극적으로 활용할
수 있었다. 이러한 민간기술은 국내에서 개발되거나, 합작 투자, 기술
이전, 심지어 정보수집(스파이 활동)을 통해 해외에서 확보되기도 했
다.41

 이 전략은 "민간 역량에서 군사적 잠재력을 찾는다"는 의미의 '우군
우민(寓軍于民)' 원칙을 기반으로 한다. 이 원칙은 1956년 과학기술 발
전 '12개년 계획'에서 유래했으며, 2002년 제16차 당대회에서 공식적
으로 채택되었다.42 이후 이 원칙은 방위산업 5개년 계획뿐만 아니라
2006~2020년 과학기술중장기발전계획(MLP) 및 국방과학기술중장기
발전계획(MLDP)에서도 핵심 우선순위로 자리 잡았다. MLP는 군사와
관련된 다양한 주제를 직접적·간접적으로 포함하면서(표 4 - 2 참조),
혁신을 기존 기술을 재조합하여 새로운 돌파구를 만드는 자주 혁신
(indigenous innovation)과 수입 기술을 흡수하여 이를 업그레이드하는
방식으로 정의했다. 한편, MLDP는 외국 기술의 도입, 흡수, 재혁신을
촉진하는 정책과 조치를 통해 군사기술 발전을 가속화하는 데 초점을
맞추었다. 이들 계획과 전략은 상업기술을 군사적 용도로 전환하는 중
요성을 강조하며, 중국 방위산업이 단순한 민군겸용기술 개발을 넘어
민군 기술 협력을 적극적으로 촉진해야 한다는 방향을 제시했다.43

 이 시기 동안 중국은 민군겸용기술 개발과 스핀온에 집중했으며, 특
히 마이크로 전자, 우주 시스템, 복합재 및 금속 합금과 같은 신소재,
추진 기술, 미사일, 컴퓨터 지원 제조(CAM) 그리고 IT분야에서 적극적
인 연구개발을 추진했다. 1997년부터 2017년까지, 즉 방위산업 및

표 4-2	2006-20 국가 과학기술 중장기 발전계획(MLP) 중점 분야 및 대형 프로젝트

구 분	세부 중점 기술 및 프로젝트
Frontier technologies 최첨단 기술	• Biotechnology 생명공학 • Information technology 정보기술 • Advanced materials technology 첨단 소재 기술 • Advanced manufacturing technology 첨단 제조 기술 • Advanced energy technology 첨단 에너지 기술 • Marine technology 해양 기술 • Lasers technology 레이저 기술 • Aerospace technology 항공우주 기술
Engineering mega projects 공학 대형 프로젝트	• Advanced numeric-controlled machinery and basic manufacturing technology 첨단 수치제어 기계 및 제조 기술 • 에이즈, 간염 및 기타 주요 질병의 제어 및 치료 • 핵심 전자 부품, 고급 범용 칩 및 기초 소프트웨어 • Drug innovation and development 신약 혁신 및 개발 • 대형 집적회로 제조 및 기술 • 유전자 변형 신품종 육종 • 고해상도 지구관측 시스템 • Large advanced nuclear reactors 대형 첨단 원자로 • Large aircraft 대형 항공기 • Large-scale oil and gas exploration 대규모 석유 및 가스 탐사 • Manned aerospace and Moon exploration 유인 우주 및 달 탐사 • New-generation broadband wireless mobile Telecommunications: 차세대 광대역 무선 모바일 통신 • Water pollution control and treatment 수질 오염 제어 및 처리 • Telecommunications 통신 • Water pollution control and treatment 수질 오염 제어 및 처리
Science mega projects 과학 대형 프로젝트	• Development and reproductive biology 발생 및 생식 생물학 • Nanotechnology 나노기술 • Protein science 단백질 과학 • Quantum research 양자 연구

출처: 중화인민공화국, 국무원, "The National Medium and Long-Term Program for Science and Technology Development(2006-2020): An Outline," Cong Cha et al., "China's 15-Year Science and Technology Plan," Physics Today 59, no. 12(2006): 43

군사조달 개혁이 시작된 시점부터 민군융합(CMF)이 군사 현대화 전략의 최우선 과제로 자리 잡기까지, 중국은 방위산업과 민간 첨단 기술 부문의 국내 개발을 장려하는 동시에, 이들 간의 연계와 협력을 강화하기 위해 적극적인 노력을 기울였다. 이 과정에서 공장들은 컴퓨터 지원설계(CAD), 다축 수치제어(CNC) 공작기계, 컴퓨터 통합 제조 시스템(CIMS), 조선 분야의 모듈식 건설과 같은 새로운 제조 기술에 투자하도록 독려되었으며, 서구식 경영 기법의 도입도 요구를 받았다. 예를 들어, 2002년 중국 정부는 전자공업부(MEI)를 중국전자기술그룹(CETC)으로 개편하여, 방위산업 전자 분야 발전과 국가 기술 및 산업 혁신을 촉진하고자 하였다.

또한, 제10차 5개년 계획(2001~2005년) 기간 동안, 863 프로그램에서 개발된 여러 기술 혁신이 본격적으로 개발 및 산업화 단계에 진입할 준비를 마쳤다. 이에 따라 방위산업 기업들은 중국 내 대학 및 민간 연구소와 협력하여 기술 인큐베이터를 설립하고, 민군겸용기술의 공동 연구개발을 추진하였다. 동시에, 중국에 투자하려는 외국 첨단 기술 기업들은 공동 연구개발 센터 설립과 기술 이전 확대를 요구받았다. 이와 관련하여, 제10차 5개년 계획 동안 863 프로그램에 할당된 자금은 220억 위안(약 30억 달러)으로, 1985년부터 2000년까지 전체 예산의 4배에 달했다는 점에서 중국의 적극적인 투자 규모를 확인할 수 있다.[44]

1997년부터 2017년까지, 중국의 민군통합(CMI) 노력은 일부 가시적인 성과를 거둔 것으로 평가된다. 중국은 첨단 상업기술을 개발하고 이를 방위산업 부문으로 전환하는 스핀온을 적극적으로 추진하였으며, 전자 및 IT, 조선, 항공, 우주 발사체, 위성, 첨단 제조 등 다양한 분야에서 성공을 거두었다. 특히, 지난 10년 간 중국의 군함 건조 부문은 CMI 전략의 혜택을 크게 누린 것으로 보인다. 초기에는 벌크 캐리어와 컨테이너선과 같은 저가 상업 선박 건조에 주력했던 중국 조선소는, 1990년대 중반 이후 보다 정교한 선박 설계와 모듈식 조립 기술로 발전했다. 이러한 상업 조선으로의 전환은 1990년대 후반부터 본격적으로 결실을 맺기 시작했다. 이 시기 동안 중국 조선소는 현대화를 추진하며 신규 건조 도크를 건설하고, 중량 크레인과 첨단 절단 및 용접 장비를 도입하는 등 조선 능력을 두 배 이상 확대했다. 동시에, 중국 조선소는 일본, 한국, 독일 등 여러 국가의 조선기업들과 기술 협력 협정 및 합작 투자를 체결하여 첨단 선박 설계와 제조 기술을 확보할 수 있었다. 그 결과, 상업 조선 분야를 주로 담당하던 중국 조선소는 군사 조선 프로그램과 병행하여 이러한 인프라와 기술 개선을 군함의 설계, 개발, 건조에 활용할 수 있었으며, 이는 인민해방군 해군에 납품된 군함의 품질과 성능 향상으로 뚜렷하게 나타났다.[45]

중국의 항공 및 우주산업은 본질적으로 상업적 성격을 띠지만, 동시에 군사적 활용이 가능한 민군겸용기술 개발을 촉진하는 중요한 역할을 해왔다. 이를 잘 보여주는 사례가 중국 국무원과 공산당 중앙위원회가 최고 수준에서 결정한 '대형 상업 항공기 시장 진입 전략'*이다. 2008년, 중국 정부는 국영기업인 중국 상용항공기공사(COMAC)를 설립하면서, 이 기업의 임무를 과거 핵무기 개발 및 첫 인공위성 발사와 동등한 국가적 과업으로 규정했다. 현재 중국은 ARJ―21 지역 항공기(regional jet)와 C―919 협(狹)동체 항공기 등 두 가지 여객기를 개발중

---

* 중국은 보잉과 에어버스에 대한 의존도를 줄이고, 자체적인 항공기 제조 능력을 확보하기 위해 대형 상업 항공기 시장 진입 전략을 추진했다.

에 있으며, 추가적으로 300석 규모의 CR－929와 400석 규모의
C－939라는 광(廣)동체 항공기 생산 계획도 수립되었다.46 이러한 프
로젝트들은 중국 방위산업, 특히 폭격기 및 수송기와 같은 대형 군용
항공기 설계 및 생산에 스핀온 효과를 창출하려는 목적을 가지고 있
다. 우주산업에서도 민군통합(CMI)은 중국의 우주 발사 사업과 다양한
우주선 개발 및 제조 역량에 긍정적인 영향을 미쳤다. 이를 통해 통신
위성, 베이더(北斗) 내비게이션 위성 시스템, 야오간(遙感) 및 쯔위안
(資源) 지구 관측 위성 등이 개발되었다. 또한, 상업용 정찰 위성을 위
해 개발된 여러 기술, 예를 들어 전하결합소자(CCD) 카메라, 다중분광
스캐너, 합성개구레이더(SAR) 이미징 기술 등은 군사 시스템으로 전환
할 수 있는 스핀온 잠재력을 가지고 있다.47

　이러한 성과에도 불구하고, 중국의 민군통합(CMI), 특히 상업기술
의 군사로의 전환(spin－on)은 여전히 제한적이었다. 2010년대 후반
기준, 민군통합이 자연스럽게 이루어질 것으로 기대되었던 항공산업
에서도 CMI의 의미 있는 사례는 거의 찾아볼 수 없었다. 중국의 상업
용 및 군용 항공기 제조는 여전히 별개의 생산 라인에서 이루어졌으
며, 각각 별도의 시설과 심지어는 별도의 기업에서 진행되었다. 이로
인해 두 부문 간 소통과 기술 교류는 거의 이루어지지 않았다. 더욱이,
헬리콥터와 일부 수송기를 제외하면, 민간 항공기와 군용 항공기, 특
히 전투기 간의 기술적 중첩은 매우 제한적이었으며, 이로 인해 CMI
에 적합한 환경이 조성되지 못했다. 그 결과, 인력·생산 공정·재료를
공유할 기회가 거의 없었으며, 공동 연구개발이나 동일 시설에서의 통
합 생산의 가능성은 더욱 희박했다.

　마찬가지로, 최근까지 중국의 독자적(indigenous) 첨단 기술 개발 및

혁신 성과는 엇갈렸으며, 이는 민군통합(CMI) 확산의 기회를 더욱 제한하는 요인으로 작용했다. 중국의 과학기술(S&T) 기반에는 여전히 많은 격차와 약점이 존재했으며, 여러 첨단 기술 분야에서 독자적인 설계 및 제조가 실제로 이루어지는 비율은 매우 낮았다. 특히 1980년대 초반부터 2000년대까지, 중국은 IT를 비롯한 주요 첨단 기술 분야에서 숙련된 디자이너, 엔지니어, 과학자 및 기술자의 부족으로 인해, 마이크로프로세서 칩과 같은 고급 기술 품목 대부분을 수입에 의존할 수밖에 없었다. 또한, 많은 첨단 기술 인큐베이터들이 여전히 초기 단계에 머물러 있었으며, 중국의 첨단 기술에 대한 투자는 미국과 서방 국가들에 비해 상대적으로 낮은 수준으로 유지했다. 이를 수치로 보면, 2010년 중국의 GDP 대비 연구개발(R&D) 지출 비율은 1.7%였으며, 2018년에는 2.19%로 증가했으나, 같은 시기 미국 2.84%, 독일 3.1%, 일본 3.26%와 비교하면 여전히 낮은 수준이었다.[48]

동시에, 이 시기 초기에는 중국의 많은 첨단 기술 연구개발 및 산업 기반이 여전히 외국의 통제 아래 있었다. 대부분의 첨단 기술 개발은 외국 소유 기업이나 합작 투자 형태로 이루어졌으며, 외국 기업들은 중국 내 주요 첨단 기술의 지적재산권과 제조 능력(예: 반도체 공장)을 사실상 소유하고 있었다. 그 결과, 중국의 첨단 기술 수출의 85%가 외국 소유 또는 합작 투자 형태로 운영되는 기업을 통해 이루어졌다. 또한, 외국이 설립한 R&D 센터들은 실제로 공동 과학기술 개발보다는 교육과 훈련에 초점을 맞춰 운영되었으며, 중국이 독자적인 연구개발 역량을 축적하는 데 한계가 있었다.[49]

결과적으로, 중국의 민군통합(CMI)은 운영과 범위에서 여전히 제한적이었다. 민간과 군사 당국 모두 효과적인 CMI 전략을 수립하고 실행하는 데 실패했으며, 그 결과 국방 특화 기술의 연구개발과 외국 기술 수입이 여전히 중국의 군산복합체 현대화와 차세대 무기 시스템 개발에서 중요한 역할을 차지하고 있었다.

2010년대 중반까지, 중국의 민군통합(CMI) 성과는 기대에 미치지 못했다. 중앙 정부는 상업기업을 방위산업에 참여시키거나, 방위산업 기업과 협력하여 군사기술과 혁신을 확산하는 공동 프로젝트를 추진하는 데 어려움을 겪었다. 그 결과, Cheung에 따르면, "중국의 상업용 첨단 기술 기업 중 방위산업에 참여한 비율은 1% 미만"이며, CMI는 "중국 경제의 극히 일부만 건드린 수준"에 불과했다.[50] 또한 Lafferty, Shraberg, Clemens는 CMI를 심화하고 확장하는 데는 여전히 많은 장애물이 존재한다고 분석했다. 주요 장애물로는 ① CMI를 촉진하고 지원할 제도, 메커니즘, 지침의 부족, ② 민간기업과 방위 시장 간 높은 진입 장벽, ③ 상업기업의 과도한 지적재산권 보호와 군사 기밀로 인한 기술 공유의 어려움, ④ 자원 공유의 부족, ⑤ CMI에 전념하는 산업의 미미한 발전 등이다.[51] 결과적으로, 2010년 대 후반까지도 민간기업의 무기 생산 참여는 극히 제한적인 수준에 머물렀다.

시진핑 시대의 민군융합(CMF): 새로운 시작

'군민융합(MCF)'이라는 용어는 후진타오(2002~2012) 총서기가 2007년 제17차 당대회에서 처음 사용했지만, 본격적인 추진은 시진핑(Xi Jinping) 집권 이후 이루어졌다.[52] 라스카이(Laskai)는 "시진핑이 집권 이후 민군융합이 거의 모든 주요 전략적 구상에 포함되었다"고 평가한다. 시진핑의 민군융합(CMF)에 대한 직접적인 개입은 민군통합

(CMI)을 본격적으로 수용하는 과정에서 이전의 주저함을 극복하는 데 중요한 역할을 했다. 이에 따라 2015년, 시진핑은 "민간과 국방기술 개발의 연대(aligning of civil and defense technology development)"를 국가적 우선사항으로 선언했다.[53] 같은 해, 군사전략 백서에서도 "모든 요소를 포괄하고, 다영역에 걸쳐, 비용 효율적인 군민통합 모델"을 요구하며, 민군융합의 전면적인 추진을 공식화했다.[54] 그러나 시진핑이 중국 군대와 방위산업의 경쟁력 부족 및 혁신 문제를 해결하는 방법으로 민군융합의 비전을 본격적으로 실현할 수 있었던 계기는 2017년 10월 제19차 당대회였다. 베로 수드로(Beraud Sudreau)와 누엔스(Nouwens)는 민군융합이 "2035년까지 중국의 군 현대화를 완성하고, 21세기 중반까지 세계적 수준의 군대로 변모시키려는 시진핑의 핵심 전략이 되었다"고 평가했다.[55] 실제로, 시진핑은 2017년 당대회에서 "국방 과학기술과 산업 개혁을 심화하고, 군민융합을 더욱 강화하며, 통합된 국가전략과 전략적 역량을 구축하겠다"고 선언하며, 민군융합을 중국의 군사 및 경제 전략의 핵심 기조로 공식화했다.[56]

2017년, 중국 정부는 민군융합(CMF) 전략과 실행을 총괄하는 '중앙군민융합발전위원회'*를 설립했다. 같은 해, 중국은 '제13차 5개년 과학기술 군민융합 발전 특별계획'을 발표하며, "인공지능(AI), 바이오 기술, 첨단 전자, 양자 기술, 첨단 에너지, 첨단 제조, 미래 네트워크, 신소재 분야에서 첨단 R&D를 수행하기 위한 통합 시스템 구축"을

---

* 중앙군민융합발전위원회(Central Commission for Integrated Military and Civilian Development)는 민군융합(CMF) 전략을 총괄하는 최고 정책 조정 기구로, 2017년 시진핑 주석의 주도로 설립되었으며, 위원장으로서 직접 이끌고 있는 핵심 위원회이다. 이를 통해 민간기업과 군사 부문 간 협력을 강화하고, 첨단 기술을 방위산업에 통합하는 전략을 체계적으로 추진하고 있다.

목표로 설정했다. 또한 이 계획은 "국제 경쟁의 선도적인 위치를 차지하기 위해" 마련된 국가전략이었다.[57] 특히 인공지능(AI)은 중국 경제 발전과 미·중 전략경쟁에서 핵심 기술로 주목받고 있다. 중국의 군사 전략가들은 AI가 미국 군대를 능가하고, 세계에서 가장 강력한 군사력을 확보하는 핵심 요소가 될 것으로 보고 있다. 이에 따라 2017년 중국은 '차세대 인공지능 발전 계획'을 발표하고, 2030년까지 AI 분야에서 세계적인 리더로 도약하겠다는 야심 찬 목표를 설정했다.[58]

따라서 민군융합이 항공우주, 첨단 장비 제조, 대체 에너지와 같은 핵심 민군겸용기술 분야에서 군사 현대화와 민간기술 혁신을 결합하고 있다는 점은 자연스러운 흐름이라 할 수 있다. 동시에, 민군융합은 정부의 모든 수준과 다양한 활동 영역에서 군사와 민간 행정의 통합을 더욱 강화하고 있다. 이러한 통합은 국가 방위 동원, 공역 관리 및 민간 방공, 예비군 및 민병대 운영, 국경 및 연안 방어 등 다양한 분야에서 이루어지고 있다.[59]

민군융합(CMF)의 목표

민군융합(CMF)은 중국의 무기 개발 및 생산 과정의 효율성을 향상시키고, 무기체계를 세계 수준으로 끌어올리는 동시에 민군통합(CMI)의 내재된 한계를 극복하는 것을 목표로 한다. 그러나 민간기업과 전문가들이 인민해방군의 모든 무기 시스템 개발에 동일한 수준으로 참여하는 것은 아니다. 무기 시스템의 요구 사항 정의, 개발, 제조, 배치, 수명주기 지원 등 조달 과정 전반에서 민간 부문의 참여는 여전히 제한적이다. 즉, 민군융합은 중국의 방위산업과 군사조달 시스템의 모든 결함을 해결하는 것이 아니라, 특정 영역에서 개선을 추진하는 데 초점을 맞추고 있으며, 그 적용 범위에도 한계가 있다.

민군융합(CMF)은 주로 군사 연구개발(R&D)에 집중하고 있으며, 그 핵심 목표는 방위산업복합체(Defense Industry Complex)가 직면한 문제를 해결하는 데 있다. 이러한 문제에는 숙련된 전문가 부족, R&D 투자 부족, 비효율성 및 과중한 업무, 혁신 부족 그리고 높은 수입 의존도가 포함된다. 예를 들어, 중국의 반도체 산업은 여전히 한계를 보이며, 고급 마이크로 칩을 수입에 의존하고 있다. 이로 인해 4차 산업혁명 기술에서 '실질적 주도권'을 확보하는 데 어려움을 겪고 있다.[60] 이에 따라, 2017년에 발표된 '국방 과학기술 및 산업의 군민융합 심화 발전 촉진에 관한 지침'(정부 문서 제91호)은 혁신을 다룬 제3장이 가장 비중 있게 다루고 있으며, 반면 제조나 유지보수에 대한 구체적인 내용은 포함되지 않았다.[61]

민군융합(CMF)은 민간기업, 대학, 연구기관을 국방 연구개발 과정에 포함시키고, 고급 전문인력의 지식을 무기 R&D에 활용하며, 민감한 외국 기술에 접근함으로써 목표를 달성하려 한다.[62] 이러한 자원과 역량을 방위산업의 기술 및 경험에 결합하여, 중국의 무기체계를 개선하고 이를 세계적 수준으로 끌어올릴 다양한 첨단 기술을 개발하는 것이 민군융합의 핵심 목표다. 그러나 중국 정부 문서와 준 공식 문서를 통해 보면, 민군융합의 개발 대상 기술 목록은 제한적이다. 현재 민군융합은 주로 인공지능(AI), 빅데이터, 사물인터넷(IoT), 자율 주행 차량 등 4차 산업혁명 기술에 집중하고 있다.[63] 이는 중국의 민간 과학기술 계획(예: 2006~2020 MLP 및 Made in China 2025)과 더불어 기계화·정보화된 군대라는 중국의 비전과도 일치한다. 이 비전에는 로봇공학, 빅데이터 분석, 머신러닝, 신생 에너지 기반 차량, 복합재료와 제품, 첨단 금속 합금 및 제품, 고급 제조 장비 그리고 방위산업 내 첨단 산업화 공정 도입이 포함된다. 특히, 민군융합은 AI의 군사화에 중점을 두고 있으며, 이는 인민해방군이 지휘통제, 정보 처리 및 분석(예: 이미지 인식, 데이터 마이닝), 목표 설정, 내비게이션 등에서 핵심적으로 활용하는 기술이다.[64] 이러한 기술을 군사적 활용과 연계하며, 중국은 민군융합을 다음과 같은 다양한 분야에 적용하려 하고 있다.[65]

정보 및 전자 분야: 주요 우선순위는 군사와 민간 부문을 연결하는 네트워크 정보 시스템을 개발하고, 이를 외국의 사이버 공격으로부터 보호하는 것이다. 또한, 인민해방군의 탐지 능력을 강화하고, 군사 전자 정보 시험장의 설계 및 구축 능력, 식별 및 정밀 유도 기술을 향상시키는 데 중점을 둔다. 이와 함께, 컴퓨터 서버, 고급 칩, 반도체, 컴퓨터 프로세서(CPU)와 같은 핵심 장치를 개발하고 개선하여 중국의 수입 의존도를 줄이는 것도 중요한 과제다. 이외에도 측정 및 제어 장비, 집적 회로(IC) 설계 및 제조, 지능형 교통 기술, 차세대 광대역 통신 기술 개발 등이 포함된다.

항공우주 분야: 주요 과제는 위성 설계 및 연구개발, 부품 제조, 통신 및 지상 응용 기술, 원격 탐사, 내비게이션 기술 개발이다. 또한, 항공우주 인프라 설계, 대형 탑재 발사체 개발, 우주용 원자력 발전소, 항공우주 측정 및 제어 시스템 개발도 포함된다.

항공 분야: 금속공학, 소재 개발, 전자공학, 항공전자(avionics), 제트 엔진 및 추진 시스템 등 항공산업 전반의 기술 발전과 고급 장비 제조 기술 향상을 목표로 한다.

조선 분야: 심해 시험장 건설을 촉진하고, 해양 수중 탐지 및 감지 기술 개발에 중점을 둔다. 또한, 핵 추진 해상 부유 플랫폼, 고급 쇄빙

선, 극지 반잠수식 운송선, 극지 구조선, 극지 지원 장비 등 다양한 극지용 선박 개발이 포함된다.

핵 및 군수산업: 이 분야에서는 다른 산업과 달리 기술 스핀온보다 기술 스핀오프가 더 두드러진다.66 핵 산업의 경우, 민간기업의 참여 비중이 매우 낮고, 외국 산업과의 연계도 제한적이며, 민간 대학에서 수행되는 일부 기초 연구를 제외하면 거의 이루어지지 않는다. 반면, 군수산업은 다양한 기술에서 스핀온 과정을 통해 혜택을 받을 가능성이 크다. 그러나 중국의 군사 현대화에서 지상군의 우선순위가 낮아짐에 따라, 이 분야에 대한 투자와 노력이 상대적으로 축소되고 있다.67

군사 연구개발(R&D)과 마찬가지로, 군사 생산에 민군융합도 선택적으로 이루어질 것으로 예상된다. 중국『첨단기술산업 신보』에 실린 보고서에 따르면, 민간기업과 연구기관의 군수품 제조 단계에 참여 여부는 해당 단계의 재정 투자 규모와 기밀성 정도에 따라 결정된다. 보고서는 무기 생산 과정을 네 단계 — 시스템 통합, 시스템 생산, 부품 생산, 소재 생산 — 로 구분하며, 민간기업이 주로 마지막 두 단계에 참여한다고 분석했다.68 특히, 시스템 통합 단계는 가장 복잡하고 기밀성이 요구되는 단계로, 방위산업 기업 그룹이 주도한다. 시스템 생산 단계는 항공전자, 엔진과 같은 주요 체계 및 하위 체계를 개발·생산하는 과정으로, 시스템 통합 단계에서 활용되는 핵심 부품들이 이 단계에서 제조된다. 부품 생산 및 소재 생산 단계는 민간기업이 비교적 적극적으로 참여할 수 있는 영역으로, 특정 구성 요소 및 재료 개발을 담당한다. 시스템 생산 또한 매우 복잡하고 높은 기밀성이 요구되는 과정이므로, 이 단계 역시 방위산업 그룹에 속하는 기업과 연구기관들이 주도적으로 참여한다.

무기 시스템 및 하위 시스템의 부품과 부속품 생산은 기밀성이 상대적으로 낮아, 민간기업의 참여가 가능하다. 또한, 이 단계에서 다루는 노하우와 하드웨어는 반드시 군사적 특성을 지닌 것이 아니므로, 민간기업의 참여가 더욱 환영받는다. 특히, 이 단계에서는 고급 집적 회로, 반도체, 프로세서와 같은 핵심 장치의 생산과 통합이 포함되며, 이는 부분적으로 현지 방위산업의 기존 생산 능력을 초과하는 영역이다. 민간기업은 여러 이유로 이러한 격차를 해소하는 데 있어 더 유리한 위치에 있다. 첫째, 일부 관련된 기술은 본래 민간 부문에서 사용되는 기술로, 군수산업보다 민간 부문에서 더욱 발전해 있다. 문서 91에 따르면, 민군융합은 기존의 성숙된 기술을 무기 시스템에 통합하는 데 중점을 둔다.[69] 둘째, 민간기업과 기타 기관들은 군수산업보다 민감한 민군겸용기술을 수입하는 데 있어 더 유리한 위치에 있다. 민간기업이 이러한 기술을 수입함으로써, 원산지 국가에서의 수출 제한을 우회할 수 있으며, 중국 방위산업의 약점과 전략적 의도를 숨길 수 있다. 실제로, 2010년의 공식 문서에서는 "당시 민군통합(CMI)이 고급 외국 기술의 중국 도입을 촉진해야 한다"고 명시했다. 또한 CMI는 새로운 기술 협력 채널을 활용하고, 원산지 국가에서의 수출 제한을 회피할 수 있도록 장려되었다.[70]

민간기업이 무기 생산에 가장 많이 참여할 것으로 예상되는 단계는 소재 생산 및 가공 단계이다. 이 단계에서 포함되는 일부 제품, 예를 들어 특정 합금이나 복합 재료는 민감하고 정교한 기술을 요구하므로, 적절한 보안 인가를 받은 기업이 이를 담당해야 한다. 반면, 이 범주에 포함된 많은 제품이 민간용으로 분류되기 때문에, 민간기업은 상대적으로 더 쉽게 접근할 수 있는 수입 기술을 활용할 수 있다.

마지막으로, 민간기업은 무기체계와 군사 장비의 유지보수, 지원 및 서비스에서 중요한 역할을 할 것으로 예상된다. 물론, 이러한 활동은 상당 부분은 군사 부대에서 자체적으로 수행되지만, 문서 91에서는 민군융합(CMF)이 훈련 및 전시 중에도 고급 기술 무기와 군사 장비의 유지보수를 개선해야 한다고 명시하고 있다.[71] 그러나 제품 서비스에 대한 이러한 언급은 민군융합관련 문서에서 매우 드문 사례이며, 다른 조달 단계들과 달리 민간기업을 유지보수 및 지원 활동에 통합하는 구체적인 실행 방안이나 도전 과제는 논의되지 않았다. 따라서 단기적으로 민간기업이 군사조달에서 유지보수 및 서비스 제공자로서 차지하는 역할은 제한적일 것으로 예상되며, 이 분야의 확대는 장기적인 정책적 변화와 함께 점진적으로 이루어질 가능성이 높다.

민군융합(CMF) 실행전략

2017년 이후, 중국은 민군융합(CMF)을 강화하기 위해 다양한 개혁을 추진했다. 주요 조치로는 민군융합 정책의 재정비, 관리 구조 개편, 연구개발, 제조, 수명주기 지원 등 무기조달의 주요 단계 최적화가 포함된다. 민군융합의 핵심 목표는 민간기업, 연구기관, 전문가들의 무기 개발 과정 참여를 확대하는 것이다. 민간 조직과 전문가가 제공하는 가장 큰 가치는 첨단 기술과 노하우이며, 이는 군사 및 기타 외국 기술에 대한 접근을 통해 확보된 경우가 많다.[72] 그러나 민간 부문에서 첨단 기술과 노하우를 보유하고 있다고 해서 자동적으로 군사 R&D에 참여할 수 있는 것은 아니다. 실질적인 참여가 이루어지려면 특정 조건들이 충족되어야 하며, 민군융합 정책은 이러한 조건들을 마련하는 데 중점을 두었다. 민간기업의 군사 연구개발 참여를 위해서는 정보 공유가 필수적이며, 이를 위해 2000년대 후반부터 다양한 플랫폼이 구축되었다. 대표적인 플랫폼은 2015년 인민해방군 장비개발부(EDD)가 도입한 '온라인 무기조달 시스템'이다. 이 시스템은 필요한 무기체계와 장비에 대한 정보를 제공하고, 민간 조직이 제안서를 제출할 수 있도록 지원하는 역할을 한다. 이 플랫폼에서 다루는 군사 시스템 및 프로젝트의 예로는 통신 시스템, 소프트웨어 테스트 도구, 군사관련 연구자금 지원 프로그램 등이 있다.[73]

추가적인 정보 공유 플랫폼으로는 '민간 참여 군사기술 및 제품 추천 목록'(이하 '목록')과 '국가 군민융합 공공 서비스 플랫폼'이 있다. 이들 플랫폼은 산업정보기술부(MIIT)와 국가국방과학기술산업국(SASTIND)[*]이 공동으로 설립하였다. 목록은 2009년부터 매년 발행되며, 매년 수십 개의 군사 프로젝트를 소개하고, 민간의 과학기술 조직들이 연구개발 활동과 재정 투자를 통해 군사 프로젝트를 지원할 수 있도록 유도한다.[74] '군민융합 공공 서비스 플랫폼'은 2017년 MIIT와 SASTIND에 의해 설립되었으며, 첨단 민군겸용 R&D 및 제조 기술, 서비스 목록을 제공한다. 또한 이 플랫폼은 등록된 사용자(민간 및 군사 부대 모두)가 서로 직접 연결하고 협력할 수 있도록 지원한다.[75]

조달 웹사이트와 목록 외에도, 2010년대 중반 이후 민간과 군사 부문 간의 군사 R&D 협력을 촉진하고 기술 공유를 증진하기 위한 다양한 방법을 도입했다. 그 중 하나가 군사기술 및 제품 전시회로, 2010년

---

[*] 국가국방과학기술산업국(SASTIND, State Administration for Science, Technology and Industry for National Defense)은 중국의 국방과학기술 및 방위산업을 총괄하는 중앙 정부기관으로, 국무원 산하 산업정보기술부(MIIT)에 소속되어 있다. 이 기관은 국방기술 연구개발, 무기 및 장비 생산, 민군겸용기술 개발을 관리·조정하는 역할을 수행하며, 중국의 방위산업 정책을 실행하는 핵심 기구이다.

대 중반부터 매년 개최되고 있다. 이 전시회에서는 민간기업과 연구기관이 독자적으로 또는 방위산업과 협력하여 개발한 기술과 제품을 소개한다. 전시회의 주요 목표는 기술 개발과 혁신 분야에서 필요한 정보를 공유하고, 더 많은 조직이 이 활동에 참여하도록 유도하며, 민군 겸용기술의 산업화를 촉진하는 것이다.[76] 이러한 정보 공유 방식은 중국의 군사조달에 두 가지 주요한 기여를 한다. 첫째, 첨단 기술 지식과 역량을 군사 R&D에 통합하여 군 현대화를 지원한다. 둘째, 인민해방군 내 공급업체 간 경쟁을 촉진하여, 인민해방군의 구매자로서의 협상력을 강화한다.[77]

그럼에도 불구하고, 민간 조직에 군사 R&D 기회를 제공하는 것만으로는 이들의 적극적인 참여를 유도하기에 충분하지 않다. 이에 따라, 인센티브와 협력 인프라를 제공하는 '군민융합산업시범구(Pilot Zones)'가 운영되고 있다. 이 시범구는 군사관련 개발에 참여하는 민간기업과 연구기관 그리고 민군 파트너십에 유리한 환경을 조성하는 역할을 한다. 2009년에 처음 설립되었으며, 2019년 중반 기준으로 중국 전역의 여러 지방과 도시에 총 32개 시범구가 운영중이다.[78] 중앙정부의 지침에 따라, 각 지역 및 지방 당국은 시범구를 설립하고 조건을 충족하는 기업에 다양한 인센티브를 제공하고 있다. 예를 들어, 허베이성은 시범구 내 기업과 연구기관이 민군 전환 기술과 군사기술을 활용한 R&D 프로젝트에 참여하도록 요구한다. 이들 프로젝트는 혁신적이어야 하며, 일정 수준의 실현 가능성이 입증된 상태에서 명확한 상업적 잠재력을 갖추어야 한다. 이러한 조건을 충족하는 기업은 민군융합 자금 배정, 군사 R&D 프로젝트 참여, 기타 자금 지원에서 우선권을 부여받는다.[79]

경연대회 및 연구자금 지원은 민군융합 프로젝트 참여를 유도하는 주요 인센티브 중 하나이다. 예를 들어, 2016년부터 산업정보기술부, 국가국방과학기술산업국, 장비개발부 등 여러 기관이 매년 민군겸용 프로젝트 경연을 개최하고 있다. 이 대회에서는 100개 이상의 첨단 민군겸용 프로젝트가 선보이며, 우승한 팀에게는 100만~300만 위안(RMB) 규모의 연구개발 자금이 지원된다.[80] 또한, 쓰촨성 정부는 민군융합관련 제품을 개발하는 지역 기업들에게 연구개발(R&D) 투자액의 2%를 지원하며, 지원한도는 최대 1,000만 위안까지 책정되었다.[81]

그럼에도 불구하고, 기회와 인센티브를 제공하는 것만으로는 민간 부문이 군사 R&D 프로젝트에 더 많이 참여하도록 유도하기에 충분하지 않다. 민간 부문의 참여를 촉진하려면, 이를 방해하는 장애물을 제거하는 것이 필수적이다. 주요 장애물로는 군사와 민간 조직 간 그리고 각 조직 내부의 심각한 분절화, 두 부문 간 기술 표준화의 부족, 민간기관의 지적재산권(IP) 보호 미비 등이 있다.[82] 현재까지 군사와 민간 제품 및 R&D 과정은 서로 다른 기술표준을 적용받아 왔으며, 이는 두 부문 간 기술 이전과 협력을 어렵게 만드는 주요 요인으로 작용해 왔다. 이를 해결하기 위해, 국가 차원에서는 양 부문에 공통적으로 적용할 수 있는 통합 기술표준을 도입하려는 시도가 진행되고 있다.[83] 또한 민간기업들이 지적재산권(IP) 보호 부족으로 인해 군사 부문과의 기술 공유를 꺼린다는 점을 인식한 민군융합 주도 기관들은, 국가 및 지방 차원에서 지적재산권(IP) 보호 법률을 강화하기 위한 조치를 취하고 있다.[84]

민군융합(CMF)은 연구개발뿐만 아니라 군사조달 시스템 개선에도 기여하고 있다. 구체적으로, 민군융합 도구들은 군사 장비와 물품을 구매하는 과정에서 인민해방군의 협상력을 강화하고, 조달 계약의 관리 효율성을 높이며, 군사조달 예산을 보다 효율적으로 활용할 수 있도록 돕는다. 이와 같은 도구들은 인민해방군 부대에 보다 적합한 장비를 제공하는 데 기여한다. 예를 들어, 온라인 군사조달 시스템은 민간 공급업체들이 인민해방군의 무기 및 서비스 부문에서 요청하는 다양한 비무기 품목에 대해 입찰할 수 있도록 지원한다. 여기에는 건설작업, 소프트웨어, 통신 장비, 차량 장비 및 실험실 장비 등이 포함된다. 제안 요청서에는 목표 가격과 해당 가격 제안이 충족해야 하는 조건들이 명시되며, 가격 제안은 직접적으로 해당 품목을 사용할 군사부서로 전달된다.[85] 이 절차는 방위산업 기업들의 인민해방군 공급 독점권을 약화시키고, 인민해방군의 요구조건, 예산, 선택된 제안 및 최종 공급된 제품 간의 호환성을 더욱 확실히 보장하는 역할을 한다.

또한, 민군융합 산업 기지와 특수 프로젝트 자금 지원과 같은 민군융합 조치는 중국의 조달기관들이 계약 및 비용을 보다 엄격하게 통제할 수 있도록 한다. 방위산업 그룹들이 강력한 정치적, 경제적 권력을 보유하고 있는 반면, 군사 프로젝트에 참여하는 민간기관들은 계약 조건을 엄격히 준수해야 하며, 인민해방군의 조달기관과의 협상에서 협상력을 거의 가지지 않는다. 특히, 민군융합 정책에 포함된 인센티브, 자금, 기타 재정적 혜택은 정기적이며 불시의 감사 대상이 되며, 이는 기존 방위산업 그룹들에게 적용하기 어려운 측면이 있다.[86] 결과적으로, 민군융합은 방산기업들의 독점을 완화하는 동시에, 민간기업들의 참여를 확대하기 위해 점진적으로 조달체계를 개혁하는 역할을 수행하고 있다.

민군융합(CMF)의 중간 성과

중국 방위산업의 구조적 문제를 고려할 때, 민간기업, 연구기관, 전문가들의 군사 연구개발, 제조, 지원 서비스 참여는 군사조달 시스템 개선에 중요한 역할을 할 수 있다. 그러나 현재까지 이들의 참여는 제한적이며, 실질적인 변화도 미미한 수준에 머물고 있다.

2015년 이후 상당한 노력이 있었음에도 불구하고, 방위산업과 민간 부문 간의 정치적·법적·조직적 장벽은 여전히 높은 상태다. 예를 들어, 민간기업이 방위산업 공급업체 라이선스를 취득하는 데 수개월에서 1년 이상이 소요된다.[87] 라이선스와 관련 절차와 규정은 자주 변경되며, 규정 변경시 기업들이 처음부터 다시 신청 절차를 시작해야 하는 경우가 많다. 또한, 민군겸용 제품이나 군사관련 기술을 보유한 신생 기업들은 핵심 기술을 프로토타입으로 발전시키고 상용화하는 과정에서 발생하는 위험을 감수할 수 있도록 지원하는 재정적 도움을 충분히 받지 못하고 있다.[88] 또한 민간기업의 지적재산권(IP)을 보호하기 위한 입법 및 규제 조치가 미비하여, 민간기업들이 방위산업 기업과 기술을 공유하는 것을 꺼리는 요인으로 작용하고 있다.[89] 또한, 일부 법정 장애물은 의도적으로 조성된 것으로 보인다. 2019년 파즈일보(法治日报) 분석에 따르면, 특정 이해관계자들이 방위산업의 시장화 및 민군융합 실행을 위한 법안 통과를 저지해 왔다. 이들은 조직의 기득권을 보호하기 위해 민군융합관련 입법을 통해 권한을 확대하거나 이를 저지하는 방식으로 개입하고 있다. 또한, 군사, 지방 정부 및 기타 관련 기관 간의 입법 권한 분담이 모호하고, 새로운 법안과 관련된 재정적 비용을 고려하지 않아 상황을 더욱 복잡하게 만들고 있다.[90] 결국, 중국은 민간기업이 군사 활동에 본격적으로 참여할 수 있는 행정적·상업적·법적 환경을 조성하는 데 실패했으며, 군사 R&D 및 생산 참여 역시 제한적인 수준에 머물고 있다. 2019년 초 기준, 방위산업 시스템의 공급업체로 라이선스를 취득한 민간기업은 약 2,000개에 불과하며, 이는 중국의 군대, 방위산업, 민간 부문의 규모에 비해 매우 적은 수치다.[91]

이 문제는 일부 제한적으로 해결되고 있으며, 군사 공급업체 라이선스를 보유한 조직이 이를 보유하지 않은 기업의 기술과 제품을 구매하여 "세탁(laundering)" 한 후, 자신들의 제품으로 판매하는 방식이 이루어지고 있다.[92] 그러나 이러한 관행은 추가 비용을 발생시키며, 민군융합 정책의 근본적인 논리와 목표에 부합하지 않는다. 이러한 상황에서는 민군융합이 중국 군사조달 시스템의 기본 구조, 즉 시장 경제의 부재와 방위산업 내 인민해방군의 약점을 근본적으로 변화시키기 어렵다. 따라서 방위산업의 비효율성과 제한된 혁신 역량을 해결하기에는 한계가 있을 것이다. 대신, 민군융합은 첨단 외국 기술 지식을 도입하여 군사 R&D를 개선하는 데 기여하는 것으로 보인다. 이러한 가정은 가용한 증거에 의해 뒷받침된다. 2017년 공식 보고서에 따르면, 민군융합의 가장 큰 성과는 기술융합 분야에서 나타난 반면, 제조(산업융합) 부문에서는 상대적으로 미흡한 것으로 평가되었다.[93] 이러한 결과는 중국 군사 및 민간 부문 간의 관계와 민군융합의 장애물을 고려할 때 명확하다.

첫째, 중국 민간 조직과 전문가들은 첨단 민군겸용 외국 기술에 비교적 쉽게 접근할 수 있어 군사 부문에 비해 일정한 이점을 가진다. 실제로, 2017년 보고서는 민군융합(CMF)의 모든 측면 중 외국 기술과의 융합이 가장 큰 진전을 이루었다고 평가했다.[94] 반면, 제조(산업) 분야에서는 이러한 진전이 상대적으로 미흡했다. 보고서에 따르면, 이는 중국 방위산업의 기술적 역량이 민간 부문보다 우수하기 때문으로 분석되었다.[95]

둘째, 중국의 민간과 군사 과학기술 부문 간 장벽은 방위산업과 민간 제조 부문 간 장벽보다 상대적으로 낮았다. 예를 들어, 중국의 대학과 과학자들은 간헐적으로 군사 프로젝트에 참여했으며, 중·장기 국가과학기술프로그램(예: 1956년 12개년 계획, 863 프로그램)은 군사와 민간 요소를 결합하여 추진된 사례도 있었다.[96] 그러나 민간기업의 군사 제조 참여는 여전히 제한적이다. 2016년 공식 자료에 따르면, 중국의 민간기업 중 군사 개발 및 생산에 참여한 비율은 3.5% 미만이었다. 이는 미국과 큰 차이를 보이는 수치로, 미국에서는 군사기술의 90% 이상이 민군겸용으로 활용되며, 주요 방위산업 기업들이 민간 제품과 서비스를 함께 제공하는 것으로 알려져 있다.[97]

민군융합(CMF)의 전략적·정치적 함의

이러한 맥락에서 민군융합(CMF)이 중국 군사조달체계 및 국가의 전략적·정치적 위상에 미치는 영향을 분석할 필요가 있다. 민군융합의 가장 큰 기여는 방위산업에 첨단 과학기술을 도입하는 데 있으며, 이를 통해 중국의 군사 연구개발을 두 가지 방식으로 촉진한다. 첫째, 민군겸용기술과 장비를 완전히 또는 부분적으로 도입하여 군사 R&D에 통합할 수 있다. 이를 통해 방위산업이 기존의 폐쇄적인 구조에서 벗어나 보다 광범위한 기술 협력을 활용할 수 있는 기회를 제공한다. 둘째, 민간기업과 연구기관을 참여시켜 R&D 효율성을 높이고, 인민해방군의 R&D 과정에 보다 직접적인 영향을 미칠 수 있도록 한다. 방위 산업 그룹이 수행하는 R&D 프로젝트와 달리, 민간 조직이 수행하는 프로젝트는 인민해방군의 요구사항과 예산에 더 잘 부합할 가능성이 높다. 중국 방위산업의 R&D는 오랫동안 과도하게 분산되고 지나치게 확장되는 문제를 겪어 왔으며, 이는 R&D 품질뿐만 아니라 군사조달 의 다른 단계에도 부정적인 영향을 미쳤다. 1990년대 후반 이후, 세계 적인 수준의 군사 역량을 구축하려는 중국의 의도와 국영 방위산업에 시장 경제 도입하는 데 실패한 점이 맞물리며, 이러한 문제는 더욱 악 화되었다.98 민군융합은 군사조달 체계에서 고객과 공급자의 관계를 근본적으로 변화시키지는 않지만, 민군융합 프로젝트가 상업적 기반 을 두도록 요구함으로써 이 문제를 어느 정도 완화할 수 있었다. 또한, 민군융합은 군사 R&D가 나아가야 할 방향을 제시하는 역할도 수행한 다. 실제로 2015년에는 민군융합 R&D 프로젝트 수를 60% 이상 줄이 는 결정을 내리며, 보다 집중적이고 효율적인 연구개발 구조를 구축하 려는 시도를 보였다.99

그러나 연구개발(R&D) 분야를 제외하면, 민군융합(CMF)은 군사조 달의 다른 측면인 제조, 유지보수, 서비스 부문에 미치는 영향은 제한 적이었다. 특히, 민간기업의 무기 제조 참여는 공급망의 하위 단계에 국한되어 있으며, 방위산업 그룹과 경쟁하여 인민해방군의 주요 공급 업체로 자리 잡기 어려운 구조를 유지하고 있다. 결과적으로, 민군융 합은 무기 제조 과정이나 인민해방군과 방위산업 간의 구매자·공급자 관계에 실질적인 변화를 가져오지 못하고 있으며, 중국 군사조달 시스 템 내의 고질적인 문제들도 여전히 해결되지 않은 상태로 남아 있다. 이러한 구조적 문제를 보여주는 대표적인 사례가 2019년 기준으로 군사 제품이 여전히 '원가＋5% 이윤' 방식으로 인민해방군에 판매되고 있다는 점이다.[100] 이러한 가격 책정 모델은 방위산업 그룹의 효율성을 저해하고, 국방 예산에 추가적인 부담을 초래하는 요인으로 작용하고 있다.

따라서, 민군융합(CMF)은 중국의 방위산업이 서방과의 기술 격차를 좁히고, 보다 발전된 무기를 개발할 수 있도록 기여했을 가능성이 크다. 그러나 군사조달의 다른 측면들이 여전히 뒤처져 있다는 점을 고려할 때, 이러한 성과가 인민해방군의 무기체계에 미치는 영향은 제한적이다. 민군융합은 인민해방군이 무기의 사양을 정의하고, 품질을 검증하며, 공급 조건을 개선하고, 배치 후 유지보수를 수행하는 능력에는 큰 변화를 가져오지 못했다. 결국, 중국의 새로운 무기 시스템이 아무리 정교하더라도, 이러한 조달 및 유지보수 과정이 인민해방군의 전투 준비 태세를 결정짓는 중요한 요소가 될 것이다.

민군융합의 즉각적인 효과는 주로 첨단 연구개발 프로젝트에 집중되며, 이는 예산 규모가 크고 지도부의 관심을 받은 고순위 시스템이나 핵심 하위 시스템에 직접적인 영향을 미칠 가능성이 크다. 이러한 시스템에는 항공모함, 제트 엔진, 항공 우주 시스템, 지휘 통제 시스템 등이 포함되며, 비록 배치 규모가 소수일지라도 강력한 전략적 영향을 미칠 수 있다. 그러나 이들 시스템은 높은 복잡성을 지니고 있으며, 정밀한 유지보수가 필요하고, 다른 군사 수단들과의 연계가 필수적이기 때문에, 민군융합이 인민해방군 전체의 준비 태세에 미치는 영향은 제한적일 것으로 예상된다. 이는 여전히 많은 인민해방군 부대가 덜 정교한 무기를 사용하고 있으며, 전통적인 군사조달 시스템과 기존 공급업체에 의존하고 있기 때문이다. 따라서 민군융합의 영향은 인민해방

군의 일부 고급 무기체계에 집중될 가능성이 높지만, 전체적인 전력구
조에는 제한적인 영향을 미칠 것이다.

　민군융합(CMF)은 국제 사회에서 중국의 전략적 태세에도 영향을 미
치고 있다. 중국의 민군융합 정책에 대한 인식이 증가하면서, 외국 국
가들, 특히 미국은 자국 내 중국의 상업 및 과학기술 활동에 대한 감시
를 강화하고 있으며, 중국 기업과 과학자들의 민감한 기술 접근을 제
한하려는 노력을 확대하고 있다. 예를 들어, 2019년 미국 국방부는 연
례 보고서에서 처음으로 민군융합을 거론하며, 이를 중국의 군 현대화
전략의 핵심 요소로 규정했다.[101] 그 결과, 미국 정부는 미국과 중국
간의 기술 이전과 상업적 합작 투자가 의도치 않게 인민해방군의 기술
발전을 돕는 결과를 초래할 수 있다는 우려를 표명하고 있다. 특히, 인
공지능(AI)과 머신러닝에 사용되는 복잡한 알고리즘은 복사하기 어려
운 고급 기술이지만, 사이버 도난과 기술 유출에 취약할 수 있다는 점
이 주요한 경계 대상이 되고 있다. 이에 대해, 크리스토퍼 애슐리 포드
(Christopher Ashley Ford) 미국 국무부 국제안보 및 비확산 담당 차관보
는 민군융합이 "중국의 고기술 부문과 외국 기업이 연계하는 것이 매
우 어렵고, 많은 경우 불가능하지만, 외국 기업이 중국 군의 첨단 기술
개발을 지원하는 상황에 얽히게 된다"고 경고했다.[102] 결과적으로, 민
군융합은 중국의 군사력 향상에 기여하는 동시에, 국제 사회에서 중국
에 대한 기술 통제와 견제를 더욱 강화하는 요인이 되고 있다.

　이러한 현실은 미·중 관계와 글로벌 정치에 중요한 영향을 미치고
있다. 미국은 중국의 군사 현대화를 지연시키려는 명확한 이해관계를
가지고 있으며, 서방 국가들이 중국에 대한 무기판매 금지를 해제하는
것에 지속적으로 반대해 왔다.[103] 그러나 민군겸용기술의 수출통제는

보다 복잡한 양상을 보인다. 이러한 기술 이전은 주로 상업적 성격을 띠고 있어, 판매자와 구매자 모두에게 경제적으로 유익하며, 군사적 용도로 전용되지 않는 무해한 것으로 간주되는 경우가 많다. 또한, 많은 첨단 기술이 이미 전 세계적으로 확산되어 있어, 이를 통제하는 것은 사실상 불가능하거나 비효율적이다.

그 결과, 미국이 중국의 민군융합과 민군겸용기술 활용 과정을 완전히 차단하는 것은 쉽지 않다. 이에 대응하여, 미국은 다양한 조치를 취하며 중국의 민군융합을 견제하고 있다. 우선, 미국 내에서 인민해방군과 연관된 중국 기업과 학술기관의 활동을 제한하고, 이들이 민감한 미국 기술에 접근하는 것을 차단하려 하고 있다. 또한, 중국이 미국 방위 시스템 공급망에 침투하는 것을 방지하기 위해 보안조치를 강화하고 있으며, 민감한 기술 유출에 대한 우려는 미국의 중국 간 무역 전쟁을 촉발한 주요 요인 중 하나로 작용한다.104 나아가, 미국은 동맹국들에게 중국의 기술 확산을 제한하도록 압박하고 있다. 예를 들어, 유럽 동맹국들에게 화웨이의 5G 통신 인프라 사용을 피하라고 요구하고, 중국 기업들이 유럽의 첨단 기술 기업을 인수하는 것을 차단하기 위한 조치를 시행하며, 외국인 투자 심사 메커니즘을 강화할 것을 동맹국들에게 요청하는 등 중국의 기술 확산을 견제하기 위한 노력을 지속하고 있다.105 결과적으로 민군융합 정책은 자체적인 목표 달성에 어려움을 겪을 뿐만 아니라, 미·중 간의 전략적 갈등을 더욱 심화시키고 있다. 이로 인해 서방 국가들은 미·중 갈등 속에서 어느 편에 서야 할지 고민해야 하는 상황에 직면하게 되었다.

소결론

2017년 이후, 중국의 민군융합(CMF) 정책은 기존의 민군통합(CMI) 정책과 몇 가지 중요한 차이를 보인다. 첫째, 민군융합은 민간산업을 인민해방군의 공급망에 보다 적극적으로 통합하려 하며, 민간기업들이 군에 직접 제품을 판매할 수 있도록 유도하고 있다. 둘째, 민군융합은 인민해방군이 4차 산업혁명 기술을 포함한 첨단 기술에 접근할 수 있도록 촉진하는 역할을 한다. 이를 통해 인공지능(AI), 빅데이터, 양자 컴퓨팅, 첨단 소재 등 최첨단 기술을 군사적 응용에 활용하는 것을 목표로 한다. 셋째, 민군융합은 군 현대화를 위해 외국 기술을 도입하고, 이를 중국의 기술로 전환하는 데 중점을 둔다. 이는 중국의 첨단 산업이 여전히 해외 기술과 장비에 상당 부분 의존하고 있기 때문이다. 많은 민간기업들은 정부의 지원을 받아 이러한 외국 기술을 군사 분야에 도입하는데 중요한 역할을 하고 있다.[106] 마지막으로, 가장 중요한 점인데, 민군융합은 단순한 군사적 목표를 넘어, 중국이 '기술 강대국'으로 자리 잡기 위한 장기 전략의 핵심 요소로 작용하고 있다. 르베스크(Levesque)는 "중국 지도자들은 민군융합을 통해 새로운 기술 혁명에서 군사적·경제적 경쟁력을 확보하기 위해 국가를 준비시키고 있다"고 분석한다.[107] 이러한 점에서 중국의 민군융합(CMF)은 미국의 민군통합(CMI) 노력보다 훨씬 더 야심차고 광범위한 전략이며, 특히 방위산업과 산업 경제의 융합을 더욱 강조하는 특징을 보인다.

동시에, 민군융합에는 한계가 존재한다. 중국의 군사조달과 군사력 강화를 위한 민군융합의 주요 기여는 첨단 기술과 방법을 식별하고 이를 중국의 무기 개발 시스템에 통합하는 데 있다. 이를 통해 방위산업은 기존의 약점을 극복하고, 특정 기술 격차를 좁히며, 무기 개발 과정을 단축할 수 있다. 궁극적으로 중국이 세계 수준의 '자국산 무기 (indigenous weapons)'*를 생산할 수 있는 능력을 확보하도록 돕는 역할을 한다. 그러나 민군융합은 중국 방위산업과 군사조달 시스템의 구조적 문제를 근본적으로 해결하지 못했다. 1990년대 후반 이후 여러 차례 개혁이 이루어졌으나, 재정적 자원 투입과 첨단 외국 기술 도입만으로는 군사조달 시스템의 근본적인 한계를 극복하는 데 한계가 있음을 보여준다. 이를 해결하려면 시장 경제의 역할이 필수적이다. 비록 21세기 들어 중국의 무기 개발이 상당한 발전을 이루었지만, 민군융합은 방위산업의 독점을 해소하거나 인민해방군과 방위산업 간의 관계를 근본적으로 변화시키는 데 한계를 보이고 있다. 여전히 대형 국영 방위산업 그룹들이 중국 방위 시장을 독점하고 있으며, 이로 인해 인민해방군과 방위산업 간의 구매자·공급자 관계는 방위산업에 유리하게 기울어져 있다. 이러한 측면에서 민군융합은 중국 지도부가 설정한 목표를 완전히 달성하는 데 여전히 미흡한 상태이다.

중국의 보고서와 분석에 따르면, 민군융합 실현의 주요 문제는 상위 계층에서의 명확한 비전, 정책, 감독, 규제의 부재에 있다.[108] 이를 해결하기 위해 새로운 감독 및 조정기관을 설립하거나, 시진핑 주석이 직접 개입하는 방안이 검토되고 있다. 그러나 이러한 분석에서는 민간 기업의 군사 연구개발, 제조, 지원 분야에서의 낮은 참여율이 기존 군사조달 기업들의 진입 장벽으로 인해 발생한다는 점을 강조하고 있다. 기존 방위산업 기업들은 중국의 정치체계에서 강력한 입지를 가지고

---

* Indigenous Weapons 란 한 국가가 외국의 기술이나 도움 없이 자국 내에서 독자적으로 개발, 생산, 운영하는 무기 시스템을 의미한다. 이러한 무기는 기술적 자립을 이루고, 군사적 주권을 강화하며, 방산 산업의 발전을 촉진하는 데 중요한 역할을 한다. 대표적인 예로 한국의 K9 자주포, 중국의 J-20 스텔스 전투기 등이다.

있으며, 행정기관과의 긴밀한 연계를 통해 신규 기업(국영이든 민간이든)의 시장 진입을 효과적으로 차단할 수 있는 다양한 방법을 보유하고 있다. 이러한 상황은 중앙집권적인 정치 및 경제 체제에서 비롯된 구조적 문제로, 기존 참여 기업들에게 막대한 권한과 영향력을 제공하는 결과를 초래하고 있다.[109]

그럼에도 불구하고, 중국은 뛰어난 조직력과 충분한 자원을 보유하고 있으며, 민군융합과 기타 방법을 통해 4차 산업혁명 기술을 활용하여 국가 경제과 군사력을 확장하려는 확고한 의지를 보이고 있다. 특히, 이 전략의 핵심 요소인 인공지능(AI) 기술의 장악 노력은 이러한 의지를 잘 보여주는 사례다. 미국 인공지능 국가안보위원회(NSCAI)는 다음과 같이 평가했다:

"중국은 미국보다 더 빠르고 결단력 있게 움직이며, 정부 부처, 대학, 기업이 참여하는 국가 AI 전략을 추진하고 있다. 중국의 전략 문서들은 AI 발전이 향후 수십 년간 군사적 및 경제적 경쟁의 판도를 근본적으로 변화시킬 핵심 요소임을 강조하고 있다. 이를 뒷받침하기 위해, 중국은 첨단 AI 연구를 수행하는 기술 기업과 학술기관에 상당한 정부 보조금을 지원하고 있다. 또한 중국은 서구에서 이루어진 기초 연구를 효과적으로 활용하여 연구개발 비용을 절감하고, 이를 바탕으로 응용 기술 개발에 집중할 수 있도록 하고 있다. 아울러, 관련 분야의 연구와 인재 양성에 대규모 투자를 진행하며, 해외 시장에서의 경쟁력을 확보하기 위해 '국가 챔피언 기업'*을 육성하고 있다. 민군융

---

* 국가 챔피언(National Champion) 기업은 정부의 전략적 지원을 받아 국가 경제, 기술, 안보 등의 핵심 분야에서 경쟁력을 갖추고, 국제 시장에서 영향력을 확대하도록 육성된 기업이다. 대표적인 기업으로 화웨이, 중국항공공업그룹. 중국전자과학기술그룹, 중국석유화공, 텐센트 등이 있다.

합 프로그램을 통해, 중국은 상업 및 학술 분야에서의 발전한 AI 기술을 군사력에 통합하려는 노력을 지속적으로 강화하고 있다.[110]

결과적으로 "중국은 향후 10년 내에 AI 혁신의 중심지로서 미국을 앞지를 가능성이 충분하다"는 평가가 나오고 있다.[111]

이를 통해 두 가지 주요한 결론을 도출할 수 있다. 첫째, 현재의 중앙집권적(top-down) 관리체계를 강화하더라도, 중국의 방대한 군사 조달체계에서 민군융합(CMF)이 효과적으로 정착될 가능성은 적다. 대신, 전통적인 국영 군수 공급업체들의 독점적 권한을 축소하면, 다른 잠재적 공급업체들이 참여할 기회를 얻을 수 있으며, 인민해방군은 보다 다양한 참여자들을 군사조달 과정에 적극적으로 포함할 수 있을 것이다. 둘째, 민군융합은 중국의 군사 현대화와 기술 혁신에 기여하고 있지만, 동시에 주요 기술 강국과의 관계 단절을 초래할 가능성이 있다. 이로 인해, 장기적으로 중국이 첨단 기술에 접근하는 데 제약을 받을 수 있으며, 이는 기술 발전의 지속 가능성에 역설적인 도전과제가 될 수 있다.

CHAPTER

05

인도의 민군융합

CMF in India

- 군산복합체
- 민군통합(CMI)의 발전 과정
- 민군융합(CMF)으로 가는 길
- 소결론

인도의 민군융합

CMF in India

들어가며

 방위산업의 효율성을 높이고 군에 적합한 무기를 공급하는 것은 여러 국가에서 민간산업의 국방조달 참여를 확대하는 핵심 목표 중 하나이다. 그러나 인도는 이와 다른 목표와 전략을 추구한다. 인도의 최우선 목표는 군사적 자립을 달성하고, 세계 수준의 군사 연구개발 및 생산 역량을 갖추는 것이다. 이는 세계 강국으로 자리매김하기 위해 필수적인 조건이다. 논란의 여지는 있지만, 민군통합(CMI)은 군사적 자립과 효율적 국방조달이라는 두 가지 목표를 동시에 달성할 수 있는 중요한 수단으로 평가된다. 민간기업이 무기조달 시스템에 통합되면 비용 절감뿐만 아니라, 효율적인 생산 방식과 첨단 기술을 군사 연구개발(R&D) 및 생산 과정에 도입할 기회를 제공할 수 있다. 특히, 인도군이 신흥 기술을 적극 도입하는 가운데, 강력한 민간 IT 산업의 존재는 민군융합(CMF) 실현 가능성을 더욱 높이는 핵심 요소로 작용한다.

 그러나 무기체계의 국산화 과정에서 군사적 자립과 효율적 국방조달이라는 두 목표가 서로 충돌할 가능성이 있다. 국산 무기 개발은 해외 무기 도입보다 더 높은 비용이 소요되며, 이는 결국 군이 확보할 수 있는 무기의 양을 줄이거나, 성능 및 품질 면에서 타협을 요구하는 상황을 초래할 수 있다. 이러한 문제는 두 가지 모두 발생할 가능성이 있다. 더 나아가, 국방 연구개발 투자 부족과 비효율성이 겹치면서 인도의 민군통합(CMI)은 여러 도전에 직면하고 있다. 이러한 문제들은 CMI가 전 세계적으로 직면하는 일반적인 장벽을 더욱 복잡하게 만들며, 인도군이 4차 산업혁명 기술을 효과적으로 도입하고 통합(assimilation)하는 데도 장애물이 되고 있다.

이러한 상황을 인식한 인도는 민간산업의 국방조달 참여를 확대하기 위해 다양한 노력을 기울여왔다. 민·군 산업 협력을 위한 다양한 채널과 방식을 개발하고, 인센티브를 제공하며, 민간기업이 국방 프로젝트에 진입하는 장벽을 낮추기 위한 정책을 시행해 왔다. 그러나 민군통합(CMI)이 도입한 지 20년이 지난 현재, 이를 확대해야 한다는 요구가 커지고 있음에도 불구하고, 관료주의적 관행, 낮은 R&D 투자 그리고 전략적 상황과 같은 요인들이 CMI의 발전을 저해하거나 촉진하며 여전히 상충하고 있다. 이 장에서는 이러한 요인들의 변화를 추적하고, 인도가 민군융합(CMF)을 채택하는 과정에서 직면한 영향과 도전 과제를 분석한다.

군산복합체(Military Industrial Complex)

중국과 마찬가지로 인도는 세계에서 가장 크고 다양한 방위산업을 보유하고 있다.[1] 인도는 전투기, 수상전투함, 잠수함, 전차, 장갑차, 헬리콥터, 포병 시스템, 소형 화기 등 다양한 군사 장비를 생산하며, 1950년대 초부터 축적된 경험을 바탕으로 자국산 무기 설계 및 개발 역량을 갖추고 있다. 그러나 최첨단 무기산업을 구축하는 과정에서 인도는 오랫동안 심각한 장애물에 직면해 왔다. 다른 산업 분야는 역동적이고 시장 지향적인 경제 환경을 바탕으로 빠르게 성장한 반면, 방위산업은 여전히 네루 시대의 사회주의적 보호주의 정책에 얽매여 있다. 이로 인해 비대하고 비효율적이며, 경쟁력이 부족한 구조가 지속되고 있으며, 결과적으로 기술적으로 열등한 군사 장비를 생산하는 데 머무르고 있다. 또한, 생산 과정에서 일정이 지연되고, 초기 비용 추정치를 크게 초과하는 사례가 빈번히 발생하고 있다. 이는 방위산업의 구조적 비효율성과 운영상의 문제를 보여주는 대표적인 사례다.[2]

인도는 초기에 세계적 수준의 자국산 무기 개발 및 생산 능력을 확보하는 것을 목표로 했으나, 현실적인 한계를 인식하며 '자급자족(self−sufficiency)'과 '자립(self−reliance)'을 명확히 구분해 왔다. 자급자족은 "모든 방위생산(defense production) 과정을 원자재부터 설계, 제조에 이르기까지 완전히 국내에서 수행해야 한다"는 개념이다.[3] 반면, 자립은 "무기의 국내 생산을 포함하되 외국의 설계, 기술, 시스템, 제조 노하우를 도입하는 것을 허용하는 보다 현실적인 접근법"을 의미한다. 인도는 공식적으로 '자급자족'을 선호했지만, 실제로는 방위산업 생산에 있어 오랜 기간 동안 '자립' 전략을 실천해 왔다. 이러한 현실을 바탕으로, 군산복합체를 구축하고 확장하기 위해 다양한 외국 군사기술을 도입해야 했다. 주요 공급국으로는 러시아(소련), 프랑스, 영국, 이스라엘, 미국 등이 있으며, 1960년대 초부터 1980년대 후반까지 다양한 외국 무기체계를 라이선스 생산 방식으로 도입했다. 대표적인 사례로는 MiG−21 및 MiG−27 전투기, 재규어(Jaguar) 공격기, 알루에트(Alouette III) 헬리콥터, T−55 및 T−72 전차, 밀란(Milan) 대전차 유도미사일, 칼 구스타프(Carl Gustaf) 무반동총, 리앤더(Leander)급 프리깃, 타란툴(Tarantul)급 초계함 등이 있다.4 이처럼 인도 방위산업의 핵심 기반은 외국 기술 도입과 라이선스 생산을 중심으로 구축되었으며, 이를 통해 점진적인 국산화 전략을 추진해 왔다.

한편, 국방연구개발기구(DRDO)*는 라이선스 생산을 국산 무기로 대체하기 위해 지속적인 노력을 기울였다. 힌두스탄 항공(HAL)과 바라트 일렉트로닉스(BEL) 같은 국영 방산기업(DPSU)†들도 외국에서 도입한 군사 시스템을 라이선스 생산하는 동시에, 이를 점진적으로 국산 제품으로 대체하기 시작했다.5 대표적인 사례로, 인도의 첫 국산 전투기인 HF-24 마루트가 있다. HAL은 1956년 영국에서 도입한 오르페우스 항공 엔진을 기반으로 이 전투기를 개발했다. 그러나 진정한 국산 무기 개발 및 생산은 1980년대에 시작된 야심 찬 '국산화' 프로젝트를 통해 본격화되었다. 이 프로젝트에는 경전투기(LCA, 후에 테자스로 명명), 고급 경헬리콥터(ALH), 아준(Arjun) 전차 그리고 특히 통합 유도미사일 개발 프로그램(IGMDP)이 있다. IGMDP는 프리트비(Prithvi)와 아그니(Agni) 전략탄도미사일, 아카시(Akash)와 트리슐(Trishul) 대공미사일, 나그(Nag) 대전차 유도미사일 등이 포함되었다. 그러나 이러한 '국산화' 프로그램 중 일부는 여전히 상당한 외국 기술이나 부품에 의존하고 있었다. 하지만 인도는 이러한 의존도를 점진적으로 줄이는 것을 목표로 삼았으며, 이는 '생산 계단' 모델‡을 통해 이를 단계적으

---

* Defence Research and Development Organization는 인도 국방부 산하의 기관으로, 방위기술의 연구, 개발, 혁신을 담당하는 국가의 핵심 조직이다. 군사력 강화를 위해 첨단 방위기술을 개발하고, 자국산 무기 시스템을 설계 및 제조하는 것이 주요 임무이다.
† 국영 방산기업(DPSU, Defence Public Sector Undertakings)은 국방부 산하에서 운영되며, 항공, 함정, 지상 장비, 전자·탄약 등의 생산을 담당한다.
‡ 생산계단(Ladder of Production) 모델은 방위산업에서 기술적 자립을 달성하기 위한 단

로 추진해 나갔다.[6]

인도의 무기 생산은 전통적으로 거대한 정부 주도 군산복합체 내에서 이루어졌다. 21세기 들어 일부 제한적인 개혁이 이루어졌으나, 무기 제조의 대부분은 여전히 국가 주도의 틀 안에서 운영되고 있다. 인도 정부가 운영하는 방위산업 기반(DIB)은 9개의 국영 방산기업 (DPSU), 41개의 병기 공장(OF)* 그리고 최상위 조직인 국방연구개발기구(DRDO)로 구성되어 있다. DRDO는 약 50개의 국방연구개발실험실과 이를 지원하는 관리 및 행정 기구를 포함하고 있다. 이와 더불어, 인도 방위산업에는 약 3,500개의 민간기업이 참여하고 있으며, 이들 기업의 대부분은 마이크로, 소형 및 중소 기업이고, 나머지는 대기업들이다. 민간기업들은 민간 및 방위생산(defense production) 라인을 모두 운영하며, 인도의 방위생산에 중요한 역할을 하고 있다. 일반적으로 민간 방산기업으로 분류되는 주요 기업으로는 타타(Tata), 라르센 & 투브로(L&T), 바라트 포지(Bharat Forge), 마힌드라(Mahindra), 아쇼크 레이랜드(Ashok Leyland) 등이 있다. 이들 기업은 주로 공공 방위산업의 공급업체 및 하청업체로 활동하지만, 점차적으로 주요 계약자로서의 역할도 확대하고 있다. 인도의 방위산업 부문에 종사하는 인원은 약 140만 명에 달하며, 이 중 약 8만 5천 명은 병기 공장(OF)에서, 6만 5천 명은 국영 방산기업(DPSU)에서, 약 2만 5천 명은 DRDO에서 근무하고 있다. 나머지 인력은 민간 방위산업에서 활동하고 있다.[7]

계적 접근 방식으로, 완제품 수입에서 시작해 라이선스 생산, 부품 및 구성 요소 국산화, 국산 무기 개발을 거쳐 무기 수출로 점진적으로 발전해 나가는 전략이다.

* 병기 공장(OF, Ordnance Factories)은 인도 육군을 위한 탄약, 소총, 장갑차 및 군수품을 생산하는 조직으로, 1801년부터 운영되어 온 가장 오래된 방산기관이다.

| 표 5-1 | 인도의 국방 공공 부문 기업(DPSU) |

국방 공공 부문 기업(DPSU)	설립 연도	주요 활동분야
Hindustan Aeronautics Ltd. (HAL)	1964	항공기 및 항공기 시스템
Bharat Electronics Ltd. (BEL)	1954	군용 전자 시스템
Bharat Dynamics Ltd. (BDL)	1970	전술 및 탄도 미사일
Bharat Earth Movers Ltd. (BEML)	1964	군용 특수 차량
Mazagon Dock Ltd. (MDL)	1934	조선
Garden Reach Shipbuilders and Engineers Ltd. (GRSE)	1960	조선
Goa Shipyard Ltd. (GSL)	1967	조선
Hindustan Shipyard Ltd. (HSL)	1952	조선
Mishra Dhatu Nigam Ltd. (MIDHANI)	1973	금속 합금 및 특수 소재

출처 : Behera, "Indian Defence Industry: Will 'Make in India' Turn It Around?," 513

인도의 국영 방산기업(DPSU)과 병기 공장(OF)은 방위산업의 핵심 축을 담당하며, 명확한 분업 구조를 형성하고 있다. 병기 공장은 보병, 기갑, 포병, 공병 등 다양한 지상군 부대를 위한 무기와 장비를 생산한다. 반면에 국영 방산기업(DPSU)은 공군과 해군의 무기체계, 미사일 및 우주 시스템, 전자 시스템, 금속 합금, 군용 특수 차량 등을 생산한다(표 5-1 참조). 대표적인 국영 방산기업으로는 힌두스탄 항공(HAL)이 있으며, 이 기업은 전투기, 헬리콥터, 훈련기, 수송기 등 항공기와 항공전자 장비, 엔진을 생산하는 유일한 국영 방산기업으로 자리 잡고 있다.[8] 또한 바라트 다이내믹스(BDL)는 전술 및 전략 미사일을 제작하며, 바라트 일렉트로닉스(BEL)는 레이더와 전자전 시스템 생산을 담당

하고 있다. 이처럼 인도의 무기조달은 국영 방산기업중심의 독점 체제에서 이루어지고 있다.[9]

인도는 조선 분야에서도 4개의 국영 방산기업(DPSU)을 운영하며, 각 조선소의 수용 능력에 따라 항공모함, 구축함, 호위함, 초계함 등 다양한 함정의 건조 작업을 분배하는 구조를 갖추고 있다. 이를 통해 모든 조선소가 지속적으로 가동될 수 있도록 체계적인 분업 체제가 형성되어 있다. 인도에는 마자곤 조선소(MDL), 가든 리치 조선 및 엔지니어링(GRSE), 고아 조선소(GSL), 힌두스탄 조선소(HSL) 등 4개의 국영 방산조선소(DPSU)가 운영되고 있으며, 각 조선소는 특화된 함정 건조를 담당하고 있다. 마자곤 조선소(MDL)는 뭄바이에 위치한 가장 오래된 조선소로, 1934년에 설립되어 1960년에 국유화되었다. MDL은 콜카타급 구축함, 시발릭급 호위함, 스코르펜급 잠수함(프랑스·스페인 협력 제작) 등을 건조한 바 있다. 가든 리치 조선 및 엔지니어링(GRSE)은 콜카타에 위치한 조선소로, 1960년에 설립되었다. 이곳에서 카모르타급 대잠초계함, 고속정이 건조되었으며, MDL과 협력하여 프로젝트 17A 함정도 건조하고 있다. 고아 조선소(GSL)는 1967년 고아의 바스코 다 가마에 설립된 조선소로, 호위함, 원양초계함, 미사일초계함, 고속초계정을 건조하는 데 주력하고 있다. 힌두스탄 조선소(HSL)는 1952년 비샤카파트남에 설립된 조선소로, 초계함, 훈련함, 지원함정뿐만 아니라 민간선박 건조에도 특화되어 있다.

특히 주목할 점은 2022년 취역한 인도의 첫 국산 항공모함 INS 비크란트(Vikrant)가 기존의 국영 방산조선소(DPSU)에서 건조된 것이 아니라, 코치에 위치한 코친 조선소(Cochin Shipyard)에서 건조되었다는 사실이다. 코친 조선소는 전통적으로 벌크선, 유조선, 플랫폼 공급선 등 상업용 선박을 건조하는 조선소지만, 국영기업(PSU)*으로 운영되고 있어 군함 건조에도 참여할 수 있는 역량을 갖추고 있다. 향후 인도가 두 척 이상의 국산 항공모함 건조를 계획하고 있는 만큼, 코친 조선소는 기존 해군 조선 DPSU들과 경쟁에서 중요한 역할을 하게 될 가능성이 크다. 이에 따라, 인도의 해군 조선 분야에서 코친 조선소가 해군 계약을 놓고 DPSU들과 치열한 경쟁을 벌이게 될 전망이다.

인도의 연구개발(R&D)을 주도하는 핵심 기관은 국방연구개발기구(DRDO)이다. DRDO는 인도군을 위한 자국산 무기 프로그램을 기획하고, 무기체계의 설계, 제조, 관리를 담당하는 핵심 기관으로, 동시에 수백 개의 연구 프로젝트를 수행하고 있다. 전통적으로 DRDO는 국영 방산기업(DPSU)과 병기 공장(OF)과 긴밀한 협력 관계를 유지해 왔다. 그러나 DPSU와 OF의 제조 역량이 제한적이라는 점을 인식하면서, 경우에 따라 민간기업과의 협력을 선호하기도 한다. 특히 DRDO는 국방부의 조사 및 평가기관으로서 국방조달 프로그램을 감독하는 중요한 역할을 수행하고 있다. 이 과정에서 DRDO는 군과 국내 방위산업 간의 중재자 역할을 하며, 무기체계의 요구 사항을 결정하고 연구개발과 생산을 조정하는 역할을 한다.[10]

최근 몇 년간, 인도는 군사비 지출을 지속적으로 확대하며 방위산업 강화를 위한 재정적 투자를 늘려왔다. SIPRI(스톡홀름 국제평화연구소)의 자료에 따르면, 2001년 민간 부문에 군수 생산 시장을 개방한 이후 2019년까지 인도의 국방비는 약 4.8배 증가하여 146억 달러에서 710억 달러(현재 가치)로 늘어났다. 이 중 185억 달러가 무기와 군사 플랫

---

* 국영기업(Public Sector Undertaking)은 인도 정부가 운영하는 공기업으로, 방위산업, 에너지, 철강, 통신 등 전략적으로 중요한 산업을 담당하며, 국가 경제 발전과 공공 이익을 목표로 운영된다.

폼 조달에 사용되었다. 그러나 전체 군사비 지출에서 차지하는 국방조
달 예산 비중은 감소하는 추세를 보이고 있다. 2001년 19%에서 2019
년 28%로 증가했지만, 2004년 38%로 정점을 찍은 후 거의 지속적으
로 감소해 왔다. 또한, GDP 대비 군사비 지출은 2001년 2.7%에서
2019년 2.4%로 감소했으며, 정부 총지출에서 군사비가 차지하는 비
중도 19%에서 12%로 줄어들었다.[11] 인도의 전통적 경쟁국인 중국(다
른 하나는 파키스탄)과 비교했을 때, 군사비 지출 규모는 상대적으로 뒤
처지고 있다(그림 5-1 참조). 중국은 2001년부터 2019년까지 군사비
지출을 278억 달러에서 2,610억 달러로 약 9.4배 증가시켰다. 이에 따
라 두 나라 간의 군사비 격차는 초기 100% 수준에서 3.5배 이상으로
확대되었다.[12]

그림 5-1 인도, 중국의 군사비 지출, 2001-2019(현재 미화 기준)

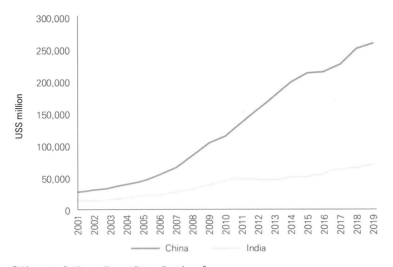

출처: SIPRI, "Military Expenditure Database"

70년에 걸친 노력에도 불구하고 인도의 무기 생산 과정은 과도한 목표 설정과 기술적 실패, 일정 지연이 반복되는 악순환에 빠져 있었다. 그 결과, 생산된 장비는 대체로 기대 이하의 품질을 보이거나 최적화되지 않은 성능을 갖는 경우가 많았다. 예를 들어, 2006년 정부가 병기 공장(OF)을 감사한 결과, 생산된 제품의 약 40%가 "수십 년 동안 제조되어 왔음에도 불구하고 기대하는 품질 수준에 도달하지 못했다"고 지적되었다.[13] 또한, 인도가 자립에서 자급자족으로 전환하려는 과정에서 대부분 실패하면서, 인도와 외국 무기체계 간의 기술 격차는 지난 수십 년 동안 더욱 확대되었다.[14] 이와 함께, 비용도 급등하였다. 한 소식통에 따르면, 테자스 전투기와 아준 전차를 포함한 인도의 주요 무기 프로그램들은 초기 예산의 최소 2.5배를 초과하는 비용이 소요되었다. 이는 예산 관리의 비효율성과 방산 개발 과정에서의 구조적 문제를 보여주는 대표적인 사례다.[15]

국내 무기 개발 프로그램의 지속적인 지연으로 인해, 인도군은 전력 부족을 보완하고 군 현대화를 유지하기 위해 외국산 무기에 의존할 수밖에 없는 상황에 놓여 있다. 대표적인 사례로, 테자스 전투기 프로그램의 지연으로 인해 인도 공군(IAF)은 2000년대 중반 중형 다목적 전투기(MMRCA) 사업을 추진했다. 이 사업은 126대의 외국산 전투기 구매(최대 74대 추가 구매 옵션 포함)를 목표로 하며, 총 비용은 최대 100억 달러에 달했다. 2012년, IAF는 영국, 프랑스, 러시아, 스웨덴, 미국 등 5개국에서 제공된 6종의 전투기를 평가한 결과,[16] 러시아산 Su‒30MKI 전투기 250대 이상을 도입하기로 결정했다. 해당 전투기는 힌두스탄 항공(HAL)에서 라이선스 생산되고 있다. 이와 유사하게, 나그 대전차 미사일 프로그램의 차질로 인해 인도 육군은 러시아산

Konkurs－M 대전차 미사일 1만 5천 발과 프랑스산 Milan－2T 대전차 미사일 4,100발을 구매했으며, 이들 미사일은 바라트 다이내믹스(Bharat Dynamics)에서 라이선스 조립되었다.[17] 인도 해군 역시 자국산 미사일 시스템이 개발되지 않은 상황에서, 러시아와 이스라엘로부터 함정용 지대공미사일을 도입해야만 했다.

　이러한 상황 속에서, 인도의 방위산업은 전반적인 혁신을 주도하기보다는 여전히 외국 기술을 조립하는 역할에 머물러 있다.[18] 1995년, 인도 정부는 무기의 국산화 비율을 30%에서 10년 이내에 70%로 증가시키겠다고 발표하였다. 그러나 2005년에도 외국 무기체계(수입 및 라이선스 생산 포함)가 인도군의 군사조달에서 약 70%를 차지했다.[19] 2010년대 중반에도 수입 무기 의존도가 70% 수준을 유지하며, 목표한 국산화 비율을 달성하지 못하고 있다.[20]

　이러한 상황으로 인해 인도는 세계 최대 무기 수입국 중 하나로 자리 잡았다. SIPRI에 따르면, 2015~ 2019년 동안 인도는 약 167억 달러 규모의 무기를 수입했으며, 이는 전 세계 무기 공급의 10%를 차지하며 세계 2위 무기 수입국으로 기록되었다.[21] 인도는 라이선스 생산 외에도, 이스라엘에서 팔콘 조기경보기, 바락 지대공미사일, 무인 항공기(UAV), 미국으로부터 C－130J와 C－17 수송기, P－8 해상초계기, 포병 탐지레이더, 또한, 영국에서 경량 곡사포를 직접 구매했다.[22]

　인도의 방위산업은 구조적·재정적·문화적 문제를 안고 있으며, 가장 큰 문제는 비효율적인 국영기업중심의 구조다. 국영 방산기업(DPSU)과 병기 공장(OF)은 무기 생산을 독점적으로 지배하며, 비대한 노동력과 비효율적인 생산 구조를 가지고 있다. 또한, 군대와 방위산업 간의 요구 사항, 계획, 생산 과정의 조율이 미흡하다는 점도 오랜 문제로 지적되어 왔다.[23] 가장 큰 문제는 인도의 방위산업은 현대화 및 신기술 도입을 위한 자본이 부족하다는 점이다. 2018~2019년 국방 R&D 예산은 27억 달러로, 전체 군사비의 약 6.5%에 불과했다. 같은 시기, 미국은 2017년 기준 국방 R&D에 550억 달러를 지출했으며, 중국은 2019년만 무기 연구개발 및 시험평가(RDT&E)에 250억 달러를 투자했다.[24] 2018년 기준, 인도의 국가 R&D 지출은 GDP의 0.65%에 불과하며, 이는 세계 평균(2.27%)은 물론, 다른 주요 국가들과 비교해도 상당히 낮은 수준이다(그림 5-2 참조). 실질적으로 2018년 154억 달러로 2017년의 140억 달러, 2016년의 130억 달러보다 증가했지만, GDP 대비 비율은 20년만에 최저 수준을 기록했다.[25] 국방 R&D는 국가 전체 R&D 지출의 17%, 공공 R&D(정부기관 및 국영기업) 지출의 36%를 차지하며, 총 26억 달러 규모이다. 그러나 예산이 충분하지 않을 뿐 아니라, 효율적으로 사용되지 않고 있다.

그림 5-2 GDP 대비 연구개발(R&D) 지출, 2018: 비교 관점

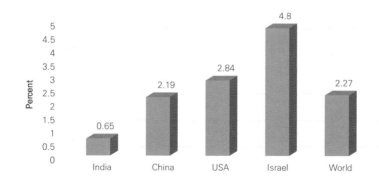

출처: The World Bank

앞서 언급한 바와 같이, 인도의 국방 R&D에서 민간 부문의 역할은 미미한 수준에 머물러 있다. DRDO가 국방 R&D 예산의 94%를 담당하고 있으며, 이는 국방 R&D 구조의 비효율성을 그대로 반영하고 있다. 반면, 민간 부문은 IT, 금속공학, 전자공학 등 방위산업과 관련된 기술분야에서 중요한 역할을 수행하고 있다. 민간 부문의 R&D 지출은 국가 전체 R&D 지출의 85% 이상을 차지하며 약 50억 달러에 달한다. 이는 무기 개발과 생산 역량을 강화할 수 있는 상당한 잠재력을 제공하지만,[26] 현재 방위산업 내에서 효과적으로 활용되지 못하고 있다. 이러한 비효율성으로 인해, 인도의 방위산업은 고급 기술자, 엔지니어, 과학자를 효과적으로 양성하지 못하고 있으며, 기술 자립을 이루는 데도 한계를 보이고 있다.[27]

이처럼 명백한 문제점에도 불구하고, 인도의 방위산업은 오랫동안 개혁이나 구조 조정의 필요성을 거의 느끼지 않았다. 이는 '국가주의적' 사고방식*이 군산복합체 전반에 깊이 자리 잡고 있었기 때문이다. 정부, 국영 방산기업(DPSU), 병기 공장(OF)은 폐쇄적인 환경에서 운영되었으며, '자립(self-reliance)'이라는 명분 아래, 국영 방산기업들은 생산 작업을 사실상 보장받았다. 이러한 보호 체제 속에서 일정 준수, 품질 관리, 작전 효과성 확보 등에 대한 압박은 거의 없었으며, 민간 부문은 주요 무기 계약 입찰에 참여하는 것이 허용되지 않았다. 한편, 인도군은 국산 군사 장비를 선호 여부와 상관없이 받아들여야 하는 구조적 문제를 안고 있었다.[28] 이와 관련하여, 2005년 인도 국방부 관계자는 "DPSU는 경쟁자가 없기 때문에 경쟁력을 가질 필요가 없으며,

---

* 국가주의적(statist) 사고방식은 국가가 경제, 산업, 안보, 사회 정책 등 다양한 분야에서 강한 개입과 통제를 통해 발전을 주도해야 한다는 이념이다. 이 접근 방식은 시장보다 국가의 역할을 강조하며, 주요 산업과 경제 부문을 국가가 직접 운영하거나 규제해야 한다고 본다.

군이라는 독점 시장을 보유하고 있다"고 지적한 바 있다.[29]

또한, 방위산업의 직원들은 강력한 노동 조합을 형성하고 있어, 인력 감축, 민영화, 공장 폐쇄와 같은 구조적 개혁을 추진하는 데 큰 장애물로 작용하고 있다. 일부 인력 감축이 이루어진 사례도 있었지만, 이는 주로 신규 채용을 중단하는 방식으로 진행되어, 신입 인재의 유입이 단절되는 문제를 초래했다. 예를 들어, 병기 공장(OF)은 1989년 15만 명이었던 인력을 2018년까지 8만 7천 명으로 줄였으나, 이는 구조적 조정이 아닌 신규 채용 중단을 통해 이루어진 결과였다. 이와 관련해 라훌 베디(Rahul Bedi)는 인도의 병기 공장(OF)에서 인력 감축이 '불균형적으로' 이루어졌다고 지적했다. 그는 "생산 라인이 폐쇄되거나 축소되고 있는 공장에 노동력이 과잉 공급되는 결과가 발생했다"고 말했다.[30] 이러한 문제들은 방위산업의 효율성을 높이는 데 근본적인 한계가 있음을 보여준다.

인도의 군산복합체가 기대만큼 성과를 내지 못한 주된 원인 중 하나로 국방연구개발기구(DRDO)가 지목되고 있다.[31] DRDO는 기술 혁신보다는 프로젝트 유지에 집중하는 경향이 강하며, 다음과 같은 문제점으로 인해 비판을 받아왔다. DRDO는 오만, 자기 홍보, 약한 리더십으로 비난을 받아왔다. 자국의 국방 연구개발(R&D) 및 산업 기반을 유지하는 것을 전략적·기술적·경제적 필수 요소로 간주하며, 국산 솔루션을 최우선으로 삼는 정책을 고수하고 있다. DRDO는 외국산 무기 도입을 지연시키거나 차단하는 접근 방식을 취하며, 이로 인해 인도군의 현대화 속도를 둔화시키는 결과를 초래했다. 특히, 1980~1990년대 인도가 라이선스 생산 기반의 자립에서 자급자족으로 전환하려던 시기에, DRDO는 지나치게 포괄적인 국산화 목표를 설정했다. 예를 들어 항공, 무기, 전자기기, 전투 차량, 공학 시스템, 계측기, 미사일, 고급 컴퓨팅 및 시뮬레이션, 특수 소재, 해군 시스템, 생명 과학, 훈련 및 정보 시스템 등 사실상 모든 분야의 국산화를 목표로 삼았다.[32] 그러나 이러한 목표는 현실적으로 불가능했으며, 결과적으로 국내 방위 산업의 기술적 역량을 과대평가하는 결과를 초래했다.

또한, DRDO는 무기 비용과 개발 일정을 지나치게 낙관적으로 책정하는 경향을 보였다. 이러한 접근은 '발을 들여놓는 전략(foot in the door strategy)'으로 이어졌는데, 초기에는 저비용으로 제품을 제공하겠다고 제안한 후, 프로젝트가 진행됨에 따라 매몰 비용을 이유로 추가 자금을 요구하는 방식이 반복되었다.[33] 이로 인해 프로젝트 일정이 지속적으로 지연되거나 예산이 초과되는 문제가 발생했다. DRDO는 군의 조달 제안을 무효화하거나 거부할 권한을 가지고 있으며, 국산 연구개발을 우선하기 위해 외국 기술 도입을 차단하거나 지연할 수 있는 역량을 보유하고 있다. 이러한 권한은 국산 무기 개발을 장려하려는 의도에서 비롯되었으나, 결과적으로 첨단 기술 도입을 방해하는 요소로 작용하고 있다.[34]

DRDO의 문제점과 더불어, 인도군 역시 국산 무기 프로그램의 지연과 실패에 일부 책임이 있다. 군은 종종 연구개발(R&D)이 상당히 진행된 무기 프로젝트에 새로운 요구 사항과 기능을 추가하려 하며, 이는 프로젝트 일정의 지연을 초래하는 주요 요인 중 하나로 작용한다. 이러한 변경 요청은 개발과 배치를 늦추거나, 경우에 따라 프로그램 자체가 취소되거나 축소되는 결과를 초래하기도 한다. 이러한 상황이 반복되면서, 인도군은 결국 기술적으로 더 우수한 외국산 시스템을 도입할 수밖에 없는 선택을 하게 되는 악순환에 빠지게 되었다.

인도 정부는 자국 방위산업 기반의 문제점을 오랫동안 인식해 왔으며, 2000년대 초반부터 이를 개혁하고 활성화하기 위한 다양한 계획을 추진해 왔다. 특히, 민간 부문을 무기 개발 및 생산에 통합하는 것이 가장 중요한 개혁 과제 중 하나로 여겨졌으며, 국방 연구개발 및 생산에서 민간기업의 역할을 확대하는 방향으로 정책이 점진적으로 변화해 왔다. 그러나 민간 부문의 참여 확대와 국방 연구개발 체제 개편이 원활하게 이루어지지 않으면서, 여전히 국산 무기 개발과 생산에서 다양한 도전 과제와 한계를 안고 있는 상황이다.

민군통합(CMI)의 발전 과정

1999년 카르길(Kargil) 전쟁*에서 드러난 조달 문제를 계기로, 인도는 2001년 처음으로 민간 부문이 국방계약에 참여할 수 있도록 허용했다. 이에 따라 민간기업은 국방 프로그램에 최대 100%까지 참여할 수 있게 되었다. 또한, 방위산업 분야의 외국인 직접투자(FDI, foreign direct investments)도 최대 26%까지 허용하여, 외국 방산기업들이 인도 시장에 진입할 수 있는 기회를 확대했다.[35] 정부는 군산복합체의 구조적 문제를 해결하고 방위산업의 효율성을 높이기 위해, 민간기업이 "산업 허가를 받은 후 모든 종류의 방위 장비를 제조할 수 있도록 허용"하는 한편, 외국 방산기업과의 합작 투자(JV)도 가능하도록 규제 완화를 단행했다. 이러한 개혁 조치는 국영 방산기업(DPSU)과 병기 공장(OF)의 시장 지향적 전환을 촉진하고, 비용 효율성을 개선하며, 군의

---

* Kargil War은 인도와 파키스탄 간의 군사 충돌로, 카슈미르 북부의 고지대에서 전개되었다. 이 전쟁을 통해 인도군은 전투 준비, 정보수집, 고지대 전투 경험, 장비 및 자원의 부족 등 여러 문제점이 드러났으며, 이에 따라 다양한 개선 작업을 진행했다.

요구에 보다 신속하게 대응할 수 있도록 하기 위한 목적에서 이루어졌다. 또한, 절충교역(offsets) 정책*을 공식적으로 도입하여 공공 및 민간 방위산업 전반의 발전을 촉진하고, 외국 방산기업이 인도 내에서 생산활동을 하거나 기술 이전을 하도록 유도했다.[36]

인도가 2001년에 민간 부문의 상대적 강점을 인정하고 방위산업 개혁을 추진한 이후, 10년이 지난 지금도 이러한 가정은 여전히 유효하다. 예를 들어, 2009년 재무부 보고서에서는 국방 지출의 효율성을 높이는 방안을 논의하며, "민간 부문 참여를 확대함으로써 국방 지출의 품질과 효율성을 상당히 개선할 여지가 있다"고 강조했다.[37] 이는 방위산업의 효율성을 높이기 위해 민간 부문의 적극적인 참여가 필요함을 정부 차원에서도 공식적으로 인정한 것이다.

국영 방위산업의 비효율성에 실망한 군 장성들 역시 유사한 비판을 제기하였다. 2007년, 마리날 수만(Marinal Suman) 장군은 "인도는 무기조달의 국산화에 실패했다"고 지적하며, "공공 부문에 대한 과도한 의존이 이러한 실패의 주요 원인 중 하나였다"고 분석했다.[38] 2012년 아룬 프라카시(Arun Prakash) 제독은 "인도의 국영 방위산업은 해군이 필요로 하는 속도로 함정을 건조할 수 있는 인프라, 역량, 생산성을 갖추지 못했다"고 비판하며, 공공 방위산업의 생산 효율성 부족을 지적했다.[39] 2013년, 비디 제얄(B. D. Jayal) 공군 장군 역시 "인도가 항공산업에 막대한 투자를 했음에도 불구하고, 정부 주도 산업의 비효율성으로 인해 인도 공군은 지속적인 어려움을 겪고 있다"고 지적하며, 방위

---

* 인도는 2005년에 offsets policy을 도입했으며, 3억 루피(약 4백만 달러) 이상의 방위계약은 계약 금액의 30% 이상을 인도의 방위산업에 재투자하거나 기술을 이전해야 한다. 이를 통해 국산화 비율을 높이고, 기술 이전을 통해 방위산업 역량을 강화하며, 민간 부문 참여를 확대하려고 했다.

산업 개혁의 필요성을 강조했다.[40]

이러한 인식이 확산되면서, 인도는 국영 방위산업만으로는 군의 수요를 효율적으로 충족시킬 수 없음을 깨닫게 되었으며, 이에 따라 민군통합(CMI)의 중요성을 인식하게 되었다. 그러나 다른 국가들과 달리, 인도의 CMI 노력은 단순히 국방조달의 효율성을 높이는 데 그 목적이 있지 않았다. 인도는 다음과 같은 세 가지 주요 목표를 설정했다. 첫째, 인도군이 항상 최상의 전투 태세를 유지할 수 있도록, 필요한 첨단 무기와 장비를 안정적으로 제공하는 것. 둘째, 세계적 수준의 독립적인 방위산업을 구축하여, 특정 군사적 도전과 관계없이 인도군이 필요로 하는 모든 국산 무기와 장비를 자체적으로 공급할 수 있는 역량을 확보하는 것. 셋째, 인도의 군사 및 민간산업 역량을 강화하고, 이를 통해 무기 수출을 확대하여 글로벌 방산 시장에서 경쟁력을 확보하는 것이다.

인도의 행정기관, 고위 장교, 정부 관리 그리고 방위산업 분석가들은 민군통합(CMI)의 중요성을 논의하면서, 이 모든 목표를 개별적으로 또는 통합적으로 다루어 왔다. 특히, 민간산업의 참여는 군이 직면한 도전에 대응하고, 장비의 수명주기 동안 이를 효과적으로 유지하는 데 필요한 첨단 무기를 제공하는 핵심 요소로 간주되고 있다. 예를 들어, 나익(Naik) 공군참모총장은 "민간 부문의 기업가 정신과 혁신이 연구개발(R&D) 기반을 확장하고 시스템 통합 역량을 강화하는 데 기여할 수 있다"고 강조했다.[41] 니르말 베르마(Nirmal Verma) 해군참모총장 역시 "민간 부문에 동등한 기회를 제공하는 것이 해군이 목표로 하는 전력 수준을 달성하는 데 필수적이다"라고 언급하며, 방위산업에서 민간 부문 참여 확대의 중요성을 강조했다.[42] 아룬 프라카시(Arun

Prakash) 전(前)해군참모총장은 이와 같은 주장을 더욱 명확히 하며, "국영 방위산업의 성과가 실망스럽다"며, "이제 민간 부문이 가능한 모든 방식으로 군함 건조에 기여하도록 본격적으로 참여할 때"라고 단언했다.43 마지막으로, 국방 관계자들은 민간기업이 무기의 유지보수 및 수리(MRO)주기를 단축하고, 비용을 절감할 수 있는 능력을 갖추고 있다고 평가했다. MRO는 군대의 전력 유지에 있어 '전력증폭 요소(force multiplier)'로 작용하며, 이를 통해 군이 더 높은 수준의 대비 태세를 효율적으로 유지할 수 있도록 지원할 수 있다고 강조되었다.44

군에 첨단 무기를 적절하게 제공하고 잘 유지하는 것이 중요하지만, 민군통합(CMI)은 단순한 군사적 지원을 넘어 자급자족을 촉진하고, 나아가 인도의 산업 전반을 강화하는 전략적 수단으로 더욱 주목받고 있다. 수십 년 동안 다양한 무기 생산에 참여했음에도 불구하고, 인도는 여전히 세계 최대 무기 수입국 중 하나로 남아 있다. 2000년~2019년까지 인도의 무기 수입액은 약 501억 달러로, 이는 중국(375억 달러)과 사우디아라비아(292억 달러)를 크게 앞서는 수준이며, 각각 세계 2위와 3위 무기 수입국보다도 높은 수치다(그림 5-3 참조).45 이러한 상황에 대해, 인도의 고위 지도자들과 국방기관들은 첨단 무기 개발 및 생산 역량을 확보하지 못한 것에 대한 실망감을 표명해 왔다. 만약 자국내 첨단 무기 개발 및 생산 역량을 확보할 수 있다면, 인도는 막대한 무기 수입 의존도를 줄이는 것은 물론, 무기 수출국으로 자리매김할 수 있을 것이다. 그러나 이 목표는 여전히 완전히 달성되지 못한 상태이다. 2019년 기준, 인도의 무기 수출액은 1억 1,500만 달러에 불과했으며, 이는 세계 19위로, 1급 방위산업 국가로의 도약하려는 국가들과 비교하면 크게 뒤처진 수준이다. 심지어 벨라루스나 호주와 같은 무기 수

출을 전략적 목표로 삼지 않는 국가들보다도 낮은 수준에 머물러 있
다.46

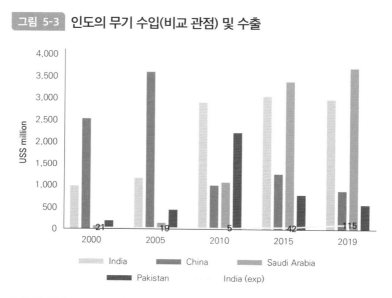

그림 5-3 **인도의 무기 수입(비교 관점) 및 수출**

출처: SIPRI, "Arms Transfers Database"

인도 국방기관과 관계자들의 발언을 통해, 민군통합(CMI)이 방위산
업에서 차지하는 중요성이 분명하게 드러난다. 앞서 언급했듯이, 수만
(Suman) 장군은 공공 부문에 대한 과도한 의존이 인도의 군사조달
(military procurement) 실패의 주요 원인이라고 지적하며, 이를 해결하
기 위해 민간 부문의 무기 개발 및 생산 참여가 필요하다고 강조했다.
그는 "민간 부문은 이미 역동적이고 활력 있는 힘으로 자리 잡아 그 자
격을 입증했다"며, 민간기업이 최첨단 무기체계를 개발할 수 있도록
수입 기술을 흡수하기에 가장 적합한 후보라고 주장했다.47 베르마

(Verma) 제독 역시, 인도의 국방조달(defense procurement)에서 수입 의존도를 줄이는 유일한 방법은 민간산업의 적극적인 참여를 확대하는 것이라고 강조했다.[48] 이러한 논의를 가장 명확히 요약한 것이 2020년 국방획득절차(DAP 2020)* 문서이다. 이 문서는 민간 부문의 무기 개발 및 생산 참여가 인도의 방위산업에 필수적임을 강조하며 다음과 같이 명시하고 있다. "이는 현재의 수입 의존도를 줄이고 점진적으로 자급자족을 강화하며, 국가안보 목표를 충족하는 데 필수적인 공급의 신뢰성을 확보할 것이다", 또한, 민간 부문이 수행할 역할에 대해 다음과 같이 규정하고 있다. "민간 부문은 경쟁을 촉진하고 효율성을 높이며, 기술의 더 빠른 흡수를 가능하게 하고, 계층화된 산업 생태계를 조성하며, 더 넓은 기술 기반을 개발하고, 혁신을 촉진하며, 글로벌 가치 사슬과 수출에 확대에 기여할 것이다."[49] 이처럼 인도의 방위산업이 지속 가능하고 경쟁력 있는 생태계를 구축하기 위해서는 민간 부문의 역할이 필수적이며, 이를 통해 국산 무기 개발 역량을 강화하고, 글로벌 방산 시장에서의 경쟁력을 확보해야 한다는 점이 강조되고 있다.

인도 국방기관이 설정한 민군통합(CMI) 목표들은 상호 보완적일 수도 있지만, 동시에 서로 상충할 가능성도 존재한다. 예를 들어, 외국산 군사기술이 특정 작전 환경에서 최적의 해결책을 제공할 수 있지만, 무기 국산화를 고집할 경우 성능과 기술적 완성도에서 일정 부분 타협이 필요할 수 있다. 이는 군사력 강화와 기술적 자립 사이의 균형을 유

* DAP(Defence Acquisition Procedure)는 '국방획득절차'로 번역되며, 2002년부터 운영되어 온 DPP(Defence Procurement Procedure, 국방조달절차)가 방위산업 발전과 국산화 촉진을 목표로 개정된 개념이다. 이에 따라, DPP와 DAP를 차별화 번역하였다. 획득(Acquisition)은 단순한 조달(Procurement)을 넘어, 무기 및 군사 장비의 개발, 구매, 계약, 운영, 유지보수까지 포괄하는 개념을 의미한다.

지해야 하는 과제를 의미한다. 그럼에도 불구하고, 인도에서는 국산화
와 군사력 강화를 함께 추진할 수 있는 목표로 인식되고 있다. 이에 따
라, 국방부는 2011년 방위생산정책(Defense Production Policy) 문서에
서는 다음과 같이 언급하고 있다:

"방위생산 정책의 주요 목표는 국방에 필요한 장비, 무기체계, 플랫
폼의 설계, 개발, 생산에서 실질적인 자립을 가능한 한 빠르게 달성하
는 것이다." 이를 위해 인도 국방부는 "민간산업의 적극적인 참여를
촉진하고, 국산화 과정에서 중소기업의 역할을 확대하며, 국방 연구개
발 기반을 강화하는 데 중점을 둔다."[50] 이처럼, 인도는 무기 국산화와
민간산업의 참여를 동시에 강화하며, 방위산업 발전을 국가전략으로
삼고 있다.

민군통합(CMI)의 또 다른 목표 중 하나는 무기체계의 유지보수 및
수리(MRO) 역량을 강화하는 것이다. 찬드리카 카우식(Chandrika Kaushik)
DRDO 고위 관리자는 국방 서비스가 지역 서비스 제공업체와 협력할
경우, MRO 역량 강화를 통해 다음과 같은 효과를 기대할 수 있다고
분석했다. 그에 따르면, "국내 산업이 장비의 수리 및 유지보수 경험을
축적하면서 기술 력을 확보할 수 있으며, 이를 바탕으로 국내 제조업
체들이 장비의 개조·개량 기회를 얻어, 점진적으로 자체적인 무기 현
대화 역량을 갖출 수 있다. 장기적으로 이러한 과정은 국산 무기와 장
비의 성능을 지속적으로 개선하고, 군사 장비의 진화를 독립적으로 추
진할 수 있는 기반이 될 것"으로 전망된다. 그는 또한, 현재 인도의
MRO 역량 부족이 지속될 경우, 기술 혁신과 무기 개발의 방향성을 주
도하는 것이 어려워질 것이라고 경고했다. "MRO 요구를 충족하기 위
해 수입과 외국 원제조업체(OEM)에 의존하는 한, 기술 혁신과 장기적

군사 발전 방향을 효과적으로 통제할 수 없을 것"이라는 점을 강조했다.[51] 이러한 분석은 MRO 역량 확보가 단순한 유지보수를 넘어, 방위산업 전반의 경쟁력 강화를 위해 필수적임을 시사한다.

　인도는 방위산업을 단순한 군사력 강화 수단이 아니라, 국가 경제 발전을 견인하는 핵심 요소로 인식하고 있다. 방위산업에 대한 투자는 국가 전체 산업을 발전시키는 촉매제가 될 것으로 기대되며, 이에 대한 정책적 접근이 점점 강조되고 있다. 이와 관련하여, 인도 행정부의 고위급 국방경제학자는 '군 장기통합전망계획(LTIPP)'*이 국가 발전 계획과 연계되어야 한다고 주장하며 다음과 같이 분석했다. "국방은 국가 자원의 매우 큰 부분을 소비하기 때문에, 이를 산업 역량 개발, 혁신 촉진, 고용 창출과 연계하여 경제 성장으로 연결하는 것이 필요하다."[52] 즉 국방예산을 단순한 군사력 증강 비용이 아니라, 민간산업과 기술 생태계를 강화하는 국가전략적 투자로 활용해야 한다는 시각이 점점 더 강조되고 있다. 이는 방위산업을 자국 내 기술 혁신과 산업 경쟁력 강화를 위한 핵심 동력으로 삼고자 하는 인도의 전략적 접근을 반영한다.

민군통합(CMI) 정책

　2002년 이후 인도가 발표한 다양한 정책들은 민군통합(CMI)의 목표와 방향을 반영하고 있다. 21세기 초반까지 인도의 민간 부문은 원자재 공급 및 국영 방산기업(DPSU)과 병기 공장(OF)에 일부 부품을 제공하는 역할에 제한되어 있었다. 당시 민간기업이 방위산업 생산에서 차

---

* 군 장기통합전망계획(Long Term Integrated Perspective Plan)은 인도의 국방전략과 군 현대화를 위한 장기적인 무기획득 및 전력 개발 계획이다.

지하는 비중은 약 20~25%에 불과 했으며, 핵심 생산 과정은 국영기업이 독점하는 구조였다.[53] 그러나 1999년 카르길 전쟁(Kargil War) 이후, 군사조달의 문제점이 부각되면서 변화가 시작되었다. 이에 따라 2001년 인도 정부는 방위생산(defense production) 시장을 민간기업에 개방하기로 결정하고, 민간기업의 방위산업 참여를 촉진하는 정책을 도입하였다. 이 과정에서 인도 산업연합(CII)*의 적극적인 지원이 있었으며, 외국인 직접 투자도 26%까지 허용되어 외국 기업과의 협력 기회가 확대되었다.[54]

인도의 군사조달(military procurement)에서 민간산업 참여의 기본 틀은 2002년부터 국방조달절차(DPP, Defence Procurement Procedure)에 도입된 '구매(Buy)', '구매 및 제작(Buy & Make)', '제작(Make)' 분류체계를 기반으로 한다. 이 체계는 무기 국산화와 군사적 자립을 강화하고, 국내 산업의 비중을 극대화하는 것을 목표로 한다. 각 무기획득(arms acquisition) 프로젝트별로 국방부가 획득 범주를 결정하며, 이에 따라 국내 생산업체의 참여 방식과 비율이 규정된다. DPP는 민간산업의 무기 개발, 생산, 서비스 분양에서 참여할 수 있는 수준을 명확히 정의했으며, 국방부는 민간 부문의 기술력이 향상됨에 따라 이를 반영해 DPP를 지속적으로 개정해 왔다. 또한, 이 분류체계는 민간 방산기업을 국가 방산 절충교역 시스템에 포함시켜, '구매(글로벌)' 또는 '구매 및 제작' 방식으로 20억 인도 루피(약 2억 7,500만 달러) 이상의 방산 제품이나 서비스를 외국에서 구매할 경우, 해당 공급업체가 일정 비율의 제품 또는 서비스를 인도 방산업체(공공·민간)에서 구매하도록 규

---

* 인도 산업연합(Confederation of Indian Industry)는 인도의 경제 및 산업 발전을 촉진하고, 기업 간 협력 및 정책 자문을 제공하는 비영리 경제 단체이다.

정하였다.[55]

국방조달절차(DPP) 2002는 민간기업이 방위산업에서 독자적인 역할을 수행할 수 있도록 허용한 첫번째 정책적 조치였다. 이를 통해 민간기업이 기존의 국영 방산기업(DPSU) 및 병기 공장(OF)의 하청업체를 넘어 독자적인 독립적인 방위산업 참여자로 자리 잡을 수 있는 길이 열렸다. 초기에는 '구매 및 제작(Buy & Make)' 프로젝트를 도입하여, 외국 군사기술을 특정 민간기업에 이전하고, 해당 기업이 국내에서 제품을 생산해 군에 공급할 수 있도록 하였다. 또한 기존 '공공 방위산업 전용품목'*을 '라이선스 제품'으로 재분류하여, 민간기업이 더 다양한 입찰에 참여할 수 있도록 개방하였다.[56]

인도는 기술 이전과 국산화를 통해 무기획득의 자립성을 강화하는 전략을 지속적으로 추진해 왔다. 이를 실현하는 방법 중 하나는 외국 방산기업과 인도 민간기업 간의 합작 투자(J/V)†를 설립하는 방식이다. 초기에는 외국 기업의 지분 한도를 최대 26%로 제한했으며, 기술 이전이 합작 투자(J/V) 이외의 방식으로 이루어진 경우에도, 현지 기업이 국방 장비 생산 라이선스를 취득해야 했다. 그러나 외국 방산기업들이 합작 투자 설립에 소극적인 태도를 보이면서, 외국 지분 허용 한도가 점차 상향 조정되었다. 초기 지분 한도 26%를 처음에는 49%로, 2020년에는 74%까지 증가하였다. 특히 첨단 기술 이전 가능성이 있는 경우, 특정 조건을 충족하면 외국 투자를 최대 100%까지 허용하기

---

* 공공 방위산업 전용(reserved)품목이란, 국영 방산기업(DPSU) 및 병기 공장(OF)과 같은 공공 방위산업 부문만이 생산할 수 있도록 제한된 군사 장비 및 물자를 의미한다.
† 합작 투자(Joint Venture, J/V)는 두 개 이상의 당사자가 특정 프로젝트나 사업 활동을 위해 자원, 위험, 수익을 공유하며 협력하는 비즈니스 방식이다. 공통된 목표를 달성하기 위해 기술, 자본, 기술력 또는 다른 자원을 결합한다.

도 하였다.[57]

한편, 무기획득 사업은 '구매(Buy)' 및 '제작(Make)'으로 구분되며, 이 두 카테고리는 혼합 형태의 '구매 및 제작((Buy & Make)' 카테고리와 달리 민간기업이 주 계약자로 참여할 여지가 제한적이었다. '구매' 카테고리는 초기 지침(DPP 2002)에 따라, 현지 생산업체의 역량이 부족하거나 요구 수량이 기술 이전을 정당화할 만큼 충분하지 않을 경우 완제품 형태로 수입되는 품목을 포함했다. 반면, '제작' 카테고리는 엄격한 수출 통제를 받는 첨단 무기체계를 대상으로 하며, 이러한 무기는 반드시 국내에서 개발 및 생산해야 하는 품목으로 지정되었다. 정부는 점진적으로 '제작' 프로젝트를 민간기업에도 개방했지만,[58] 여전히 국방연구개발기구(DRDO), 국영 방산기업(DPSU), 병기 공장(OF)이 주도하는 구조가 유지되었다.* 이에 따라 민간기업들은 이들 기관의 공급업체나 하청업체로 참여하는 경우가 많았으며, 방위산업의 핵심 사업에서 독립적인 역할을 수행하는 데 한계가 있었다.

2006년까지 국방부는 DPP 2002가 민간기업의 군사조달(military procurement) 참여를 효과적으로 유도하지 못했다는 점을 인정했다. 특히, 외국 방산업체와의 합작 투자(J/V) 유도에 실패했다는 점도 공식적으로 시인했다. 그럼에도 불구하고, 민간기업의 기술력과 역량이 꾸준히 발전하고 있다는 점을 감안하여, 국방조달에서 민간산업의 역할을 확대할 필요성이 있다는 평가가 내려졌다.

---

* 인도의 공공 방위산업 부문은 국방연구개발기구(DRDO), 국영 방산기업(DPSU), 병기 공장(OF)으로 구성된다. DRDO는 연구개발 기관으로 첨단 기술 및 신무기 개발을 담당하며, DPSU는 국영기업 형태로 항공기, 함정, 미사일 등 다양한 무기를 생산한다. OF는 주로 소형 화기, 탄약 등을 생산했으나, 2021년 이후 DPSU로 개편되었다. 한편, 공기업(PSU, Public Sector Undertakings)은 정부가 소유·운영하며, 전력, 철강, 석유, 통신 등 국가 인프라, 에너지, 방위산업 등 핵심적 역할을 수행한다. DPSU는 방위산업에 특화된 PSU이다.

현재, 민간 부문은 눈에 띄는 성장을 이루며 글로벌 시장에서 경쟁력을 갖춘 산업으로 자리 잡고 있다. 동시에, 국산화 분야에서 민간 부문의 역할도 크게 변화하고 있다. 과거에는 원자재, 부품, 하위 시스템의 공급자로 한정되었던 민간기업들이 이제는 첨단 완제품 시스템의 파트너이자 제조업체로 자리 잡고 있으며, 방위산업 내에서 주도적인 역할을 수행할 수 있는 역량을 확보하고 있다. 또한 민간 부문은 관리, 과학, 기술 분야에서의 전문성을 효과적으로 활용하며, 연구개발(R&D)을 위한 투자 자금 조달 능력도 갖추면서 방위산업 내에서 입지를 더욱 확대하고 있다.[59]

국방조달절차(DPP) 2006에서는 '구매(Buy)' 카테고리를 수정하여, 민간산업이 국방조달에 참여할 수 있는 새로운 방식을 도입했다. 이 카테고리는 '구매 인도산(Buy, Indian)'과 '구매 글로벌(Buy, Global)'로 재분류되었다. '구매 인도산'은 공공 및 민간기업 모두 참여할 수 있도록 하되, 공급하는 제품의 최소 30% 이상 국산화 비율을 충족해야 했다.[60] '제작(Make)' 카테고리와 달리, 이 카테고리의 프로젝트에는 전략적이거나 기밀 무기체계는 포함되지 않았으며, 이러한 무기들은 여전히 공공 방위산업의 전담 영역으로 남아 있었다. 또한, 이 카테고리의 프로젝트는 '제작' 카테고리보다 기술적 정교함이 다소 낮은 무기체계를 대상으로 했다. 그러나 이번 재분류를 통해 민간산업은 외국 방산업체와 협력해 국방조달에 참여할 수 있는 길이 열렸다는 점에서 의미가 크다.

비슷한 시기에, 방위산업 개혁과 국방조달절차(DPP) 개선을 위해 설립된 Kelkar 위원회는 민간기업이 보다 적극적으로 방위산업에 참여할 수 있도록 '산업챔피언(RUR, Raksha Udyog Ratnas)' 제도를 제안했다. 이 제도를 통해 RUR로 지정된 기업들은 국영 방산기업(DPSU)과 동일한 혜택을 받을 수 있도록 설계되었으며, 다음과 같은 권한이 부여될 예정이었다. '제작(Make)' 카테고리 내 군사 장비를 설계, 개발, 제조할 권한을 부여받고. 또한, DRDO가 개발한 무기 시스템을 생산할 수 있는 권한이 주어지며, RUR 기업들은 DPSU와 동일하게 국방 연구 장비의 관세 면제와 연구개발(R&D) 자금 지원 등 다양한 경제적 혜택을 받는 것이었다.[61]

그러나 DPSU 노동조합의 강한 반발로 인해, 정부는 결국 RUR 개념을 철회했다. 결과적으로, 정부의 노력에도 불구하고 민간기업의 군사조달 참여는 여전히 제한적인 수준에 머물렀다.[62]

이러한 문제를 해결하기 위해, DPP 2013과 DPP 2016이 개정되면서 민간기업의 국방조달 참여 기회가 더욱 확대되었다. 이러한 개정은 무기와 군사 장비의 국산화 전략과 연계된 정책적 조치로, 다음과 같은 주요 목표를 반영하고 있다. 첫째, 국산화 목표를 적극적으로 추진하여 방위산업의 자립도를 높이는 것을 최우선 과제로 삼았다. 둘째, 국영 방산기업(DPSU)의 한계를 인식하고, 민간 부문이 이를 보완할 수 있도록 유도하는 방향으로 조달체계를 조정하였다. 셋째, 민간산업의 참여 기회를 확대하고, 획득 과정에서의 장애물을 줄이는 방식으로 정책을 설계하였다. DPP 2013 개정을 통해 모든 무기획득 카테고리에서 국산 제품이 우선적으로 고려될 수 있도록 조달 기준을 강화했다. 특히, '구매 인도산(Buy, Indian)' 카테고리에서는 "모든 계약 단계에서 장비 기본 비용의 최소 30%가 국산화 비율을 충족해야 한다"는 규정을 추가하여, 인도 내 생산 역량을 더욱 확대하고자 했다.[63] DPP 2016에서는 '구매 및 제작(인도산)(Buy & Make, Indian)'이라는 새로운 획득 카테고리를 도입하였다. 이 카테고리는 외국 방산 원제조업체(OEM)와의 합작 투자 또는 생산 협정을 체결한 인도 공급업체(또는 인도 기업)를 통해 제품을 구매한 후, 국내에서 라이선스 생산 또는 국산화 제조를 진행하는 방식을 요구했다. 또한, 구매되는 제품의 최소 50%가 국산화 비율을 충족해야 한다는 조건을 추가하여, 인도 방위산업의 자립 역량을 한층 더 강화하고자 했다. 이러한 개정 조치들은 민간 부문의 무기획득 참여를 촉진하는 동시에, 인도 방위산업의 국산화 및 기술 자립을 실현하기 위한 중요한 정책적 전환점이 되었다. 이를 통해 인도 정부는 민간기업이 방산 분야에서 보다 독립적인 역할을 수행할 수 있도록 지원하고, 국방조달체계를 보다 개방적인 방향으로 변화시키고자 했다.[64]

국방조달절차(DPP) 2016에서는 '구매(인도산－IDDM, 설계, 개발, 제조 국산화)'* 카테고리를 도입하여, 국산화 비율을 강화하고 민간기업의 참여 기회를 확대하였다. 이 카테고리는 두 가지 기준을 충족하는 제품을 대상으로 설정되었다. 최소 60%의 국산화 비율을 가진 제품이나 최소 40%의 국산화 비율을 가지면서 국내에서 설계, 개발, 제조된 제품(IDDM)을 대상으로 했다.[65] 이 카테고리는 설계와 개발을 중점적으로 고려하며, 보다 혁신적이고 경쟁력 있는 민간 방산업체의 참여를 확대하는 데 목적이 있었다.[66] 국영 방산기업(DPSU)중심의 조달체계를 완화하고, 민간 부문이 무기 개발과 생산 과정에서 더 적극적인 역할을 할 수 있도록 유도한 것이 특징이다.

한편, DPP 2016은 '제작(Make)' 카테고리를 처음으로 'Make－I'

---

* IDDM(Indian － Indigenously Designed, Developed and Manufactured) 인도의 국산 무기획득 우선 정책이다.

와 'Make−II' 두 개의 하위 카테고리로 나누어 민간산업의 참여 기회를 더욱 확대하였다. 'Make−I' 카테고리는 기존 '제작' 카테고리와 유사하게 "장비, 시스템, 주요 플랫폼 또는 이들의 업그레이드를 설계 및 개발"하는 대규모 프로젝트를 대상으로 했으며, 이 프로젝트들은 장기간의 투자와 대규모 자금이 필요하고, 정부가 비용의 90%를 지원하였다.[67] 주로 국영 방산기업이 수행하도록 설계되었다. 반면, 'Make−II 카테고리는 새로운 요소를 포함하여 무기 국산화를 촉진하기 위해 설계되었다. 이 카테고리는 "장비, 소규모 플랫폼, 시스템, 하위 시스템, 부품, 부속품 또는 이들의 업그레이드"를 설계 및 개발하는 프로젝트를 다루며, "상업적, 군사적 또는 민군겸용으로 활용 가능한 성숙된 기술"을 활용해야 한다. 'Make−II' 카테고리의 프로젝트는 민간산업이 자금을 조달하는 방식으로 운영되었으며, 상용제품(COTS) 기반 기술 활용을 통해 민간산업의 참여를 확대할 수 있도록 하였다.[68]

또한, DPP 2016은 민간산업, 특히 중소기업이 방위산업 내에서 핵심적인 역할을 할 수 있도록 특별한 지원을 포함하였다. 'Make−I' 카테고리 프로젝트에서 프로토타입 개발 비용이 10억 루피(약 135만 달러) 이하일 때, 중소기업(MSME)*이 우선권을 가지며, 'Make−II' 카테고리 프로젝트에서는 개발 비용이 3억 루피(약 40만 달러) 이하일 경우 중소기업이 우선권을 갖도록 명시되었다.[69]

최신 국방획득절차(DAP, Defence Acquisition Procedure) 2020은 민간

---

* MSME(Micro, Small, and Medium Enterprises)는 소기업과 중소기업을 포함하는 경제 부문을 의미한다. Micro Enterprises은 일반적으로 직원 수가 10명 이하인 기업, Small Enterprises은 10명 이상 50명 이하이며, 산업 내에서 중요한 역할을 수행한다. Medium Enterprises은 중견기업으로 직원 수가 50명 이상 250명 이하이며, 특정 산업에서 성숙한 운영을 하고 있으며, 대기업으로 성장할 가능성도 있다

기업의 무기조달 참여를 확대하고, 방위산업의 효율성을 높이기 위한 다양한 개혁 조치를 도입하였다. 그 중 핵심적인 변화 중 하나가 전략적 파트너십 모델(SPM)의 도입이다. 이 모델은 민간 인도 기업과 국방부가 협력하여, "개발 파트너, 전문 공급업체, 납품업체로 구성된 광범위한 생태계"를 구축하는 것을 목표로 한다.[70] 이를 통해 민간 부문이 방위산업에서 보다 독립적이고 적극적인 역할을 수행할 수 있도록 지원하는 구조를 마련하였다. 전략적 파트너십(SP)은 합작 투자(J/V), 지분 파트너십, 기술 공유 및 로열티 계약 또는 기타 상호 합의된 형태로 이루어질 수 있다. 이 모델을 통해 외국 기업과의 협력을 촉진하고, 첨단 기술을 확보하며, 인도 내 방위산업 공급망을 강화하는 것이 목표다.

또한, DAP 2020은 모든 참여자가 공정하게 경쟁할 수 있도록 민간기업, 국영 방산기업(DPSU), 병기 공장(OF)에 동일한 세금과 관세를 적용하도록 규정하였다. 또한, 유사한 외환 조건을 부과하여 시장 내 형평성을 유지하도록 했다. 특히, 병기 공장(OF)의 독점을 줄이기 위해 '핵심 품목' 목록을 약 절반으로 축소했다. 기존의 '핵심 품목' 목록에는 병기 공장(OF)이 생산 독점권을 가지며, 입찰이 면제되는 제품들이 포함되었으나, 이번 개혁을 통해 민간기업도 보다 적극적으로 국방조달에 참여할 수 있도록 조정되었다.[71] 이러한 조치는 국방조달의 효율성을 높이고, 동시에 무기 국산화를 촉진하는 데 초점을 맞추고 있다.

국방획득절차(DAP) 2020에 따르면, 각 부문에서 선정된 전략적 파트너(SP)는 향후 개발을 위한 로드맵을 제시해야 하며, 이 로드맵의 일환으로 SP는 계층화된 산업 생태계를 개발해야 한다. 이 생태계에는 중소기업(MSME), 국영 방산기업(DPSU), 병기 공장(OF), 기타 공 기업(PSU), 국방연구개발기구(DRDO), 외국 방위산업 기업 등이 포함된다.

이러한 산업 생태계는 국내 제조업체들이 예비 부품 및 서비스 제공을 포함한 전반적인 방산 공급망을 조성할 수 있도록 지원하는 역할을 하게 된다.[72] 결론적으로, DAP 2020은 인도의 방위산업을 개혁하는 중요한 단계이며, 민간 부문이 주도적으로 참여할 수 있는 구조를 마련함으로써 방산 자립을 실현하려는 전략적 시도로 평가된다.

민군통합(CMI)의 구현

앞서 언급된 정책 지침에 따라, 21세기 초부터 인도 국방기관은 민간 부문의 국방조달 프로젝트 참여를 확대하기 위해 다양한 정책을 시행해 왔다. 이 과정에서 가장 중요한 변화는 민간기업이 실질적으로 방위 시장에 접근할 수 있도록 기존의 장벽을 제거하는 것이었다. 과거 인도 방위 시장은 형식적으로 개방되어 있었으나, 국영 방산기업(DPSU)과 병기 공장(OF)이 독점적인 지위를 유지하면서 민간기업의 참여를 제한하는 구조였다. 이에 따라 정부는 공공 방위산업 부문에만 허용된 제품 목록을 지속적으로 축소하고, 민간기업이 참여할 수 없도록 했던 행정적 장벽을 제거하는 데 집중했다. 2010년대 초반, 국방부는 향후 15년 간 인도군이 필요로 하는 기술적 요구 사항을 정리한 문서를 발표했다.[73] 이를 통해, 민간 부문이 국방조달에 대한 정보를 보다 쉽게 접근할 수 있도록 조치하였다. 이 문서는 국방조달절차(DPP)와 연계되어, 민간기업이 군사조달(military procurement)에 참여하는 방법을 명확히 규정하였다. 이러한 변화는 연속적으로 개정된 DPP 버전들과 상호 보완되었으며, 각 DPP에는 민간산업이 국방획득(defense acquisition) 프로젝트에 제안서를 제출하는 절차와 방법에 대한 구체적인 지침이 포함되었다. 또한, 인도 정부는 민간기업이 보다 많은 무기 및 군사 장비 항목에 대해 제안서를 제출할 수 있도록 허용하였다. 2018~19년 국방부 연례 보고서에서는 "프로토타입 개발을 위한 제안 요청서(RFP)에 응답하는 기업 수에는 제한이 없으며, 최소 자격 기준을 충족하는 모든 기업이 참여할 수 있다"라고 명시되었다.[74] 이러한 조치는 민간기업이 기존의 입찰방식(RFP 응답)에서 벗어나, 민간기업이 직접적으로 군에 국방 프로젝트를 제안할 수 있도록 한 중요한 변화였다.[75]

인도 정부는 민간기업이 무기조달(arms procurement) 프로젝트에서 국영 방산기업(DPSU)과 동등한 조건으로 경쟁할 수 있도록 지원하는 다양한 조치를 시행하였다. 과거 DPSU는 규모, 경험, 내부 정보 접근성 그리고 다양한 우대 정책을 활용하여 국방계약을 독점하는 경향이 강했으며, 이에 반해 민간기업은 입찰과정에서 상대적으로 불리한 조건을 감수해야만 했다. 특히, DPSU는 수입 부품과 구성품에 대해 관세 면제나 감면 혜택을 받았으나, 민간기업은 복잡하고 비용이 많이 드는 허가 절차를 거쳐야 하는 등의 차별을 겪었다. 이러한 불공정한 경쟁 환경을 개선하기 위해, 정부는 민간기업의 비용 부담을 줄이고, 보다 공정한 경쟁 환경을 조성하는 다양한 행정 조치를 도입하였다. 민간기업이 DPSU와 동일한 조건으로 수출입을 수행할 수 있도록 허용하고, 산업 허가 발급 절차를 간소화하는 등의 조치가 이루어졌다. 또한, 특정 조건을 충족하는 기업에게는 '그린 채널 상태(Green Channel)'를 부여하여, 복잡한 절차를 면제하는 혜택을 제공하였다. 그 외에도 입찰 응답 대기 시간이 단축되고, 제품 품질 보증 절차도 간소화됨으로써 민간기업이 국방조달 절차를 보다 원활하게 수행할 수 있도록 개선되었다.[76]

이와 함께, 민간기업이 국방 프로젝트 참여과정에서 겪는 복잡한 절차를 보다 효율적으로 처리할 수 있도록 지원하는 전담 기구도 설립되었다. 2009년 설립된 국방연구개발기구(DRDO)의 '산업 연계 및 기술 관리국(DIITM, Directorate of Industry Interface & Technology Management)'은 DRDO와 민간기업 간 협력을 촉진하고 산업 연계 및 기술 관리와 관련된 정책과 사안을 조정하는 역할을 수행하였다. 이 기구는 또한 DRDO가 개발한 제품을 민간기업이 생산할 수 있도록 지원하는 역할도 하였다.[77] 이와 더불어 2018년에 출범한 '국방투자 센터(DIC, Defence Investor Cell)'는 방위산업 분야에서 활동하는 기업들의 동반자 역할을 수행하며, 민간기업과 투자자들이 방위산업에 보다 쉽게 접근할 수 있도록 지원하는 것을 목표로 하였다.[78]

인도의 민군통합(CMI) 추진 노력은 아직까지 제한적인 성과를 거두었지만, 국영 방산기업의 무기조달 독점권은 점차 약화되고 있다. 2010년대 초반, 현지 상업기업들은 방위계약을 통해 연간 약 8억 달러의 수익을 기록했으며, 2019년에는 총 114억 달러 규모의 군사조달 중, 민간산업의 매출이 24억 달러에 달하는 성과를 거두었다.[79] 또한, 민간기업들은 무기 생산 역량과 시설에 대한 투자를 지속적으로 확대해 왔다. 예를 들어, 2016년 국방부는 1,000개 이상의 민간기업과 중소기업이 DRDO 프로그램에 참여하고 있다고 발표하며, 민간 부문의 방위산업 참여가 점차 확대되고 있음을 강조했다. 특히, 민간기업들이 대형 무기체계의 주요 계약자로 자리 잡기 시작한 점은 주목할 만한 변화이다.

예를 들어, 타타는 인도군에 장갑차, 군용 트럭, 비행장 개조 시설 등 다양한 장비를 공급하는 것 외에도, 2019년에는 선박 탑재형 3차원

공중감시레이더를 공급하기 위해 1억 6천만 달러 규모의 계약을 체결했다.[80] L&T(Larsen & Toubro)는 2017년 한국의 한화테크윈과 협력하여 인도 육군에 155mm 자주포 100대를 공급하는 60억 달러 규모의 계약을 체결하며, 대형 무기체계 분야에서 중요한 파트너로 자리 잡았다. 이어 2020년에는 BEML(DPSU) 및 타타와 협력하여 핀카 다연장 로켓 발사기 6대와 레이더, 지휘소를 포함한 장비를 인도군에 공급하는 계약을 체결했다.[81] 바라트 포지 역시 2021년 국방부로부터 2,400만 달러 규모의 장갑차 주문을 수주하며 방위산업에서 입지를 강화했다.[82] 이러한 계약을 통해 타타, L&T, 바라트 포지와 같은 인도 민간기업들은 방산 제품의 설계, 개발 및 생산 역량을 더욱 확대하고 있으며, 외국 방산업체와의 합작 투자 및 다양한 형태의 협력을 구축하고 있다. 이들 기업은 방위산업에 특화된 사업 부문과 생산 시설을 구축하며, 국방 분야에서 점진적으로 영향력을 확대하고 있다. 이러한 변화는 공공 방위산업의 독점 구조를 점차 약화시키는 동시에, 4차 산업혁명 기술이 적용된 국방 제품 개발을 촉진하며, 민군융합(CMF)의 기반을 마련하는 데 중요한 역할을 하고 있다.

그럼에도 불구하고, 민간 부문의 군사조달(military procurement) 프로젝트 참여는 여전히 제한적인 수준에 머물러 있다. DAP 2020에 따르면, 민간기업의 무기획득(arms acquisition) 프로젝트 접근을 촉진하기 위해 인도가 시행한 조치들이 기대한 성과를 거두지 못했다. 방위산업 제조는 10년 이상 민간 부문에 개방되어 있었지만, 민간기업들은 여전히 국영 방산기업(DPSU)과 병기 공장(OF)에 비해 공정한 경쟁 환경이 형성되지 않았다고 지적하고 있다. DPSU와 OF는 장기 구매 계약을 비롯한 다양한 형태의 정부 지원을 바탕으로 여전히 지배적인 위

치를 유지하고 있다.[83]

　민간기업이 방위산업 생산에서 주요 계약자나 특정 무기체계의 공급업체(공공 방위산업체의 하청업체가 아닌)로 참여한 공식 데이터는 이 분야에서의 진전이 여전히 제한적임을 보여준다. 인도가 2001년에 방위산업 생산을 민간기업에 처음 개방한 이후, 2014년 중반까지 국방부는 총 108개의 민간기업에 215건의 방위생산(defense production) 라이선스를 발급했다. 이후 1년 동안 72건이 추가로 발급되었으며, 2016년 중반까지 55건이 더 발급되었다. 그러나 이후 2년 동안 단 37건으로 증가세는 둔화되었고, 2018년 중반까지 추가된 63건을 포함하여 민간기업이 보유한 방위생산 라이선스의 총 수는 442건에 불과했다. 이 프로젝트들의 누적 가치는 약 1조 5천억 루피(약 20억 달러)로, 프로젝트당 평균 약 450만 달러, 연간 약 1억 500만 달러 규모에 해당한다.[84] 그러나 2010년 이후 인도의 연간 국방조달 규모가 70억~100억 달러에 달하는 것을 고려하면, 민간기업의 직접적인 군사조달 참여는 여전히 매우 제한적인 수준에 머물러 있다.[85]

　민간 부문의 군사조달 참여가 여전히 저조한 데에는 여러 가지 구조적 문제가 있다. 가장 큰 원인 중 하나는 복잡한 조달 절차로, 이는 많은 국가에서도 공통적으로 지적되는 문제다. 인도에서는 무기획득 과정에서 기업이 제출해야 하는 문서가 방대하고, 여러 부처와 기관들이 각기 다른 단계에서 관여하면서 절차가 지나치게 복잡해지는 경향이 있다. 또한, 법적 체계가 명확하지 않아 민간기업이 무기획득 프로젝트에 참여하는 과정에서 어려움을 겪고 있으며, 특히 신규 참여 기업의 경우 기술 및 상업적 제안서를 준비할 충분한 시간이 주어지지 않는 경우도 많다.[86] 이와 함께, 주문량이 지나치게 적거나 장기적인 구매 약정이 부족해 개발 비용을 정당화하기 어려운 상황도 빈번하게 발생하고 있다. 군의 요구 사항이 지나치게 높아 인도의 민간기업이 이를 충족하기 어려운 경우도 많으며, 국방부 또한 민간 부문에 대한 이해가 부족해 어떤 기업과 협력해야 할지 명확한 기준을 갖추지 못하는 경우가 많다.[87] 마지막으로, 공공 방산업체와 민간기업이 동등한 조건에서 경쟁할 수 있도록 하려는 노력에도 불구하고, 공공 부문이 여전히 특권적 지위를 유지하고 있다는 점도 중요한 장애 요소다. 이에 대해 베헤라(Behera)는 다음과 같이 설명했다. "공공 부문 기관들은 여전히 경쟁 없이 대규모 주문을 받을 수 있는 특권적 지위를 누리고 있는 반면, 민간 부문은 각 계약마다 경쟁해야 하며, 계약이 성사되더라도 그 결과를 확인하기까지 지나치게 긴 시간을 기다려야 하는 경우가 많다."[88]

인도의 정치와 관료 문화는 군사 분야의 우선순위를 상대적으로 낮게 설정하는 경향이 있으며, 이는 무기조달(arms procurement)의 비효율성을 더욱 심화시키고 있다. 특히, 인도의 국방조달 과정은 규정을 철저히 준수하면서도, 관리 부실에 대한 비난을 피하는 데 초점을 맞추는 특징을 보인다. 이로 인해, 무기획득을 담당하는 공무원들은 효율성보다 절차 준수를 우선시하여, 프로젝트 승인 과정이 과도하게 지연되는 문제가 발생한다. 인도 방위 부문의 고위 관계자인 벤다나 쿠마르(Vendana Kumar)는 "조달 담당자들이 성능, 비용, 시간 간의 상충 관계를 인식하지 못하고 있으며, 의사결정 과정에서 소요되는 시간 또한 중요한 요소라는 사실을 간과하는 경향이 있다"고 지적했다. 그는 또한 "인도의 국방획득(defense acquisition) 의사결정은 절차 준수, 리스크 회피 그리고 불신에 초점을 맞추고 있다"고 분석했다. 이러한 접근 방식에서는 비용, 일정 준수 그리고 무기가 실제로 필요한 기능을 충족하는지 여부와 같은 핵심 요소들이 부차적인 문제로 밀려나게 된다.[89] 그 결과 이러한 관행은 프로젝트의 수익성에 부정적인 영향을 미치며, 민간기업들이 국방획득 프로젝트에 적극적으로 참여하지 않는 주요 원인 중 하나로 작용하고 있다. 결국, 절차중심의 의사결정과 관료적 경직성은 인도의 방위산업 발전을 저해하는 중요 장애 요인으로 남아 있다.

민군융합(CMF)으로 가는 길

민군융합(CMF)의 필요성 인식

민간 부문의 방위산업 참여를 촉진하는 핵심 요인 중 하나는 위협중심의 전략적 접근이다. 이는 군 현대화의 긴급한 필요성을 강조하며, 인도가 최첨단 무기와 장비로 군을 무장시키고 무기획득 과정을 간소화하도록 유도하는 역할을 한다. 동시에, 국가의 혁신적인 기술 및 산업 역량을 보다 효율적이고 적극적으로 활용할 수 있도록 하는 계기가 된다. 인도가 무기 국산화와 군사 자급자족을 적극적으로 추진하면서, 민간산업은 무기 설계, 개발, 생산, 서비스 분야에서 직·간접적으로 참여할 가능성이 높아지고 있다. 이러한 참여는 기존 기술과 상용제품, 구성품, 하위 시스템을 공공 방위산업에 공급하는 방식으로도 이루어질 수 있다. 결국, 이러한 군 현대화의 긴급한 필요성이 인도의 민군융합 참여를 더욱 적극적으로 이끌어낼 것임은 분명하다.

인도의 위협 환경은 군사전략을 결정하는 데 중요한 역할을 하고 있으며.[90] 이에 따라 최첨단 무기와 군사 장비 개발이 필수적인 과제로 부상하고 있다. 이를 성공적으로 실현하기 위해서는 민간 과학기술 (S&T) 연구소와 민간산업의 참여가 반드시 필요하다는 점을 인도의 최고 지휘관들도 명확히 인식하고 있다. 인도가 직면한 안보 도전은 지정학적으로 매우 복잡한 양상을 보이고 있다. 중국과 파키스탄은 각각 자국의 영토 분쟁을 해결하기 위해 무력을 사용할 가능성이 있으며, 경우에 따라 독립적으로 행동하거나 협력하여 인도를 압박하는 전략을 펼칠 가능성이 크다. 특히 중국은 파키스탄에 재래식 무기와 핵무기 기술을 제공함으로써 인도를 겨냥한 군사 역량을 증대시키는 데 기여하고 있다. 이러한 환경에서 인도는 이 두 국가가 협력하는 상황에 직면해 있으며, 특히 중국이 세계 최대 군사력을 보유하고 두 번째로 큰 국방예산을 운용하는 국가라는 점에 깊은 우려를 표하고 있다. 중국은 1990년대 후반부터 군사 현대화를 추진하며, 첨단 지상, 해상, 항공, 우주, 사이버 역량을 갖춘 강대국으로 성장했다. 또한, 4차 산업혁명 기술을 점점 더 국방 분야에 통합하면서, 군사 역량을 한층 강화하고 있다.

인도는 특히 중국이 인도양과 유라시아 지역에서 군사적 영향력을 확장하고, 해양 지배력을 강화하려는 의도에 대해 강한 경계심을 갖고 있다. 중국이 파키스탄, 스리랑카, 기타 인접 국가의 항구에서 영향력을 확대하고 있으며, 이러한 움직임은 인도의 위협 인식을 더욱 심화시키고 있다. 이와 동시에, 인도는 파키스탄과 중국과의 국경 지역(주로 잠무와 카슈미르)에서 발생하는 테러와 반란 위협에도 직면하고 있다. 이러한 위협은 급진적 이슬람 세력과 좌익 운동과 연계되어 있으며, 일부 파키스탄 내 세력이 이를 지원하면서 외부와 내부 위협이 복합적으로 얽힌 양상을 보이고 있다. 결과적으로, 인도는 국가와 비국가 행위자가 얽힌 복합적인 안보 환경 속에서 재래식 및 비재래식 전쟁, 외부 및 국내 위협, 지상 및 해상에서 발생하는 다층적인 위협에 대응해야 하는 도전에 직면해 있다.

인도는 복잡한 안보환경에 대응하기 위해 2006년에 군사교리를 통합하고, 이를 수정한 공개 버전을 2017년에 발표하였다. 이 교리는 인도의 다층적인 위협을 인정하며, 민군융합을 추진하기 위한 핵심 요소로 첨단 기술을 지정하고 있다. 교리는 "인도의 경쟁국들이 첨단 기술을 쉽게 확보하면서 군사적 위협이 다차원적으로 증가하고 있다"고 명시하며, 기술이 군사적 갈등의 성격을 변화시키는 주요 동력으로 작용한다고 분석한다. 특히, "기술은 갈등의 성격 변화를 이끄는 핵심 요소이며, 오늘날 위성 제어 시스템과 장거리 정밀유도탄의 발전이 군사적 충돌의 물리적 요소를 변화시키고 있다"고 강조하고 있다.[91] 이와 같은 맥락에서, 교리는 인도가 직면한 군사적 도전에 효과적으로 대응하기 위해 첨단 기술의 중요성을 전략적으로 강조하고 있다. 예를 들어, "정보기술과 통합 정찰, 감시, 지휘·통제·통신·컴퓨터·정보·정보 시스템(C4I2)을 활용하는 것이 전투에서 승리를 결정하는 핵심 요소"라고 설명한다. 또한, "사이버 공간과 통신 분야는 현대전에서 모든 기능의 중추적인 역할을 담당하므로 매우 중요한 요소"라고 강조한다. 교리는 우주 영역의 중요성 또한 강조하며, 이를 "네트워크중심작전(Network Centric Operations)뿐만 아니라 정보수집, 감시, 정찰, 항법 및 통신을 위한 필수적인 요소"로 규정하고 있다.[92]

인도의 군사교리에서 첨단 기술이 국가안보에 미치는 영향을 강조한 것은 단독적인 사례가 아니다. 다른 문서와 고위 군 관계자, 전략가들의 분석에서도 유사한 관점이 지속적으로 나타나고 있다. 예를 들어, 2018년 인도 육군의 육상전 교리는 "인공지능(AI), 양자 컴퓨팅, 나노 기술, 고에너지 레이저, 지향성 에너지 무기, 극초음속 무기"와 같은 신흥 기술이 미래 전쟁의 양상을 근본적으로 변화시킬 가능성이 크다고 경고하고 있다.[93] 이에 따라 인도 육군은 군 현대화를 반드시 추진해야 한다고 강조하며, 정보전, 사이버전, 전자전, 우주 기술 등 다양한 분야에서 대응 역량을 개발할 필요성이 커지고 있다고 분석하고 있다. 특히, 교리는 "병사, 인공지능(AI), 로봇을 전투 시스템에 효과적으로 통합하는 것"이 가장 중요한 과제라고 명시하고 있다. 이는 인도의 미래 군사전략에서 핵심적인 역할을 할 것으로 전망된다.[94]

2020년 인도 육군참모총장 나라바네(Naravane) 장군은 "현대 전투에서 '파괴적 기술'*의 중요성이 점점 커지고 있으며, 이에 대한 대규모 투자가 필요하다"고 강조했다. 그는 "드론 스웜, 로봇 공학, 레이저 및 체공 무기부터 인공지능, 클라우드 컴퓨팅, 빅데이터 분석, 알고리즘 전쟁까지, 다양한 첨단 기술 연구가 활발히 진행되고 있다"고 밝혔다.[95] 특히, 치명적 자율 무기시스템(LAWS)†의 배치가 전 세계적으로으로 증가하고 있는 상황에서, 정보군단사령관 R. S. 판와르(Panwar) 장군은 "LAWS가 인도 군사 환경에서 차지하는 중요성은 아무리 강조해도 지나치지 않다"고 평가하며, 이러한 시스템이 다양한 작전에서 핵심적인 역할을 할 수 있다고 강조했다. 현재 인도 육군은 감시 및 정찰 임무를 수행하는 비치명적 자율 시스템을 이미 운영중이며, 향후

---

* 파괴적 기술(Disruptive technologies)은 기존의 시장, 산업 또는 기술을 근본적으로 변화시키는 혁신적인 기술을 말한다. 기존 기술에 비해 낮은 비용, 접근성, 효율성 등에서 장점을 가지며, 그로 인해 시장에서 빠르게 확산되고 기존의 기술을 대체하게 된다.

† Lethal Autonomous Weapon Systems 인간의 개입 없이 독립적으로 목표를 식별하고, 공격하며, 물리적 피해를 줄 수 있는 자율적 무기 시스템으로, 이러한 시스템은 AI, 센서, 데이터 처리 및 무기 시스템을 결합하여 작동한다.

더 다양한 유형의 자율 시스템을 도입할 계획이라고 밝혔다.[96] 전(前) 육군참모차장 J. P. 싱(Singh) 장군은 이러한 변화의 시급성을 강조하며, "감소하는 국방예산, 지속적으로 낮은 R&D 투자, 비효율적인 획득 시스템, 제한적인 방위산업 기반(DIB)을 보완하기 위해, 사이버전, 정보전, 인공지능, 무인 자율 시스템 등 신흥 기술을 신속히 도입해야 한다"고 주장했다.[97]

　인도군 현대화에서 민간산업, 특히 IT 기업의 역할이 점점 중요해지고 있다. 인도의 국영 방위산업이 구조적으로 제한적인 상황에서, 일부 민간기업들은 세계적인 기술 역량을 갖추고 있으며, 공공 부문보다 높은 효율성을 발휘할 수 있다는 평가를 받고 있다. 이에 따라, 군 관계자들과 전문가들은 민간산업을 군 현대화의 핵심으로 간주하고 있으며, 4차 산업혁명 기술 기반 제품을 인도군에 공급할 할 주요 주체로 판단하고 있다. 싱(Singh) 장군은 군사적 목적을 위해 신흥 기술을 도입하려면 인도가 상용기술과 상용제품을 적극적으로 활용해야 한다고 강조했다. 그는 "기술 기반 중소기업의 민첩성과 혁신을 적극 활용해야 하며, 이들 기업은 신기술과 제품 프로토타입을 신속하게 개발할 역량을 갖추고 있다"고 밝혔다.[98] 다른 고위 군 관계자들도 민간 부문의 중요성에 대한 비슷한 견해를 보였다. 예를 들어, 해군 현대화와 관련해 프라카시(Prakash) 제독은 민간 부문이 주도하는 정보통신기술(ICT)의 중요성을 강조했다. 그는 "해군은 ICT를 기반의 '네트워크중심전(NCW)' 구조 구축을 위해 민간 부문의 적극적인 참여를 기대하고 있으며, 특히 소프트웨어 개발을 포함한 다양한 핵심 기술에서 강점을 보유하고 있다"고 언급했다.[99] 또한 D. S. 후다(Hooda) 장군은 4IR 기술이 "강경한 중국과 제한된 국방예산이라는 인도의 이중 과제를 해결

할 핵심 요소"라고 평가하며, ICT 산업이 적합한 공급업체를 제공할
수 있는 유일한 분야라고 주장했다. 그는 이어 "이러한 기술 역량을 확
보하려면 민간산업과 학계의 뛰어난 인재와 기술을 적극적으로 활용
해야 하며, ICT 분야에서 민첩성과 혁신이 부족한 정부 연구개발 기관
에 의존하는 것은 오히려 비효율적일 수 있다"고 강조했다.[100]

　인도 국방부는 군 현대화 과정에서 민간 부문의 역할을 강조하면서
도, 주요 무기 플랫폼의 생산 능력에 대한 우려를 표명하고 있다. 그러
나 정보통신기술(ICT) 및 신흥 기술 분야에서 민간기업의 기여 가능성
은 비교적 긍정적으로 평가되고 있다.[101] 2010년대 초반, 인도군은 IT
기반 상용제품의 활용을 적극 검토했으며, 통신, 지휘통제 시스템, 상
황 인식, 네트워크 관리 분야에서 상용제품이 기존 군 전용 시스템보
다 빠르고 비용 효율적이며, 업그레이드가 용이하다는 점을 확인했
다.[102] 이러한 흐름 속에서, 2020년 국방획득절차(DAP)는 사이버 시스
템, 인공지능(AI), 특정 우주 기술, C4ISR 시스템 등 ICT 기반 제품의
조달 방안을 논의하며, 이를 수행하기 위해 민간 전문가와 학계의 참
여를 허용하는 방안을 포함했다. DAP 2020에서는 다음과 같이 명시
되었다. "ICT 프로젝트를 기획하고 실행하며 개발 방법론을 구축하는
데 필요한 내부 전문성이 부족한 경우, 관련 전문지식과 역량을 보유
한 외부 전문가, 기관, 컨설팅 회사, 학술기관의 학자들을 참여시킬 수
있다."[103] 특히, 2018년 인도 국방부는 AI가 민군겸용기술임을 강조하
며, AI 기술이 군 현대화에서 핵심적 역할을 할 것이라고 발표했다. 이
에 따라, 인도의 강력한 IT 산업과 전문 인재 풀을 활용하여 국방 AI
프로젝트에서 민간 부문이 중추적 역할을 수행할 것이라는 점이 명확
해졌다.[104] 이를 보완하여, 2020년 DAP는 보안상의 이유로 민감한 구

성 요소는 국내에서 개발되고 생산해야 한다고 규정했다. 다만, 일부 현지 과학기술(S&T) 부문의 역량을 초과하는 특정 기술에 대해서는 예외적으로 외부 조달을 허용하여, 기술 확보의 유연성을 보장했다.105

민군융합(CMF)의 실행: 촉진 방안과 초기 성과

인도군이 신흥 기술을 도입하는 과정에서 민간 과학 및 산업기관의 역할이 강조되면서 방위산업 전반에 새로운 기회가 열렸지만, 동시에 다양한 도전 과제가 발생하고 있다. 지난 20여 년간 민간 부문의 군사 획득(military acquisition) 참여가 추진되었으나, 기대했던 만큼의 성과를 거두지 못했다. 특히, 신흥 기술 개발 과정에서 고유한 요구사항과 함께 다양한 위험 요소가 뒤따르며, 이를 해결하기 위한 체계적인 접근이 필요하다는 점이 부각되고 있다. 예를 들어, 2020년 국방획득절차(DAP)는 이러한 문제를 공식적으로 인정하며, 사이버 공격, 데이터 및 정보 유출과 같은 보안 위험과 더불어, 지식재산권(IPR) 소유권 문제를 주요 도전 과제로 지적하였다.106 이러한 문제를 해결하기 위해 민간 조직들은 법적 및 상업적 권리 협상을 포함한 다양한 조치를 취해야 하지만, 이 과정은 종종 길고 복잡한 관료적 절차로 인해 많은 시간과 비용이 소요될 수 있다.

이러한 문제를 인식한 인도 국방부는 민간 전문가, 연구기관 그리고 첨단 기술 기업이 방위산업에 보다 적극적으로 참여할 수 있도록 다양한 조치를 마련해 왔다. 특히 첨단 기술이 집약된 국방 프로젝트에서 민간 부문의 역할을 확대하는 것을 목표로 여러 가지 제도적 지원을 도입하였다. 이러한 노력의 일환으로, 방위산업 내 민간 조직의 접근성을 확대하고 국방 연구개발 참여를 촉진하기 위한 다양한 정책이 시행되고 있다. 그 중에서도 민간 조직이 국방 프로젝트에 원활하게 접근할 수 있도록 지원하고, 국방기술을 민간산업으로 이전하며, 군사 시험시설의 이용을 허가하고 지원하며, 대학 내 국방 연구를 활성화하는 등의 조치가 포함된다.[107] 이러한 조치들을 주도하는 핵심 기관은 국방생산본부(DDP)*와 국방연구개발기구(DRDO)이다. 이들 기관은 무기 생산과 연구개발을 담당하며, 민간 부문의 국방조달 참여를 촉진하는 역할을 수행하고. 특히, DDP와 DRDO는 민간기업이 국방조달(defense procurement) 프로젝트에 참여하는 과정에서 직면하는 장벽을 낮추고, 보다 적극적인 참여를 유도하기 위해 다양한 프로그램과 정책을 시행하고 있다.

　국방생산본부(DDP)가 운영하는 혁신 프레임워크 중 하나는 iDEX(Innovation for Defence Excellence)이다. 이 프로그램은 힌두스탄 항공(HAL), 바라트 일렉트로닉스(BEL), 국방부, 국영 방산기업(DPSU)에서 자금을 지원받아 운영되며, 방위 및 항공우주 분야의 혁신과 기술 개발을 촉진하고 첨단 기술 기업을 유치하기 위해 도입된 인도 최초의 이니셔티브. 2018년에 출범한 iDEX의 핵심 목표는 중소기업, 스타트업, 개인 혁신가, R&D 기관, 학계를 포함한 다양한 산업 주체들이 협력하는 생태계를 조성하는 것이다. 이를 위해 R&D 수행을 위한 자금 지원과 인프라를 제공하며, 민간기업과 연구기관이 방위산업에 참여할 수 있는 기회를 확대하고 있다.[108] iDEX의 대표 프로그램인 DISC(Defence India Start-Up Challenges)는 인도군과 국영 방위산업이

---

* Defence Production Department는 인도 국방부 내의 부서로, 방위생산과 관련된 정책을 수립하고 실행하는 주요 기관입니다. DDP는 주로 방위산업의 발전과 공공 방위산업 부문(DPSU, OF)의 효율성을 개선하는 역할을 맡고 있으며, 민간 부문과의 협력을 촉진하여 군수 조달 및 기술 혁신을 장려하는 데 중요한 역할을 하고 있다.

기술적 문제를 제시하면, 스타트업이 이를 해결하는 경쟁형 구조로 운영된다. DISC에서 다뤄진 주요 과제로는 4G 전술 지역 네트워크, GPS 재밍 방지 장치, 무인 드론 대응책, 무인 수상 및 수중 차량, 병사용 개인 보호 시스템 개발 등이 있다.[109] iDEX는 더 많은 스타트업을 발굴하기 위해 협력 인큐베이터와 협력하여 적합한 스타트업과 중소기업을 선정하고 평가한다. 또한 iDEX는 DISC 외에도 다양한 추가 프로그램을 운영하며, 방위산업에서의 스타트업과 중소기업의 역할을 확대하는 데 주력하고 있다. 주요 프로그램으로는 다음과 같다. 개방형 DISC 과제, 장기 인큐베이션, 파일럿 프로젝트 및 프로토타입 투자, 전국 대학 및 학교에서 방위산업 혁신 활동을 장려하고 지원하는 프로그램, 방위 R&D에 대한 스타트업 투자 매칭 프로그램(Spark-II) 등이 있다. 이러한 프로그램들은 협력 인큐베이터와의 협력을 통해 실행되며, 인도의 방위산업 혁신 생태계를 강화하는 데 기여하고 있다.[110]

국방생산본부(DDP)와 국방연구개발기구(DRDO)는 모두 민간 부문과 협력하여 국방기술 개발을 촉진하는 역할을 수행하지만, 그 접근 방식에 차이가 있다. DDP는 방위생산과 공공 방위산업 부문(DPSU, OF)의 기술 역량 강화에 집중하는 반면, DRDO는 민간기업을 보다 적극적으로 국방 연구개발 및 생산 과정에 통합하려는 경향이 강하다. DDP의 대표적인 프로그램인 iDEX는 DPSU들이 주요 재정지원을 제공하는 만큼, DDP의 민군융합 촉진 노력은 공공 방위산업의 이익을 보호하는 범위 내에서 진행될 가능성이 크다. 반면, DRDO는 공공 방위산업과의 협력을 유지하면서도, 민간 부문을 보다 적극적으로 방위생산에 통합하려는 성향을 보인다.

　DRDO는 민간기업을 국방 R&D 과정에 통합하려는 노력의 일환으로, 특정 군사 제품의 설계, 개발, 생산 책임을 민간산업에 위임해 왔다. 2021년 초 기준, 이러한 제품의 목록에는 총 108개의 품목이 포함되어 있었으며,111 그 중 일부는 성숙한 기술이나 저급 기술로 구성되어 있었다. 이는 첨단 민간기술을 활용하려는 의도보다는, 공공 국방 R&D 기관에 비해 민간산업의 효율성을 인정한 결과로 볼 수 있다. 예를 들어, 모듈식 교량, 방탄 차량, 전차 운반 차량 등은 상대적으로 성숙한 기술을 기반으로 한 제품들로, 공공 부문보다 민간산업이 더 효율적으로 생산할 수 있다는 점이 반영된 사례다. 반면, 소형 및 초소형 무인 항공기(UAV), 디스플레이 프로세서, 화력통제 시스템용 하드웨어, 이미지 강화 기반 조준경 등은 첨단 민간기술을 군사 목적으로 활용한 사례이다. 이러한 제품들은 첨단 기술을 기반으로 한 민군융합의 대표적인 사례로 볼 수 있다.

　DRDO는 민군융합(CMF)을 촉진하기 위해 다양한 연구개발 프로그램을 운영하고 있으며, 그 중 대표적인 것이 첨단기술센터(ATC, Advanced Technology Center)와 기술개발기금(TDF, Technology Development Fund)이다. 첨단기술센터(ATC)는 국방관련 과학기술 연구를 중심으로 운영되는 연구기관으로, DRDO는 인도 내 주요 대학 및 연구기관과 협력하여 첨단 국방기술 개발을 촉진하는 역할을 수행하고 있다. 특히, 국내에서 부족한 외국 기술을 연구·개발하는 데 초점을 맞추며, 방위산업의 기술적 자립을 목표로 하고 있다. ATC의 핵심 목표는 방위 분야의 학문적 연구를 주도하여 "10년 이내에 인도를 세계 최고의 연구 센터 중 하나로 발전시키는 것"이다.112 2020년대 초반 기준으로, 자다푸르대학교(콜카타), 하이데라바드대학교, 인도 공과대학(IIT) 봄베이와 델리를 포함한 주요 대학 등에서 총 8개의 ATC가 운영되고 있다. 각 센터는 다양한 기초 및 응용 과학 프로젝트를 수행하며, 주요 연구 주제는 다음과 같다: ① 뇌·컴퓨터 인터페이스 및 뇌·기계 지능: IIT 델리의 Joint Advanced Technology Center, ② 무인 및 로봇 기술: 자다푸르대학교의 Jagadish Chandra Bose Center of Advanced Technology, ③ 탐지를 위한 레이저 기반 기술: 하이데라바드대학교의 Advanced Center of Research in High Energy Materials이다. 이러한 연구 프로젝트들은 DRDO의 연구 방향과 일치하며, 인도의 국방기술 발전에 중요한 기여를 하고 있다.[113]

기술개발기금(TDF) 프로그램은 인도 기업, 특히 중소기업의 방위산업 참여를 촉진하고, 국방기술 개발 및 생산 역량을 강화하는 데 중점을 두고 있다. TDF는 단순히 국방기술 역량을 향상시키는 것뿐만 아니라, 군사력의 자급자족을 촉진하는 데도 중요한 역할을 하고 있다. 이 프로그램을 통해, 군대, DRDO, 또는 DPSU에서 요구하는 첨단 제품을 개발하는 과정에서 학계 및 연구기관과 협력하는 지역 산업(최소 51% 인도 소유)에 재정적 지원이 제공된다. 이 프로그램의 프로젝트는 DRDO 웹사이트에 공개적으로 게시되며, 인도 기업, 전문가, 혁신가, 연구기관 등은 온라인으로 제안서를 제출할 수 있도록 장려되고 있다. 각 TDF 프로젝트는 최대 10억 루피(약 135만 달러)까지 지원받을 수 있으며, 그 중 90%는 DRDO가 자금을 지원한다. 프로젝트를 실행하는 조직은 반드시 국방부의 승인을 받아야 하며, 이를 통해 프로젝트의 신뢰성과 전략적 중요성을 보장한다.[114] 이러한 지원 구조는 인도 기업이 국방기술 개발에 적극적으로 참여할 수 있도록 독려하며, 연구개발 투자 부담을 덜어주는 역할을 한다.

인도 국방부가 첨단 군사 장비 개발에 민간기업의 참여를 확대하려는 노력을 지속한 결과, 2020년대 초반부터 가시적인 성과가 나타나고 있다. 특히, 현지 기업들은 전통적인 무기뿐만 아니라 4차 산업혁명 기술과 연관된 부품, 하위 시스템 그리고 완전한 무기 시스템의 생산 계약을 체결하기 시작했다. 이러한 계약에는 로켓 발사기 부품, 신형 핵추진 잠수함의 선체와 제어 시스템, 항공 및 우주산업용 장비와 시스템, 장갑차 등의 개발 및 생산이 포함된다.[115] 타타는 2011년 인도 육군과 1억 8,600만 달러 규모의 전자전 시스템 공급 계약을 체결했으며, 2018년에는 68억 달러 규모의 전장관리 시스템(BMS) 개발 계약을 수주했다.[116] 라센 트브로(L&T)는 2017년 한국의 한화테크윈(현재 한화 에어로스페이스)과 협력하여, 인도 육군에 자주포 100문을 공급하는 6억 달러 규모의 계약을 체결했으며, 2020년에는 첨단 IT 기반 네트워크를 위한 3억 5천만~7억 달러 규모의 계약을 수주했다. 또한, 바라트 포지는 2017년 국방부에 이중 기술 탐지 장비 1,050대를 공급하는 계약을 수주했다.[117] 이러한 사례들은 인도의 민간기업이 방위산업에 점차 깊이 참여하고 있으며, 기술과 생산 역량을 지속적으로 강화하고 있음을 보여준다.

인도의 민군융합(CMF) 전략은 대기업뿐만 아니라 중소기업과 스타트업도 적극적으로 참여시키는 방향으로 추진되고 있으며, 이는 인도 시장의 특성과 군의 작전적 요구를 반영한 접근 방식이다. 2021년, 인도 육군은 뭄바이에 본사를 둔 스타트업 아이디어 포지(Idea Forge)와 2천만 달러 규모의 계약을 체결하여 드론을 제작하였다. 이 드론은 정보, 감시, 정찰 임무 수행을 위해 개발되었으며, 암호화된 통신과 고해상도 광학 줌 페이로드를 활용한 장거리 표적 탐지 기능을 갖추고 있다.[118] 같은 해, 인도 해군은 사가 디펜스 엔지니어링(Sagar Defence Engineering)과 드론 구매 계약을 체결했다. 초기 계약 규모는 200만 달러였으나, 향후 최대 4천만 달러까지 확대될 가능성이 있다. 이 드론은 다양한 기상 조건에서도 함정에서 이착륙이 가능하도록 설계되었으며, 해상작전에서의 활용도를 높이기 위해 개발되었다.[119] 또한, 2018년에는 IROV 테크놀로지가 DRDO의 해양연구소에 수중 드론을 공급했으며, 가상 및 증강 현실 기술을 전문으로 하는 스타트업 비즈 엑스퍼츠는 함정 설계를 지원하는 가상현실 센터 구축에 참여했다.[120]

국방 R&D 분야에서 민간 스타트업의 참여는 상당한 진전을 이루고 있으며, 정부는 이를 촉진하기 위한 다양한 프로그램을 운영하고 있다. 국방생산본부(DDP)는 2021년까지 총 4차례에 걸쳐 'Defence India Start-Up Challenges(DISC)'를 진행하며, 약 30개의 과제를 포함시켰다. 이 프로그램에는 총 1,200개의 스타트업과 혁신가들이 참여했으며, 이 중 60개 팀이 선정되어 각각 1억 5천만 루피(약 20만 달러)를 지원받아 프로토타입 개발에 활용했다. 이를 통해 총 약 1,200만 달러의 지원금이 지급되었다.[121] 한편, DRDO도 국방 R&D에 민간산업과 연구기관을 통합하려는 노력을 지속적으로 이어왔다. 2018년까지 첨단 기술 센터(ATC)는 110여 개의 프로젝트를 수행했으며, 총 비용은 4억 6,300만 루피(약 6,200만 달러)로, 프로젝트당 평균 약 50만 달러가 투입되었다. 또한, DRDO는 인도 전역의 다양한 학술기관에 114개의 프로젝트를 할당했으며, 총 비용은 5,700만 루피(약 750만 달러), 프로젝트당 평균 약 6만 5천 달러로 집계되었다.[122] 2021년 초 기준, DRDO는 약 75개의 기술 개발기금(TDF) 프로젝트를 진행중이며, 최소 6개의 신규 프로젝트를 공개적으로 제안하였다.[123]

이러한 사례와 수치들은 일정한 진전을 보여주지만, 신흥 기술 기반 무기와 장비의 개발 및 생산에서 민간 부문을 통합하려는 인도의 노력이 여전히 제한적인 성과에 머물러 있음을 시사한다. 특히 스타트업의 경우, 참여 규모와 실질적 성과 모두에서 미미한 수준에 머물러 있으며, 이는 과거 민군통합(CMI)에서 나타났던 장애물들이 여전히 민군융합(CMF)에도 영향을 미치고 있음을 보여준다. 이러한 장애물에는 국영 방산기업에 비해 민간기업이 국방 프로젝트에 참여할 때 겪는 추가적인 비용 부담, 복잡한 관료적 절차로 인해 발생하는 행정적 장벽 그리고 상업적·재정적 부담 증가로 인해 민간기업이 지속적으로 참여하기 어려운 구조가 포함된다. 이러한 문제는 전 세계적으로 CMI 노력에 영향을 미치는 요소들이지만, 특히 인도의 복잡한 관료주의와 불분명한 국가안보 전략은 이러한 문제를 더욱 악화시키는 요인으로 작용하고 있다.

논의의 여지는 있지만, 명확한 국가안보 전략이 존재했다면, 이를 통해 조달 방향을 구체화하고, 인도의 군 현대화와 무기획득에 긴급성을 부여하여 문제를 완화할 수 있었을 것이다. 그러나 인도는 전통적으로 전략적 사고의 결여와 민간 지도부의 군에 대한 깊은 불신으로 인해, 안보 문제를 군사적 관점에서 정의하는 것을 회피해 왔다. 이러한 접근 방식은 장기적인 국가안보 전략을 기획하는 데 어렵게 만들었으며, 더 나아가 각 군(육·해·공) 간의 경쟁이 이러한 노력을 더욱 저해하는 요인으로 작용하고 있다.[124] 그 결과, 인도는 정기적으로 공식적인 국가안보 전략기획 문서를 작성하지 않는 유일한 세계 강대국으로 남아 있다.[125] 이에 대해 한 분석가는 "정책 방향이 없다면, 국방 계획은 필요한 전략적 지침이 부족할 수 있으며, 임시방편적으로 진행될

위험이 있다"고 지적했다.¹²⁶

명확한 국가안보 전략의 부재는 여러 측면에서 인도의 민군융합
(CMF) 발전을 저해하는 주요 요인으로 작용하고 있다. 우선, 이로 인해
인도는 세계 강대국으로 도약하기 위한 군사력 증강의 명확한 방향을
설정하지 못하고 있다. 그 결과, 실질적인 군사적 성과보다 상징적 요
소를 더 우선시하는 경향이 나타나며, 이는 군사 자립과 세계 강대국
지위를 추구하는 국가목표와 연결된다. 특히 무기 국산화(weapons
indigenization)와 군사 자립(military self-reliance)이 국방조달의 다른
목표를 압도하면서, 무기의 정교함과 혁신성을 희생할 가능성이 크
다.¹²⁷ 이러한 요소들은 민군융합(CMF)의 핵심인 기술적 정교함과 혁
신성을 약화시킬 수 있다. 또한, 명확하고 체계적인 국가안보 개념이
부족한 탓에, 인도의 국방정책은 전통적으로 대규모 육군 병력을 활용
한 적의 영토 점령을 목표로 하는 공세적 교리를 따르는 경향이 강하
다. 이러한 정책은 전통적인 공세작전 선호에 기반하며, 제한작전이나
정밀타격과 같은 신흥 기술 기반 작전개념의 도입을 저해하는 요인으
로 작용한다.¹²⁸ 결국 군사조달(military procurement)에서 다른 우선순
위와 전통적인 선호도가 신흥 기술 기반 시스템 도입을 저해하고, 그
로 인해 민군융합의 발전이 지연될 가능성이 크다.

또한 명확한 군사전략의 부재는 군 내부의 보수적인 태도가 첨단 무
기와 장비의 획득에 상당한 영향을 미치도록 만든다. 이러한 현상은
다른 국가에서도 흔히 나타나지만, 인도군에서는 더욱 두드러진다.
전직 육군 참모차장이었던 후다(Hooda) 장군은 인도 육군의 AI 기반
시스템 통합을 분석하며 이러한 저항을 지적한 바 있다. 그는 다음과
같이 언급했다. "이 방향으로 확고히 나아가는 데 군 내부에서 여전히

주저함이 존재한다. 군 지도부는 기존의 조직 구조와 시스템에 익숙하
며, 그것에 편안함을 느낀다. 과거에 잘 작동했던 고가의 일체형 플랫
폼에 대한 의존도를 줄이는 것에 대해 주저함이 있는 것은 충분히 이
해할 수 있다."129 즉, 군이 전통적인 전투 개념과 방식을 고수할수록,
첨단 기술과 이를 공급하는 민간기업의 필요성을 점점 덜 인식하게 된
다. 이러한 보수적인 태도는 인도군이 신흥 기술을 적극적으로 도입하
고, 민군융합을 더욱 효과적으로 추진하는 데 걸림돌이 될 가능성이
크다. 따라서, 민군융합의 실질적인 성과를 확대하기 위해서는 군 내
부의 사고방식을 변화시키고, 신흥 기술의 중요성을 보다 전략적으로
반영하는 국가안보 전략 기획이 필요하다.

소결론

20여 년간의 노력과 국방 분야에서 민간 부문의 참여 필요성에 대한
광범위한 인식에도 불구하고, 인도는 여전히 민간 부문이 무기획득
(arms acquisition) 과정에 원활하게 참여할 수 있는 환경을 조성하지 못
하고 있다. 과거 공공 부문이 무기획득을 독점하던 절대적 지배력은
약화되었으나, 민간 부문의 참여는 여전히 제한적인 수준에 머물러 있
다. 이러한 경향은 신흥 기술 분야, 특히 AI와 같은 첨단 기술 영역에
서도 동일하게 나타나고 있다. 비록 인도 전략가들이 AI와 신흥 기술
의 중요성을 강조하고 있지만, 민간기업과 학계가 국영 방산기업보다
명백한 우위를 점하고 있음에도 불구하고, 이들의 방위산업 참여는 여
전히 미흡한 수준이다. 특히, 세계적으로 주목받는 인도의 IT 산업과
비교할 때, 국영 방위산업은 이러한 경쟁력을 충분히 반영하지 못하고

있으며, 혁신과 기술 발전 측면에서도 뒤처지고 있다. 결과적으로, 방위산업에서 민간 부문의 역할을 확대하고, 공공 방위산업 부문과의 협력을 강화하는 전략적 접근이 필요하며, 이를 통해 인도가 보유한 첨단 기술 역량을 효과적으로 활용할 수 있는 환경을 조성해야 한다.

인도의 국방획득(defense acquisition) 과정에서 4차 산업혁명 기술과 민군융합 도입이 지연되는 주요 요인은 다음과 같다. 첫째, 복잡하고 비효율적인 관료주의가 작용하고 있다. 둘째, 육군중심의 군사교리로 인해 대규모 공세적 지상작전을 선호하는 경향이 강하며, 이로 인해 첨단 기술을 활용한 제한작전 개념이 배제되는 경향이 있다. 셋째, 국영 방위산업에 대한 뿌리 깊은 선호가 여전히 존재하며, 이는 민간기업의 방위산업 참여를 어렵게 만드는 요인으로 작용하고 있다. 이러한 문제들은 다른 국가에서도 어느 정도 나타나는 공통적인 장애물이지만, 인도에서는 특히 민간기업이 무기획득 프로젝트에 참여할 때 부담해야 하는 비용과 위험을 더욱 증가시키는 요인으로 작용하고 있다. 그 결과, 민간 부문의 무기 개발 프로그램 참여 의지는 여전히 저조한 상태다. 물론, 인도는 2000년대 초반부터 이러한 문제를 해결하기 위해 다양한 조치를 시행해 왔다. 특히, 첨단 기술 기반 시스템 개발을 촉진하고, 민간 첨단 기술 기업 및 지역 대학의 참여를 확대하기 위한 노력을 기울여 왔다. 그러나 인도의 독특한 국가안보 전략 개념과 상대적으로 낮은 국방 연구개발 투자 수준은 이러한 장애물을 극복하려는 노력의 효과를 크게 제한하고 있다.

인도의 전략적 환경은 점점 더 복잡하고 도전적인 상황에 직면해 있지만, 지도부는 군사력 증강과 이를 뒷받침할 군사획득(military ac-quisitions)을 주도할 포괄적인 국가안보 전략 수립에 소극적인 태도를 보이고 있다. 현재까지 명확한 전략이 부재한 상태이며, 인도의 군사 조달은 임시방편적인 군사적·경제적·정치적 고려가 뒤엉킨 구조를 띠고 있다. 인도는 단순히 군대를 첨단 무기와 장비로 무장시키는 것뿐만 아니라, 군사 자급자족(또는 최소한의 군사 자립)을 달성하고, 무기 수출을 확대하며, 국내 산업을 전반적으로 강화하는 것을 목표로 하고 있다. 그러나 이러한 목표들이 명확한 우선순위 없이 혼재되어 있어, 군이 요구하는 첨단 무기 개발의 우선순위를 설정하는데 어려움을 초래하고 있다. 이러한 불명확한 전략은 민간기업의 무기 개발 및 생산 참여를 제한할 뿐만 아니라, 민군융합을 통해 4차 산업혁명 기술을 보다 효과적으로 통합할 기회를 저해하는 요인으로 작용하고 있다. 그 결과, 현지 방산기업들, 심지어 민간기업들조차도 여전히 외국 기술을 수용하거나, 외국에서 개발한 무기 시스템을 기반으로 한 무기 프로그램의 제조업체 또는 하청업체 역할에 머물고 있다. 사실, 토착적이고 독창적인 첨단 군사 시스템 개발은 민간산업이 크게 기여할 수 있을 뿐만 아니라, 민간산업에도 상당한 혜택을 제공할 수 있는 분야다. 그럼에도 불구하고, 현재로서는 여전히 우선순위에서 밀려나 있는 실정이다. 따라서, 명확한 국가안보 전략을 수립하고 방위산업의 우선순위를 체계적으로 정리하는 것이 필수적이다. 이를 통해 민간기업의 적극적인 참여를 유도하고, 4차 산업혁명 기술을 국방 분야에 효과적으로 통합할 필요가 있다.

CHAPTER

06

이스라엘의 민군융합

Civil Military Fusion in Israel

Chapter 06
이스라엘의 민군융합
Civil Military Fusion in Israel

들어가며

이스라엘 방위군(IDF)의 4차 산업혁명(4IR) 기술의 도입은 단순한 군사 장비의 현대화를 넘어, 군사교리 변화와 맞물려 진행되었다.[1] 1990년대 후반부터 시작된 이 변화의 핵심은 대규모 지상 작전과 적 영토 점령을 지양하고, 전시와 평시를 막론하고 적의 핵심 능력을 정밀 타격하는 치명적인 작전을 수행하는 것이었다. 비록 4차 산업혁명 기술이 이러한 변화의 직접적인 원인은 아니었지만, 작전 수행의 효율성과 정밀성을 높이며, 전략 변화를 촉진하는 중요한 요소로 작용했다.[2] 즉, 기술은 군사혁신에서 가장 눈에 띄는 요소이지만, 기술 자체가 혁신의 주된 동인은 아니었다. 이스라엘의 군사교리 변화는 정치적·전략적 상황에 의해 주도되었으며, 4차 산업혁명 기술은 이를 실현하는 도구 역할을 했다. 특히, 4차 산업혁명 기술의 도입으로 이스라엘 방위군은 보다 정밀하고 신속한 작전 수행이 가능해졌으며, 장거리에서 적의 핵심 표적을 타격하면서도 인명 피해를 최소화하는 전략을 구사할 수 있었다. 이러한 변화는 "물리적, 디지털, 생물학적 영역

243

간의 경계를 흐린다"는 평가를 받으며, 전통적인 작전개념과 경계를
모호하게 만들었다.3 예를 들어, 전쟁과 평시, 전선과 후방, 전투부대
와 비(非)전투부대 간의 경계가 점차 희미해지고 있다.4 그러나 이러한
변화는 단순히 군사작전 방식의 전환에 그치지 않는다. 이스라엘 국방
조직은 신흥 기술과 관련 군수품을 독자적으로 개발할 역량이 부족했
으며, 이에 따라 민간 부문에서 개발된 첨단 기술에 대한 의존도가 점
점 높아졌다. 즉, 민간기술을 적극적을 활용하고 이를 군사적으로 통
합하는 민군융합(CMF)이 필수적인 요소로 자리 잡게 되었다.*

군산복합체

이스라엘 방위산업의 역사는 국가의 생존과 직결된 문제에서 출발
했다. 군사적 도전에 효과적으로 대응할 수 있는 적절한 수단을 제공
해야 한다는 절박한 필요성이 방위산업의 기반을 형성했다. 시간이 흐
르면서 이스라엘의 군산복합체는 변화하는 정치적·경제적·군사적
환경에 적응하며 발전해 왔으며, 그 결과 세계적인 무기 수출국으로
자리 잡았다. 비록 생산하는 무기 플랫폼의 종류는 제한적이고, 2017
년 기준 이스라엘 최대 방산기업조차 세계 주요 방산기업 순위에서 29
위에 불과했지만,5 이스라엘은 군사기술의 여러 분야에서 세계적인 선
두주자로 평가받고 있다. 또한, 글로벌 10대 무기 수출국 중 하나로 자
리 매김하며, 첨단 기술을 기반으로 한 경쟁력을 지속적으로 확대하고

---

* 이스라엘 민군융합의 특징은 국방기관과 민간기업 간 협력 확대, 국방 R&D와 민간 R&D
  간의 경계 축소, 방위산업과 민간산업의 상호작용 강화이다. 이 전략은 4차 산업혁명 시대
  의 군사혁신 모델로 주목받고 있으며, 이는 단순히 새로운 기술을 도입하는 수준을 넘어 방
  위산업의 구조적 변화와 국가전략의 핵심 축으로 자리 잡고 있다.

있다. 이 장에서는 이스라엘 방위산업의 발전을 가능하게 한 핵심 요인을 분석하고, 이러한 요인들이 군산복합체 내에서 민군융합(CMF)을 촉진한 주요 동력과 어떻게 연결되는지를 살펴볼 것이다.

이스라엘 방위산업의 기원은 1948년 독립 이전, 영국 위임통치령 팔레스타인 시기 유대 지도부가 구축한 군사획득(military acquisition)* 시스템에서 비롯되었다. 당시 군수품은 해외에서 불법적으로 수입되었으며, 동시에 경무기, 탄약, 폭발물을 자체 생산하는 지하 무기 제조망이 형성되었다. 독립 이후, 자국 내에서 자급자족할 수 있는 무기산업(arms industry)의 구축은 이스라엘의 중요한 국가적 과제가 되었다. 초기에는 대부분의 무기, 특히 주요 무기 플랫폼을 해외에서 조달했지만, 이스라엘 지도자들은 강력한 국내 방위산업의 필요성을 절감했다. 이에 따라 1950~1960년대에 걸쳐 국가안보에 필수적인 무기의 설계, 개발, 생산이 본격화되었다. 이 시기에 개발된 대표적인 무기체계로는 우지(Uzi) 기관단총, 가브리엘(Gabriel) 대함순항미사일(ASCM) 그리고 샤프리르(Shafrir)―1 공대공미사일 등이 있다. 이러한 무기 개발은 이스라엘 방위산업의 초석을 마련했으며, 자주 국방의 기반을 다지는 데 중요한 역할을 했다.[6]

이스라엘의 주요 방위산업 조직들은 1950~1960년대에 걸쳐 본격적으로 설립되었다. 가장 오래된 생산 시설인 이스라엘 군수산업(IMI, Israel Military Industries)은 1948년 이전의 무기 생산 시설을 기반으로 설립되었으며, 독립 이후 이스라엘을 대표하는 무기와 탄약 생산업체로 성장했다. 이스라엘 항공우주산업(IAI, Israel Aerospace Industries, 이

---

* 군사획득(military acquisition)은 조달(procurement)을 포함한 군사 장비 및 기술을 확보하는 전체 과정을 의미한다.

전 명칭 Israel Aircraft Industries)은 1953년 소규모 국영기업으로 출범하여 항공기와 엔진의 정비 서비스를 제공하기 시작하였다. 1958년에는 라파엘(Rafael)이 국방부 산하 조직으로 설립되어 미사일 시스템 개발을 포함한 무기 및 탄약 개발을 담당하게 되었다. 이와 동시에, 이스라엘 방위군은 군용 차량 정비를 담당하는 부서를 신설했으며, 이후 전차 수리와 개량 작업을 수행하는 한편, 전차나 장갑차 같은 군사용 차량을 생산하는 공장도 운영하기 시작했다. 이스라엘이 초기에 중앙집권적이고 반(反)사회주의적 경제 체제를 유지했음에도 불구하고, 민간 방산기업들도 점차 설립되었다. 대표적인 사례로, 라파엘에서 은퇴한 엔지니어들이 설립한 엘론 전자산업(Elron Electronic Industries)이 있다. 이 회사는 이후 엘빗 시스템(Elbit Systems)이라는 자회사를 설립했으며, 현재 엘빗 시스템은 이스라엘을 대표하는 주요 방산기업 중 하나로 성장했다.

이스라엘은 초창기부터 자주국방(self−reliant defense) 역량을 필수적으로 추구하지는 않았다. 대신, 경쟁국들의 수적 우위를 상쇄하는 데 집중했으며, 이는 자국의 한정된 자원만으로는 달성하기 어려운 목표였다. 그럼에도 불구하고, 이스라엘 방위산업은 초기부터 군사 연구개발(R&D)에 적극 참여해 왔다. 1947년, 영국 위임통치령 팔레스타인의 주요 유대 민병 조직인 하가나 산하에서 군사 과학 부대가 이미 운영되고 있었다. 1948년 이스라엘 국가와 방위군(IDF)이 창설된 이후, 총참모부의 작전부서와 긴밀히 연계된 과학 연구 부서가 추가로 설립되었다. 1952년, 이 부서는 국방부(MoD) 산하 조직으로 재편되었으며, 이후 라파엘(Rafael)로 발전했다. 라파엘은 초기 수십 년 동안 국방부의 내부 군사 연구개발 기관으로 기능했으며, 현재까지도 이러한 역할을 일정 부분 유지하고 있다.7 그러나 이러한 접근 방식이 처음부터 환영받은 것은 아니었다. 초기 이스라엘 방위군은 방위산업이 국방예산의 상당 부분을 차지할 것을 우려했으며, 특히 국내 방위산업이 신뢰할 수 있는 고급 무기체계를 제공할 수 있을지에 대해 의구심을 가졌다. 1950년대 후반, 라파엘이 개발한 루즈(Luz) 유도미사일의 초기 시험 당시, 공군 사령관은 프로젝트 과학자들에게 이렇게 말했다. "내가 목표물 한가운데 서 있어도 미사일이 절대 명중하지 않을 것이라고 확신한다."8 다행히 그는 이를 실제로 시험해보지는 않았다.

그럼에도 불구하고, 군사 연구개발(R&D)은 오랜 기간 동안 이스라엘의 국가적 우선순위로 자리 잡았다. 1980년대, 이스라엘의 첨단 기술 부문이 본격적으로 성장하기 이전까지 국방 R&D는 국가 전체 R&D 지출의 65%를 차지했으며, 방위산업 부문에는 산업 분야 과학자와 엔지니어의 약 절반이 고용되어 있었다.9 이후 국방 R&D 지출의 비중은 점차 감소했지만, 여전히 높은 수준을 유지하고 있다. 예를 들어, 2017년 기준 군산복합체의 R&D 지출은 전체 R&D 지출의 11% 이상을 차지했다.10 이러한 배경 속에서 방위산업 기반(DIB)은 국가 첨단 기술 부문의 발전에 필수적인 역할을 수행하게 되었다.

이스라엘의 자립(self-reliance)과 자급자족(self-sufficiency)을 위한 국가전략은 1960년대 프랑스(당시 이스라엘의 주요 무기 공급국)와 영국(또 다른 주요 공급국)이 이스라엘에 무기 금수 조치와 수출 제한을 시행하면서 더욱 강화되었다.11 이로 인해, 1967년부터 1987년까지는 이스라엘이 자주 국방을 목표로 주요 무기 시스템을 자체 개발·생산하며, '무기 자립(munitions independence)'을 적극 추진한 정점의 시기로 평가된다.12 이 기간 동안 이스라엘 방위군과 국방부는 주요 무기 플랫폼의 자급자족을 최우선 정책으로 삼고, 연구개발과 대규모 자체 생산을 본격적으로 추진하였다. 이러한 노력의 대표적인 사례로는, 메르카바(Merkava) 주력 전차, 사르(Sa'ar)—4 및 사르(Sa'ar)—4.5급 미사일 함정(초기에는 가브리엘 ASCM으로 무장) 그리고 포프아이(Popeye) 공대지 미사일 및 파이톤(Python) 계열 공대공미사일을 들 수 있다. 또한, 자국 전투기 개발에도 박차를 가했다. 프랑스 다소 미라주(Dassault Mirage)—5를 기반으로 한 키피르(Kfir, 새끼 사자) 전투기를 제작하였으며(첩보 활동을 통해 얻은 기술을 활용), 이어 고유 기술로 설계한 독자적인 4세대 다목적 전투기인 라비(Lavi, 사자)를 개발했다. 이와 함께, 이스라엘은 1세대 무인 항공기(UAV) 개발에도 착수했다. 여기에는 전술정찰용 무인 항공기(예: 스카우트 및 마스티프)와 체공형 대레이더 드론(예: Harpy)이 포함된다. 이러한 연구개발 노력은 이스라엘의 방위 역량을 한층 강화하며, 독립적인 군사력 확립에 결정적인 역할을 했다.

1980년대 중반까지 이스라엘 방위산업은 절정기에 도달했다. 당시 방위산업의 자본 자산은 이스라엘 전체 산업 자산의 30%를 차지했으며, 전체 산업 부문에서 20%의 직원과 50% 이상의 과학자 및 엔지니어가 방위산업에 고용되어 있었다. 또한, 무기 수출은 이스라엘 전체 수출의 25%를 차지하며, 방위산업은 국가 경제의 핵심 축으로 자리 잡았다.[13] 그러나 1980년대 후반부터 광범위한 무기 자급자족이 지속 가능하지 않다는 점이 점차 명확해졌다. 특히, 라비 전투기와 같은 첨단 대형 무기 시스템의 개발 비용이 점점 더 큰 부담으로 작용했다. 라비 전투기의 경우, 미국이 외국군사판매(FMS, Foreign Military Sales) 프로그램을 통해 이스라엘의 연구개발 자금을 지원하던 중, 해당 프로젝트에 대한 지원을 중단하기로 결정하면서 1987년 라비 전투기 개발 프로젝트는 결국 취소되었다. 또한 냉전 종식 이후 국제 무기 시장의 변화와 판매 감소는 이스라엘이 무기 개발 및 생산 과정을 재구성하고, 방위산업의 발전 방향을 재조정하도록 만들었다. 이는 이스라엘 방위산업이 새로운 발전 궤도로 전환하는 중요한 전환점이 되었다.[14]

1980년대 중반부터, 이스라엘은 '집중된 자립(focused self−reli−ance)'*이라는 새로운 방위 정책을 도입했다. 이 정책의 핵심 목표는 이스라엘 방위산업이 이스라엘 방위군에 특화된 '전력증폭(force multiplier) 시스템'을 개발하거나, 세계 시장에서 구할 수 없는 무기체계를 개발하는 데 집중하도록 유도하는 것이었다.[15] 1987년 이후, 이스라엘의 방위산업은 기술 집약적인 '전력증폭' 시스템 개발에 주력하면서, 이를 주로 수입된 플랫폼에 통합하여 업그레이드하는 방향으로 전환되었다. 예를 들어, 메르카바 전차, 다양한 UAV, 아이언 돔 미사일 방어 시스템 등 일부 자국산 플랫폼을 제외한 대부분의 무기체계는 해외에서 도입된 플랫폼을 기반으로 최적화되었다. 이러한 전략을 통해 이스라엘 방위군의 전력은 크게 향상되었으며, 이스라엘 방위산업은 점차 특화된 제조 부문으로 변화했다. 특히, 이 접근 방식은 이스라엘이 장기적이고 진화적인 제품 개발에서 강점을 발휘할 수 있는 특정 틈새(niche) 분야에 집중하도록 유도했다. 이로 인해 자국의 핵심 기술 역량을 극대화하며, 글로벌 방위산업에서 차별화된 경쟁력을 확보하는 데 기여했다.

따라서 20세기 말까지 이스라엘 방위산업은 다양한 첨단 기술 분야에서 핵심적인 발전을 이루었다. 대표적인 분야로는 무인 항공기, 공

---

* 집중된 자립(focused self−reliance)은 완전한 자급자족을 목표로 하기보다는, 핵심적인 전력 분야에서 선택적으로 자립을 확보하는 현실적인 방위 정책을 의미한다.

대공미사일, 미사일 방어 및 로켓·포·박격포대응 시스템(C-RAM), 대전차 탄약, 장갑 차량 보호시스템, C4ISR 시스템, 전자광학 기술, 전자전 및 사이버전 시스템 등이 있다.[16] 이러한 발전은 1967년 이후 이스라엘 방위군이 첨단 기술 솔루션에 점차 더 의존하게 된 경향과 맞물려 진행되었다. 디마 아담스키(Dima Adamsky)의 주장처럼, 이러한 기술 의존은 첨단 틈새 군사기술의 지속적인 개발을 촉진하는 원동력이 되었다.[17] 또한 이스라엘 군산복합체의 발전과 민간산업과의 관계 형성에도 중요한 영향을 미쳤다.

2010년대 후반 기준, 이스라엘의 군산복합체는 약 600~700개의 기업으로 구성되어 있으며, 이들에는 현지 하청업체 및 하위 공급업체도 포함된다. 이 기업들은 무기, 탄약, 군사 장비의 개발, 생산, 통합 과정에 참여하고 있으며, 방위산업의 핵심 역할을 수행하고 있다. 또한 방위산업에 직접 고용된 노동자는 약 72,000명으로, 이는 이스라엘 제조업 및 광업 부문 전체 노동자의 약 17%를 차지했다.[18]

엘파시(Elfassy), 마노스(Manos), 티슐러(Tishler)의 연구에 따르면, 이스라엘의 군사산업(military industry) 구조는 계층적으로 조직되어 있다. 최상위 계층에는 주요 무기 플랫폼 및 군사 시스템을 개발·제조하는 7개의 핵심 산업 기업이 위치하며, 전통적인 의미의 '방위산업(defense industry)'에 해당한다.[19] 이 기업들에는 이스라엘 항공우주산업(IAI), 이스라엘 조선소, 라파엘, 엘빗, 토머,[20] 아에로노틱스(Aeronautics Ltd.) 그리고 국방부 전차 및 장갑차 부서*가 포함된다.[21] 이 중 아에로노틱스와 엘빗을 제외한 나머지는 국영기업이다. 특히,

---

* 국방부 전차 및 장갑차 부서(Tank and APC Directorate)는 국방부 산하에서 전차 및 장갑차 개발, 생산, 개량, 유지보수를 담당하는 기관이다.

엘빗은 1990년대 이후 이스라엘 민간 방위산업 부문의 상당 부분을 흡수하면서, 현재 국가 최대 방산기업으로 성장했다.[22] 이들 1차 계층의 방산기업은 이스라엘 방위산업 매출의 95% 이상을 차지하며, 군산복합체 노동력의 약 45%를 고용하고 있다. 또한, 총 32개의 연구개발(R&D) 및 생산 시설을 운영하고 있어, 이스라엘 군사기술 발전의 핵심 역할을 수행하고 있다.[23]

2차 계층에는 약 100개의 기업이 포함되며, 군용 하위 시스템과 특수 방위 제품을 개발·생산하는 역할을 한다. 주요 생산품으로는 대포와 박격포, 무기 시스템 및 전자 시스템(무기 플랫폼에 장착되는 장비), 전자광학 시스템 등이 있다. 이 기업들은 대부분 민간 소유기업으로, 1차 계층 기업보다 기술 수준은 상대적으로 낮다. 2차 계층 기업은 13,500명의 노동자를 고용하고 있으며, 방위산업 전체 노동력의 약 20%를 차지한다.

3차 계층에는 1차 및 2차 계층 기업에 하위 시스템, 부품, 또는 서비스를 공급하는 역할을 한다. 이 계층에는 약 400개의 민간기업이 포함되며, 대부분은 민간기업으로 운영된다. 주요 생산품으로는 전자 카드, 금속 주물, 소프트웨어 서비스, 전기 케이블 등이 있다. 3차 계층 기업은 약 23,000명의 노동자를 고용하고 있으며, 이는 방위산업 전체 노동력의 약 15%를 차지한다. 기술 수준은 평균적이며, 1차 계층 기업과 달리 2차 및 3차 계층 기업들은 주로 국내 시장을 대상으로 제품을 판매한다. 마지막으로, 방위산업 공급망 전반에 걸쳐 무기 및 군사 장비의 수입과 시험 및 품질 보증 서비스를 제공하는 수십 개의 기업이 존재한다.[24]

2010년대 후반 기준, 이스라엘의 연간 무기 판매액은 약 100억 달

러에 달했으며, 이 중 75~80%는 해외 고객에게 판매되었다.[25] 특히,
이스라엘의 주요 방산기업인 엘빗, 항공우주산업(IAI), 라파엘의 총 수
익 중 약 70%가 해외 고객으로부터 발생했다(그림 6-1 참조). 그 결과,
이스라엘 방위산업의 총 생산량은 국가 전체 산업 생산의 15%를 차지
했으며, 방산 수출은 이스라엘 총 수출의 13%를 구성했다.[26]

그림 6-1 IAI, Rafael, and Elbit의 시장(국내, 해외)별 매출, 2017-2019

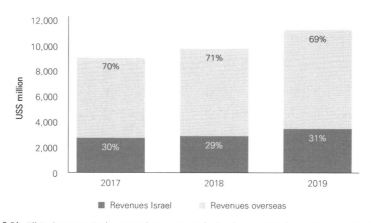

출처: Elbit Systems Ltd., Annual Report: Rafael Advanced Defense Systems Ltd.,
Annual Report: Israel Aerospace Industries Ltd., Annual Repor

　대부분 국가에서는 방위산업 매출의 주요 고객이 자국 군대이지만,
이스라엘의 경우 방위산업 매출의 대부분이 해외 수출에서 발생한다.
이는 두 가지 주요 요인 때문이다. 첫 번째 요인은 대규모 군사 R&D
예산에 대한 절박한 필요성이다. 이스라엘 방위군은 지역 적대국들에
대한 질적 우위를 유지하기 위해 지속적인 R&D 투자가 필수적이다.
표 6-1에 따르면, 이스라엘 주요 방산기업들의 R&D 지출은 자국 내
매출의 35% 이상을 차지하며, 이는 다른 국가들과 비교했을 때 매우

| 표 6-1 | 이스라엘 주요 방산기업의 R&D 지출 비율 |

구분		년도		
		2017	2018	2019
Elbit Systems	연구개발 비용(US$ 백만)	264	287	332
	이스라엘 내 매출(US$ 백만)	740	740	1,060
	이스라엘 내 매출 대비 R&D 비율	35%	38%	31%
IAI	연구개발 비용(US$ 백만)	182	180	191
	이스라엘 내 매출(US$ 백만)	830	945	1,070
	이스라엘 내 매출 대비 R&D 비율	22%	19%	18%
Rafael	연구개발 비용(US$ 백만)	198	226	236
	이스라엘 내 매출(US$ 백만)	1,160	1,160	1,135
	이스라엘 내 매출 대비 R&D 비율	17%	19%	20%

출처: Elbit Systems Ltd., Annual Report: Rafael Advanced Defense Systems Ltd.,
Annual Report: Israel Aerospace Industries Ltd., Annual Report
* Rafael의 연례 보고서는 원래 NIS(이스라엘 新세켈)로 작성되며, 미화(US$) 환산은 각 연도의 평균 환율을 기준으로 적용하였음.

높은 수준이다. 두 번째 요인은 이스라엘 방위군의 무기 구매 감소이다. 최근 몇 년간 이스라엘 방위군의 무기 구매가 감소한 가장 큰 이유는 미국의 군사지원 정책 변화 때문이다. 2016년에 체결된 '2019~2028년 미국·이스라엘 안보 지원 협정'*에 따르면, 2019년까지 미국 군사지원의 25%는 이스라엘 내 방위산업에서 사용 가능했으나, 2028

---

* 이 협정은 미국이 이스라엘에 제공하는 군사지원의 규모와 조건을 규정한 10년 간의 협정으로, 미국이 동맹국과 체결한 군사지원 협정 중 가장 큰 규모를 자랑한다. 총 지원액은 10년간 380억 달러로, 매년 33억 달러의 군사 원조(FMF)와 미사일 방어 시스템 개발 및 배치 지원이 포함된다. 이 협정은 이스라엘의 군사력을 장기적으로 보장하는 동시에, 미국산 무기 의존도를 높이는 방향으로 조정된 것으로 평가된다.

년까지 점진적으로 0%로 감소하게 된다. 이로 인해 이스라엘 방위군은 점점 더 많은 무기, 탄약, 기타 군수 물자를 미국에서 직접 구매해야 하는 상황에 놓이게 되었다. 결과적으로, 이스라엘 방위산업은 높은 R&D 비용을 감당하면서도 내수 시장 축소를 보완하기 위해 해외 수출 의존도를 점차 더욱 높이게 되었다.[27]

국내 방위 시장의 축소와 해외 고객들의 지역 무기 공급업체 선호가 맞물리면서, 이스라엘 1차 계층의 방산기업들은 해외 방위 자회사 설립 및 인수를 적극적으로 추진하고 있다. 현재 이스라엘의 주요 방산기업인 이스라엘 항공우주산업(IAI), 엘빗, 라파엘은 유럽, 북미, 남미, 아시아, 호주 등 전 세계에 다양한 형태의 해외 계열사를 보유하고 있으며, 이들 계열사는 생산, 투자, 마케팅 회사 등으로 운영되고 있다. 이스라엘 방산기업들은 해외 계열사를 통해 여러 가지 전략적 이점을 확보하고 있다. 첫째, 일부 국가에서 현지 기업에 한정되거나 우선권이 부여되는 입찰에 참여할 수 있는 기회를 얻는다. 둘째, 미국의 해외 군사판매(FMS) 프로그램을 활용하여 이스라엘 방위군에 무기를 해외에서 판매할 수 있는 유리한 위치를 차지하게 된다. 즉, FMS 프로그램을 통해 이스라엘 방위군이 미국에서 무기를 구매하는 과정에서 이스라엘 방산기업들이 미국 내 자회사나 협력사를 통해 공급업체로 등록하면, 이스라엘 방위군이 이들 해외 법인을 통해 자국 무기를 구매할 수 있는 길이 열린다. 셋째, 해외 현지 방산기업들과의 협력을 강화함으로써 글로벌 방위 시장에서의 입지를 더욱 공고히 할 수 있다.[28] 이러한 전략은 단순히 이스라엘 방위산업에만 유리한 것이 아니라, 외국 정부와 방산기업에도 긍정적인 영향을 미친다. 특히, 이스라엘 방산기업이나 군대와 공식적인 사업 관계를 맺는 것을 부담스러워하는 외국 정부나 방산기업들에게는 효과적인 우회적 해결책이 될 수 있다. 현지 자회사나 협력사를 활용함으로써, 이스라엘의 국방 프로젝트에 간접적으로 참여할 수 있는 기회가 제공되기 때문이다.

그러나 이러한 해외중심 전략만으로는 이스라엘 방위산업이 직면한 도전 과제를 해결하기에는 부족했다. 해외 시장에서 대부분의 수익을 창출하는 상황에서, 이스라엘 방산기업들은 글로벌 선도 기업들과 끊임없이 경쟁해야 했으며, 이러한 경쟁에서 계약을 확보하기 위해서는 높은 비용 효율성과 차별화된 무기 시스템 개발이 필수적이었다. 이러한 필요에 따라, 이스라엘 방위산업은 1970년대 이후 큰 변화를 겪게 되었다. 1차 계층 방산기업들은 하드웨어 및 기본적인 무기 생산을 축소하고, 정교하고 고비용이 소요되는 무기 시스템 및 '복합시스템(system-of-systems)'의 설계, 개발, 통합에 집중하기 시작했다. 이 과정에서 방위산업은 무기 시스템의 부품, 소프트웨어 모듈, 하위 시스템 등의 생산을 점점 더 하청업체에 의존하게 되었다. 반면, 방산기업들이 직접 생산하는 영역은 폭발물 및 민간에서 활용되지 않는 특수 군사 장비 등 순수 군사 제품에 집중되었다.[29] 이러한 변화는 민간기업이 방위산업의 엄격한 표준을 충족하도록 요구하는 결과를 초래했다. 그러나 당시 이스라엘의 민간산업 및 전자 기업은 이러한 방위산업 표준을 충족할 준비가 부족했으며, 이에 따라 방위산업은 여전히 무기 시스템 공급망의 상당 부분을 자체적으로 생산해야 하는 상황이었다.[30] 하지만 이후 이스라엘의 첨단 기술 부문이 급격히 성장하면서 이러한 상황은 변화하기 시작했다. 방산기업들은 민간기업을 단순한 하청업체가 아닌 최첨단 기술의 공급자로 점점 더 의존하게 되었다. 이는 민군융합(CMF)의 새로운 전환점을 마련하며, 결과적으로 방위산업

과 민간 첨단 기술 산업 간의 협력이 더욱 강화되는 계기가 되었다.[31]

  이스라엘 방위산업의 이러한 변화는 전통적인 방위산업의 연구개발(R&D) 지출 감소에서 비롯된 측면이 크다. 2016년에서 2018년 사이, 방위산업의 연구개발 지출은 NIS 77억(약 20억 달러)에서 NIS 61억(약 17억 달러)로 감소했다. 또한 이스라엘 전체 민간 연구개발 지출에서 방위산업이 차지하는 비중도 12.9%에서 8.5%로 줄어들었다(그림 6−2 참조). 이러한 데이터는 민간 첨단 기술 기업이 개발하는 민군겸용(dual use) 및 기타 방위관련 제품의 연구개발 지출을 포함하지 않는다.[32]

그림 6-2 **이스라엘, 방위산업의 R&D 지출이 민간 R&D에서 차지하는 비율, 2016-2018**

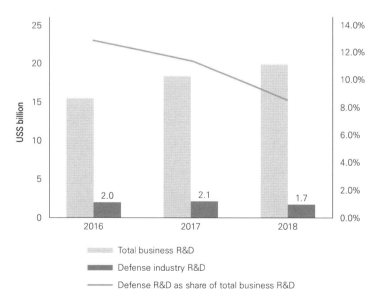

출처: 이스라엘 중앙 통계청, "Press Announcement," August 21, 2019.

즉, 이는 민간 연구개발로 분류되지만, 실제로는 방위 제품에 통합되는 기술과 제품도 상당수 존재한다는 점을 의미한다. 결과적으로, 전통 방위산업의 연구개발 지출이 감소하는 반면, 민간 연구개발에서 방위산업과 관련된 기술 및 제품의 비중은 점점 증가하는 추세를 보이고 있다. 21세기 초반부터, 이스라엘의 무기 개발 및 생산에서 민간기업, 민간기술, 공급업체, 협력자의 역할과 비중이 크게 확대되었으며, 이는 민군융합의 가속화를 초래했다. 즉, 방위산업이 기존의 독립적인 연구개발 방식에서 벗어나, 민간기술과 더욱 긴밀히 협력하는 방향으로 변화하고 있음을 보여준다.

민군융합(CMF)의 기반 조성: 첨단 기술 탐색

이스라엘 방위군(IDF)의 4차 산업혁명 기술 도입은 단순한 혁신이 아니라, 오랜 전통의 연장선에서 이루어졌다. 창설 초기부터 이스라엘 방위군은 양적 열세를 극복하고 국가 생존을 보장하기 위해 기술적 우위를 핵심 전략으로 채택해 왔다.[33] 이러한 원칙에 따라, 자국 내 무기 개발 및 생산 능력을 구축했으며, 1980년대 후반까지 이러한 역량을 확고히 정착시켰다. 이스라엘의 군사적 우위 전략은 다음과 같은 방식으로 발전해 왔다. 일부 예외를 제외하고 수입된 플랫폼에 자국의 최첨단 기술을 통합하여 성능을 업그레이드하는 방식이 주를 이루었다. 기술이 이스라엘 방위군의 전력 구축과 운영에서 점차 중요한 역할을 담당하면서 기술적 솔루션에 대한 의존도가 증가했다. 이러한 변화는 다양한 기술·군사혁신을 촉진하는 계기가 되었으며,[34] 특히 세계적 수준의 군사기술 개발로 이어졌다. 대표적인 기술 혁신 사례로는 전술 미사일, 레이더, 정찰위성, 정밀유도탄약, 사격통제 시스템, 헤드업 디스플레이(HUD) 시스템 등의 첨단 무기체계가 있다. 이러한 발전을 통해 이스라엘 방위군은 기술적 우위를 더욱 확고히 하였으며, 군사혁신 역량을 입증했다.[35]

　시간이 흐를수록, 이스라엘의 전략적 사고에서 기술의 중요성은 더욱 강조되었다. 이는 단순히 군사적 도전 때문만이 아니라, 정치적·사회적 환경이 점점 더 복잡해지고 있기 때문이다. 이스라엘은 점점 비대칭적이고 비전통적인 위협에 직면하고 있다. 본토를 겨냥한 미사일 및 로켓 공격, 적대 세력의 핵 군사 능력 개발 시도, 사이버 위협 등이 주요 안보 위협으로 떠오르고 있다. 특히, 혼잡한 도시 환경에서 활동하는 테러 및 게릴라 조직들은 드론, 센서, IT 시스템 등 상용제품을 활용해 전투력을 보완하며, 기존의 군사적 우위를 위협하고 있다. 이와 함께, 일반 국민들의 전쟁에 대한 인식도 변화하고 있다. 국민들은 정부가 안전한 환경을 제공할 것을 기대하면서도, 장기적인 점령 작전이나 대규모 인명 피해를 초래하는 전면전에 대해 점점 더 부정적인 태도를 보이고 있다.[36] 군사혁신 이론에 따르면, 21세기 초반 이후 이스라엘 군사교리의 변화는 기술 발전 그 자체보다 전략적·사회적·정치적 변화에 의해 주도되었다. 하지만 새로운 기술의 등장과 발전은 이러한 변화를 실현 가능하게 만들었을 뿐만 아니라, 이스라엘 방위군의 군사적 역량을 더욱 확장하는 데 중요한 역할을 했다. 즉, 기술은 단순한 보조 수단이 아니라, 이스라엘 방위군의 변화 속도를 가속화하고 기존 군사전략을 더욱 정교하게 구현하는 데 필수적인 요소로 자리잡았다.[37]

　2015년, 이스라엘 방위군은 '방위군 전략(Estrategiat Tzahal)'이라는 공식 군사전략 문서를 발표하며 새로운 군사교리를 공식화했다.[38] 이 문서는 이스라엘의 전략적 조건, 군사적 특성, 행동 방침을 명확히 정의한 최초의 공식 문서로, 이스라엘 방위군의 새로운 방향을 제시하는 중요한 이정표가 되었다.[39] 고위급 장교 및 군사전문가들의 분석에 따르면, 이스라엘 방위군의 전략적 기본 전제는 적이 지속적으로 전쟁을 준비하거나 수행하려는 전략적 상황을 유지할 것이라는 점이다. 이에 대응하기 위해 이스라엘 방위군은 항상 다음 두 가지 작전개념 중 하나를 수행해야 한다. 첫째, 저강도 전쟁(low-intensity warfare)이다. 이스라엘 방위군은 향후 전쟁에서 유리한 초기 조건을 조성하기 위한 활동을 수행한다. 이러한 활동은 '전쟁 사이의 작전(a campaign between wars)'으로 불리며, 적대 세력의 군사력 증강을 사전 차단하고, 이스라엘의 전략적 우위를 유지하는 데 초점을 맞춘다. 둘째, 전면전 또는 대규모 작전(a full-scale campaign)이다. 전쟁이 발발할 경우, 이스라엘 방위군은 전면적인 대응을 준비한다. 그러나 현대 전장에서 과거처럼 대규모 지상작전을 통해 적의 광범위한 영토를 점령하는 방식은 정치적으로 실행 가능하지 않다. 대신, 이스라엘 방위군은 다음과 같은 전략을 채택한다. 적 영토에 신속히 침투하여 핵심 군사 능력 및 전략적 기반 시설을 파괴하고, 이스라엘 본토에 대한 적의 공격을 사전에 무력화하는데 집중한다. 오늘날 이스라엘 방위군의 주요 적대 세력은 하마스, 헤즈블라 등과 같은 비(非)국가행위자(non-state actor)일 가능성이 크다. 이에 따라 전통적인 국가 간 전쟁과는 다른 접근 방식이 필요하다. 이스라엘 방위군은 이러한 위협에 대응하기 위해 정밀타격 능력과 정보전을 활용하여, 비(非)국가행위자의 위협을 효과적으로 무력화하는 전략을 중점적으로 개발하고 있다.

이스라엘 방위군은 정밀하고 치명적인 원거리 대규모 화력중심의 전투 방식을 강조한다.[40] 이를 효과적으로 실행하기 위해서는 적의 병력, 자산, 기반 시설에 대한 정확한 최신의 정보를 확보하고 분석한 후, 이를 신속하게 현장 부대에 전달하는 능력이 필수적이다. 또한 정밀하고 강력한 다양한 유형의 화력을 활용하여 적을 신속히 무력화하고, 적의 거점을 신속히 돌파하며, 병력을 추적 및 파괴하는 능력을 중시한다. 이와 동시에, 민간 방어체계 ― 특히 민감한 통신 인프라와 사이버 공간 같은 핵심 자산 ― 를 보호하는 역량도 필수적이다.[41] 이러한 전략을 효과적으로 실행하기 위해 이스라엘 방위군은 공군, 고도로 훈련되고 첨단 장비를 갖춘 특수부대, 정보부대, 전략 방어 및 미사일 방어 시스템, IT 및 사이버 전력, 군수부대 그리고 이러한 전력을 유기적으로 연결하고 운영하는 C4ISR 시스템을 운용하고 있다. 이러한 요소들은 이스라엘 방위군이 현대 전장에서 복잡한 전략을 효과적으로 실행할 수 있도록 지원하며, 군사적 우위를 유지하는 핵심 기반이 된다.[42]

이러한 배경 속에서 이스라엘 방위군은 4차 산업혁명 기술을 전쟁 준비와 수행 과정에 적극적으로 통합하고 있다. 이스라엘 방위군의 공식 발표, 국방부 입찰 자료, 언론 보도에 따르면, 이스라엘 국방기관은 다양한 첨단 기술의 획득, 개발, 배치에 활발히 참여하고 있으며, 특히 다음과 같은 4차 산업혁명 기술에 깊은 관심을 보이고 있다. 로봇기술, 다중센서 자율 차량, 나노기술 및 나노소재, 첨단 센서와 감지기술, 사물과 사람을 연결하는 네트워킹, 인공지능(AI), 인간 능력 강화 기술, 전자기 펄스(EMP) 무기, 양자 기술 등에 주목하고 있다.[43] 이스라엘 방위군은 2000년대 중반부터 본격적으로 4차 산업혁명 기술을 활용한 첨단 시스템을 도입하기 시작했다. 대표적인 사례로, 2006년 이스라엘 방위군은 '디지털 지상군(DGA, Digital Ground Army)'이라는 고급 지휘 통제 시스템을 배치했다. 이 시스템은 현장 및 참모 지휘관에게 실시간 전장 데이터와 정보를 제공한다. 주요 기능은 아군 및 적군의 위치 실시간 표시, 아군에 대한 위협 분석과 공격 수단 추천, 부대 간 통신 문제 감지 및 자동 복구 등이다. 이 시스템은 지속적으로 업그레이드되었으며, 최근에는 '샤케드 전투 시스템(Shaked Warfare System)'이라는 최첨단 전투 시스템으로 발전했다. 이 시스템은 맞춤형 안드로이드 스마트폰과 디지털 시계로 구성되어 있으며, 전장에서의 지휘·통제 및 전투 수행 능력을 극대화하는 역할을 한다. 주요 기능은 디지털 청(靑)·적(赤) 지도를 활용해 전장 지휘 및 전투를 조율하며, 적군 및 지형 상태에 대한 경고 및 업데이트를 제공하고, 작전 수행에 적합한 전투 차량을 추천하며, 목표 지점까지 도보 이동 가능 여부를 분석하고, 스마트폰을 활용한 목표 플래그 지정 및 실시간 추적하는 것이다. 이러한 기술들은 이스라엘 방위군의 전쟁 준비와 작전 수행 방식의 핵심 요소로 자리 잡았으며, 현대 전장에서의 기술적 우위를 더욱 강화하는 데 중요한 역할을 하고 있다.[44]

　이스라엘 방위군의 4차 산업혁명 기술 배치는 단발적인 시도가 아니라, 지속적이고 전략적인 과정으로 진행되고 있다. 2010년대에 접어들면서, 이스라엘 방위군은 4차 산업혁명 기술이 전력 증강의 핵심 요소가 될 것임을 인식하고, 이에 대한 투자와 연구를 확대해 왔다. 특히, 고급센서 및 다중센서 시스템, 대규모 데이터베이스 및 정보분석 기술, 인공지능(AI) 및 머신러닝, 사물인터넷(IoT) 및 네트워크 기술, 첨단 에너지 보존 및 관리 기술 등의 첨단 기술을 조합하여 군사작전의 효과를 극대화하는 데 주력하고 있다. 2017년, 이스라엘 방위군 내 C4ISR 및 사이버방어국(Lotem)의 ICT 개발 부대장은 다음과 같이 언급했다. "이스라엘 방위군은 모든 차원에서 다중 센서 기계와 같다. 이는 우수한 네트워크 학습 능력을 가진 컴퓨터 시스템부터 전차에 이르기까지 적용되며, 우리의 과제는 이러한 정보에서 최대한의 이익을 얻는 것이다."[45] 이 발언은 이스라엘 방위군이 4차 산업혁명 기술을 단순한 보조 수단이 아니라, 작전 수행의 핵심 요소로 간주하고 있음을 명확히 보여준다. 특히, 이 같은 언급이 준장급 고위 장교에 의해 이루어졌다는 점은, 이스라엘 방위군이 기술 혁신을 조직적 차원에서 전략적으로 추진하고 있음을 시사한다.

　이스라엘 방위군의 4차 산업혁명 기술 도입과 통합 과정에서 여러 중대한 도전 과제가 발생하고 있다. 이 책에서 모든 문제를 다루기는 어렵지만, 특히, 개인적 차원과 조직적 차원에서 발생하는 도전 과제는 이스라엘 방위군과 밀접한 관련이 있다. 먼저, 개인적 차원의 도전 과제는 병사와 지휘관의 인식과 태도에서 비롯된다. 이들 중 일부는 새로운 기술에 대해 회의적이거나, 인공지능(AI) 기반 의사결정 지원 시스템에 의존하는 것을 꺼리는 경향이 있다. 또한, 정교한 디지털 장비를 효과적으로 운용하기 위해 필요한 특별 훈련 역시 중요한 과제로 떠 오른다. 첨단 장비에 대한 과도한 의존이 기본 군사기술과 이스라엘 방위군의 핵심 가치를 약화시킬 수 있다는 우려도 존재한다. 대표적인 사례로, 이스라엘 방위군은 오랫동안 지휘관이 직접 부대를 이끌고 전투에 참여하는 'follow me' 정신과, 인간이 기술보다 우위에 있다는 '전차에 탄 사람이 승리한다(the man in the tank will win)'라는 신념을 중시해 왔다.[46] 그러나 2006년 레바논 전쟁 당시, 일부 현장 지휘관들이 첨단 정보 및 통신 시스템을 활용하여 후방에서 부대를 지휘한 사실이 밝혀지며 강한 비판을 받았다.[47] 이 사건은 기술이 전투 현장의 리더십을 약화시킬 수 있다는 논란을 더욱 증폭시켰다. 이러한 문제를 고려하여, 이스라엘 방위군은 전투 부대에 첨단 장비를 도입할 때마다, 다음과 같은 원칙을 강조하고 있다. "첨단 장비는 기본 군사 역량을 대체하는 것이 아니라, 보완하는 역할을 해야 한다."[48] 즉, 기술은 군사력 강화의 도구일 뿐, 전장의 인간적 요소를 약화시켜서는 안 된다는 철학을 유지하는 것이다. 결국 이스라엘 방위군은 기술 발전과 군의 전통적 가치 사이에 균형을 유지하는 방향을 모색하고 있다.

조직적 차원에서, 이스라엘 방위군은 전쟁을 일상적으로 수행하는 군사 조직임에도 불구하고, 종종 "크고, 보수적이며, 계층적인 조직"으로 묘사된다. 이러한 특성은 새로운 기술 도입과 혁신에 대한 위험을 감수하지 않으려는 경향으로 이어진다.[49] 초대 미사일방어국장인 우지 루빈(Uzi Rubin)은 이에 대해 다음과 같이 비판했다. "이스라엘 방위군은 대규모 조직이며, 기존의 전력 구축과 운영 계획에 급격한 변화를 초래할 가능성이 있는 새로운 대규모 기술 프로젝트를 본능적으로 거부하는 경향이 있다."[50] 이스라엘 방위군은 이러한 보수적인 조직 문화를 극복하는 동시에, 새로운 기술이 충분히 안전하고 신뢰할 수 있음을 보장해야 하는 균형점을 찾는 데 어려움을 겪고 있다. 한 고위 장교에 따르면, 이스라엘 방위군은 몇 가지 예외를 제외하고는 새로운 트렌드를 따르지 않는 경향이 있으며, 기술 수명주기의 초기 단계에 있는 기술 중 지나치게 혁신적이지 않은 것들을 선호하는 경향이 있다.[51] 그러나 급변하는 군사 환경에서 이러한 선택적 접근 방식에는 한계가 존재한다. 실제로, 이스라엘 방위군 전략 문서는 "급속한 기술

적 변화와 군사기술의 빠른 소모"*를 이스라엘의 전략적 환경에서 가
장 중요한 도전 과제 중 하나라고 명시하고 있다.52 이스라엘 방위군은
이러한 현실을 고려하여 보수적인 조직 문화와 신기술 도입 사이에서
최적의 균형점을 모색해야 하는 과제를 안고 있다.

　이러한 도전에도 불구하고, 4차 산업혁명 기술은 이스라엘 방위군
의 각 군종과 부서에 점차 널리 도입되고 있다. 하지만, 이러한 기술을
군대 내에 통합하는 과정에서 가장 중요한 질문 중 하나가 '공급원의
문제'이다. 물론, 이스라엘 방위군과 국방기관은 자체 연구개발 부서
를 운영하며 4차 산업혁명 기술과 관련된 다양한 개발을 성공적으로
진행해 왔다. 대표적인 연구·기술 부대로는 정보부대인 8200 부대 및
81 부대,† 지상군의 기술 및 전장 시스템 개발 부대, 공군의 소프트웨
어 개발 부대인 Ofek 324 그리고 외부 및 내부 정보기관(모사드
(Mossad)와 신베트(Shin Bet)의 기술 부서가 있다.53 그러나 4차 산업혁
명 기술은 점점 더 새로운 과학 분야와 고도화된 기초 연구를 포함하
며, 그 발전 속도가 빠르게 가속화되고 있다. 이에 따라, 이스라엘 방
위군과 방위산업이 이러한 기술을 독립적으로 개발하여 기술 격차를
해소하는 것이 점점 더 어려워지고 있다. 이러한 현실을 인식한 이스
라엘 방위군과 국방기관은 민간 부문과의 협력을 적극적으로 모색하
고 있으며, 내부 개발과 외부 기술 의존 간의 적절한 균형을 유지하는
것이 핵심 과제라고 판단하고 있다.54 이와 관련, 군사 연구개발(R&D)

---

* 새로운 위협이 등장할 때마다 기술적 대응이 필수적이지만, 군사기술의 발전 속도는 매우
　빠르게 진행되며, 신기술이 도입될수록 기존 기술이 빠르게 구식화되어 소모 속도도 더욱
　가속화된다.
† Unit 8200은 신호정보(SIGINT), 사이버전, AI 기술 연구, Unit 81은 특수 작전을 위한 첨
　단 기술 개발을 담당한다.

부대의 사령관은 "중요한 것은 우리의 상대적 우위이다. 우리는 민간 부문에서 구매해야 할 것과 우리가 직접 개발해야 할 것의 경계가 어디인지 끊임없이 고민한다"라고 언급했다.[55] 이는 이스라엘 방위군이 완전한 기술 독립을 목표로 하기보다는, 민간기술을 적극 활용하면서도 군사적 요구를 충족할 수 있는 독립적 개발 역량을 유지하는 전략을 채택하고 있음을 시사한다. 즉, 이스라엘 방위군과 국방기관은 민간 부문과의 협력을 통해 기술 격차를 해소하는 동시에, 군사적 요구를 충족할 수 있는 자체 개발 역량을 유지해야 하는 복합적인 과제에 직면해 있다.

민군통합(CMI)에서 민군융합(CMF)으로

이스라엘은 민군통합(CMI)이나 이후의 민군융합(CMF)을 민간 및 방위산업 발전을 촉진하기 위한 공식적인 정책으로 명문화하지 않았다. 그러나 공식적인 정의가 존재하지 않음에도 불구하고, 민군통합 관행은 이스라엘의 초기 군사 및 민간 개발 과정에서 중요한 요소로 자리 잡았으며, 이는 이후 민군융합으로 발전하는 토대를 마련했다.

이스라엘에서 민군통합이 자연스럽게 발전할 수 있었던 주요 요인 중 하나는 민간 부문과 군사 부문 간의 낮은 장벽이었다. 이스라엘 방위군 창설 이전의 군사 조직들은 민간 사회와 긴밀히 상호작용하며 형성되었으며, 특히 농촌 정착민들에 의해 운영되었다. 초기 군사 조직들은 농업과 건설 작업을 수행하면서 동시에 경비 임무를 담당했으며, 이스라엘 독립 투쟁 기간 동안 지하 민병 조직으로 변모했다. 이 과정에서 키부츠(kibbutz)와 같은 집단 농촌 공동체는 민군협력의 중요한 거점이 되었다. 키브츠는 민병 조직의 훈련 기지 제공, 불법 무기와 탄약 은닉, 불법 이민자 보호 장소 제공 등의 역할을 수행했다. 도시 지역에서도 민병 조직과 민간인의 협력은 다양한 방식으로 이루어졌다. 개인 주택, 아파트, 자동차가 불법 무기와 지하 조직원들을 운송하거나 숨기는 데 사용되었고, 공공 건물과 기관은 모집 및 훈련 기지로 활용되었으며, 민간 작업장과 공장은 지하 무기생산 시설로 운영되었다.[56] 이러한 민간 부문과 군사 조직 간의 협력 구조는 이스라엘의 민군 협력 모델이 자연스럽게 발전하는 기반이 되었으며, 이후 민군통합에서 민군융합으로의 전환을 촉진하는 중요한 요인이 되었다.

이스라엘 건국 이후, 방위 부문과 민간 부문 간의 협력은 형태와 내용에서 변화했지만, 여전히 긴밀하게 유지되었다. 이러한 협력 관계는 이스라엘의 국가안보전략뿐만 아니라, 경제 및 사회 발전에도 중요한 영향을 미쳤다. 이스라엘의 민군 관계를 연구한 우디 레벨(Udi Lebel)은 다음과 같이 주장했다. "군대의 책임은 전통적인 안보 작전의 범위를 넘어, 이스라엘인의 일상생활 모든 측면에까지 영향을 미쳤다. 이는 정착촌, 교육, 언론, 이민자 정착, 교통, 도시 건설까지 포함된다."[57] 이스라엘 방위군의 민간 부문에 대한 깊은 관여와 마찬가지로, 민간 부문 역시 국가 방위와 군대에 밀접하게 협력했다. 특히, 국가 경계 지역에 민간 정착촌을 설립하는 것은 이스라엘의 영토적 주장을 정치적·전략적으로 확립하는 역할을 했다. 이를 위해 이스라엘 방위군 총참모부 작전부서 내에 민간 정착촌을 담당하는 부서가 설립되었다.[58] 이 정착촌들은 무장 민간 경비 부대를 운영하며 지역 군사 지휘부와 긴밀히 협력했다. 이러한 협력은 민군 관계를 더욱 공고히 하며, 이스라엘의 안보와 영토 정책에서 중요한 역할을 수행했다.

민간 부문이 국가 방위에 기여한 것처럼, 방위 부문 역시 민간경제 발전에 중요한 역할을 수행했다. 1960년대 후반, 방위산업의 급속한 성장은 당시 경제 불황을 겪던 이스라엘의 경제 회복에 핵심 동력이 되었다. 방위산업은 국가 주변부와 저개발 지역에 고용 기회를 제공하고, 새롭게 이민온 과학자와 엔지니어들에게 일자리를 창출했으며, 첨단 기술 산업의 토대를 마련하고, 이스라엘 산업의 전반적인 수준을 향상시켰다. 그 결과, 1965년에서 1975년 사이 금속 및 전자산업에서 주변부 지역에 고용된 노동자의 비율은 전체 노동력의 14%에서 22%로 증가했다. 또한, 1960년대 후반에서 1980년대 초반 사이, 이스라엘 전체 산업 생산에서 전자, 항공 제품 그리고 광학·정밀 기기 부문이 차지하는 비중은 6%에서 24%로 급증했다.[59] 이러한 발전을 이끈 주요 요인으로는 방위산업의 성장과 민간산업과의 연계 강화가 꼽힌다.

군대 생활과 민간 생활을 잇는 중요한 연결 고리는 의무 군복무와 예비군 복무이며, 이는 많은 이스라엘 국민이 부담하는 의무이다. 의무 군복무는 대부분의 유대인 남성과 여성을 대상으로 하며, 드루즈(Druze)와 일부 아랍 소수 민족도 포함된다. 남성의 복무 기간은 2년 반에서 3년이다. 여성은 약 2년이며, 장교나 특수 전투 또는 전문 직책에서 복무하는 경우에는 기간이 더 길다. 직업 군인이 되는 경우, 일반적으로 40대 중반까지 군 복무를 이어간다. 군 복무를 마친 후에도 퇴역 군인들은 예비군 복무를 수행하거나, 현역 군인이나 군 출신 인사들과의 관계를 통해 군과의 연결을 유지하는 경우가 많다.[60] 이러한 공동 군복무 경험은 이스라엘 사회에서 사회적·직업적 네트워킹의 중요한 기반으로 작용한다. 특히, 40대~50대 초반에 민간 부문으로 전환하는 직업 군 장교들은 공공 부문이나 민간 부문의 중간 또는 고위 경영직에 진출하는 경우가 많다. 이들은 군에서 습득한 전문지식, 가치, 협력 기법을 민간 조직에 도입하는 역할을 하며,61 퇴역 군인과 예비군 병사들은 이스라엘 방위군과 이스라엘 민간 과학 및 산업 부문을 연결하는 중요한 다리 역할을 수행한다. 결과적으로, 군복무는 단순한 국방 의무를 넘어, 이스라엘 사회의 다양한 부문과 긴밀히 연결되며, 민군 협력의 발전에 핵심적인 기여를 하고 있다.

민·군 과학 및 산업 관계
Civil—Military Scientific and Industrial Relations

이스라엘의 민간 부문과 군사 부문 간의 긴밀한 관계는 과학 연구 및 첨단 기술 분야에서도 활발히 이루어져 왔다. 독립 이후, 이스라엘 방위군과 국방부는 지속적으로 이스라엘의 대학 및 과학자들과 협력해 왔다. 1948년, 이스라엘 건국을 앞두고 국가 지도부는 '군사 과학 조직'*의 기초를 마련했으며, 이는 1950년대 초 국방부의 연구개발 (R&D) 부서로 발전한 후, 라파엘로 재편성되었다. 이 부서는 히브리 대학의 교수들과 학생들에 의해 설립되었으며, 이스라엘의 군사 연구 개발 체계의 초석을 다졌다.62 이후 주요 과학자들이 총리와 국방부 장관에 의해 과학 고문으로 임명되었으며, 이들은 국방부 및 이스라엘 방위군과 긴밀한 협력 관계를 유지하며, 국방관련 과학 위원회에서 활동하며, 다양한 군사 연구개발 프로젝트에 참여했다. 이러한 협력은 이스라엘 방위군의 질적 우위를 유지하는데 중요한 역할을 했다.

현재에도 이스라엘의 학계와 군사 부문 간의 협력은 강력하게 유지

---

* Military science service는 군사적 요구에 맞춰 과학적 연구와 기술적 해결책을 제공하는 부서나 조직을 의미한다.

되고 있다. 물론 모든 학자들이 군사 부문과 협력하는 것은 아니다. 일부 과학자들은 전문적 고려, 이념적 신념, 또는 관심 부족 등의 이유로 국방관련 프로젝트에 참여를 피하고 있다. 그러나 상당수 학자들은 국방부 과학위원회에서 활동하거나 국방부의 보조금을 지원받아 국방 프로젝트에 참여하면서 국방 시스템과의 긴밀한 연계를 유지하고 있다. 또한 예비군 복무 일환으로 군사 연구개발에 참여하는 사례도 많다. 이스라엘은 이러한 협력을 증진하기 위해 다양한 플랫폼과 메커니즘이 구축해 왔다. 그 중 대표적인 사례로 '아투다 아카데밋(Academic Reserve)'제도가 있다. 1950년대 도입된 이 제도는 군사 모집 트랙을 통해 매년 약 1,000명의 우수한 고등학교 졸업생에게 군 복무를 시작하기 전에 대학에서 학업을 마칠 수 있는 기회를 제공한다. 대부분의 이스라엘 고등학생은 졸업 후 바로 의무 군복무를 시작하지만,[63] '아투다 아카데밋' 참여 학생들은 먼저 대학 학업을 마친 후, 학문적 배경과 밀접한 군사 직책에 배치된다. 또한 미래 군사기술 동향을 예측하는 '학술 연구소(academic units)'가 운영되고 있다. 대표적인 사례로 텔아비브대학교의 '기술·사회 예측 연구소'가 있다. 이 연구소는 1970년대 초, 국방부 연구개발 부서의 재정 지원을 받아 설립되었으며, 최신 과학 발전을 추적하고, 국가 방위와 연관된 미래 기술 동향을 예측하는 역할을 수행한다.[64] 연구소의 주요 연구 주제는 신기술로 인한 테러 위협, 나노 및 바이오 기술 기반의 신소재, 음향 은폐 기술, 첨단 복합 소재 등이 포함된다.[65] 이러한 프로젝트들은 이스라엘 국방 시스템이 첨단 기술을 효과적으로 통합하기 위한 지속적인 노력을 보여준다.

이스라엘의 민군통합(CMI)과 이후 민군융합(CMF)을 주도한 가장 중요한 동력은 국방기관과 현지 첨단 기술 산업 간의 긴밀한 관계였다.

1980년대 중반까지, 군사·산업 부문은 이스라엘에서 가장 크고 선도
적인 산업 분야로 자리 잡았으며,**66** 이는 민간, 공공, 국영기업을 포함
한 다양한 민간기업에도 큰 영향을 미쳤다. 민간기업들은 이스라엘 방
위산업의 공급업체 및 하청업체로 역할을 수행하는 것에 그치지 않고,
군사기술을 민간 제품으로 전환하는 스핀오프 과정을 통해 민간산업
발전을 촉진하는 데도 기여했다. 민간·군사·산업 통합(civil－mili－
tary－industrial integration)*은 단순히 방위산업의 공급망 역할에 국한
되지 않았다. 예를 들어, 이스라엘 항공우주산업(IAI)은 1950년대부터
민간 항공기와 항공기 엔진의 유지보수 및 수리 서비스를 제공해 왔
다. 1960년대 초반부터 군사 제품 개발에서 얻은 기술 노하우를 활용
하여 소형 제트비행기인 '비즈니스 제트'를 설계·제조하였다. 또한,
1980년대 초 라파엘은 군사기술을 민간 제품으로 전환하기 위해 갈람
(Galram)이라는 자회사를 설립하였다.**67** 이후, 다른 방산기업들도 민
간 자회사를 설립하거나 기술을 활용해 민간 제품을 개발하는 스타트
업 기업에 투자하였다. 예를 들어, 라파엘과 민간기업 엘론 전자산업
은 협력하여 라파엘의 기술을 활용한 캡슐 내시경 시스템을 개발했으
며, 이는 이후 지븐 이미징(현재 메드트로닉)에 의해 상용화되었다.**68** 이
러한 사례들은 이스라엘 방위산업과 첨단 기술 산업 간의 긴밀한 연계
가 민군통합과 민군융합을 어떻게 촉진했는지를 잘 보여준다.
　또 다른 유형의 민간·군사·산업 통합은 방산기업에서 출발한 회사
들이 민간 제품 제조로 전환한 경우이다. 처음에는 방위 제품을 중심

* 민간·군사·산업 통합은 민간 부문, 군사 부문 그리고 방위산업 부문 간의 협력을 통해 기
  술, 인력, 자원, 인프라를 공유하고 상호 발전을 촉진하는 개념이다. 이는 군사기술과 민간
  기술의 경계를 허물어, 국방 역량을 강화하는 동시에, 민간산업의 성장과 혁신을 촉진하는
  것을 목표로 한다.

으로 운영되던 기업들이 점차 민간 제품 제조로 사업을 확장했으며, 일부 기업들은 여전히 국방 시스템을 핵심 사업 요소로 유지하면서 민군통합의 구조를 지속하고 있다.[69] 그러나 이스라엘의 주요 방산업체들은 민간 제품을 주요 사업 분야로 전환하는 데 있어 큰 성공을 거두지 못했다. 민간산업으로의 전환 시도는 대부분 부차적인 수준에 머물렀으며, 핵심 사업 모델로 자리 잡지는 못했다.[70]

이스라엘의 첨단 기술 부문은 초창기부터 국방기관과 밀접하게 연계되어 왔으며, 이는 기술 스핀오프의 대표적인 사례이자 민군통합의 핵심 요소로 자리 잡았다. 특히, 이스라엘 최초의 주요 첨단 기술 기업들 중 상당수가 군사기술 부대 출신들이 설립했으며, 전자 및 IT 산업을 중심으로 성장하면서 이스라엘 첨단 기술 산업의 기반을 구축했다. 예를 들어, 엘론 전자산업과 여러 첨단 기술 기업을 설립한 우지아 갈릴(Uzia Galil)은 과거 해군의 전자 시스템 연구개발 부서를 이끌었던 인물이다. 또한, RAD－Bynet 그룹을 설립한 조하르(Zohar)와 예후다 지사펠(Yehuda Zisapel)은 정보부대의 기술 부서에서 근무했으며, 조하르는 해당 부서를 지휘한 경험이 있다. Scitex*를 설립한 에피 아라지(Efi Arazi)는 공군 기술학교에서 교육을 받고, 공군에서 혁신적인 레이더를 설계했던 경험을 보유하고 있다. 이들 기업은 이후에도 이스라엘 방위군 출신 인재들을 적극적으로 채용하며, 국가 첨단 기술 산업의 중추적인 역할을 수행했다. 또한 자회사를 설립하고 스타트업에 투자하면서, 직원과 경영진은 이스라엘 첨단 기술 산업을 이끄는 주요 기업가로 성장했다. 이후 Check Point Software Technologies[†]와

---

* Scitex는 디지털 인쇄 및 이미지 처리 기술 분야에서 이스라엘의 기술력을 세계에 알린 기업으로, 인쇄와 그래픽 디자인 분야에서 혁신적인 솔루션을 제공하였다. 1994년 HP(휴렛팩커드)에 의해 인수되었다.

Gilat Satellites*와 같은 주요 첨단 기술 기업들도 비슷한 배경에서 출발하여, 이스라엘 첨단 기술 부문에 큰 영향을 미쳤다.[71]

이스라엘의 민군 관계는 단순히 군사적 배경을 가진 기업가와 직원들의 참여를 넘어, 첨단 기술 부문의 발전에 중요한 영향을 미쳤다. 그 중에서도 1970년대에 설립된 이스라엘 산업연구개발 센터(MATIMOP)는 이스라엘 첨단 기술 산업의 도약을 가져온 중요한 기관이었다. 이 기관은 당시 상업·산업부(후에 경제·산업부로 변경) 산하의 정부 조직으로, 산업 연구개발(R&D) 지원을 목표로 설립되었다. 2016년, MATIMOP는 이스라엘 혁신청(Israel Innovation Authority)으로 개편되었으며, 현재 현지 첨단 기술 기업들에게 연구개발 활동을 재정적으로 지원하는 역할을 수행하고 있다. 설립자인 이츠하크 야아코브(예비역 준장)는 이스라엘 방위군에서 무기·장비 개발 부서를 지휘한 경력을 가지고 있으며, 설립 과정에서 핵심적인 역할을 수행했다. 그는 과거 이스라엘 방위군에서 함께 일했던 기업가들과 협력했으며, 당시 이스라엘 대통령이었던 에프라임 카지르의 지원을 받았다. 에프라임 카지르는 이전에 국방부의 수석 과학자로 근무한 경험이 있으며, 조직 설립에 중요한 기여를 했다.[72]

이러한 환경 덕분에 이스라엘의 첨단 기술 부문은 빠르게 성장하며, 최첨단 기술의 중심으로 자리 잡았다. 특히 이들 기술 중 상당수는 군사 분야와 밀접한 관계를 맺고 있으며, 방위산업과의 협력을 통해 더욱 발전하고 있다. 2020년대 초반, 이스라엘의 혁신적인 첨단 기술 산

---

† 이스라엘의 사이버 보안 전문기업으로, 전 세계적으로 보안 솔루션을 제공한다.
* 이스라엘의 위성 통신 및 네트워크 솔루션 기업으로, 전 세계적으로 위성 기반의 통신 서비스를 제공한다

업에는 약 5,000개의 스타트업이 존재하며, 매년 600개 이상의 신규 기업이 설립되고 있다. 이는 인구 대비 세계에서 가장 높은 수준이다.[73] 2017년, 이스라엘의 연구개발(R&D) 투자 비율은 GDP의 4.2%에 달하며, 세계에서 두 번째로 높은 수준으로 평가되었다. 이러한 투자 환경은 이스라엘을 글로벌 첨단 기술 및 경제 네트워크와 긴밀히 연결하는 데 기여하고 있다.[74] 2016년에는 이스라엘 주요 첨단 기술 기업들의 수익 중 87%가 수출에서 발생했으며, 2017년에는 전체 첨단 기술 투자액의 77%가 외국 투자로 이루어졌다. 지난 수십 년 동안 인텔, 애플, 구글, 마이크로소프트, 페이스북, IBM, 도시바, 화웨이, 삼성, 포드, 제너럴 모터스, HP, 필립스 등 350개 이상의 다국적 기업들이 이스라엘에 연구개발 센터를 설립했다.[75]

이러한 국제적 연계는 이스라엘 첨단 기술 기업들이 최신 기술 발전과 밀접하게 연결되어 4차 산업혁명 기술을 군사 분야에 더욱 효과적으로 적용할 수 있도록 돕고 있다. 특히 민군겸용기술이나 군사관련기술이 포함된 경우, 많은 유럽 기업들은 방위산업과 직접 협력하는 대신 이스라엘 민간기업과 협력하는 방식을 선호한다. 이는 정치적·외교적 부담을 줄이는 효과가 있기 때문이다.[76] 일부 서방 국가의 첨단 기술 기업들은 정치적 또는 이념적 제약으로 인해 국방 프로젝트에 직접 참여하는 것이 어렵지만, 이스라엘 기업들은 국방기관과 협력하는 데 있어 제약이 거의 없다. 이는 이스라엘 방위군의 강력한 전문적 이미지 덕분이며, 국방 프로젝트 참여는 기업의 신뢰도를 높이고, 글로벌 투자 유치에도 긍정적인 영향을 미치기 때문이다. 2006년 연구에 따르면, 이스라엘 방위군에 기술을 공급하는 것과 스타트업의 투자 유치 성공률 사이에는 긍정적인 상관관계가 확인되었다.[77] 2018년 기준

으로, 이스라엘에는 약 700개의 방위산업관련 기술 기업들이 존재했
다.[78] 즉, 방위산업과의 협력은 단순한 기술 발전을 넘어, 기업 성장과
글로벌 투자 유치에도 중요한 요소로 작용하고 있다.

　이스라엘 첨단 기술 기업들이 4차 산업혁명 기술 개발을 확대하면
서, 민군융합의 잠재력도 더욱 강화되고 있다. 2018년 기준, 이스라엘
에는 최소 230개의 스타트업이 인공지능(AI), 로봇공학, 사물인터넷
(IoT), 빅데이터, 에너지, 운영 최적화 기술, 자율 주행 차량 및 드론,
나노기술 등 핵심 4차 산업혁명 기술에 집중하고 있었다. 이 중에서도
가장 주목받는 분야는 인공지능(AI) 기술이었다.[79] 이러한 기술혁신은
단순한 시장 수요뿐만 아니라, 정부와 학계의 주도적 정책과 투자 덕
분에 가능했다. 특히, 2000년대 후반과 2010년대 초반, 이스라엘은 사
이버 보안 분야에서 세계적인 리더가 되기 위해 집중적으로 노력했다.
이를 위해 다양한 학술 연구 프로그램과 센터를 설립하고, 학계와 산
업 간 협력을 적극적으로 촉진하였다. 현재, 양자 컴퓨팅과 AI 분야에
서도 이와 유사한 발전이 이루어지고 있다.

　2014년, 이스라엘 공과대학 테크니온(Technion)과 고등교육위원회
(Council for Higher Education)는 양자 컴퓨팅을 국가 우선 과제로 지정
하는 결의안을 통과시켰다.[80] 이 결의안은 이스라엘 하이테크 협회
(High‒Tech Association)의 권고와 일치하며, 디지털 헬스케어, 로봇공
학과 함께 양자 컴퓨팅을 정부 투자를 통해 육성해야 할 핵심 기술 분
야로 지목했다.[81] 2018년 5월, 베냐민 네타냐후 당시 총리는 국가 과
학기술 프로그램의 일환으로, 이스라엘이 양자 기술 개발에 착수할 것
임을 공식 발표했다.[82] 그 결과, 2018년 기준으로 약 800명의 연구자
가 양자 컴퓨팅 분야에 참여하고 있으며, 이스라엘의 8개 연구 대학 중

5곳에 관련 연구 센터가 설립되었다.[83]

동시에, 이스라엘 정부는 인공지능(AI) 연구개발을 국가 차원에서 촉진하며, 이를 첨단 기술 산업과 국가 방위의 핵심 요소로 육성하고 있다. 2018년, 총리가 주재한 논의 이후, 국방부 국방연구개발국 (DDR&D)*과 국가사이버국의 전직 수장들이 이끄는 임시 위원회가 국가안보 강화를 위한 AI전략을 수립했다. 이 계획은 고급 AI 인프라 와 역량 개발에 중점을 두었으며, 이스라엘이 AI 분야에서 세계 5대 선도국 중 하나로 자리 잡기 위해 집중적인 노력이 필요하다는 결론을 도출했다.[84] 이 보고서가 제출된 지 3개월 후, 학계·국방부·민간 전 문가들로 구성된 또 다른 위원회가 인공지능(AI)이 이스라엘 학계, 산 업, 국가 인프라에서 차지해야 할 중요성을 강조하는 종합 보고서를 발표했다. 이 보고서는 특정 군사적 응용보다는, 국가안보 전반에 걸 쳐 다양한 방식으로 AI를 활용할 방안을 제시했다. 예를 들어, 국가 인 프라 보안 및 AI 제품의 수출 통제 문제 등도 포함되었다.[85] 결과적으 로, 이스라엘은 AI를 국가전략적 자산으로 육성하며, 이를 국가안보와 첨단 기술 산업의 핵심 축으로 발전시키고 있다.

민군융합(CMF)의 구현

이스라엘은 민군융합(CMF)에 유리한 환경을 갖추고 있다. 첨단 민 간기술에 대한 군사적 수요와 공급이 모두 높고, 국가의 경제적·사회 적 특성이 두 부문 간의 장벽을 낮추며 상호작용을 촉진하기 때문이

---

* 국방연구개발국(DDR&D, Directorate of Defense Research & Development, MAF A'T)은 이스라엘 국방부 산하의 연구개발(R&D) 기관으로, 국방기술 개발, 신기술 도입, 방 위산업 협력 및 국방혁신을 총괄하는 조직이다.

다. 그러나 이러한 유리한 조건에도 불구하고, 민군융합은 여전히 여러 장애물에 직면해 있다.

앞서 언급했듯이, 이스라엘은 아직 민군융합에 대한 개념, 의도, 목표를 명문화한 공식 문서를 발표하지 않았다. 대신, 다양한 이니셔티브와 준(準)공식적인 발표 및 분석을 통해 그 방향성을 유추할 수 있다. 대표적인 사례로, 국방연구개발국(DDR&D)의 부서장인 니르 할라미쉬(Nir Halamish) 장군이 2017년에 발표한 글이 있다. 그는 군사 연구개발(R&D)에서 첨단 민간기술을 어떻게 활용할 수 있는지에 대해 다음과 같이 주장했다. "민간 세계의 기술적 진보를 지속적으로 학습하는 것은 불필요한 재발명 노력을 줄이고, 최소한의 시간과 비용으로 민간기술을 군사적 도전에 맞게 활용하고 적응할 수 있도록 한다." 또한, 그는 "국방 조직은 민간 연구개발이 군사 연구개발의 기존 자원을 더 효율적으로 활용할 수 있도록 돕는 역할을 한다. 특히 오늘날 민간 부문이 국방 조직보다 기술 발전에 더 뛰어난 역량을 갖추고 있다"고 덧붙였다.[86] 이러한 인식의 변화는 국방 조직이 전략을 재정립하고, 민군융합 실행을 위한 구체적인 과제와 질문에 집중할 수 있도록 하는 계기를 마련해준다. 그러나 여전히 중요한 과제는 "기존 민간기술을 어떻게 활용하여 군사 연구개발 노력을 지원할 것인가"라는 것이다.

니르 할라미쉬에 따르면, 민간 부문이 특정 기술 분야에서 충분한 연구개발(R&D) 투자와 기술적 혁신을 이룰 가능성이 있는지 여부는 군사적 의사결정에서 중요한 고려사항이다. 그러나 이러한 평가 과정은 단순하지 않으며, 시장 수요, 규제 환경 등 다양한 요소를 신중하게 검토해야 한다. 예를 들어, 드론 연구개발의 경우, 국방 조직은 특정 기술 영역에 대한 투자 여부를 결정할 때 민간 부문의 투자 가능성을 고려했다. 그 결과, 국방 조직은 비행 장애물 탐지 기술에 대한 자체 연구개발 투자를 하지 않기로 결정했다. 이는 민간 규제기관이 드론 제조업체들에게 높은 비행 안전 기준을 요구할 것이며, 이에 따라 민간기업들이 해당 기술에 상당한 연구개발 투자를 할 것이라는 가정에 기반한 결정이었다. 반면, 국방 조직은 민간 드론 제조업체들이 드론의 비행 거리를 늘리기 위한 실질적인 연구개발 노력을 기울이지 않을 것이라고 판단했다. 이는 민간 시장에서의 수요가 군사적 요구에 비해 훨씬 낮기 때문이다. 이에 따라 국방 조직이 직접 연구개발에 투자하기로 결정했다. 또한 시야 밖 비행(Flight Over the Horizon)의 경우, 당시 규제당국이 이를 제한하는 정책을 시행하고 있었기 때문에, 국방 조직은 민간 부문이 이 분야의 연구개발에 투자할 가능성이 낮다고 평가했다. 이러한 규제는 민간기업의 투자 동기를 약화시키는 요인으로 작용했다. 결과적으로, 국방 조직은 이 분야에서 연구개발을 집중적으로 추진하기로 결정했으며, 연구개발 과정에서도 첨단 민간기술을 적극적으로 활용했다. 이러한 사례는 군사 연구개발이 민간기술 발전을 면밀히 분석하고, 협력할 분야와 독자적으로 개발해야 할 분야를 전략적으로 구분하여 접근하고 있음을 보여준다.[87]

이와 연관하여, 상용제품(COTS)을 무기 시스템의 부품으로 통합하거나 완제품으로 군사적 용도로 활용하는 문제는 국방 조직에서 중요한 논의 대상이다. 상용제품은 군용제품에 비해 연구개발 및 생산 비용이 낮고, 개발 기간이 짧으며, 대량 생산으로 인해 품질과 신뢰성이 높다는 장점을 갖고 있다. 그러나 국방 조직은 상용제품을 도입할 때 발생할 수 있는 잠재적 위험, 간접 비용 그리고 추가적인 도전 과제들을 신중히 고려해야 한다. 예를 들어, 상용제품은 사이버 공격에 더 취약할 수 있고, 군사 장치나 시스템과의 호환성 문제가 발생할 수 있으며, 군사적 요구사항에 맞게 개조할 경우 높은 비용이 발생하거나 성능 저하가 우려될 수 있다. 따라서 국방부는 상용제품 도입 여부를 결정할 때 다음과 같은 요소들을 종합적으로 검토한다. ① 외부 침투(예: 사이버 공격)에 대한 취약성과 제품이 사용될 군사 활동 또는 장비의 기밀성, ② 작전 요구 사항, 외부 공급업체 의존도 감소, 정보 보안 강화를 위한 적응 과정과 그 비용, ③ 제품 개조 과정이 성능에 미치는 영향, ④ 제품의 상용화 여부 및 상용화 시점, ⑤ 제품의 예상 수명주기와 업그레이드 가능성, ⑥ 외부 서비스 및 유지보수에 대한 의존도, ⑦ 제품이 수출 통제 규정(예: 해외에서 수입된 상용제품)에 적용되는지 여부이다. 특히, 상용제품이 수출 통제 규정을 적용 받는 경우, 도입 여부에 대한 고민은 더욱 복잡해진다.[88]

이러한 딜레마는 하드웨어와 소프트웨어 모두에 적용된다. 국방 조직이 오픈코드 소프트웨어나 소프트웨어 모듈을 점점 더 많이 사용하는 상황에서는 보안 위험이 중요한 고려사항이 된다.[89] 따라서, 상용제품은 훈련 시뮬레이터나 군사용으로 개조된 전술적 상용제품처럼 기밀성이 상대적으로 낮은 시스템에서 주로 사용된다. 국방부의 전차·장갑차 개발부서장이었던 가이 파글린(Guy Paglin) 장군은 다음과 같이 설명했다. "상용제품을 복잡한 하위 시스템이나 시스템의 단일 부품으로 활용하는 것은 비용 효율적이며, 군사 시스템의 신속한 현대화를 가능하게 하는 매력적인 선택지다." 그러나 무기체계 및 복합체계(system-of-systems)의 개발과 생산은 앞으로도 전통적인 방위산업이 담당할 것으로 예상된다.

민군융합(CMF) 구현을 위한 경로와 메커니즘

기존의 한계에도 불구하고, 무기체계와 기타 군사 장비에서 첨단 민간기술과 상용제품의 활용은 지속적으로 확대되고 있다.[90] 이러한 기술과 제품을 무기체계와 군사 장비에 효과적으로 통합하고 추적하는 과정, 즉 민군융합은 점점 더 효율적인 채널과 방식을 요구하고 있다. 이스라엘에서 민군융합을 주도하는 핵심 기관은 국방연구개발국(DDR&D)이다. DDR&D는 국방부 산하의 참모기관으로, 국방부와 이스라엘 방위군을 지원하며, 국방 연구개발 정책을 수립하는 역할을 담당하고 있다. 또한 국방부와 이스라엘 방위군 내 계획 부서 및 연구개발 관리 조직 간의 연결고리 역할을 수행하며, 군과 방산업체, 국방 연구개발에 참여하는 기업 및 비영리 단체 간의 협력을 조율하는 역할도 맡고 있다. 특히 DDR&D는 국방 연구개발 프로젝트에 기여할 수 있는 민간기업과 기술을 발굴하고, 학계, 첨단 기술 기업, 해외 기업 및 기타 국가와의 협력을 통해 이스라엘 방위군의 발전을 지원하는 데 집중하고 있다. 이를 통해, 민간과 군사 부문 간 협력을 촉진하고, 민군융합의 효과적인 실행을 주도하는 핵심 기관으로 기능하고 있다.

연구개발(R&D)과 혁신이 점점 탈(脫)중앙화되는 환경에서, 최첨단 기술과 솔루션을 효과적으로 추적하는 것은 DDR&D에 두 가지 주요 도전 과제를 안겼다. 첫째, 빠르게 변화하고 경쟁이 치열한 글로벌 시장에서 최첨단 기술과 솔루션을 효과적으로 식별하는 방법이다. 둘째, 이스라엘 방위군의 취약점과 작전계획을 공개하지 않으면서 새로운 기술 솔루션을 확보하는 방법이다. 기존의 제안요청서(Call for Proposals) 방식은 점점 효과를 잃어가고 있는 상황에서, DDR&D는 2010년대 초반부터 새로운 접근 방식을 도입하기 시작했다. 그 중 하나가 'MAFAT

(DDR&D의 약칭) Challenge'라는 기술 경진대회였다. 이 대회는 특정하면서도 일반적인 기술적 과제를 제시하고, 이를 해결할 첨단 기술 솔루션을 전 세계 기업들로부터 제안받는 방식으로 진행되었다. 예를 들어, 레이더 신호 데이터를 분석하여 사람과 동물을 정확하게 구분하는 기술이나, 항공 이미지 데이터에서 세부 정보를 자동으로 추출하는 기술 등이 포함되었다. 이 경진대회는 수백 개의 기술 기업이 참여할 만큼 높은 관심을 받았으며, 참가자들에게 다양한 혜택을 제공했다. 우승자들에게는 재정적 지원뿐만 아니라, 솔루션과 프로토타입을 실제로 테스트하고 시연할 기회를 얻었다. 특히 테스트와 시연을 수행할 능력이 부족한 소규모 스타트업에게는 매우 중요한 지원이 되었다.[91] 이러한 새로운 접근 방식은 군사기술 개발을 더욱 개방적이고 혁신적인 방식으로 유도하며, 민간 첨단 기술을 효과적으로 활용할 수 있도록 하는 DDR&D의 전략적 전환을 보여준다.

또 다른 중요한 협력 도구는 '스타트업 인큐베이터'와의 협력이다. 국방연구개발국(DDR&D)은 이를 통해 군사적으로 유용한 기술을 개발할 잠재력이 있는 스타트업을 발굴하고, 이들의 성장을 지원하고 있다. 또한, '벤처 캐피털(Venture Capital) 펀드'와 협력하여 지역 및 해외 스타트업, 첨단 기술 기업, 민간 연구개발 프로젝트 등에 대한 데이터를 확보하고 있다.[92] DDR&D는 이스라엘 방위군의 구체적인 요구 사항을 공개하지 않고도, VC 펀드와의 협력을 통해 적절한 민간 공급업체를 찾을 수 있는 체계를 구축했다. 동시에, 이러한 협력은 DDR&D가 민간기술 제공자를 식별하고 접근하는 데 뛰어난 역량을 보유하고 있음을 보여준다.[93] DDR&D는 자체 기술 연구 및 인프라 부서를 운영하며, 학술기관과 협력하여 새로운 과학기술의 군사적 잠재력을 평가하고 있다. 이를 위해, 제안요청, 연구 지원금 제공, 특정 전문가와의 직접 협력 등의 전통적인 방식을 활용하여, 다양한 학문 분야 및 기관과 다년간 연구 프로젝트를 진행하고 있다.[94]

국방연구개발국(DDR&D)이 민군융합(CMF) 촉진에서 중심적인 역할을 수행하고 있지만, 이를 전담하는 유일한 기관은 아니다. 또 다른 주요 기관으로'이스라엘 혁신청(Israel Innovation Authority)'이 있다. 이 기관은 산업연구개발 센터(MATIMOP)의 후신으로, 국가혁신 정책을 기획하고 실행하는 정부기관이며, 다양한 첨단 기술 프로젝트를 지원하는 역할을 맡고 있다. 혁신청의 주요 활동은 다음과 같다. ① 혁신적인 기술 아이디어를 개발하는 스타트업과 기업가 지원, ② 성숙한 기업의 기술 혁신 장려, ③ 학술단체가 아이디어를 시장으로 전환할 수 있도록 지원, ④ 이스라엘과 외국 기업 간 공동 프로젝트 지원이다. 또한 재정 지원 프로그램 운영, 정부 소유 시험 시설과 장비 접근 기회 제공, 국가 연구개발 프로그램 참여 기회 제공 등의 도구를 활용하여 기술 개발과 산업 협력을 촉진하고 있다.[95]

비록 이스라엘 혁신청이 민간기술 개발을 중심으로 운영되고 있지만, 이 기관은 기술 스핀온을 촉진하는 중요한 경로로 작용한다. 즉 민간기술을 국방 분야로 이전하는 역할을 수행하며, 정부기관과 협력하는 혁신 인센티브 프로그램을 통해 국방 연구개발도 지원하고 있다. 대표적인 사례로 이스라엘 혁신청은 우주청(Israel Space Agency)과 협력하여 우주 기술 연구개발 프로그램을 공동 운영하고 있다.[96] 우주 기술은 군사적 활용 가능성이 크기 때문에, 이 프로그램의 군사적 관련성도 명확하다. 이와 유사하게, 사이버 분야에서도 다양한 프로그램을 운영하고 있다. 총리실 산하 국가사이버국(National Cyber Directorate)

과 국방부가 협력하여 방위산업과 상업 시장을 위한 혁신 솔루션을 개발하고 있다. 또한, 혁신청은 학술적 연구 결과를 산업에서 활용 가능한 기술로 전환하는 프로그램을 운영하고 있으며, 학계와 산업 연구자들이 협력하여 기초 기술 혁신을 이루는 연구 프로젝트를 지원하고 있다. 이러한 프로그램들은 4차 산업혁명 기술과 군사관련기술을 연계하는 데 강력한 지원을 제공한다.

이와 관련, 가장 주목할 만한 프로그램은 'Meimad* 프로그램'이다. 이 프로그램은 민군겸용기술의 연구개발에 초점을 맞추고 있으며, 2012년부터 이스라엘 혁신청, 재무부, 국방연구개발국(DDR&D)이 공동 운영하고 있다. Meimad 프로그램은 방산 및 상업 시장을 위한 혁신적인 솔루션 개발을 지원하며, 특히 기존의 대형 방산업체가 아닌, 다음과 같은 기관과 기업을 대상으로 한다. 소규모 및 중소규모 이스라엘 기업, 대학 연구소 및 연구 센터 그리고 민군겸용기술 및 제품의 연구개발에 종사하는 기업가들을 이다.[97] 이 프로그램은 민군 기술융합을 촉진하는 핵심 이니셔티브 중 하나로 평가되며, 이스라엘의 민군융합 전략을 실질적으로 지원하는 중요한 역할을 수행하고 있다.

마지막으로, 이스라엘 첨단 기술 산업과 민군통합(CMI)이 가진 독특한 특징 중 하나는 첨단 기술 기업과 이스라엘 방위군 간의 깊은 개인적 연결이다. 이스라엘 방위군의 기술 및 전투 부대 출신자들은 이스라엘 첨단 기술 산업의 기업가, 고위 경영진, 직원의 약 60%를 차지하며, 첨단 기술 기업과 국방 조직의 연구개발 기관 간의 중요한 연결고리를 형성하고 있다.[98] 특히, 이스라엘 방위군의 기술 부대 출신자

---

* Meimad는 히브리어로 응용 연구개발(Applied R&D)을 의미하며, 민군융합(CMF)을 촉진하는 전략적 이니셔티브라고 할 수 있다.

들은 민군 연계를 가장 잘 보여준 사례다. 이들은 의무 군 복무 기간 동안 기술의 기초를 습득하고, 사전 입대 선발 과정에서 잠재력을 인정받아 집중 훈련 프로그램(때로는 학문적 교육 포함)을 거친 후, 어린 나이에 대규모 기술 개발 프로젝트에 참여하는 경험을 쌓는다.[99] 이러한 군 복무 경험과 동료, 전우, 상관들과의 개인적 네트워크는 다음과 같은 방식으로 민군융합(CMF)에 크게 기여한다. 새로운 기술과 제품에 대한 아이디어를 제공하며, 이스라엘 방위군의 기술적 요구를 잘 이해하고, 국방 조직이 필요로 하는 솔루션을 예측하는데 기여한다. 또한 국방 조직이 특정 기술이나 제품을 찾거나, R&D 협력자를 모색할 때 자연스럽게 후보자로 떠오른다. 이들은 스핀오프(spin-off)와 스핀온(spin-on) 간의 상호작용에서 핵심적인 역할을 수행한다. 스타트업 창업, 기업 경영진 또는 기술 전문가로 민간 부문에 진출하여 군 복무 경험을 바탕으로 새로운 제품을 개발하며, 일부 제품은 군사용으로 적응되어 다시 이스라엘 방위군과 국방 조직으로 환류되는 과정을 거친다. 이러한 스핀온 프로세스는 하향식(top-down)과 상향식(bottom-up) 두 가지 방식으로 이루어진다. 즉, 이스라엘 방위군이 기업에 특정 기술 솔루션의 개발을 요청하기도 하고, 반대로 기업이 국방 조직에 새로운 제품을 제안하기도 한다. 결과적으로, 이스라엘 방위군 출신 기술 인재들은 민군융합(CMF)의 중요한 동력으로 작용하며, 군과 민간 산업 간의 기술 흐름을 촉진하는 핵심적인 역할을 수행하고 있다.

　개인적 네트워크는 전문가들의 예비군 복무를 통해 장기적인 스핀온 채널 역할을 한다. 이들은 예비군 복무 중에도 군사 연구개발 프로젝트에 지속적으로 참여하며, 기존 네트워크를 유지하고 확장한다. 또한, 이스라엘 방위군의 전문교육 과정에서 강의하거나, 부대에 필요한

참고 자료와 훈련 교재를 작성하며, 귀중한 전문적 노하우를 공유한
다. 실제로 일부 전문가들은 이러한 지식을 민간 분야에서는 절대로
공개하지 않을 것이라고 밝히기도 했다. 더 나아가, 첨단 기술 산업의
리더들은 개인적 인맥을 활용해 이스라엘 방위군의 기술 프로젝트에
서 조언자나 멘토 역할을 수행하기도 한다. 예를 들어, 2018년 이스라
엘 공군에서 진행된 스타트업 액셀러레이터 프로젝트에서는, 참가팀
들이 첨단 기술 산업 전문가들로부터 전문적인 지도를 받았다.[100]

민군융합(CMF)의 도전 과제와 극복 방안

이스라엘 정부는 국방 프로젝트에 민간 부문과 기술을 포함하려는
강한 의지를 가지고 있으며, 민간 부문과 군사 부문 간의 연결 또한 매
우 긴밀하다. 그러나 이러한 환경이 이것이 민군융합(CMF)이 별다른
장애물 없이 원활하게 구현된다는 것을 의미하지 않는다. 이스라엘은
민군융합을 촉진하는 유리한 환경을 갖추고 있음에도 불구하고, 민간
기업을 국방 프로젝트에 포함하는 과정에서 여러 도전 과제에 직면하
고 있다. 특히, 민감한 기술이 관련된 경우 기밀 정보 보호가 중요한
문제로 대두된다. 또한, 민간기업의 참여는 전통적인 방산업체의 독점
적 지위를 위협할 수 있으며, 이에 따라 기존 방산기업들이 자사의 시
장을 보호하기 위해 민간기업의 참여를 제한하려 할 가능성도 존재한
다. 더 나아가, 국방 조직은 빠르게 변화하는 비즈니스 환경에 적응하
고, 민간기술을 효과적으로 활용하는 과제도 해결해야 한다.

민간기업 입장에서 국방 프로젝트 참여는 것은 높은 비용 부담이 따
르는 주요 장애 요인 중 하나이다. 특히 국방부에 기밀 제품을 공급하
려면 보안 등급을 취득해야 하며, 이를 위해 보안 장치 설치와 특별 절

차 이행 등 상당한 비용이 발생한다. 이러한 비용은 소규모 기업에게 특히 큰 부담이 될 수 있다. 또한, 스타트업이 국방부 공급업체가 되는 것이 투자 유치에 긍정적인 영향을 미칠 수 있지만, 경우에 따라서는 오히려 부정적인 영향을 초래할 가능성도 있다. 일부 투자자들은 국방부 공급업체가 되면 민간 해외 시장에서의 판매에 부정적인 영향을 미칠 가능성을 우려하기 때문이다. 이러한 이유로, 일부 스타트업은 처음부터 국방부와의 협력을 꺼리는 경우도 있다.[101] 게다가, 국방부의 지원과 자금으로 개발된 기술이나 제품은 사용과 판매에 제한이 따르는 경우가 많다. 국방부 규정에 따르면, 국방부의 지원으로 개발되거나 획득된 기술은 국방부의 단독 소유로 남으며, 공급업체는 해당 주문 이외의 목적으로 이를 사용할 수 없다. 또한, 국방부의 특별 승인 없이 해당 제품이나 부품을 다른 곳에 생산하거나 공급할 수 없다. 이러한 조건은 기업이 제품을 통한 수익 창출 기회를 제한하며, 결과적으로 국방부가 지원하는 R&D 프로젝트 참여를 꺼리게 만드는 요인이 된다.[102] 예를 들어, 4차 산업혁명관련 영상 기술을 개발한 한 이스라엘 첨단 기술 기업의 임원은 다음과 같이 말했다. "국방 연구개발 프로젝트에 참여하겠느냐는 질문에 절대 안 합니다. 모든 판매에 대해 국방부의 승인을 받아야 하기 때문이에요."[103] 또한 이스라엘 민간기업들은 군사 프로젝트에 참여할 때 전 세계 민간기업들이 겪는 공통적인 어려움도 마주하고 있다. 긴 판매주기, 엄격하고 복잡한 기술 요구사항, 특수 인프라 구축 및 특수 라이선스 취득 필요성 등이 그러한 어려움에 포함된다.

2010년대부터 이스라엘 국방부는 민간기업이 국방 프로젝트에 보다 쉽게 참여할 수 있도록 다양한 제도를 도입해 왔다. 그 결과, 2017

년 국방연구개발국(DDR&D)은 기업이 국방부 공급업체 라이선스를 취득하는 절차를 대폭 간소화하여, 소요 기간을 약 1년에서 50영업일로 단축시켰다. 또한, 기술 개념 승인 절차를 간소화하고, 국방부의 지식재산권(IP) 소유권 요구사항을 완화했으며, 민간기업과 국방부 간 새로운 계약 양식도 도입했다.104 특별한 경우, 국방부 공급업체로 직접 등록하는 데 따른 재정적 부담과 평판 문제를 피하기 위해, 민간기업이 기존 국방부 등록 공급업체를 통해 간접적으로 제품을 공급하는 방식도 가능하다.105 아울러, 외국 파트너가 기밀 정보에 접근하지 않는 조건 하에서, 이스라엘인이 부분적으로 소유한 스타트업과 첨단 기술 기업도 국방부 프로젝트에 참여할 수 있도록 허용하고 있다.106

또 다른 차원에서, 국방부는 국방 연구개발에 다양한 기술 기업이 참여할 수 있도록 예산 배분 방식을 수정했다. 이전에는 프로젝트를 단일 공급업체에 할당하는 방식이었으나, 이제는 프로젝트를 여러 세그먼트로 나누고, 각 세그먼트에 대해 별도의 입찰을 진행하는 방식으로 변경했다.107 이러한 변화로 인해, 대규모 프로젝트를 수행할 여력이 없는 소규모 스타트업도 국방 연구개발에 참여할 기회를 얻게 되었다. 동시에, 전통적인 방산기업들은 더 큰 혁신 압박에 직면하고 있다. 대규모 조직이 가진 문제점(예: 조직적 정체성과 비효율성)을 극복하기 위해 방산기업들은 최첨단 민간기술을 통합하는 전략을 추진하고 있다. 이를 위해 방산기업들은 민간 학술기관 및 기업과 계약을 체결하거나, 자체 스타트업을 설립하여 기술적 경쟁력을 강화하고 있다. 특히, 이러한 기관 및 기업들은 방위산업 퇴역자들이 설립했거나 이들을 고용한 경우가 많아 기존 군사기술과의 연계가 자연스럽게 이루어지고 있다.108

그러나 이스라엘에서 민군융합의 장애를 극복하는데 가장 중요한 도구이자, 민군융합 발전을 보여주는 대표적인 사례는 국방연구개발국 내에서 운영되는 '혁신 스포터(innovation spotter)'의 역할 변화이다. 2010년대 후반, 이 직책의 임무는 단순히 국방 연구개발 프로젝트를 위한 민간기술을 발굴하는 것에서, 해당 기술이 실제로 국방 프로젝트에 참여할 수 있도록 지원하고 촉진하는 역할로 확대되었다. 이 시점에서 국방 조직 내에서 민군통합(CMI)의 중요성을 설득할 필요성은 줄어들었으며, 유망한 민간기술을 발굴하는 메커니즘도 이미 효과적으로 운영되고 있었다. 대신, 주요 과제는 협력을 방해하는 운영적·관료적·법적 장애물을 제거하는 것이었다. 이를 위해 국방연구개발국(DDR&D)은 다음과 같은 과업들을 수행했다. ① 각 프로젝트에 필요한 실험실, 테스트 필드, 기타 시설 제공, ② 기업들이 필요한 승인과 라이선스를 취득할 수 있도록 지원, ③ 민간기업과 다양한 정부 및 국방 조직 간의 협력 조율, ④ 민간기업이 접하게 되는 기밀 정보의 보호를 위한 법적 및 기술적 조치 마련이다.[109] DDR&D 내에 이러한 업무를 전담하는 부서가 신설된 것은 국방 조직 내에서 민군융합(CMF)의 규모가 점차 확대되고 있음을 보여주며, 비용 절감과 협력 강화를 목표로 하는 국방부의 전략적 의지를 반영한 것이다.

민군융합(CMF)의 전략적 시사점: 초기 고찰

4차 산업혁명 기술은 지상, 공중, 해상, 우주, 사이버를 포함한 다차원적 전장에서 군대의 작전 수행 능력을 획기적으로 향상시키는 핵심 요소로 자리 잡고 있다. 이러한 기술의 발전은 군대가 보다 먼 거리에서, 더 정밀하고 치명적인 공격을 수행할 수 있도록 하며, 전선(front line)뿐만 아니라 본토, 적 후방, 원거리 표적 등 다양한 작전 환경에서도, 다양한 방식으로 활용될 수 있도록 한다. 특히, 인공지능(AI)과 사이버 보안 기술의 결합되면서 국방 조직은 대규모 통신 트래픽을 분석하고, 의심스러운 활동을 식별하며, 이를 정밀하게 추적할 수 있는 능력을 갖추게 되었다. 이러한 기술은 전장의 복잡성을 줄이고, 작전의 효과성을 높이는 데 중요한 역할을 한다. 또한, 원격 감지, 위치 추적, 정밀 유도 무기의 조합을 통해 목표물의 정확한 위치를 파악할 수 있으며, 이를 바탕으로 인구 밀집 지역에서도 민간 피해를 최소화하면서 적을 효과적으로 타격할 수 있다. 더 나아가, 고급 사이버 능력, 정찰 기술, 정밀 유도 무기의 조합은 적의 통신 및 정보 시스템에 침투하여 병력 배치, 무기 생산 시설, 작전 계획 등 핵심 정보를 확보하는 것을 가능하게 하며, 이를 기반으로 선제공격을 감행할 수 있는 능력을 제공한다. 결과적으로, 4차 산업혁명 기술은 현대 전장에서 전쟁 수행 방식을 근본적으로 변화시키며, 다차원적 전쟁 수행 능력을 강화하는 필수적인 요소로 자리 잡고 있다.[110]

그러나 이러한 군사기술의 발전은 단순히 국가들이 군사작전을 수행할 수 있도록 하는 것을 넘어, 무력 사용을 촉진할 가능성도 내포하고 있다. 특히 갈등이 빈번한 지역에 위치한 국가들에서는 이러한 가능성이 더욱 높아질 수 있다. 이에 따라 4차 산업혁명 기술이 이스라엘 방위군의 역량에 통합됨에 따라, 이스라엘의 무력 사용 의지가 방어적이든 공격적이든 증가할 가능성이 존재한다.[111] 실제로 2010년대 동안 이스라엘은 수백 건의 군사작전과 공격을 수행했으며, 이들 중 대부분은 전면전이 아닌 소규모 작전의 형태였다. 이러한 작전에는 200건 이상의 공습이 이루어졌으며, 대부분 시리아에서, 일부는 이라크에

서 발생한 것으로 보인다. 또한 사이버 공격, 국경 방어 활동(적의 국경
터널 탐지 및 파괴 포함), 이스라엘 본토를 향한 미사일 및 로켓의 요격작
전 등도 주요 작전 범주에 포함되었다.112 운영 관점에서 볼 때, 일부
작전은 반응적인 성격을 띠었으며, 예를 들어 미사일과 로켓 요격 작
전이 이에 해당한다. 반면, 시리아에서의 무기 수송 파괴와 같은 일부
작전은 이스라엘이 주도적으로 실행한 사례였다.

따라서 이스라엘 방위군이 4차 산업혁명 기술을 통합하면서, 이 기
술들이 이스라엘의 군사력 사용 기회를 더욱 확대할 가능성이 크다는
점을 초기 단계에서 평가하는 것이 중요하다.113 그러나 이러한 기술
이 지역 및 국가적 안정성에 미치는 영향은 단순하지 않다. 최근 기술
의 전략적 효과에 대한 연구에 따르면, 이러한 기술이 한쪽에서는 안
정성을 강화할 수 있지만, 다른 쪽에서는 오히려 이를 약화시킬 수 있
음을 보여준다.114 이는 군사혁신과 마찬가지로, 전략적 안정성 역시
단순히 기술만의 문제가 아니라 복합적인 변수들에 의해 영향을 받는
다는 점을 시사한다.115 벤저민 포드햄(Benjamin Fordham)은 이를 다음
과 같이 설명했다. "정책 선택이 부분적으로 역량의 결과라 하더라도,
역량 또한 정책 선택의 결과이다. 의사 결정자들은 자신들이 직면할
것으로 예상하는 국제적 조건에 따라 군사적(또는 기타) 역량을 구축한
다."116 즉, 기술이 군사적 역량을 강화하는 동시에, 역량 자체가 군사
적 결정을 형성하는 데 영향을 미친다는 점을 강조한 것이다. 실제로,
2010년대 초 '아랍의 봄' 이후 중동 지역의 불안정성이 심화되면서,
이스라엘이 군사력을 행사할 동기를 증가하는 주요 요인이 되고 있
다.117

실제로, 중동과 같은 불안정한 지역에서 제한적이고 정밀하며 거부

할 수 없는 군사작전과 사이버 공격이 빈번하게 발생하는 것은 다양한 전략적 결과를 초래할 수 있다. 세력균형 이론에 따르면, 이러한 제한 적인 군사적 행동은 국가 간 힘의 균형을 명확히 하고, 각국이 자신의 레드라인(한계)과 의도를 전달하며, 억제력을 강화하는데 기여할 수 있다. 이를 통해 상대국이 군사적 대응을 자제하게 되고, 긴장이 완화될 가능성이 존재한다.[118] 예를 들어, 이스라엘은 정확한 정보, 정밀 유도 무기, 고도화된 지휘 통제 시스템을 활용해 하마스의 로켓 발사에 대한 보복 공격을 수행할 수 있다. 이 과정에서 민간인 피해를 최소화하 면서 하마스에 강력한 경고를 전달하고, 동시에 국내 정치적 압력도 해소할 수 있다. 이러한 군사적 활동은 이스라엘에 새로운 지역 협력 기회를 제공할 수도 있다. 페르시아만 군주국들과의 관계 강화가 대표 적인 사례다.[119] 이들 국가는 이스라엘의 첨단 기술, 특히 4차 산업혁 명 기술에 대해 높은 관심을 가지며, 이란에 대한 공동 우려를 공유하 고 있다. 이에 따라, 이들 국가는 이스라엘과 전략적 협력 관계를 맺기 위해 일부 정치적 요구를 양보하고, 이스라엘은 4차 산업혁명 기술을 제공해 왔다. 특히, 사우디아라비아와 같은 지역적으로 중요한 국가와 의 협력은 이스라엘의 지역적 입지를 강화하는 데 중요한 역할을 했 다. 이러한 발전은 이스라엘이 대규모 폭력 사태의 발생을 지연시키는 데 기여할 수 있다.[120] 그러나 특정 조건에서 이스라엘의 군사력 사용 은 오히려 긴장을 고조시키고, 통제할 수 없는 위기를 초래할 위험도 존재한다. 예를 들어, 정밀 군사 공격이 목표를 빗나가거나, 오판으로 인해 민간인 피해가 발생하는 경우, 이는 갈등을 더욱 고조시키는 요 인이 될 수 있다.

소결론

4차 산업혁명(4IR) 기술은 혁신적이지만, 이스라엘의 군사교리 변화를 주도한 주요한 동력은 아니었다. 대신, 이 변화의 핵심 원동력은 이스라엘과 그 주변 지역에서 발생한 전략적 및 사회정치적 변화였다. 그러나 이스라엘 지도부가 새로운 군사교리의 필요성을 인식한 이후, 4차 산업혁명 기술은 중요한 형성 요인으로 자리 잡았다. 이에 따라 이스라엘 방위군은 향후 국방 연구개발(R&D)이 중기 전력 증강 프로그램의 맥락에서 진행될 것이라고 공식적으로 발표했다.[121] 현재, 교리 변화의 일환으로 신흥 기술은 이스라엘 방위군의 모든 군종, 병과, 계층에 걸쳐 광범위하게 적용되고 있다.

이스라엘 방위군이 4차 산업혁명 기술을 도입하는 과정에서 직면한 주요 딜레마 중 하나는 공급원의 문제다. 앞서 살펴본 바와 같이, 이스라엘의 방위산업과 첨단 기술 부문 간의 관계는 긴밀하게 연계되어 있으며, 스핀오프(spin-off)와 스핀온(spin-on) 기술의 상호작용은 점점 더 강화되고 있다. 이러한 상호작용은 이스라엘 군 현대화 과정에서 중요한 역할을 수행하고 있다. 이스라엘의 사회, 경제, 민군 관계의 특성 덕분에 학술 및 첨단 기술 부문은 국방 조직과 협력할 수 있는 역량과 의지를 보유하고 있다. 또한, 이스라엘 첨단 기술 산업의 구조와 국방부 규정은 필요에 따라 외국 기업을 관련 프로젝트에 포함할 수 있는 유연성을 제공한다. 따라서 국방부 공급업체로 등록하는 것이 기업들에게 재정적 및 상업적 부담을 초래할 수 있지만, 대부분의 기업은 국방 조직과 협력하거나 군에 제품을 판매할 기회를 포기하지 않을 가능성이 크다.

4차 산업혁명 기술들은 일부 분야에서 획기적인 변화를 가져오며,

새로운 기회를 창출하고 있다. 그러나 그 궁극적인 전략적 영향은 여전히 불확실하고 복합적이다. 4차 산업혁명 기술 활용은 국가가 더 빈번하고 정밀하게 무력을 사용할 수 있도록 하여, 실질적인 세력균형을 명확히 하고, 긴장을 통제하면서 의도를 분명히 전달할 수 있다. 또한, 정확하고 제한적인 무력 사용은 군사적 충돌의 규모를 줄이고, 새로운 지역 협력의 기회를 창출할 가능성도 존재한다. 반면, 이러한 기술이 긴장을 고조시키고, 위기가 통제 불능 상태로 확대될 위험을 초래할 가능성도 있다. 결론적으로, 4차 산업혁명 기술은 국가에 강력한 기회와 동시에 새로운 도전 과제를 제공한다. 이 기술이 어떤 전략적 효과를 가져올지는 기술 자체뿐만 아니라, 정치적·외교적·군사적 의사결정 과정에 따라 달라질 것이다.

CHAPTER

07

결론

Conclusions

- 종합 요약
- 경쟁전략으로서 민군융합

Chapter 07
결론
Conclusions

—————————————————●—————————————————

종합 요약

기술 혁신(technological innovation)은 군수품 생산과 무기산업(arms industry)에 지속적으로 영향을 미쳐왔다. 전쟁의 양상은 군사기술의 발전과 불가분의 관계를 맺고 있으며, 이는 50년 전, 100년 전, 나아가 500년 전에도 마찬가지였다. 역사적으로 군수품 제조는 경제 전반과 긴밀히 연계되어 있었지만, 냉전 이후 민간산업과 방위산업 부문이 점점 분리되는 흐름을 보였다. 그러나 그 이전에는 두 산업은 공통의 기술과 혁신 자원을 공유하며 상호 발전해 왔다. 최근에는 다시금 민간 첨단 기술 부문이 군사 연구개발, 기술, 생산 공정의 핵심 자원 공급처(well of choice)로 부상하고 있다.

방위산업과 민간산업의 재결합을 이끄는 핵심 요인은 4차 산업혁명이다. 4차 산업혁명은 두 부문 간 새로운 협력 형태인 민군융합(CMF)을 가능하게 하며, 이는 20세기의 민군통합(CMI) 전략과 본질적으로 다른 21세기적 현상이다. 과거의 민군통합은 방위산업과 민간산업을 결합하여, 공통의 기술과 생산 역량을 국방과 상업적 수요에 동시에 활용하는 방식이었다. 반면, 민군융합은 민간 경제에서 먼저 개발된 혁신적 기술을 군사적 용도로 전환하는 데 초점을 맞추며, 이를 위해 방위산업 부문은 민간기관과 협력하거나 민간 자원을 적극 활용한다. 군사적 우위를 확보하려는 국가들은 필연적으로 민군융합 전략을 선택하게 된다. 이는 단순히 4차 산업혁명 기술 분야에서 군사 부문의 중복 연구개발이 경제적으로 비효율적이기 때문만은 아니다. 오히려, 인공지능(AI), 인간·기계 학습, 양자 컴퓨팅 등 핵심 기술 분야에서 이미 민간 첨단 기술 부문이 선도적인 위치를 차지하고 있으며, 이러한 민간기술을 적극 활용하는 것이 군사적 경쟁에서 가장 현명한 전략이라는 인식이 확산되고 있기 때문이다. 4차 산업혁명 기술의 군사적 통합이 가속화됨에 따라, 군대와 민군융합 간의 협력은 더욱 긴밀해지고 있다.

4차 산업혁명 기술이 군 현대화의 핵심 요소로 부각됨에 따라, 각국의 민군융합(CMF) 구현 능력은 군사적 비교 우위를 확보하는 데 중요한 요인으로 작용할 가능성이 크다. 이에 따라 미국, 중국, 러시아와 같은 강대국뿐만 아니라, 강대국 또는 지역 강국으로 도약을 목표로 하는 인도, 이란, 터키 그리고 기술을 전력증폭(force multiplier) 시스템으로 활용하는 이스라엘, 싱가포르 또한 4차 산업혁명 기술을 군사력에 통합하는 데 점점 더 많은 관심을 기울이고 있다. 이와 함께, 21세기 초반부터 일부 국가들은 민군융합을 촉진하기 위한 다양한 정책과 조치를 도입하며, 이를 군사적 경쟁력 확보를 위한 필수 전략으로 인식하고 있다. 본서에서 다룬 네 국가 또한 이러한 경향을 잘 보여준다.

특히, 미국은 인공지능을 중심으로 한 4차 산업혁명 기술의 채택을 가속화하고 있으며, 중국(그리고 상대적으로 러시아와의 경쟁)과의 전략적 경쟁을 주요 동력으로 삼고 있다. 미국 국가안보위원회(NSCAI)*가 2021년 발표한 인공지능관련 보고서에서도 이러한 위협이 강조되었다. 보고서는 "중국은 미국의 기술적 리더십, 군사적 우위 그리고 전 세계에서의 더 큰 지위를 위협할 수 있는 힘, 재능, 야망을 갖춘 경쟁자"라고 평가하며, "인공지능(AI)은 러시아, 중국, 기타 국가 및 비(非)국가 행위자들이 우리의 사회에 침투하고, 데이터를 훔치며, 민주주의를 방해하기 위해 사용하는 사이버 공격과 허위 정보 캠페인의 위협을 심화시키고 있다"고 경고했다. 또한, 보고서는 "현재까지 발생한 인공지능(AI) 기반 공격 사례는 빙산의 일각에 불과하다"며,1 "만약 중국 기업들이 이러한 경쟁에서 승리한다면, 이는 미국 상업기업들에게 불리한 영향을 미칠 뿐만 아니라, 미국과 동맹국에 대한 지정학적 도전의 디지털 기반을 형성할 것"이라고 경고했다.2

이러한 종말론적 전망(apocalyptic visions)에 대한 우려 속에서, 미국이 민군융합(CMF)을 중국 및 기타 경쟁국과의 기술 경쟁에서 핵심 요소로 인식하고 있음은 분명하다. 미국은 4차 산업혁명 기술 혁신을 주도하는 첨단 민간 과학기술 부문과 정부, 산업, 학계를 아우르는 비교적 통합된 국가혁신 시스템(NIS)을 보유하고 있다. 특히, 연구개발을 위한 민과 군 간의 협력(collaboration)은 미국에서 새로운 개념이 아니다. 이미 1950~1960년대부터 학계와 첨단 기술 기업들이 국방 프로젝트에 적극적으로 참여해 왔으며, 이러한 협력 구조는 오늘날까지 지

* National Security Council on Artificial Intelligence 2018년 미 행정명령 13859에 의해 설립되었다. 이 행정명령은 도널드 트럼프 대통령이 서명한 것으로, AI가 미래의 국가안보 문제에서 핵심적인 역할을 할 것임을 강조했다. 위원회는 기술, 국방, 정책 분야의 전문가들로 구성되었으며, AI의 전략적 활용 방안에 대한 권고안을 대통령 및 주요 정책 결정자들에게 제공하는 임무를 수행하고 있다.

속되고 있다. 따라서 4차 산업혁명 기술을 군사적으로 통합하기 위한 민군융합은 국방조달 시스템을 대대적으로 개혁하는 문제라기보다, 적절한 정책을 실행하는 문제에 더 가깝다. 제3장에서 언급했듯이, 과거의 민군통합(CMI)과 현대의 민군융합(CMF)간 가장 큰 차이점은 민군융합이 주로 기초 및 응용 연구 단계에서 이루어지고 있다는 점이다. 특히, 첨단 민간기술 부문이 인공지능, 기계 학습, 자동화, 양자 컴퓨팅 등에서 뚜렷한 우위를 점하고 있기 때문에, 이들 기술의 군사적 활용이 더욱 두드러지고 있다. 이에 따라 미국 국방부는 상업 첨단 기술 기업들과 기초 및 응용 연구 단계에서 긴밀히 협력하며, 혁신 기술의 군사적 활용 가능성을 적극 모색하고 있다.

이와 관련하여, 미국은 이러한 도전에 대응하려는 강한 의지와 결단을 이미 명확히 보여주고 있다. 미국 국가안보위원회(NSCAI)는 다음과 같이 언급했다. "미국 정부는 도전에 직면할 때마다 산업과 학계를 동원하고, 막대한 투자를 단행해 온 오랜 역사를 가지고 있다. 중국과 같은 공공연하고 강력한 경쟁자가 존재하는 상황에서 그리고 인공지능의 변혁적 잠재력을 고려할 때, 미국은 지금 그러한 순간에 직면해 있다."[3] 실제로, 국방혁신단(DIU)와 합동인공지능 센터(JAIC)가 지원하는 민군겸용(dual use) 기술 개발 노력은 미국이 민군융합을 군사기술 혁신의 핵심 전략으로 점점 더 적극적으로 활용하고 있음을 보여준다.

한편, 중국은 민군융합(CMF)을 국가전략의 핵심 요소로 삼고 있으며, 이를 통해 4차 산업혁명을 활용해 중국을 첨단 기술 강국이자 강대국으로 도약시키려는 국가적 목표를 추진하고 있다. 이는 미국과 마찬가지로 민군융합을 기술 리더십 확보의 핵심 수단으로 인식하고 있음을 보여준다. 인공지능과 기타 4차 산업혁명 기술을 중심으로 한 중국의 민군융합 전략은 포괄적인 기술 리더십 구축을 목표로 한다. 제4장에서 언급했듯이, 민군융합은 중국을 '기술 초강대국'으로 자리매김하려는 장기적이고 광범위한 전략적 노력의 일환이다. 중국 지도부는 민군융합을 통해 "떠오르는 기술 혁명에서 군사적·경제적 경쟁력을 확보"하고자 한다.[4] 이에 따라, 2015년 시진핑 주석은 '민간과 국방기술 개발의 연대'를 국가 최우선 과제로 선언했으며, 2017년 당대회에서는 다음과 같이 강조했다. "국방관련 과학기술과 산업의 개혁을 심화하고, 민군융합을 더욱 발전시키며, 통합된 국가전략과 전략적 역량을 구축하겠다."[5]

특히, 중국은 인공지능(AI) 분야에서 세계적인 선두주자가 되겠다는 강한 의지를 보이며, 인공지능과 기타 첨단 기술 분야에서 주도권을 확보하기 위한 전략을 적극 추진하고 있다. 이를 실현하기 위해 중국은 국내외 기업, 인적 자본, 핵심 기술 분야에 막대한 투자를 아끼지 않고 있으며, 대표적인 정책으로 국가 중장기 과학기술개발계획(MLP)과 'Made in China 2025' 이니셔티브를 시행하고 있다.[6] 중국의 차세대 인공지능 발전계획은 핵심 기술에 대한 전략적 투자와 함께 인민해방군(PLA)의 현대화 및 '지능화 전쟁(intelligentized warfare)' 역량 강화를 목표로 한다. 특히, 인공지능은 '국방 건설,* 안보 평가, 통제 역량'과 밀접하게 연관되어 있으며,[7] 궁극적으로 인민해방군의 장비체계와 작전 시스템 전반에 인공지능(AI) 기술을 통합하는 것이 중국의 목표이다.[8]

---

* 국방 건설(National Defense Construction)은 국가안보 강화를 위한 군사력 및 방위 역량 (방위산업 인프라 등) 구축 과정을 의미하며, 현대 전장에서 기술 혁신과 민군 협력이 핵심 요소로 작용하고 있다. 이는 단순한 군사시설 건설을 넘어, 국가 전체의 군사적·경제적·기술적 역량을 종합적으로 강화하는 개념으로 이해해야 한다.

이 책의 다룬 사례들과 마찬가지로, 인도 역시 4차 산업혁명 기술이 군 현대화에 미칠 잠재력을 높게 평가하며, 이를 군사 시스템에 개발·통합하는 과정에서 민군융합의 중요성을 강조하고 있다. 인도의 군사 전략가들은 첨단 기술이 현대 전쟁의 양상과 진화를 결정짓는 핵심 요인임을 명확히 인식하고 있으며, 이에 따라 다양한 첨단 기술을 적극 도입하고 있다. 그 범위는 위성제어 시스템을 갖춘 원거리 정밀무기, C4ISR 시스템, 사이버 보안 및 네트워크중심작전, 인공지능, 양자 컴퓨팅, 나노기술, 지향성 에너지 무기 등을 포함한다.9 이에 따라, 인도는 이러한 기술을 군사전략에 통합하기 위한 계획을 추진하고 있으며, 첫 단계로 정보전과 사이버전 수행 능력을 강화하고, 인공지능과 로봇공학을 전투 시스템에 통합하는 것을 목표로 하고 있다.

이러한 계획을 실현하기 위해서는 타타와 L&T 같은 민간 대기업뿐만 아니라, 급성장 중인 IT 부문의 중소기업까지 포함한 인도의 민간 및 공공 산업 간의 긴밀한 협력이 필수적이다. 다양한 공식·비공식 소식통에 따르면, 인도의 국영 방산기업과 비(非)방위 국영기업들은 첨단 무기 및 군사 장비 개발에 필요한 기술적 노하우, 혁신 역량 그리고 효율성이 부족하다는 점을 인정하고 있다. 실제로, 인도는 수십 년 동안 군이 필요로 하는 최첨단 무기와 군사 장비를 전반적으로 공급할 수 있는 1급 방위산업을 구축하려고 노력해 왔지만, 여전히 무기 수입에 크게 의존하고 있으며, 국내에서 생산된 무기체계에도 상당량의 외국 기술이 포함되어 있는 실정이다. 그러나 4차 산업혁명 기반 무기체계를 배치하려는 인도의 계획은 군사적 자립에 대한 열망을 약화시키지 않았다. 이에 따라, 2010년대 이후 인도는 민간산업과 민간 과학기술 기관을 국방 연구개발 참여를 적극적으로 확대하는 데 주력해 왔다. 이러한 노력은 21세기 초, 비효율적인 군수조달체계를 개선하려는 목표에서 출발하여 점진적으로 확대되고 있다.

마지막으로, 이스라엘 역시 4차 산업혁명 기술과 민군융합(CMF)이 군사적 활용과 긴밀하게 연결되어 있다. 첨단 기술에 대한 강조는 이스라엘 전략적 사고의 핵심 요소였으며, 점점 복잡해지는 안보·정치적 환경 속에서 그 중요성이 더욱 부각되고 있다. 이스라엘은 한편으로 점점 더 비정규적이고 비대칭적인 도전에 직면하고 있으며, 다른 한편으로 국민들은 정부가 안전한 환경을 제공하길 기대하면서도, 장기적인 전쟁이나 적 영토 점령에 따른 비용 부담을 원하지 않는다. 이러한 배경 속에서, 2000년대 초 이스라엘은 군사교리를 개정하며 첨단 기술의 역할을 더욱 확대하였다. 새로운 교리는 적의 주요 군사 능력을 파괴하고, 이스라엘 본토에 대한 공격 능력을 저지하기 위해 적 영토를 신속히 침투하는 것을 목표로 한다. 이를 위해 정밀하고 강력한 화력, 적의 거점 침투 및 병력 추적·파괴 능력, 민간 방어를 포함한 통신 인프라와 사이버 공간 보호 역량을 중점적으로 강화하고 있다.[10] 이 전략을 실행하는 주요 요소로는 이스라엘 공군, 고도로 훈련되고 첨단 장비를 갖춘 특수부대, 실시간으로 정확하고 효율적으로 전달되는 정보 시스템 그리고 다양한 능동 방어 시스템이 있다. 특히, 로봇, 다중 센서 자율 차량, 나노기술과 나노소재, 센서 및 감지 기술, 사물 인터넷(IoT), 인공지능(AI) 등 4차 산업혁명 기술이 국방체계 전반에 걸쳐 점점 더 많이 활용되고 있다.[11]

이스라엘 방위산업은 겉보기에는 첨단 기술 개발에 적합한 역량을 갖춘 것으로 평가되며, 1980년대 후반부터 개념적·구조적 변화를 거쳐 발전해 왔다. 특히, 자국에서 개발한 기술 집약적 전력증폭 시스템에 점점 더 집중하면서, 이를 주로 수입된 플랫폼과 통합하는 방향으로 발전시켜왔다. 그 결과, 20세기 말까지 이스라엘 방위산업의 핵심 분야는 드론 및 무인 항공기, 정밀 유도 무기, C4ISR 시스템, 전자광학 시스템, 사이버전 시스템 등으로 자리 잡았으며, 이들 모두 4차 산업 혁명 기술을 포함하고 있다. 그러나 다른 군산복합체와 마찬가지로, 이스라엘 방위산업 역시 군이 요구하는 모든 4차 산업혁명 기술 기반 무기와 장비를 자체적으로 공급할 수 있는 과학기술 역량을 완전히 갖추지 못했다. 이러한 한계를 인식한 이스라엘 국방부는 21세기 초반부터 국방조달 프로젝트에서 첨단 기술 기업들(일부 경우 학계 포함)의 역할을 더욱 확대하고 있으며, 이들을 연구개발 파트너이자 상용제품 기술 공급자로 적극 활용하고 있다.

　민군융합(CMF)의 채택은 4차 산업혁명 기술을 국방에 통합하려는 모든 시도에서 필수적인 요소가 될 가능성이 크지만, 그 구현 과정은 상당한 도전 과제가 수반될 것으로 보인다. 우선, 군대와 국방기관은 민간기업과 제품이 국방 프로젝트에 참여하는 최적의 방식에 대한 명확한 기준을 설정해야 한다. 예를 들어, 민간기업과 과학기술 기관이 군사 연구개발 과정에 참여해야 하는지, 참여한다면 어떤 방식과 단계에서 그리고 어떤 분야에서 이루어져야 하는지, 어떤 유형의 상용제품을 무기 및 군사 장비에 통합할 것인지 등에 대한 구체적인 지침이 필요하다. 또한, 민간 조직과 기업이 국방 프로젝트에 참여하려면 높은 진입 장벽을 극복해야 하며, 이는 기업의 수익성에 부정적인 영향을 미칠 가능성이 있다. 주요 장애물로는 방위계약 입찰 과정의 복잡성과 높은 비용, 긴 판매주기, 민간기업이 해결해야 할 고비용의 보안 기준, 국방부 계약하에 설계된 기술 및 제품의 제한된 상업적 권리, 대규모 인프라 투자 필요성, 비상업적 비즈니스 환경에 대한 적응 요구 등이 있다. 특히 중국과 인도처럼 국영 방산기업이 수십 년 동안 군사획득(military acquisition)을 독점해온 국가에서는, 방산기업 및 국방기관이 이러한 독점을 유지하려는 의도적인 조치를 취할 가능성이 있다. 예를 들어, 군사획득 규정을 지나치게 복잡하고 불명확하게 설정하거나, 기존 방위산업에 유리한 조건을 지속적으로 적용하며, 민간기업의 획득 프로젝트 접근을 제한하는 방식으로 정치적 영향력을 행사할 가능성이 크다.

이러한 제한사항과 기타 제약은 민간기업을 기존 방산기업에 비해 불리한 위치에 놓이게 하며, 많은 경우 국방 프로젝트 참여를 단념시키는 요인으로 작용한다. 그러나 정부는 이러한 장애물을 완화하고, 민간기업이 국방 연구개발에 참여할 기회를 확대함으로써 민군융합 과정을 촉진할 수 있는 다양한 조치를 취할 수 있다. 하지만 지금까지 이러한 노력은 국가별로 상이한 결과를 가져왔다. 본 사례 연구에 따르면, 미국과 이스라엘처럼 민간 부문이 수십 년 동안 군사 연구개발과 생산에 참여해 온 국가들에서는 이러한 장벽을 극복하고, 기존의 민간·군사·산업 통합(civil−military−industrial integration)을 보다 정교한 형태의 민군융합(CMF)으로 발전시킬 수 있는 새로운 협력 경로와 이니셔티브를 개발하는 것이 가능했다. 이들 국가는 민간기업과 상용제품을 국방 프로젝트에 최적화된 방식으로 통합하기 위한 기준을 점진적으로 정립해 왔으며, 이는 다음과 같은 요소들을 포함한다. 해당 기술 분야에서 민간 연구개발의 향후 전망, 민간 제품의 성숙도와 군사 시스템에 통합되기 위해 필요한 수정 정도, 민간 제품의 예상 수명주기 그리고 민간 제품을 군사 시스템에 통합할 때 발생할 수 있는 보안상의 영향 등이다. 이러한 국가들은 기술적 우위, 효율성, 리스크 감수 그리고 전반적인 혁신을 강조하는 전략적 문화를 갖추고 있으며, 이러한 요소들이 민군융합을 촉진하는 데 긍정적인 역할을 하고 있다. 특히, 불확실한 안보 환경과 제한된 국방예산이 결합된 이스라엘의 경우, 민간 부문의 적극적인 활용과 민군융합 접근 방식이 더욱 적합한 해결책으로 작용하고 있다.

물론, 이들 국가들도 4차 산업혁명 기술을 민군융합에 도입하는 과정에서 상당한 도전에 직면하고 있다. 예를 들어, 일부 민간기업이나 과학자, 엔지니어, 기타 핵심 인력들이 이념적 이유로 군사 프로젝트 참여를 기피할 가능성도 있다. 그러나 자유 시장 메커니즘이 작동하는 환경과, 해당 국가에서 풍부하게 공급되는 적합한 기업과 과학자들 덕분에 이러한 공백은 다른 주체들로 대체될 가능성이 높다. 그 결과, 미국과 이스라엘은 1990년대부터 첨단 상업기술을 포함한 신흥 핵심 기술을 지속적으로 혁신해 왔으며, 이를 군사 시스템에 성공적으로 통합해 왔다. 앞으로도 이러한 노력을 확대해 나갈 가능성이 크다.

중국과 인도의 상황은 다소 다른 양상으로 전개되고 있다. 중국은 4차 산업혁명 기술의 군사적 중요성을 인식하고 있으며, 특히 급성장하는 민간 첨단 기술 부문이 인민해방군에 4차 산업혁명 혁신을 제공할 수 있는 잠재력이 크다는 점을 명확히 이해하고 있다. 그러나 방위산업의 폐쇄적인 구조와 강한 정치적 영향력은 민간산업이 주요 군사계약에서 동등하게 경쟁하기 어려우며, 여전히 높은 정치적·행정적·상업적 장벽이 존재한다. 이 문제를 해결하기 위해 중국은 2010년대 후반부터 민군융합 전략을 본격적으로 추진했으며, 일부 개선도 이루어졌다. 이는 4차 산업혁명 기술이 21세기 중반까지 중국이 '세계 강대국'으로 자리매김하는 핵심 도구로 점점 더 인식되고 있기 때문이다. 또한, 시진핑 주석은 민군융합의 강력한 지지자로서 중앙집권적국가 체제를 활용해 이를 적극 추진했으며, 그 결과 상당한 진전을 이루었다. 그럼에도 불구하고, 이러한 정치적 의지와 노력만으로는 중국의 비효율적인 국방조달 구조를 완전히 극복하기에는 여전히 부족하다. 현재 중국의 민간 첨단 기술 부문은 군사 연구개발에서 제한적인역할만 수행하고 있으며, 특히 민감한 민군겸용기술의 수입에 주로 의존하는 경향이 강하다. 그 결과, 미국과 이스라엘처럼 신흥 기술이 전군에 걸쳐 광범위하게 통합되고 있는 국가들과 달리, 중국에서 이러한기술의 군사적 활용은 당분간 우선순위가 높은 일부 특정 군사 부문에국한될 가능성이 크다.

그럼에도 불구하고, 중국은 민군융합(CMF)과 관련해 여전히 예측하기 어려운 변수로 남아 있다. 제4장에서 언급했듯이, 시진핑 주석은민군융합에 상당한 정치적 자본을 투자했으며, 이는 중국이 민군융합에 막대한 정치적 의지, 자금 그리고 인력을 투입하게 만든 주요 요인중 하나이다. 로란드 라스카이(Lorand Laskai)는 이를 다음과 같이 표현했다. "시진핑이 2012년 권력을 잡은 이후, 민군융합은 거의 모든 주요 전략적 이니셔티브의 핵심 요소로 자리 잡았다."[12] 따라서, 중국이민군융합에 실패한다면, 그것은 노력 부족 때문이 아닐 것이다.

끝으로, 논의된 국가들 중 인도는 가장 독특한 상황에 놓여 있다. 민간 IT 산업의 성장, 자유 시장 경제 그리고 민주주의 체제는 인도가 민군융합을 통해 4차 산업혁명 기술을 군 전반에 통합하는 데 있어 유리한 조건을 제공한다. 그러나 이러한 요인들이 민군융합 성공의 필수요건이 될 수는 있어도, 그것 만으로는 충분하지 않다. 성공적인 민군융합을 위해서는 군사조달(military procurement) 구조, 충분한 연구개발 투자 그리고 일관된 국방전략이 필수적이지만, 인도의 국방획득(defense acquisition) 모델은 이러한 분야에서 심각한 도전에 직면해 있다. 첫째, 인도의 자유 시장 경제에도 불구하고, 국영 방위산업은 수십 년 동안 군사 개발과 생산에서 사실상 독점적 지위를 유지해 왔다. 둘째, 인도는 군수조달을 체계적으로 이끌어갈 중앙집권적이고 일관된 국방전략이 부족하며, 이로 인해 우선순위 설정과 시급성 부여에 어려움을 겪고 있다. 마지막으로, 인도의 민간 및 국방 연구개발 지출은 국제 기준으로 보아도 매우 낮은 수준에 머물러 있으며, 이는 군사기술 혁신을 저해하는 주요 요인 중 하나이다. 그 결과, 인도의 무기 개발 및 생산에 관한 의사결정은 종종 충동적이고, 심사숙고되지 않았으며, 때로는 모순적이기까지 하다. 인도는 군에 첨단 무기를 배치하려는 목표와 함께 군사 자립(military self-reliance, 이상적으로는 self-sufficiency), 국가산업 기반 강화 그리고 무기 수출 확대라는 목표에도 동등한 중요성을 부여하고 있다. 그러나 이러한 다양한 목표가 충분한 재정 투자 없이 추진되면서, 민군융합의 제도적·조직적 장벽을 효과적으로 극복하고 4차 산업혁명 기술을 군에 통합하며 혁신을 진전시키는 데 상당한 어려움을 겪고 있다.

이러한 국가별 민군융합(CMF) 사례 연구는 방위산업 기반(DIB)이라는 개념을 근본적으로 재정립할 필요가 있음을 시사한다. 전통적인 방위산업, 즉 무기 시스템과 군사 장비의 개발 및 생산에 초점을 맞춘 대형(주로 국영) 기업들은 여전히 중요한 역할을 수행하고 있다. 이러한 기업들은 포병 시스템, 전투기, 잠수함, 정밀 유도 무기, 전술 미사일 시스템, 핵무기 등 민간 부문에서 대체할 수 없는 군사 특화 제품을 생산하는 데 필수적이다. 동시에, 방위산업 내에서도 기업이나 시설 단위에서 민군융합이 더욱 활발히 이루어질 가능성이 크다. 예를 들어, 방위 제품과 비(非)방위 제품을 모두 생산하는 기업(예: 보잉, 에어버스, 타타 등)은 군사와 민간 부문 간에 관리, 기획, 인력, 연구개발 등의 전략적 자원을 공유할 수 있다. 또한, 이러한 기업들은 단일 제조 시설에서 인력, 기계 설비, 자재 등을 공동 활용할 수도 있다.[13] 더 나아가, 2차 또는 3차 공급업체(군사 하위 시스템, 부품, 유지보수·수리·정비(MRO) 서비스 제공 기업 등)도 방위산업과 상업산업 간의 통합을 더욱 밀접하게 추진할 가능성이 있다. 마지막으로, 상업 첨단 기술이 점차 발전함에 따라, 방위산업 계약자들은 상용제품 시스템 및 기술을 더욱 확대 활용하는 것이 효율적이며, 신뢰성과 비용 절감 측면에서도 유리하다는 점을 점차 인식할 것으로 보인다.

그러나 현대적인 민군융합(CMF) 접근 방식이 과거의 군사와 민간 영역 간 격차를 좁히려던 시도와 뚜렷이 차별화된다. 가장 큰 차이점은 군사 연구개발과 생산의 초기 단계(가장 '상위' 단계)에서부터 군사와 민간기술을 통합적으로 공동 개발하는 데 중점을 둔다는 점이다. 이러한 혁신 모델에는 다음과 같은 요소가 포함된다. 실험실, 대학, 기술 인큐베이터에서 기초 연구를 공유하는 것, 기술 탐구와 활용에 있어 민군 통합전략을 개발하는 것 그리고 과학기술과 개발 초기 단계부터 민간 첨단 기술의 잠재적 군사적 활용 가능성을 군사와 민간 부문이 함께 고려하도록 장려하는 것 등이다. 본 연구에서 다룬 대부분의 사례들은 민군융합을 촉진하기 위해 유사한 접근법과 도구(예: 스타트업, 인큐베이터, 민간 부문 경연대회 등)를 활용했지만, 그 결과는 국가별로 크게 달랐다. 미국과 이스라엘은 상대적으로 개방적이고 리스크를 감수하는 사회적·경제적 특성 덕분에 이 분야에서 더 나은 성과를 거두었다. 반면, 중국은 여전히 민군융합에서 비국가 또는 비군사 부문의 참여를 실험하는 단계이며, 특히 최근 시진핑 주석이 민간 부문을 포함한 경제 전반에 대한 국가 통제를 강화하려는 움직임은 혁신과 리스크 감수에 부정적인 영향을 미칠 가능성이 크다.14 인도의 경우, 국영 부문에 대한 강한 선호가 지속되는 상황에서, 민군융합과 군 현대화를 지원하기 위해 민간기업이나 스타트업 등 비전통적 혁신 주체들에게 의존하려는 경향은 여전히 낮은 것으로 보인다.

전통적으로 방위산업은 군사적 목적을 위한 무기 및 군사 장비의 개발과 제조에 집중해 왔다. 민간 부문으로의 '스핀오프'는 대부분 부수적인 결과로 발생했으며, 때로는 우연한 성과로 이루어지기도 했다. 그러나 오늘날 군사와 민간 영역 간 경계는 더 이상 명확하지 않으며, 민간기술이 군사 부문으로 얼마나 확산될 수 있는지는 민간 부문이 무기 개발 및 제조에 얼마나 깊이 관여하느냐에 크게 달려 있다. 예를 들어, 미국과 이스라엘에서는 대학, 싱크탱크, 국가 연구소, 국영 방산업체와 민간 부문 간 오랜 긴밀한 관계가 형성되어 있다. 이 민간 부문에는 방위산업체뿐만 아니라 자체 연구개발 센터(예: 록히드 마틴의 스컹크웍스), 전문 연구개발 기업, 스타트업 등이 포함된다. 이러한 방위산업 생태계에서는 민과 군 간의 협력, 민군겸용 연구개발 그리고 민군융합을 위한 체계가 이미 마련되어 있거나, 비교적 쉽게 구축될 수 있는 환경이 조성되어 있다.

반면, 중국과 인도는 민군융합 활용에 있어 훨씬 더 큰 어려움에 직면하고 있다. 이 두 국가는 각각 권위주의와 민주주의라는 매우 다른 정치 체제를 가지고 있지만, 무기 획득과 생산 접근 방식에서는 상당

히 유사한 특징을 보인다. 두 국가 모두 역사적으로 국영 연구소, 연구
개발 기관, 공장 시스템에 의존하여 자국산 무기 시스템을 설계, 개발,
생산해 왔다. 그 결과, 경직되고 독점적이며 강력하게 보호받는 국가
중심의 구조가 군수품 생산 과정을 지배해 왔으며, 정부·연구개발 기
관·무기 공장이 서로 밀접하고 폐쇄적인 환경에서 운영되는 '국가주
의적(statist)' 방위산업 생태계를 형성하였다. 이러한 구조적·관료적
요인들은 두 국가가 자국의 첨단 민간기술 부문을 효과적으로 활용하
여 민군융합을 추진하는 데 상당한 장애물로 작용하고 있다.

　미국과 이스라엘 그리고 중국과 인도 간의 또 다른 차이는 전략적
문화와 혁신에 대한 기본적인 접근 방식에서 드러난다. 미국과 이스라
엘은 국가전략 문화에서 기업가 정신, 실험 정신 그리고 위험 감수를
강조하는 경향이 강한 반면, 중국과 인도에서는 이러한 요소가 상대적
으로 약하다. 또한, 미국과 이스라엘에서는 군 현대화의 주요 제약 요
인이 예산적 한계인 반면, 중국과 인도에서는 내부 민군 갈등이 군사
력 증강에 영향을 미쳐 민군융합을 제한하는 요인으로 작용할 가능성
이 크다. 마지막으로, 국가 방위산업 기반(DIB)과 시장 경제 간의 관계
도 중요한 요소로 작용한다. 냉전 시기 동안 미국과 중국의 방위산업
은 모두 강력히 보호된 산업 부문이었으며, 시장의 영향을 직접적으로
받지 않고 운영되었다. 그러나 미국의 방위산업은 높은 혁신성을 보인
반면, 중국은 비효율성의 전형이었다. 이 차이는 소련의 위협이 냉전
시기 미국에 미친 영향 때문이었을까, 아니면 미국이 기술 혁신과 효
율성을 중시하는 문화적 성향 때문이었을까? 중국 역시 심각한 군사
적 위협을 인식하고 있었기 때문에, 단순히 위협 요인만으로 이러한
차이를 설명하기는 어렵다. 한편, 이스라엘의 경우, 전략적 환경, 무기

수입 제한 그리고 재정적 제약이 효율성과 군사기술 발전을 위한 강력한 동기로 작용했다.

경쟁전략으로서 민군융합(CMF)

이 연구는 민군융합(CMF)의 정치적·관료적 측면을 조명하면서도, 조달 방식이 변화하는 과정과 그 전략적 속성을 함께 분석한다. 특히, 민군융합이 차세대 군사기술 혁신과 개발을 위한 핵심 접근 방식으로 빠르게 자리 잡아가고 있다는 점은 주목할 만하다. 4차 산업혁명(4IR) 기술이 미래 군사력과 군사적 우위의 기반이 되는 상황에서, 민군융합은 이러한 기술을 효과적으로 활용하기 위한 필수적인 전략으로 자리 잡고 있다. 이러한 배경 속에서, 민군융합은 단순한 군사기술 혁신 전략을 넘어, 각국이 잠재적 적국 및 경쟁국과의 군사적 경쟁력을 유지하기 위한 중요한 전략적 도구로 채택되고 있다. 토마스 만켄(Thomas Mahnken)은 경쟁 전략의 본질이 경쟁국의 의사 결정에 영향을 미쳐 전략적 행동을 변화시키는 것이며, 이를 위해 비용을 부과하는 방식이 활용된다고 설명한다.[15] 이러한 전략은 미·중 간의 패권경쟁에서 점점 더 중요한 역할을 하고 있다. 중국은 정밀타격 무기와 C4ISR 분야에서 군사기술 역량을 지속적으로 강화하며, 수년 간 미국의 군사적 우위를 잠식해 왔다. 이러한 역량은 미국이 장거리 이동 후 군사력을 투사해야 하는 상황에서 이를 방해하고 약화시키는 거부전략(denial strategy)을 더욱 유리하게 만든다.[16] 이 개념은 '반접근·지역거부(A2/AD)' 전략으로 정립되었으며, 주요 구성 요소로 탄도 및 순항 미사일 공격, 포병 및 로켓 공격, 잠수함 작전, 장거리 공습, 사이버 공격,

위성 공격 등이 포함된다. 이와 같은 전략적 움직임은 군사기술 경쟁의 주도권을 놓고 각국이 치열한 공방을 벌이는 가운데, 민군융합이 핵심적인 역할을 수행하고 있음을 보여준다.

　중국은 A2/AD 전략과 역량을 활용하여 미국 군(그리고 나아가 지역 동맹국과 협력국)이 동중국해와 남중국해에서 자유롭게 진입하거나 작전을 수행하지 못하도록 저지하려 한다. 댄 구어(Dan Goure)는 A2/AD를 1990년대 정보기술에 기반한 '정찰－타격 군사혁신(RMA)'에 대한 '변증적 대응(dialectical response)'이라고 설명한다. A2/AD 역량에는 정교한 방공망, 장거리 정밀타격 무기, 무인 차량과 같은 무기 시스템이 포함될 수 있지만, 그는 "더 중요한 점은 'A2/AD 반혁신(counterrevolution)'이 전자전, 사이버전 그리고 외기권과 같은 새로운 전투 영역에서의 작전을 활용하여, 정밀타격 혁신의 기반이 되는 센서, 네트워크, 지휘 및 통제 시스템을 공격하는 데 초점을 맞춘다"는 점을 강조한다.17 이처럼 중국의 A2/AD 위협이 커짐에 따라, 미국은 이를 무력화하고 군사기술적 우위를 유지하기 위해 변증법적 대응 전략을 채택하고 있다. 이러한 '반－반혁신(counter－counterrevolution)' 전략은 초기에는 '공해전투(ASB, AirSea Battle)'로 불렸으며, 이후 '글로벌 공역에서의 접근 및 기동에 대한 합동개념(JAM－GC)'으로 개명되었다. 한편, 미 육군은 A2/AD 대응전략으로 '다영역 전투(MDB, Multi－Domain Battle)'를 채택하고 있다. ASB/JAM－GC는 미국의 군사력 투사 능력과 작전의 자유를 유지·강화하며, 현재와 예상되는 비대칭적 위협을 상쇄하기 위해 미 공군과 해군의 운영개념, 자산, 역량을 통합하는 데 중점을 둔다. 특히, 이 전략은 서태평양에서 증가하는 중국의 군사력과 영향력을 견제하기 위해 설계되었다.18

ASB/JAM－GC는 '네트워크화된 통합 심층공격(networked, in－tegrated attack－in－depth)'을 핵심 전략으로 제시한다. 이 전략에는 다음과 같은 주요 작전이 포함된다. 적의 C4ISR 자산을 원거리에서 타격하는 정보수집 및 지휘통제 능력을 무력화하는 '실명작전(blinding compaign)' 적의 방공 및 공격 능력을 방해하기 위해 은밀한 장거리 공격 무기를 사용하는 '미사일 억제작전(missile suppression campaign),' 그리고 작전 주도권을 확보하고 해당 지역에서 지속적인 미국의 작전 자유를 보장하기 위한 '원거리 봉쇄(distant blockades) 작전'이다. ASB/JAM－GC의 목표는 '도메인 간 전투력을 원활하게 통합하여 적용하는 것'이며, 이를 통해 미래의 미 합동군이 공중, 해상, 지상, 사이버 공간 등 다양한 전투 영역에서 시너지 효과를 극대화하고, 특정 도메인 조합에서 우위를 확보하며, 임무 수행을 위한 작전의 자유를 보장하는 전략을 구상하고 있다.[19] 한편, 다영역전투(MDB) 역시 도메인 간 네트워크화된 작전 개념을 강조하며, 기존의 전통적인 전투 방식에서 벗어나 각 도메인 간 긴밀한 상호작용을 통해 효과적인 작전을 수행하는 전략을 기반으로 하고 있다.[20]

2014년, 미국 국방부는 향후 수십 년 동안 미국과 동맹국이 잠재적 적국에 대해 군사기술적 우위를 유지할 수 있도록 하기 위한 국가적 노력의 일환으로 '3차 상쇄전략'을 발표했다. 이 전략에는 무인 시스템과 자동화, 장거리 타격, 확장된 작전 범위 및 스텔스 항공 작전, 극초음속 추진 기술, 수중전 및 사이버 작전, 지향성 에너지 무기 등이 포함된다.[21]

분명히, 4차 산업혁명 기술은 미국과 중국 간의 기술 패권경쟁에서 점점 더 중요한 요소로 부상하고 있다. 대부분의 첨단 4차 산업혁명 기술이 민간 부문을 기반으로 한다는 점에서, 민군융합은 이제 선택이 아닌 필수가 되었다. 미군은 이러한 4차 산업혁명 기술의 잠재력을 깊이 인식하고 있으며, 인공지능(AI), 자율 시스템, 첨단 네트워킹 및 통신 기술 등을 군사적 우위를 유지하기 위한 핵심 수단으로 적극 활용하려는 의지를 보이고 있다. 이러한 목표는 미국 군산복합체와 민간 첨단 기술 부문 간의 협력을 더욱 강화하며, 결과적으로 미국 방위산업과 기술 기반에서 민군융합 전략이 더욱 가속화되는 원동력이 될 가능성이 크다.

중국에서는 민군융합(CMF)이 핵심 군사기술 개발 전략으로 자리 잡았다. 중국의 군 현대화는 항공우주, 첨단 장비 제조, 인공지능(AI), 대체 에너지 등 주요 민군겸용기술 부문에서 민간기술 혁신과 긴밀히 결합되어 있다. 이와 관련하여, 민군융합은 "정부의 모든 수준에서 군사와 민간 행정의 통합을 강화하는 것"을 목표로 하며, 이에 따라 국가방위 동원, 공역 관리 및 민간 방공, 예비군 및 민병대, 국경 및 해안 방어 등이 포함된다.[22] 더 중요한 점은 중국 수뇌부가 민군융합을 '기술 초강대국'으로 도약하기 위한 장기적이고 광범위한 전략적 노력의 핵심 요소로 활용하고 있다는 것이다. 민간 부문과 군사 부문이 상호 지원하도록 함으로써, 민군융합은 중국이 '떠오르는 기술 혁명에서 군사적·경제적으로 경쟁할 수 있는 기반'을 구축하는 데 중요한 역할을 하고 있다.[23]

민군융합(CMF)은 경쟁전략의 관점에서 강대국뿐만 아니라 중견국을 포함한 모든 국가에 적용될 수 있다. 세계 강국으로 도약하려는 인도는 기술적으로 발전된 방위산업을 구축하여 자급자족형 국방 요구사항을 충족하고, 이를 통해 국제적 위상을 확보하는 것을 오랫동안 목표로 삼아왔다. 이러한 국방 자립(self‒reliance) 노력과 위상 추구는 인도의 정치와 깊이 연관되어 있다. 최근 경제력 확장과 특정 분야(예: IT)에서의 기술적 역량 강화로 인해, 인도는 세계적인 경쟁력을 갖춘 방위산업을 구축하려는 의지를 더욱 확고히 하고 있다. 이에 따라, 인도 지도부는 첨단 기술 부문을 적극 활용하여 자국산 무기 생산을 지원할 방안을 모색하고 있으며, 이를 통해 군사 역량을 강화하고 국제 군사·안보 환경에서 보다 주도적인 역할을 수행하려 하고 있다.

마지막으로, 소규모 및 중견 국가들도 민군융합(CMF)을 통해 4차 산업혁명(4IR) 기술을 군사적 용도로 활용하는 잠재력을 점점 더 인식하고 있다. 대표적인 사례로, 이스라엘은 자국의 국방을 위해 지역 내 군사기술적 우위에 크게 의존하고 있다. 1990년대 이후, 이스라엘은 4차 산업혁명 기술이 육상, 공중, 해상, 우주, 사이버, 지하라는 6차원의 전장 영역에서 그리고 다양한 전선(최전선, 본토 방어, 적 후방, 원거리 적)에 걸쳐 보다 정밀하고 치명적인 타격 능력을 제공할 수 있다고 평가해 왔다. 특히, 인공지능(AI)과 사이버 보안 역량을 결합하여 대규모 통신 트래픽을 분석하고, 의심스러운 활동을 식별하며 이를 면밀히 추적하는 능력을 갖추고 있다. 또한, 원격 감지, 위치 추적, 정밀 유도 무기와 같은 4차 산업혁명 기술의 조합을 통해 목표의 정확한 위치를 파악하고, 민간 피해를 최소화하면서도 인구 밀집 지역에서 활동하는 적을 효과적으로 타격할 수 있다. 더 나아가, 첨단 사이버 역량과 정찰·정밀 유도 무기 기술의 결합을 통해 적의 통신 및 정보 시스템에 침투하여 병력 배치, 무기 생산 시설, 작전 계획 등의 정보를 획득하고, 이를 바탕으로 선제공격을 수행할 수 있는 능력을 확보하고 있다.[24] 이러한 역량과 유사한 기술의 개발은 민간 조직의 적극적인 참여를 통해 이루어지고 있다. 이스라엘은 첨단 기술 산업을 보유하고 있으며, 사회와 국방기관 간의 오랜 긴밀한 관계를 바탕으로 현지 기술 기업, 학계, 심지어 해외 기업까지 활용하여 4차 산업혁명관련 군사 수단을 개발하고 있다. 이러한 군사기술 발전은 이스라엘이 변화하는 군사전략을 효과적으로 구현하는 동시에, 추가적인 전략적·교리적 발전을 촉진하고, 적정 비용으로 군사 목표를 달성할 수 있도록 한다. 다만, 이러한 기술적 진보가 이스라엘로 하여금 이전보다 더 강력한 군사력을 사용하도록 유도할 것인지 그리고 이것이 이스라엘 및 주변 지역의 안정성에 어떤 영향을 미칠지는 여전히 지켜봐야 할 문제이다.[25]

그러나 이스라엘과 인도의 민군융합(CMF) 발전 사례 그리고 미·중 간의 경험은 특정 국가들에 만 국한되지 않는다. 이러한 교훈을 직접 활용하든 그렇지 않든, 러시아·이란·브라질과 같은 다른 강대국 또는 지역 강국으로 도약하려는 국가들 또한 4차 산업혁명 기술을 군대에 통합하는 것을 군 현대화의 중요한 다음 단계로 점점 더 인식할 가능성이 높다. 이에 따라, 민군융합은 이들 국가들에게 필수적인 기술적 기반이자 경쟁전략으로 자리 잡을 것이다. 특히, 이러한 국가들이 민군융합을 활용하여 4차 산업혁명 기술을 군사력에 성공적으로 적용하고 군사적 역량을 강화한 사례를 제시할 수 있다면, 이는 단순한 개별 사례를 넘어 '개념 증명(proof of concept)'으로 작용할 것이다. 이러한 성공 사례는 더 많은 국가들에게 영감을 줄 뿐만 아니라, 첨단 민간기술을 군사력으로 전환하는 데 있어 실질적인 로드맵을 제공할 것이다.

분명히, 이러한 발전은 전략적 영역과 비전략적 영역 모두에 광범위한 영향을 미칠 가능성이 크다. 이 연구의 범위를 벗어나지만 학문적으로 주목할 만한 중요한 논점 중 하나는, 4차 산업혁명 기술이 글로벌하게 확산되는 특성과, 민군융합이 국가안보를 위해 기술 보호와 자급자족을 강화하려는 경향 사이의 긴장 관계이다. 흥미롭게도, 지난 수십 년 동안 경제와 기술의 세계화에 대한 반발이 증가하고 있다. 중국과 인도와 같은 국가들은 점점 더 기술적 자급자족을 강조하는 '테크노 내셔널리즘(techno-nationalism)' 전략을 추구하고 있으며, 특히 IT (통신, 마이크로 전자, 컴퓨팅 등), 항공우주, 국방 부문에서 이러한 경향이 두드러진다. 테크노 내셔널리즘은 인공지능(AI)을 포함한 4차 산업혁명 기술 기반 국가혁신 정책에도 강한 영향을 미쳤으며, 본 연구에서 다룬 모든 사례에서 정부 주도의 다양한 인공지능 개발 계획이 강조되고 있다. 동시에, 중국은 민군융합을 활용하여 민간 채널을 통해 민감한 기술을 수입하고 이를 군사 시스템에 통합하는 전략을 적극적으로 추진하고 있다. 이에 대응하여, 주요 기술 수출국들은 신흥 기술의 수출 제한을 강화하고, 경쟁국과의 기술 공급망 분리를 가속화하고 있다.

흥미롭게도, 개발도상국의 테크노 내셔널리즘에 대한 선진국의 대응은 순수한 내셔널리즘보다는 강력한 과학기술 협력으로 나타나고 있다. 2022년 미국 상무부와 국토안보부가 발표한 주요 산업의 공급망 취약성 보고서는 이러한 흐름을 잘 보여준다. 이 보고서는 중국 의존도를 줄이는 동시에, 글로벌 공급망에서 '프렌드 쇼어링(friend-shoring)' 접근법을 강조하며, 핵심 ICT 부품의 '프렌드 쇼어링' 및 '니어 쇼어링(near-shoring)' 제조에 대한 재정적 지원을 권장하고 있다.26 따라서, 글로벌 세력균형 내에서 테크노 내셔널리즘 기반의 자급자족 정책과 민군융합의 추구는 자연스럽게 상호 보완적인 관계를 형성하고 있으며, 민군융합의 확산과 기술 수출 제한 간에는 명확한 인과관계가 존재한다. 그러나 민감한 기술 수출의 완전한 차단이나 완전한 자급자족은 여전히 어려운 과제이다. 예를 들어, 중국의 반도체 제조 산업은 초미세 칩 설계(7나노미터 벽)를 해결하지 못하고 있으며,[27] 여전히 일본으로부터 웨이퍼 제조 기술 및 장비를 수입해야 하는 실정이다.[28] 러시아 또한 강력한 방위산업 기반(DIB)을 보유하고 있지만, 외국 기술에 대한 의존에서 완전히 자유롭지는 않다. 2022년 우크라이나에서 격추된 러시아 드론에서는 미국산 컴퓨터 칩과 독일산 엔진을 포함한 등 서방 기업 여섯 곳의 부품이 사용된 것으로 밝혀졌다.[29] 한편, 민군융합은 주요 경쟁 블록 간 신흥 기술의 흐름을 제한하는 역할을 하면서도, 여전히 글로벌 네트워크를 통해 기술이 확산되는 세계화 현상을 완전히 차단하지 못하고 있다.

전반적으로, 민군융합(CMF)의 성공적인 활용은 국가안보 상황, 전략적 문화, 관료적 구조, 시장의 역학 그리고 민군 간 신뢰(특히 지도부 수준에서의 국내 정치)와 같은 요소들의 조화로운 결합의 결과로 볼 수 있다. 이러한 요소들이 이미 갖추어져 있거나 국가 지도부에 의해 효과적으로 조정된다면, 해당 국가는 4차 산업혁명 기술을 기반으로 무기체계와 군사 장비를 개발할 수 있는 능력을 갖추게 될 것이다. 결과적으로, 민군융합의 성공 여부는 해당 국가의 군사력뿐만 아니라, 무기 생산국으로서의 국제적 위상에도 중대한 영향을 미칠 것으로 예상된다.

'국방혁신과 방위산업 도약'을 위한 민군융합

- 한국형 민군융합(K-CMF) 정책화
- 한국군, 국방혁신 실행전략

역자 후기

'국방혁신과 방위산업 도약'을 위한 민군융합

우크라이나-러시아 전쟁은 단순한 국지전을 넘어, 신기술과 신무기의 융합이 전장의 판세를 바꾸는 첨단 기술전쟁의 실증 사례로 평가된다. AI, 위성, 드론 등 4차 산업혁명 기반 민간기술이 군사작전에 직접 투입되고 있다. 특히 스타링크와 같은 민간 통신 인프라는 지휘·통제에 핵심적 역할을 하며, 민과 군의 기술 경계를 사실상 허물었다. 이는 국가안보 역량 확보를 위해 민간의 첨단 기술을 얼마나 신속하고 효과적으로 군사력에 융합할 수 있는가가 새로운 전략 변수임을 분명히 보여준다.

이러한 변화는 북한의 비대칭 위협과 글로벌 기술패권 경쟁이라는 이중의 도전에 직면한 한국에게도 중대한 시사점을 제공한다.

책을 번역하는 과정에서, 4차 산업혁명 기술과 민군융합(CMF)이 한국의 국방 및 산업 발전에 어떻게 효과적으로 적용할 수 있을지에 대해 실천적 관점에서 주목하였다. 특히 '국방혁신(Defense Innovation)'*과

---

* 변화의 수준은 범위, 강도, 속도에 따라 혁명(Revolution), 변혁(Transformation), 혁신(Innovation), 개혁(Reform), 개선(Improvement)으로 구분된다. 이 용어들은 일반명사로 사용되지만, 각국의 정책 명칭으로도 활용되므로 문맥에 따라 정확히 이해할 필요가 있다.

'방위산업 도약'이라는 새로운 전략 패러다임을 구체화해 나가는 과정에서, 여러 중요한 시사점과 정책적 방향성을 도출할 수 있었다. 다음은 이에 기반한 구체적인 정책 제언이다.

한국형 민군융합(K−CMF) 정책화

4차 산업혁명으로 인공지능(AI), 자율 시스템, 빅데이터, 양자 컴퓨팅 등 첨단 기술이 민간 부문을 중심으로 빠르게 발전하고 있고, 이러한 기술들은 군사 분야로도 급속히 확산되고 있다. 그 결과, 군사기술과 민간기술 간의 경계가 점차 모호해지고 있으며, AI, 드론, IoT, 양자 기술과 같은 민간 주도의 기술들이 군사 시스템에 필수적으로 통합되는 경향이 뚜렷해지고 있다. 이러한 기술을 효과적으로 군사 역량으로 전환하기 위한 핵심 전략으로 민군융합(CMF)이 부각되고 있다.

민군융합은 기존의 민군통합이나 민군겸용기술의 개념을 넘어, 연구개발 초기 단계부터 민간과 군이 협력하여 상업기술을 군사적 목적

국방변혁(Defense Transformation)은 군의 근본적인 구조와 작전 개념을 근본적으로 변화시키는 전략적 개념으로, 미국의 럼즈펠드 군사변혁과 러시아의 군사전략이 대표적인 사례다. 국방혁신(Defense Innovation)은 첨단 기술을 활용한 군사력 증강과 작전 개념 개선을 의미하며, 한국의 국방혁신 4.0, 미국의 Defense Innovation Initiative(DII), 중국의 국방과학기술혁신이 이에 해당한다. 국방개혁(Defense Reform)은 군 조직, 지휘체계, 전력구조, 운영방식, 예산 구조 등을 개선하는 제도적 개편으로, 한국의 국방개혁 2020/2.0, 미국의 Goldwater−Nichols Act(1986), 인도의 국방개혁이 대표 사례다. 군사혁신(Revolution in Military Affairs)은 기술 발전이 전쟁 수행 방식(교리, 전술, 조직 등)에 미치는 영향을 지칭하며, 걸프전에서 정밀유도무기(PGM)와 스텔스 기술 도입이 대표적인 사례다.
이러한 개념들은 변화의 수준과 방향성을 반영할 뿐만 아니라, 특정국가의 정책 프로그램 명칭으로도 사용되므로 문맥에 따른 구분과 이해가 필요하다. 예를 들어, 국방혁신(Defense Innovation)은 일반적으로 군사적 혁신을 의미하지만, '국방혁신 4.0'과 같이 특정정책 프로그램을 지칭할 수도 있다.
본 책에서는 이들 용어를 개념적이고 보통명사적 의미로 용어를 사용하였다. 정홍용, 『강군의 꿈』(2021)과 임길섭 외, 『국방정책 개론』(2020), 3장 미국 편 등을 참고하여 정리하였다.

에 맞게 전환하는 전략적 접근 방식이다. 과거에는 군사기술의 민간 이전이나 민간기술의 제한적 군사 활용에 그쳤지만, 오늘날의 민군융합은 양 부문 간의 기술융합을 체계적으로 추구함으로써 군사적 활용 가능성을 극대화하고 있다.

나아가 민군융합은 단순한 국방력을 강화하는 데 그치지 않고, 기술 혁신을 촉진하고, 연구개발의 효율성을 높이며, 국가 경제 성장과 산업 발전을 견인하는 전략적 메커니즘으로 작동한다. 민간과 군의 기술, 자원, 역량을 유기적으로 연계함으로써 군사적 우위를 확보하는 동시에, 방위산업의 경쟁력을 강화하고, 민간산업의 글로벌 시장 진출에도 긍정적인 파급효과를 기대할 수 있다.

현대의 민군융합은 4차 산업혁명 기술을 중심으로, 첨단 상업기술을 군사적 요구에 맞게 통합하여 군사 역량을 고도화하는 데 초점을 두고 있다. 이러한 배경에는 민간 부문의 기술 혁신 속도가 전통적인 군산복합체를 앞지르고 있는 기술 환경의 변화가 있다. 1990년대 이후, 정보기술(IT)과 디지털 기술의 중심축이 군수산업에서 민간산업으로 이동하면서, AI, 빅데이터, 로봇공학, 5G, 블록체인, 양자 컴퓨팅 등 민간 주도의 기술들이 군사 분야에 본격적으로 적용되고 있다. 현재 전 세계 연구개발(R&D) 투자 중 약 80~90%가 민간 부문에 집중되어 있고, 이는 군사 분야 투자 규모의 10배 이상이다.

미국 등 주요국들은 민군융합 전략을 고도화하며, 군사적 우위 확보와 국가 경쟁력 강화를 동시에 추구하고 있다. 미국은 방위고등연구계획국(DARPA)를 중심으로 상업기술의 군사적 전환을 선도하고 있으며, 제3차 상쇄전략과 ASB/JAM−GC* 전략을 통해 기술 기반의 군사 우

---

* ASB(Air-Sea Battle, 공해전투) 개념은 이후 JAM-GC(Joint Concept for Access and

위 유지에 주력하고 있다. 중국은 '군민융합 발전전략'을 국가 핵심 정책으로 채택해 AI, 드론, 5G, 양자 컴퓨팅 등 민간기술을 적극적으로 군사화하며 기술 초강국으로의 도약을 꾀하고 있다. 특히, 반접근 · 지역거부(A2/AD) 전략을 통해 미국과 동맹국의 군사적 개입을 제어하려는 전략적 의도를 분명히 보이고 있다. 이스라엘은 'Meimad 프로그램'을 통해 민군 기술융합을 실질적으로 실행하고 있으며, 중소기업 · 대학 · 연구기관과의 협력을 기반으로 감시 · 정찰, 네트워크, 첨단 군사기술의 신속한 전력화를 꾀하고 있다. 인도 또한 '자주국방(military self-reliance)'기조 아래 민군융합을 전략적으로 추진해, 민간기술 도입을 통해 방위산업의 경쟁력을 강화하고 국제적 위상 제고에 박차를 가하고 있다.

한국 역시 민군융합 구현에 있어 유리한 여건을 갖추고 있다. AI, 빅데이터, 자율 시스템, 양자 기술 등 4차 산업혁명 핵심 기술 분야에서 경쟁력을 보유하고 있으며, 첨단 민간기술에 대한 군사적 수요와 공급 환경도 좋은 편이다. 글로벌 방산기업, 첨단 벤처기업, 대학, 정부출연 연구기관(출연연)* 등 우수한 기술 인프라를 기반으로, 세계 8~9위 수준의 국방과학기술력과 방산수출 역량을 보유하고 있다. 민간 부문은 수십 년간 국방 연구개발과 생산에 지속적으로 참여해 왔으며, 이를

Maneuver in the Global Commons, 전 세계 공유영역에서의 접근 및 기동을 위한 합동 개념)으로 명칭이 변경되었다. 이 전략은 중국의 A2/AD(Anti-Access / Area Denial, 반접근 · 지역거부) 전략에 대응하는 counter-A2/AD 개념으로, 미국의 글로벌 전력 투사와 연합작전 수행을 보장하는 핵심 작전 구상이다. 자세한 내용은 제3장 미국편 참고.

* 국가과학기술연구회(NST) 산하에는 25개의 정부출연연구소가 있으며, 약 1만 명 이상의 정규 연구 인력과 전문적인 인프라를 갖추고 있다. 이들 연구소는 주로 정부 R&D와 민간 R&D를 수행하며, 국가 경제와 사회 발전을 위한 연구 및 기술 혁신을 추진하고, 정부와 민간 산업 간 협력 기반을 마련하는 데 기여하고 있다.

통해 민간-군-산업 간 협력 모델을 보다 정교한 형태의 민군융합으로 발전시킬 수 있는 기반을 마련해 왔다. 또한 한국의 안보·경제·사회 구조는 민군 간 기술적·제도적 장벽을 완화하는 데 유리한 조건으로 작용하고 있다.

반면에 한국군은 고도화되는 북한의 핵·미사일 위협, 미·중 전략 경쟁의 심화, 병역 자원의 감소, 국방예산의 제약 등 복합적인 안보 환경에 직면해 있다. 병력중심의 기존 군사운용 방식은 이미 구조적 한계에 도달한 상황이다. 이러한 현실은 기술 기반의 국방 역량 강화와 함께, 민군융합 전략을 조속히 체계적인 실행을 강하게 요구받고 있다.

우리 과학기술계 역시 부처 간 협력의 필요성을 세 가지 관점에서 지속적으로 강조해 왔다. 첫째, 안보·경제·사회적 수요의 증가에 효과적으로 대응하려면 연구개발(R&D) 주관 부처와 수요 부처 간의 긴밀한 협력이 필수적이다. 둘째, 기술의 실제 활용을 위해서는 R&D를 주도하는 부처와 규제 당국 간의 사전 조율이 요구된다. 셋째, 행정 프로세스에서 발생하는 연구개발 사업 간 유사·중복 문제를 해소하기 위해서도 부처 간 협력이 절실하다. 이러한 문제의식은 2021년 실시한 전문가 인식 조사(300명 대상) 결과에서도 잘 나타났다. 응답자의 90% 이상이 민간 부문의 기초원천기술이 국방 핵심 기술 개발로 이어지는 가교형 R&D를 포함한 민군기술협력 활성화의 필요성에 공감한 점은, 정책적 대응의 시급성과 방향성을 잘 제시해 준다.

그럼에도 불구하고, 한국의 민군융합(CMF) 추진은 여전히 구조적 제약에 직면해 있다. 우선 민군융합 개념을 명시한 정부 차원의 공식 문서나 전략이 부재한 실정이다. 현재는 '과학기술기본법'과 '민군기술협력촉진법'을 근거로 민군기술협력이 추진되고 있으나, 낮은 수준의 민군통합(CMI)이 소규모 사업위주로 운영되는 데 그치고 있다. 또한 국가 R&D와 국방 R&D 간의 이원화된 구조, 민군기술협력 사업의 부족, 민간 부문의 제한적인 참여 등 다양한 요인들이 민군융합의 확산을 저해하는 장애 요인으로 작용하고 있다.

따라서, 민군융합의 성공적 구현을 위해서는 정부의 확고한 의지와 범정부 차원의 정책 조율이 선행되어야 한다. 이는 단순한 제도 개선을 넘어 민간과 군 간의 기술적·제도적 연계를 활성화하고, 민군 상생의 전략적 파트너십을 정책화하는 프로세스를 말한다. 이러한 기반 위에서 한국은 구조적 한계를 극복하고, 4차 산업혁명 기술을 접목한 세계 최고 수준의 국산 무기체계(indigenous weapons)를 개발할 수 있는 국가로 도약할 수 있다. 나아가, 자주국방(defense self-reliance)* 역량을 강화하며, 방위산업의 고도화를 통해 국가안보와 경제 성장을 아우르는 전략적 선순환 구조를 구축할 수 있다. 이를 위해 범정부 차원의 통합 정책 추진체계를 조속히 마련하고, 민간기술의 군사적 활용 확대를 위한

* 무기 국산화(weapons indigenization)는 무기체계의 설계, 개발, 생산, 유지 전 과정을 자국의 기술로 수행하고, 해외 의존도를 최소화하려는 정책적 노력을 의미한다. 자급자족(self-sufficiency)은 원자재부터 설계, 제조에 이르기까지 방산생산 전 과정을 외부의 도움 없이 자국 내에서 완전히 수행하는 체계를 뜻한다. 자립(self-reliance/autarky)은 무기체계를 국내에서 생산하되, 외국의 설계·기술·시스템·제조 노하우 도입을 허용하는 실용적인 방식으로, 많은 국가가 채택하는 현실적인 전략이다.
자주국방(self-reliance defense)은 외부의 강요나 의존 없이 국가가 주권, 영토, 국민의 생명과 재산, 국가이익을 스스로 보호할 수 있는 자조적 의지, 자립적 능력, 자율적 행위에 기반한 국방체제를 의미한다. 이 개념은 두 가지 유형으로 나눌 수 있다. '단독형 자주국방'은 외부 협력 없이 자국의 역량만으로 독자 국방을 구축하는 형태로, 이론적인 모델에 가깝고 현실적으로 실현한 국가는 없다. '협력형 자주국방'은 외국과의 안보 협력체계(동맹 등)를 병행하면서도 자주국방의 주체성을 유지하는 현실적 전략이다. 한국의 자주국방은 한미동맹과 병행하는 '협력형 자주국방(Cooperative Defense Self-reliance)' 모델에 해당한다. 따라서 현재 '자주국방'이라 용어는 일반적으로 협력형 자주국방을 지칭한다. 임길섭 외, 『국방정책 개론』(2020), 이 책의 중국, 인도, 이스라엘 편을 참고 정리하였다.

법적·제도적 기준과 절차를 정립하는 것이 시급하다. 무엇보다도 정책화를 위한 공론 장(場)을 마련하고, 실행전략을 구체화해야 할 시점이다.

한국군, 국방혁신 실행전략

4차산업혁명(4IR) 기술과 민군융합 전략을 기반으로 한 한국군의 국방혁신과 방위산업 도약을 위한 실행전략을 다음 세 가지로 제안한다.

① 첨단 과학기술 기반의 강군을 지향하는 군사혁신(4IR‒RMA)

② 민군융합형 국방 연구개발(R&D) 체계로의 전환

③ 지속 가능한 성장형 방위산업 생태계 구축

이러한 전략을 통해 한국군은 미래 전장 환경에 효과적으로 대응할 수 있고, 방위산업의 지속적 성장과 국가 경제 발전에도 기여할 수 있다.* 이러한 전략의 흐름을 다음과 같이 도식화 하였다.

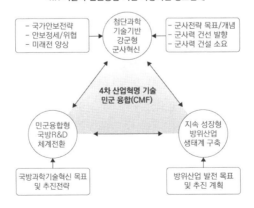

4IR 기술과 민군융합 기반 국방혁신 상호관계

---

* 한국군, 국방혁신 실행전략은 이병권, "국가R&D와 국방R&D의 연계·협력 강화방안 연구"(2021), 하태정, "미래전 대응 융합·개방형 국방연구개발 체계 발전 방안"(2024), 장원준, "방위산업 주요 이슈와 전망"(2023), 정춘일, 『과학기술 강군을 향한 국방혁신의 비전과 방책』(2022), 최영찬 외, 『미래의 전쟁』(2024) 등을 참고하였다.

1. 첨단 과학기술 기반의 강군형 군사혁신(4IR-RMA)

군사혁신(RMA)은 단순한 기술 변화에 그치지 않고, 조직적·제도적·교리적 변화까지 포괄하는 개념이다. 기술 혁신은 군사적 효율성과 전투력 향상의 핵심 동력으로 작용하며, 전력의 질적 향상뿐 아니라 교리 및 조직 구조의 변화를 유도하는 토대가 된다. 첨단 기술의 효과적인 활용은 군사적 우위 확보의 필수 조건이며, 기술 혁신은 RMA의 조직적·작전적 진화를 견인하는 핵심 요소다. 이러한 측면에서 4차 산업혁명은 군사혁신의 전략적 중요성을 더욱 부각시킨다.

21세기 군사혁신은 4차 산업혁명 기술과 민군융합을 토대로 빠르게 진화하고 있다. 인공지능(AI), 빅데이터, 자율 시스템, 양자 기술, 사이버전 등 첨단 기술은 전쟁의 양상을 근본적으로 변화시키고 있다. 이에 따라 주요국들은 전략, 군사교리, 전력체계 전반을 재편하고 있다. 과거의 군사혁신이 주로 신무기 도입과 교리 전환에 집중되었다면, 오늘날의 군사혁신은 초연결 네트워크, AI 기반 지휘결심, 실시간 데이터 분석 역량을 핵심으로 한다. 특히 AI는 감시정찰(ISR) 능력 고도화, 네트워크중심전(NCW) 구현, 작전 자동화(Operations Automation) 체계* 구축에 중추적인 역할을 맡고 있다. 또한 자율 시스템과 드론 기술의 발전은 유·무인 복합체계(MUM−T)의 확산을 가속화하고 있으

---

* 작전 자동화(Operations Automation) 체계는 작전의 계획, 지휘, 통제, 의사결정, 실행 전 과정을 AI, 빅데이터, 자동화 기술을 활용해 처리하거나 지원하는 시스템이다. 미국의 JADC2(Joint All-Domain Command and Control)와 이스라엘의 Shaked 시스템이 대표적인 예이다. 이 체계는 AI 기반 실시간 상황 인식, 자동 표적 선정 및 우선순위 결정, 자동 명령 생성 및 실행 제안 등의 기능을 포함하며, 지휘통제와 대응 과정에서 인간의 개입을 최소화하는 것이 핵심이다.
  반면, 전장 자동화(Battlefield Automation)는 작전 수준을 넘어 전장 전반에서 유·무인 전력, 센서, 플랫폼, 병참, 방어체계 등이 자율적으로 판단, 반응, 행동하는 환경을 구현하는 개념이다.

며, 사이버 및 전자전의 중요성이 부각됨에 따라 정보중심전(ICW)과 NCW는 현대 작전 수행의 새로운 표준으로 자리 잡고 있다.

미국은 다영역작전(MDO)과 NCW를 기반으로, 합동전영역지휘통제(JADC2)체계*를 구축했고, 분산해양작전(DMO)과 모자이크전(Mosaic Warfare) 개념†을 통해 소형·자율 무기 시스템의 네트워크화를 추진하고 있다. 이는 분산된 전력을 실시간으로 연계해 작전의 민첩성과 적응성을 높이고, 대응 효율성을 극대화하는 데 있다.

중국은 민군융합 전략을 바탕으로 AI, 로봇, 사이버 기술 등 민간기술을 국방에 적극 도입하고 있다. 또한 극초음속 미사일, 스텔스 전투기, 유무인 해상전력 등 첨단전력을 집중적으로 강화하고 있다. 특히 AI를 장비 및 작전 자동화 체계 전반에 통합하는 차세대 인공지능 발전계획을 통해, 군의 현대화와 '지능화 전쟁(intelligentized warfare)'‡

---

* MDO(Multi-Domain Operations), JADC2(Joint All-Domain Command and Control)는 NCW와 함께 현대 군사작전의 핵심 개념이다. MDO는 육·해·공은 물론, 우주, 사이버, 전자기 스펙트럼 등 모든 작전 영역을 통합하여 전투 효과를 극대화하는 개념으로. 다영역 간 동시적이고 융합적인 작전 수행을 통해 복합적인 위협에 유연하게 대응하는 것을 목표로 한다. JADC2는 MDO를 실현하기 위한 지휘통제 체계로, 전 작전영역의 전력을 통합하고 실시간 정보 공유와 빠른 결심을 가능하게 한다.

† 분산해양작전(Distributed Maritime Operations, DMO)은 전통적인 중앙집중식 해양 작전에서 벗어나, 다양한 해양 플랫폼(함정, 드론, 자율 무기 시스템 등)을 분산하여 운용하는 개념이다. 이 개념은 네트워크화된 시스템을 통해 실시간으로 협력하고, 위협에 빠르게 적응하며 민첩하게 대응하여 작전의 유연성과 효율성을 극대화한다. DMO는 중국의 A2/AD 전략을 상쇄하기 위한 미 해군의 새로운 작전 개념으로 도입되었다.
모자이크전(Mosaic Warfare)은 미국 DARPA가 제안한 차세대 작전 개념으로, 기존의 '플랫폼 중심전'을 탈피하여, 소형·저비용의 유·무인 자율 무기와 센서들을 네트워크로 연결해 모자이크처럼 유기적으로 운용하는 분산형 전투체계를 지향한다. 각 전투 요소는 독립적으로 작동하면서도, 전장 상황에 따라 유연하게 조합·재구성되는 것이 핵심이다.

‡ 지능화 전쟁은 AI, 빅데이터, 자율 시스템, 클라우드 컴퓨팅 등 지능 기술을 중심으로 수행되는 전쟁 형태로, 중국이 개념화한 미래전 양상 중 하나이다. 이 개념은 단순히 정보화(informationalized) 단계를 넘어, 전장 인식, 지휘결심, 작전수행 전반에 AI가 깊이 통합된 '지능중심 전쟁 패러다임'을 지향한다.

수행 역량 강화에 주력하고 있다.

이스라엘은 AI 기반 작전 자동화 체계인 샤케드(Shaked) 시스템과 예방 정비 기반의 국방 MRO를 도입해 전력 운영의 효율성을 극대화하고 있으며, 작전 지속성과 비용 효율성 측면에서 강점을 보이고 있다. 이처럼 기술강국들은 AI, 자율 시스템, 다영역작전을 핵심으로 한 첨단 작전 자동화 체계를 구축하고 있다. 또 유·무인 복합체계와 NCW를 활용해 전장의 자동화와 실시간 정보 공유 역량을 강화하고 있다. JADC2와 모자이크전 개념은 작전의 유연성과 생존성을 높이는 동시에, 신속하고 정밀한 대응체계의 구현을 가능하도록 한다.

한국군의 군사혁신은 단순한 기술 도입이나 추격형 모델이 아니라, 안보위협, 국가안보전략, 미래전 양상, 군사전략, 군사력 건설 방향 등 다양한 요소를 종합적으로 반영하여 추진하는 것이 바람직하다. 단순 '따라가기식' 군사혁신은 한국의 특수한 안보환경에 부합하지 않을 뿐 아니라, 실질적인 성과로도 이어지기 어렵다. 기술혁신은 군사력 발전의 핵심 동력이지만, 동시에 '과학기술 만능주의'에 대한 경계도 필요하다. 기술은 어디까지나 중요한 수단이다. 조직·교리·운용체계와의 유기적 통합 없이 기술만으로 실질적인 전투력 향상을 기대하기 어렵기 때문이다. 현재 한국군은 북한의 핵·미사일 위협, 병력 자원의 감소, 플랫폼중심의 전력 구조의 한계 등 복합적인 안보 도전에 직면해 있다. 이에 따라 기존 군사운용체계의 구조적 한계를 극복하기 위한 지속적이고 체계적인 혁신 노력이 그 어느 때보다 절실하다.

따라서 4차 산업혁명 기술과 민군융합(CMF)을 적극 활용해 군사교리, 전력체계, 조직구조 전반에 걸친 국방혁신을 추진할 때다. 4차 산업혁명 기술 기반 군사혁신(4IR−RMA)은 미래전에 부합하는 전력 건설을 위한 선택이 아닌, 국가안보를 위한 필수 과제이기도 하다. 전력 체계와 작전운영 개념중심의 군사혁신 방향과 주요 추진 과제를 다음과 같이 제안한다.

다영역작전(MDO) 및 모자이크전 수행 역량 강화

미래 전장은 육·해·공뿐 아니라 우주·사이버·전자기 스펙트럼까지 통합하는 다영역작전 개념이 중심축으로 부상하고 있다. 초연결·초융합 환경에서 각 작전 영역 간의 유기적 연계와 통합 운용은 전투 효율성을 좌우하는 핵심 요인이다. 소형·자율 유닛(드론 등)을 네트워크화하여 적의 방어망을 분산·교란시키고, 복잡한 전장에서도 유연하고 신속한 작전 수행이 가능하게 하는 모자이크전 개념의 적용이 중요하다. 이를 실현하기 위해서는 AI 기반 지휘통제 시스템(AI−JADC2) 구축과 함께 네트워크중심전, 사이버전, 전자기 스펙트럼 작전(EMSO/SMO)* 역량을 통합적으로 강화해야 한다.

MDO체계를 기반으로 모든 작전 영역을 통합 운용해, 적의 방어망을 우회하고 분산시키는 다차원 전투 역량을 확보할 수 있다. 또한 자율 유닛 간 협력 네트워크를 통해 정밀 타격과 능동 방어 능력을 극대화할 수 있다. AI−JADC2 시스템은 실시간 작전 분석과 자동화된 결심을 지원한다. 클라우드 기반 데이터 공유체계는 전장 상황 인식과 대응 속도를 혁신적으로 향상시킨다. 아울러, 전자기 스펙트럼 작전

---

* 전자기 스펙트럼 작전(Electromagnetic Spectrum Operations)은 감시·정찰, 통신, 유도무기, 전자전 등 군사 활동에 필수적인 전자기 신호의 우위 확보와 통제를 목표로 하는 작전이다. 스펙트럼 관리작전(Spectrum Management Operation)은 EMSO의 일환으로, 스펙트럼 자원을 효율적으로 운용·관리하는 기능을 수행한다. 현대전에서 센서, 통신, 지휘통제, 정밀타격 등 대부분의 작전이 전자기 스펙트럼에 의존하는 만큼, EMSO는 '보이지 않는 전장'을 통제하는 핵심 작전 영역으로 간주된다.

역량의 강화는 적의 사이버 및 전자 공격 능력을 무력화하고, 정보 우위를 확보하는 데 기여한다. 결과적으로, 다영역작전과 모자이크전이 결합된 통합 작전체계는 미래 전장에서의 주도권 확보와 더불어 복합 위협에 대한 효과적 대응을 위한 핵심 전력으로 작용한다.

유·무인 복합체계(MUM-T)를 통한 전투수행 능력 강화

병력 감소와 전장 자동화가 가속화되는 환경에서, 유·무인 전력을 유기적으로 통합해 전투 효율성과 작전 즉응력을 극대화할 필요가 있다. 이를 위해 무인 전투기(UCAV), 스텔스 드론, 무인 전투함과 잠수정, AI 기반 작전 자동화 체계 등 첨단 무인 전력을 정찰·타격·방어 임무에 적극 활용하고, 유·무인 전력 간의 통합 운용체계를 조속히 구축할 필요성이 있다. 지상·해상·공중 등 다양한 환경에 적합한 기능형 드론과 자율 전투 로봇의 실전 배치는 병력 부담을 경감시키는 동시에 자동화 기반 전력구조로의 전환을 촉진하는 핵심 수단이다. 또한, 육·해·공 전장은 물론 GP/GOP 및 후방기지 등 주요 거점에도 AI 기반 감시·방어 시스템을 적용해, 병력 투입 없이도 지속적이고 안정적인 작전 수행체계를 확보할 수 있다. 궁극적으로, 유·무인 복합체계의 최적화는 전장 자동화 시대에 부합하는 전력구조 개편의 핵심이며, 미래 전장에서의 작전 지속성과 전투력 극대화를 실현하기 위한 전략적 기반이다.

초연결 네트워크 기반의 지능형 지휘통제체계 구축

현대전은 다양한 위협이 동시다발적으로 전개되는 복잡한 환경에서, 신속하고 정밀한 지휘결심 역량이 전투의 성패를 좌우한다. 이에 따라 AI 기반 실시간 데이터 분석과 네트워크중심전(NCW)을 결합한 지능형 지휘통제체계의 구축이 필수적이다. 저궤도 위성통신(LEO)과 군 위성통신체계(GEO)의 연계운용, 스마트 네트워크 기반의 통신망, 각군의 지휘통제체계(C4I)의 통합을 통해 초연결 지휘 인프라를 구현하고, 전장 상황 인식과 의사결정 속도를 획기적으로 향상시킬 필요성이 있다. 또한 AI·빅데이터 기반 작전 자동화 체계를 도입해 실시간 전장 분석, 자동 결심, 자동 타격이 가능한 시스템을 구현함으로써, 작전의 정밀성과 대응 속도를 극대화할 수 있다.

아울러, NCW 개념을 적용하여 전투 유닛 간 실시간 정보 공유가 가능한 클라우드 기반 작전 플랫폼을 구축하고, 이를 통해 다영역작전 간의 유기적 연계를 지원하는 것이다. 특히, 해양에서는 해군과 해양경찰 간 협력체계를 기반으로 해저를 포함한 해양영역인식(MDA) 개념*을 정립해, 이를 실현하기 이한 수단과 조직 역량을 함께 발전시켜야 한다. 결과적으로, AI와 NCW에 기반한 초연결 지휘통제체계는 전장의 복잡성과 불확실성에 능동적으로 대응하면서, 작전의 속도와 정확성을 극대화하는 핵심 전력 요소로 작용한다.

'AI 기반 K-3.5축' 체계로 북한의 고도화된 핵미사일 위협 대응

북한 핵·탄도미사일 위협이 극초음속 미사일, 변칙기동 탄도미사일, 잠수함발사 탄도미사일(SLBM) 등으로 고도화됨에 따라, 기존의 3축 체계만으로는 효과적인 대응에 한계가 드러나고 있다. 이에 따라

---

* 해양영역인식(Maritime Domain Awareness, MDA)은 바다에서 발생하는 모든 해양 활동을 실시간으로 감시·식별·분석하는 능력을 의미한다. 이는 해양 주권을 수호하고 군사적 충돌에 대비하기 위한 핵심 역량이다. 특히 초연결·디지털 시대에서 해저 케이블의 취약성은 새로운 안보 위협으로 부각되고 있다. 전 세계 통신의 약 99%가 해저 케이블을 통해 이루어지며, 한국은 부산, 거제, 태안의 랜딩 스테이션을 통해 11개 해저 케이블망을 해외와 연결하고 있다. 따라서 해저 케이블의 전략적 중요성을 인식하고, 이에 대한 체계적인 대응이 필요하다.

기존 체계를 AI 기반으로 정밀화, 자동화한 'K-3.5축 체계'로 발전시켜 전방위 대응 역량을 강화할 필요가 있다.

K-3.5축 체계는 AI-Kill Chain(탐지·조기경보), AI-KAMD(요격), AI-KMPR(응징보복)와 이를 통합 지휘하는 핵심 플랫폼은 'AI 기반 미사일작전 지휘시스템(AI-MDOCS)'*로 구성된다. AI-Kill Chain은 우주·공중·지상·해양 감시자산을 연계한 초연결 조기경보체계로, 실시간 탐지·추적·분석을 통해 선제적 대응 능력을 강화한다. AI-KAMD는 극 초음속 및 변칙 기동 미사일에 대응하는 다층 방어 체계로, 레이저·EMP 와 같은 신개념 무기기술을 포함하여 요격 능력을 혁신적으로 향상시킨다. AI-KMPR은 자율 타격체계를 기반으로 하여, 정밀하고 신속한 응징보복 능력을 제공한다. 세 축을 통합하는 AI-MDOCS는 인공지능 및 양자 기술 기반의 실시간 분석·결심 체계를 갖춘 플랫폼으로, 탐지-요격-응징보복의 전 과정을 자동화한다. 이 시스템은 단계적 대응은 물론, 동시다발적 작전 수행 능력까지 갖추는 것이 핵심이다. 종합적으로 K-3.5축 체계는 AI, 자율 전력, 신개념 무기체계가 융합된 차세대 미사일 대응 전력으로서, 고도화되는 북한의 핵·미사일 위협을 효과적으로 억제하고, 미래 전장 주도권 확보에 있어 중추적 역할을 수행한다.

PHM 기반 국방 MRO(유지·보수·정비) 체계 고도화

병력 자원 감소와 무기체계의 복잡성 증가에 대응하기 위해, PHM(Prognostics and Health Management) 기반의 국방 MRO 체계 고도

---

* AI-MDOCS(Missile Defense Operation Command System)는 탐지-분석-결심-타격의 전 과정을 AI가 통합 지휘·자동화하는 체계로, Kill Chain, KAMD, KMPR을 하나로 연결하는 차세대 미사일작전 지휘 플랫폼 구상이다.

화가 요구된다. AI 기반 자동화 시스템과 스마트 병영체계의 도입은 전력 운용의 효율성과 전투 준비태세 유지를 위한 핵심 과제로 부상하고 있다.

기존 인력중심 정비체계는 지속 가능한 전력 운영에 한계가 있으며, 이에 따라 자동화·지능화로의 전환이 필수적이다. PHM 체계는 센서, AI, 빅데이터 기술을 활용하여 장비 상태를 실시간으로 진단하고, 고장을 사전에 예측하며, 이를 기반으로 통합 정비를 수행하는 체계이다. 이를 통해 무기체계의 가동률 향상과 운용 효율성 제고가 가능해진다. 또한, 자율 주행 군수 차량과 무인 물류 시스템 등 민간기술을 접목한 자동화 군수지원체계는 전장 환경에서도 신속하고 안정적인 보급을 가능하게 만든다. 나아가, PHM 기반 정비체계를 민군융합 방식으로 고도화하는 것은 단순한 무기체계 유지·보수를 넘어 정비 산업의 혁신, 민·군 기술 생태계의 연계 강화 그리고 방산 경쟁력 제고로 이어지는 전략적 접근이기도 하다.

2. 민군융합형 국방 R&D 체계로의 전환

4차 산업혁명 기술이 군사분야에 빠르게 적용되면서, 기술 주권 확보는 더 이상 선택이 아닌 국가안보와 생존을 위한 필수 전략이 되었다. AI, 로봇, 양자 기술, 자율 주행, 우주기술 등 첨단 기술은 기존의 군사전략과 작전개념을 근본적으로 변화시키고 있으며, 이러한 기술을 얼마나 신속하고 효과적으로 전력화해 전장에 통합하느냐가 국가 경쟁력의 핵심 요소가 되었다.

그러나 현행 한국의 국방 연구개발(R&D) 체계는 이러한 기술변화에 효과적으로 대응하지 못하고 있다. 국가 R&D와 국방 R&D는 이원화 분리되어 있고, 민간에서 개발된 혁신 기술이 국방 분야로 원활히 이전되기 어려운 구조적 한계가 있다. 특히, 국방 R&D 체계는 지난 반세기 동안 큰 변화 없이 경직된 운영방식을 유지해 왔고, 이로 인해 민간 주도의 기술 발전 흐름에 적시적으로 대응하기 어려운 상황이 지속되고 있다.

2023년 국방 연구개발(R&D) 예산은 약 5.1조 원으로, 전체 국방비의 9%를 차지한다. 이 중 국방기술 개발 예산은 약 2.9조 원이며, 그중 약 60% 이상을 국방과학연구소(ADD)가 집행하고 있다. 특히 ADD 예산은 2017년 이후 약 2배 정도 증가했음에도 불구하고, 연구인력은 약 2,400명 중 40여 명 증가에 그쳐 사실상 정체에 머물러 있다. 이는 R&D 투자 대비 기대 성과가 낮을 가능성을 시사한다. 최근 10년 간 수행된 650여 건의 국방 핵심 기술 과제 중 ADD가 72%를 담당하여 수행하고, 산업계는 23%, 출연연은 3%에 그쳐 ADD의 독점적 수행 구조가 고착화된 상황이다. 실제로 2017년부터 2022년까지 국방 핵심기술 개발 성과를 분석한 결과, 확보된 기술 중 무기체계 개발로 연계된 비율은 60%에 불과했다. 특히 전력화 지연의 주요 원인 중 58%는 기술 수준의 부정확한 예측 또는 기술 미달 때문으로 나타났다. 또 평균 14년에 이르는 무기체계 개발 소요 기간, 기술 이전의 지연, 중복 투자, 부처 간 협력 부족 등도 여전히 해결되지 않는 과제로 남아 있다.

이러한 구조적 한계를 극복하려면 민간과 국방기술을 유기적으로 연계하는 '민군융합형 국방 R&D 체계'로의 전환이 필수적이다. 미국은 국방혁신단(DIU)을 통해 민간의 선도 기술을 신속하게 군사력으로 전환하고 있고, 중국 또한 '군민융합 발전전략'을 통해 민간기술력을 군사력 증강에 직접 연계하고 있다. 이제 한국 역시 민군융합형 R&D 체계를 국가전략의 핵심 축으로 삼고, 국방 R&D 구조 전반에 대한 근본적인 개혁을 추진해야 할 시점이다.

민군융합형 R&D 체계 구축: 국가전략 차원의 제도화

민군융합을 국가전략으로 본격 추진하기 위해, 대통령 직속의 범정부 컨트롤타워인 '국가 민군융합혁신위원회(K-CMFIC)'를 신설하고, 실행조직으로 '민군융합진흥원(K-CMFI)'을 설립, 운영할 필요가 있다.

K-CMFIC는 민군융합 전략의 수립과 정책 조정을 총괄하는 전략 기구다. 기존 민군협력진흥원을 확대·개편해 신설되는 K-CMFI는 전략의 실행을 전담하게 된다. 이러한 투 트랙 구조는 단순한 방위산업 협력을 넘어, 기술 혁신-산업발전-국방기술 주권 확보를 유기적으로 연계하는 민군융합 생태계의 핵심 플랫폼이기도 하다.

해외 중국의 'CMC-SASTIND', 미국의 'NSTC + DoD-R&E + DARPA' 연계 모델*이 대표적 사례다. 우리도 전략적·제도적으로 한국형 민군융합 체계를 정립할 시점이다. 이를 위해 대통령 직속 국가과학기술자문회의 산하에 K-CMFC를 설치하고, 민군융합 전략 수립, 정책 로드맵 기획, 예산·제도 개선 조정, 관계 부처 간 협력 및 조율 등 중앙 컨트롤타워가 되는 것이다.

민군융합진흥원(K-CMFI)은 국방과학연구소(ADD) 산하 민군협력

---

* 'NSTC + DoD-R&E + DARPA'는 미국의 민군융합 및 국방 연구개발을 담당하는 주요 기구들로, 각 기구는 유기적으로 협력하여 과학기술 정책 수립, 혁신적인 군사기술 개발 그리고 국가안보 강화를 위한 전략을 수립한다. National Science and Technology Council (NSTC), Department of Defense Research and Engineering(DoD-R&E), Defense Advanced Research Projects Agency(DARPA)는 민군융합을 실현하고 첨단 기술 연구 및 개발을 통해 미국의 군사력과 과학기술 경쟁력을 강화하는 중요한 역할을 한다. CMC-SASTIND(중국 중앙군사위원회-과학기술산업위원회)는 인민해방군의 과학기술 및 산업 부문을 담당하는 기구로, 군사력 향상과 국가안보를 위한 핵심적인 역할을 한다. 이 위원회는 중국의 국방 과학기술 발전을 이끌고, 군사 시스템 혁신과 첨단 기술 연구 개발을 주도한다.

진흥원을 기반으로, 유관 기관의 기능을 통합해 범부처 실행조직으로 확대·재편하는 것이다. 국방부, 과기정통부, 산업부, 기획재정부 등 관계 부처와 민간 부문이 공동으로 참여하는 K-CMFI는 실질적인 범정부 민군기술 협력의 실행 플랫폼 역할을 수행하게 된다.

K-CMFI는 다음 핵심 기능을 담당하게 된다:

- 국가·국방 R&D 연계 기획 및 가교형 R&D활성화
- Spin-on/Spin-off 기술 매칭 및 기술이전
- 프로토타입 기반 신속획득 모델 및 실증환경 조성
- 범부처 민군기술협력사업의 통합 관리(PMO 기능)
- 민간기업, 연구기관, 스타트업 등과의 R&D 네트워크 확대
- 기술보호, 창업, 수출 연계 지원

현 민군기술협력은 '민군기술협력사업촉진법'에 따라 운영되고 있으나, 실질적으로 국방부와 산업부중심에 편중되어 있고, 타 부처 참여도와 예산 규모는 매우 제한적이다. 2023년 기준 관련 예산은 1,982억 원으로, 전체 정부 R&D 예산의 0.7%에 불과해 민간 참여 확대에는 한계가 있다. 반면, 미국은 국방혁신단(DIU)을 통해 AI, 자율 주행, 사이버, 우주기술 등 민간의 첨단기술을 신속히 시범 적용하고, 이를 군사력으로 전환하는 체계를 구축하였다. 이러한 프로토타입 기반의 민군기술 연계 방식은 민군융합의 실효성을 극대화한 대표 사례로 평가된다. 우리도 벤치마킹하여, K-CMFI를 중심으로'미래도전 국방기술개발사업(ADD주관)'과 '핵심기술개발사업(KRIT 주관)'을 통합·연계하고, KIST, KIMM 등 출연연, 대학, 방산기업, 벤처기업 등이 기획단계부터 참여하는 개방형 민군융합 R&D 플랫폼으로 발전시키는 것이다. 더불어 기술 실증에서 전력화까지 이어지는 기술전환체계 구축도

병행하는 것이 필요하다.

결론적으로, K-CMFIC와 K-CMFI는 민군융합을 통한 국방 R&D 혁신과 산업·안보 전략의 통합을 실현하는 핵심 국가 인프라가 될 수 있다. 이를 제도화하고 체계화하는 것은, 미래 국방 역량 확보와 기술 주권 강화를 위한 결정적 전환점이 될 것이다.

'국방과학기술혁신국' 신설: 전략 기획 및 통합 조정체계 강화

국방 R&D의 전략적 기획과 통합 조정 기능을 강화하기 위해, 국방부 내에 전담조직 '국방과학기술혁신국'을 신설할 필요가 있다.

현재 국방 R&D 체계는 방위사업청중심으로 운영되고 있다. 기술 기획, 예산 조정, 성과 분석 등의 기능이 여러 기관에 분산되어 있어, 전략적 일관성을 갖춘 기획과 실행에 한계가 있다. 민군 간 협력체계나 유관 부처 간 조정도 체계적으로 이뤄지기 어려운 구조다. 최근 국방부 내 신설된 '연구개발 총괄과장'은 역량과 권한 면에서 한계가 있으며, 빠르게 변화하는 기술 환경과 전략과제에 유연하게 대응하기 어렵다.

이러한 문제를 해소하기 위해, 국방부 내에 국방 R&D 전 주기를 총괄하는 전담 기획·조정 조직으로서의 '국방과학기술혁신국'을 신설하는 것이다. 이는 기술 기획, 예산 배분, 성과 평가, 민군 기술 협력 등 핵심 기능을 통합 수행하며, 국방 R&D의 전략적 방향을 설정하고, 실행력을 제고하며, 부처 간 연계를 조율하는 컨트롤 타워 역할을 담당한다. 미국 연구·공학차관실(USD, R&E)이나 이스라엘의 국방연구개발국(MAFAT)과 같은 고위 전략기획 기구와 유사한 모델로, 체계적이고 일관된 국방 R&D 거버넌스 확립에 기여할 수 있다.

나아가 국방부 내에 흩어져 있는 관련 기능을 통합하고, 산·학·

연·군이 공동 참여하는 '국방과학기술위원회'를 구성해 실질적 협력 기반의 R&D 전략체계를 마련할 필요가 있다. 이 협의체는 중장기 국방기술 로드맵 수립, 민군 협력과제 기획 및 기술 우선순위 선정 과정에서 공공성과 전문성을 확보할 수 있는 거버넌스 기반이 된다. 또한 국방부는 과기정통부, 기획재정부, 산업부, 합동참모본부·각군과의 협력을 주도하고, 국가 R&D와 국방 R&D 간의 연계를 강화하는 것이다. 이를 통해 연구개발 성과가 전력화와 산업화로 체계적으로 연결되도록 조정자 역할과 동시에 국방 R&D의 전략적 실행력 제고는 물론, 민간기술과의 연계를 통해 미래 군사력 건설의 효과성 또한 극대화할 수 있다.

지속 가능한 국방 R&D를 위한 예산 확충과 전략기술 집중 투자

국방 R&D의 지속 가능한 발전을 위해서는 예산의 안정적 확보와 미래 전략기술에 대한 집중 투자가 필수적이다.

AI, 로봇, 양자 기술, 우주, 레이저 등 첨단 기술이 전장의 양상을 근본적으로 변화시키고 있는 시점에서, 국방 R&D는 기술 자립과 국가 안보를 뒷받침하는 핵심 전략 수단으로서 그 중요성이 더욱 부각되고 있다. 따라서 국방 R&D 예산의 안정적 확보와 전략기술에 대한 선제적 투자는 국가 생존을 위한 필수 과제이다.

2023년 기준, 국방 R&D 예산은 5조 1,523억 원으로 전체 국방예산의 9% 수준이며, 이 중 국방기술 R&D는 2조 9,005억 원이다. 그러나 10대 국방전략기술* 분야에 대한 투자는 4,044억 원으로, 기술R&D

---

* 국방전략기술은 국가안보 유지, 미래 전장 선도, 국가 과학기술융합이라는 관점에서 전략적 투자와 육성이 필요한 10대 분야, 30개 기술로 구성된다. 과기정통부가 선정('22.10월)한 인공지능, 양자, 우주항공·해양 등 12대 국가 전략기술 분야와의 연계성을 고려하여, 국방

예산의 약 40%에 그치고 있다. 현재 한국의 국방과학기술 수준은 미국 대비 79%, 세계 9위 수준으로 평가받는다. 따라서 선진국과의 기술격차 해소를 위해 보다 전략적 집중 투자가 시급하다. 2023년 기준 정부 전체 R&D 예산은 29조 원으로 국가 총예산 대비 4.5% 수준에 머무르고 있다. 과학기술계는 이를 최소 5% 이상으로 확대할 것을 지속적으로 요구하고 있다. 국방 R&D 역시 예산 비중이 낮아 미래 안보 위협에 대한 대응 역량 확보에 한계가 있다. 이에 따라 '국방 R&D 예산은 전체 국방예산의 10%', '국방기술 R&D는 정부 전체 R&D 예산의 10%' 수준에서 안정적으로 배정하는 정책적 조치가 필요하다. 이는 중장기적으로 예측 가능한 투자 환경을 조성하고, 첨단 전략기술 분야의 역량 강화를 가능하게 한다.

또한, 국가 R&D와 국방 R&D의 연계를 강화해 민군겸용기술에 대한 투자를 확대함으로써, 민간에서 개발된 기술이 국방 분야에 신속하게 적용될 수 있는 개방형 혁신 생태계를 조성하는 것이 중요하다. 선진국의 경우 전체 R&D의 80~90%를 민간이 수행하고 있다. 미국의 스페이스X 사례처럼 민간 주도의 기술 혁신이 곧 군사력 강화로 이어지는 구조다. 반면, 한국은 여전히 정부 주도의 경직된 R&D 구조에 머물러, 민간의 창의적 역량이 충분히 활용되지 못하고 있는 실정이다. 따라서 국방 R&D의 안정적 기반 마련과 전략기술중심의 집중 투자는 기술주권 확보와 미래 전장 주도권 선점을 위한 핵심 전제 조건이 되어야 한다. 국방은 국가 자원의 막대한 비중을 차지하는 영역인 만큼, 이를 산업 역량 강화, 기술 혁신, 고용 창출과 연계해 경제 성장으로

분야에서는 ① 인공지능, ② 유·무인 복합, ③ 양자, ④ 우주, ⑤ 에너지, ⑥ 첨단소재, ⑦ 사이버·네트워크, ⑧ 센서·전자기전, ⑨ 추진, ⑩ WMD 대응 기술을 선정하고 집중 투자하고 있다.

확장하는 전략적 접근이 필요하다. 국방예산은 단순한 군사력 증강 비용이 아니라, 민간산업과 기술 생태계를 강화하는 국가전략 투자이다. 이는 방위산업을 국가 기술 혁신과 산업 경쟁력 강화의 핵심 동력으로 삼는 정책 방향과도 일치한다.

개방형·융합형 국방 R&D 체계 전환 : 민간기술 시너지 확장

급변하는 기술 환경과 미래 전장에 효과적으로 대응하기 위해 경직된 국방 연구개발(R&D) 체계에서 벗어나 개방형·융합형 구조로의 전환이 필수적이다. 현행 R&D 체계는 민간기술의 유입과 국제 협력에 제약이 많고, 핵심 부품의 해외 의존도가 심화되면서 조달 리스크도 구조적으로 확대되고 있다. 따라서 민간과의 협력을 기반으로 한 개방형 R&D 체계를 제도화하고, 다양한 주체들이 초기 연구 단계부터 참여할 수 있는 기반을 마련할 필요성이 있다.

이를 위해 민군 가교형 R&D 체계의 활성화가 요구된다. 민간 부문의 기초·원천연구 단계에서 국방 분야에 활용 가능한 기술을 선제적으로 식별하고, 이를 국방기술 개발과 무기체계로 연계하는 구조를 갖추는 것이다. 특히, 대학과 출연연이 보유한 우수한 연구인력과 R&D 인프라를 활용해, 민간과 국방을 연결하는 '민군 가교형 R&D 플랫폼' 구축이 필수적이다. 플랫폼은 기술성숙도(TRL) 3~5 수준(실험단계)의 기술을 중심으로 협력적이고 융합적인 연구 환경을 조성하면서, 민간 기술 기반의 기술기획 확대 등 기존의 폐쇄적 국방기술 개발 방식과는 차별화된 방향으로 운영될 수 있다.

또한, 무기체계 전력화에 장기간이 소요되는 현 구조를 개선하기 위해 신속획득체계의 정비가 요구된다. 방위사업청의 신속시범획득사업과 합동참모본부의 통합소요기획은 소요군 및 민간기업과의 협력을 통해 첨단 민간기술을 적극 반영하는 방향으로 강화하는 것이다. 이를 바탕으로 2~4년 이내에 실전 배치가 가능한 신속연구개발사업 체계로 개선할 필요가 있다. 이러한 제도적 기반은 기술 변화에 유연하게 대응하면서, 전력화 속도를 높이는 실질적 효과를 가져올 수 있다.

나아가 소재·부품·장비(소부장)의 국산화는 방위산업의 지속 가능성과 기술 자립을 위한 핵심 전략 과제로 떠오르고 있다. 2023년 기준 방산 소부장의 국산화율은 약 30%에 불과하다. 특히 10종의 핵심 국방 소재의 경우 전체 조달 금액 8,473억 원 중 78.9%인 6,684억 원을 수입에 의존하고 있다. 핵심 부품 대부분이 해외 공급에 의존하는 현실은 무기체계 개발과 수출 확대에 있어서 불확실성을 높이며, 공급망 리스크를 구조적으로 내재화시키고 있다. 따라서 조달 안정성과 기술 자립도 확보를 위해서는 핵심 부품의 독자 개발을 위한 전용 투자 확대, 국산화율 제고, 적정 이윤 보장과 같은 인센티브 강화 그리고 글로벌 공급망 변화에 대응 가능한 전략적 자립체계를 시급히 구축하는 것이 필요하다. 이러한 노력이 병행될 때, 국산화는 단순한 자립 수준을 넘어 국제 경쟁력 확보와 수출 확대의 발판이 될 수 있다.

마지막으로, AI, 양자 기술, 빅데이터 등 미래 전략기술 분야에서의 국제 공동 연구개발(R&D)도 적극 확대하는 것이다. 이를 위해 한·미 국방과학기술협력 센터 설립을 추진하고, NATO, 유럽, 아시아·태평양 국가들과의 협력 네트워크를 구축해 글로벌 기술 표준을 선도할 수 있는 기반을 마련하는 것이다.

3. 지속 가능한 성장형 방위산업 생태계 구축

한국 방위산업은 무기체계의 연구개발, 생산, 조립, 정비 등 전반에 걸쳐 핵심적 역할을 수행하면서 국가안보를 뒷받침하는 전략 산업으로 자리매김해 왔다. 그러나 내수중심의 산업 구조, 낮은 연구개발 (R&D) 투자율, 중소기업의 성장 제약, 수출 비중의 부족 등 구조적인 한계로 인해 지속 가능한 성장에는 제약이 있다. 또한 미국의 군비정책 변화, 안보 동맹 블록화, '해군 준비태세 보장법' 및 '번스-톨레프슨법' 개정 논의,* 신흥국 방산 시장의 확대 등 국제 환경은 한국 방산업계에 새로운 도전이자 기회를 동시에 주고 있다.

2023년 기준으로 국내 방산기업은 총 84개이며, 이 중 중소기업이 55%를 차지한다. 전체 방산 매출은 약 20조 원으로, 이 중 내수가 75%, 수출은 25%에 불과하다. 특히 상위 10개 기업이 전체 매출의 80%를 차지하는 편중된 구조는 중소기업 성장과 신규 기업의 시장 진입에 저해하는 주요 요인으로 작용하고 있다. 연구개발(R&D) 투자율은 역시 10% 미만으로, 다수의 기업이 정부 사업 예산에 의존해 컨소시엄 또는 하도급 형태로 설계 및 제작 등의 업무를 수행하고 있다. 이는 독자적인 기술력 확보와 자율적인 성장 역량을 어렵게 만든다.

민간 부문의 무기 개발 및 생산 참여 확대는 중요한 과제다. 국방 연구개발(R&D) 체제도 점진적으로 개편되고 있다. 그러나 아직 민간 참여가 제도적으로 안정적으로 정착되지 못했다. 국산 무기 개발과 생산

---

* 해군 준비태세 보장법(Ensuring Naval Readiness Act)은 2024년 6월, 미 상원의원 마이크 리(Mike Lee)가 발의한 법안으로, 기존 10 U.S.C. § 8679 조항인 "모든 미국 해군 함정은 미국 내 조선소에서만 건조되어야 한다"는 규정에 일부 예외를 허용하는 내용을 담고 있다. 이 법안은 특정 조건 하에 동맹국 조선소에서 함정을 건조할 수 있도록 허용하며, 그 목적은 미 해군의 함정 확보 속도를 높이고 전력 공백을 신속하게 보완하는 것이다.
번스-톨레프슨법(Burns-Tollefson Act)은 미국 국방부가 민간의 혁신 기술을 빠르게 도입하고, 기술과 안보 간 연결을 강화하기 위해 제정된 법이다. 최근 미국 의회는 중국과의 전략적 기술 경쟁에 대응하기 위해 이 법의 개정 및 강화를 추진하고 있다. 주요 내용은 ① 국방혁신단(DIU)을 국방차관 직속으로 재편하여 위상을 강화하고 민간 협력 을 확대하며, ② 민간기술의 신속한 국방 전환을 위한 계약·조달 절차 간소화, ③ AI, 양자, 반도체, 바이오 등 전략 기술에 대한 집중 육성이다.

과정에서도 구조적 제약과 기술 병목 현상이 여전히 존재하는 상황이다. 이러한 문제를 극복하고, 글로벌 경쟁력을 갖춘 지속 가능한 방위산업 생태계로 전환하기 위해서는 다음과 같은 전략적 접근이 필요하다.

'팀 코리아(Team Korea)' 체계중심 방산수출 '컨트롤타워' 구축

방산수출을 총괄·조정하는 국가 최고위급 '컨트롤타워'를 구축하는 것이다. 이를 통해 국가 외교·경제·안보 역량을 통합적으로 활용하고, 개별 부처 중심의 분절적 지원을 넘어선 국익중심의 통합전략이 실현되는 것이다. 우선, 국가안보실 내에 '방산비서관' 직위를 신설하고, 외교부, 산업부, 기획재정부 등 관계 부처가 참여하는 범정부 협력체계를 구성하는 것이다. 이를 기반으로 전략적인 방산수출 정책을 수립하고 일관되게 추진할 수 있다. 또한, 주요 해외 공관에 방산수출 전담 인력을 배치하고, 유망 시장을 대상으로 국가 주도의 전략적 수출지원 시스템을 마련해 현지 대응력과 수출 경쟁력을 동시에 강화하는 전략이다. 단순 마케팅을 넘어, 외교·경제·안보 협력을 연계한 고차원의 방산외교 전략으로 기능할 수 있다. 또 방위사업청 내에 '방산수출국'을 신설하고, 국방조직 내에 분산된 수출관련 기능을 통합하여 보다 일관되고 효율적인 수출지원체계를 구축할 필요가 있다. 이는 무기체계 수출기획, 기술협력, 계약관리, 교육훈련 지원, MRO 등 전 과정에 걸쳐 통합적이고 체계적인 대응이 가능해진다. 궁극적으로, 'Team Korea' 체제 하에서의 방산수출 전략은 수출중심의 방산 구조 전환, 방위산업의 글로벌 경쟁력 강화 그리고 국익중심의 외교·안보 전략 실현이라는 세 가지 목표를 동시에 달성할 수 있는 핵심 정책 수단이기도 하다.

방산수출 전략의 체계적 전환과 글로벌 시장 다변화

현재 한국 방산 수출은 단기 계약중심으로 이루어져 있어, 지속 가능한 시장 확보에 구조적 한계가 존재한다. 실제 2023년 방산 수출액은 135억 달러로, 전년(173억 달러) 대비 감소했고, 세계 8위 수준에 머물렀다. 이는 전략적 수출 기반의 취약함과 수요국 맞춤형 협력 모델의 미흡함 때문에 나타난 결과다. 따라서 수입국의 군 현대화 수요와 경제협력 요구를 반영한 맞춤형 국방·산업 협력 패키지와 절충교역(Offset) 전략을 체계적으로 수립하고 운영할 필요가 있다. 또한 기존의 지상·항공중심에서 벗어나 해양, 우주, 사이버, 무인체계 등 미래 유망 분야로 수출 시장을 적극 다변화하는 것이다. 전략적 전환을 뒷받침하기 위해 범정부 차원의 지원체계 강화가 필수적이다. 구체적으로는 방산 외교사절단 파견, 국가별 전담협력팀 운영, 수출 프로젝트 컨설팅 지원 등 다층적이고 실효성 있는 수출지원 전략을 병행하는 것이다. 이처럼 시장 맞춤형 수출 전략과 체계적인 제도 지원이 함께 작동할 때, 한국 방위산업의 글로벌 경쟁력은 실질적으로 강화된다.

방산기업 금융지원 확대와 투자환경 개선

방위산업은 장기적인 연구개발과 대규모 설비 투자가 수반되는 자본집약적 산업이다. 그럼에도 불구하고, 금융권의 보수적 대출 관행으로 인해 많은 기업들이 안정적인 자금 조달에 어려움을 겪고 있다. 따라서 방산 특화 금융상품 개발, 방산기술혁신펀드 운영, 수출입은행 및 무역보험공사를 통한 금융지원 확대 등, 맞춤형 금융지원체계의 개선이 요구된다. 특히 방산 스타트업이 초기 기술 개발과 해외 시장 진출에 필요한 자금을 적기에 확보할 수 있도록 전용 금융·투자 제도 마련이 필요하다. 또 국회와 정부의 제도적 뒷받침도 병행되는 것이다.

예로 방산금융 지원관련 법률 제·개정, 기술담보대출 활성화, 세제 감면 및 투자세액공제 확대, 기술보증기금·산업은행 등의 정책금융기관 역할 강화 등을 통해서, 방산기업의 장기 투자 기반과 기술 자립 역량을 실질적으로 높일 수 있다. 궁극적으로, 금융접근성 향상과 투자환경 개선은 방산기업의 연구개발(R&D) 역량 강화, 첨단 기술 확보, 글로벌 경쟁력 제고를 위한 핵심 인프라이다.

방산기업 R&D 투자 확대와 기술 혁신 지원체계 강화

국내 방산기업의 연구개발 투자율은 10% 미만으로, 주요 경쟁국(20~30%)에 비해 반에도 못 미친다. 미래 첨단 기술 확보에 구조적인 제약이 있다. 상위 10개 기업이 전체 생태계를 주도하는 현재의 산업구조는 중소·벤처기업의 기술 도약과 성장 가능성을 제약하는 주요 요인이다. 이를 개선하기 위해 정부 차원의 체계적인 육성 정책이 필요하다. 중소·벤처기업이 안정적으로 기술 개발에 나설 수 있도록 방산기술혁신펀드를 조성하고, 금융 지원과 세제 혜택 등 맞춤형 지원 수단을 강화하는 것이다. 이 펀드는 미국의 SBIR/STTR*, 국방혁신단(DIU), 이스라엘의 MAFAT사업처럼 정부가 초기 투자 리스크를 분담하고, 민간의 첨단 기술을 신속히 군에 적용할 수 있도록 설계한다. 또한, 대기업—중소기업 간 상생형 기술협력 생태계를 활성화해 극초음속 무기, 신에너지 무기, 지능형 무인체계 등 전략 분야에 선택과 집중해 글로벌 경쟁력을 확보할 수 있다.

---

* 미국의 SBIR (Small Business Innovation Research) 및 STTR (Small Business Technology Transfer) 프로그램은 중소기업의 기술 혁신을 촉진하고, 이를 통해 국가의 연구개발 역량과 경제 경쟁력을 강화하기 위한 연방정부 주도의 정책 프로그램이다. 이들 프로그램은 첨단 기술을 보유한 중소기업이 정부 R&D 예산에 참여할 수 있도록 지원한다.

방산수출 글로벌 현지화 및 기술이전 전략 추진

최근 UAE를 비롯한 주요 방산 수입국들은 단순 구매를 넘어, 기술이전 및 현지 생산을 강하게 요구하고 있다. 이는 이제 국제 방산 시장의 보편적 추세로 자리 잡고 있다. 이에 대응하기 위해, 맞춤형 기술이전 모델 개발과 해외 생산시설 구축 지원 등 전략적인 현지화 정책이 필요하다. 이스라엘은 인도, 폴란드 등과의 협력에서 현지중심의 공동 생산 모델을 체계적으로 운영하며 방산수출 경쟁력을 크게 강화한 바 있다. 이러한 사례를 참고해, 우리도 기술이전 조건을 초기 계약 단계부터 명확히 반영하고, 민관 합동의 수출지원체계를 통해 현지화 전략을 정교하게 설계·실행하는 것이다.

동시에, 첨단 국방기술의 유출을 방지하기 위한 체계적인 관리도 필요하다. 국방기술의 해외 유출은 국가안보와 산업 경쟁력에 중대한 위협이 될 수 있기 때문이다. 이를 위해 기술 보호구역 설정, 수출통제 이행 점검, 협력국에 대한 사전 위험평가 등 다층적 안전장치의 제도화가 요구된다. 특히 핵심 소프트웨어와 부품의 이전은 최소화하고, 기술이전의 단계적·조건부로 적용하는 원칙을 도입해 기술보호와 수출확대라는 두 전략 목표 간 균형을 확보하는 것이다.

민군융합 전략을 통한 민간기업의 방산 참여 확대

4차 산업혁명 기술의 군사적 활용이 가속화되고 있다. 민간의 혁신기술을 방위산업에 효과적으로 접목하기 위해 민군융합 전략을 적극 추진할 필요가 있다. 이를 위해, 국방 연구개발(R&D) 정보의 단계적 개방, 조달 절차의 간소화, 상용기술 및 제품의 군사적 적용 확대 등의 정책적 조치를 병행하는 것이다. 이러한 접근은 민간의 창의성과 기술 역량을 군사 분야에 유입해, 민과 군이 함께 혁신을 주도하는 융합형 생태계를 조성하는 데 중요한 기반이 된다.

미국 등 주요국들은 민군융합(CMF)을 국가전략 차원에서 추진하며, 단순 조달을 넘어 민간의 혁신 기술을 군사 분야에 접목하기 위한 다양한 정책을 시행하고 있다. 이스라엘은 정부 주도의 플랫폼을 통해 민간 스타트업과 첨단 기술 기업이 무기체계 개발 초기부터 군과 협력할 수 있도록 지원해 민간기술이 군사 수요로 빠르게 전환되는 구조를 마련하고 있다. 이를 통해 기술 자립과 방산 수출을 동시에 달성하고 있다. 인도는 'Make in India' 정책 하에 국방조달 시스템을 개방형으로 개편하고, 민간기업의 진입 장벽을 낮췄다. 특히 'iDEX'(Innovation for Defence Excellence) 플랫폼을 통해 중소기업, 연구기관, 대학 등이 국방 R&D에 참여할 수 있도록 자금과 인프라를 제공하고 있다. 미국은 방위산업 기반(DIB)의 지속 가능성을 확보하기 위해 '공정한 몫(fair share)'의 계약 기회를 보장하고 있으며, 기술력, 공급망 안정성, 전시 대비 태세 등을 종합적으로 고려한 전략을 추진중이다. 또한 중소기업의 경쟁력 유지를 위해 안정적 계약, 우선구매, 원가 보전, 기술 개발 지원 등의 다양한 정책도 병행하고 있다. 이처럼 주요국은 민군융합을 단순 협력을 넘어 산업과 안보를 통합하는 전략적 수단으로 활용하면서, 방위산업 생태계의 회복력과 글로벌 경쟁력을 함께 강화하고 있다.

한국은 과거 방위사업 비리 대응의 일환으로 공정경쟁중심의 조달 체계를 구축하여 높은 수준의 투명성을 확보했으나, 그 과정에서 시스템이 경직되어 민간기업, 특히 중소기업의 실질적 방산 참여가 제한되는 부작용이 나타났다. '비리 방지'에 과도하게 치우친 정책은 조달의 유연성과 전략성을 약화시키며, 공정성 중심의 경직된 구조를 고착화시키는 결과를 초래하고 있다. 이제는 기술력과 시장 잠재력을 함께 고려한 좀더 유연하고 전략적인 조달체계로의 전환이 요구된다.

또한, 한국의 방산혁신클러스터는 현재 창원·대전 등 일부 지역에 한정되어 있어 생태계 확장에 한계가 있다. 이를 개선하기 위해, 지역 산업 기반과 연계된 특화형 클러스터를 조성하고, 전국 단위로 점진적으로 확대하는 것이다. 나아가 AI, 우주, 양자, 첨단소재, 시제시험 등 국방 신산업과의 연계를 강화하고, 대학-연구기관-방산기업 간 공동 R&D를 촉진하는 협력 구조를 구축해 방산기업의 기술 역량을 높이고 혁신 주도형 생태계로의 전환을 촉진하는 것이다.

민군융합 활성화를 위한 법·제도 기반 정비

민군융합 활성화를 위해 법적·제도적 기반을 정비하는 것은 필수 과제다. 현 '국방과학기술혁신촉진법', '민군기술협력사업촉진법', '방위사업법' 등 관련 법령은 민간기술의 군사적 전환을 체계적으로 촉진하기에는 실효성이 미흡하다. 이에 따라, 조달 및 보안규정 개정, 규제 완화, 세제 혜택 부여, '원가＋적정이윤' 보장, 연구개발비 지원 등 실질적 인센티브 체계 강화가 필요하다. 또한 민간기업이 초기 단계부터 기술 이전, 전력화, 성과 확산까지 전주기적으로 참여할 수 있도록 제도 전반의 정합성(整合性)을 개선할 필요성이 있다.

기술패권 경쟁이 심화되고 국방혁신이 국가 경쟁력을 좌우하는 전환기에 한국은 4차 산업혁명 기반의 첨단 기술과 민군 상생 전략을 결합해 국방혁신과 방위산업 도약을 동시에 이룰 수 있는 결정적 기회를 맞고 있다. 이를 위해 강군을 향한 첨단 기술중심의 군사혁신, 민군융합형 R&D 체계의 정착, 범정부 차원의 정책 조정 및 추진, 지속 가능한 방위산업 생태계 구축을 유기적이고 속도감 있게 실행하는 것이다. '현재 지금'이 기술주권과 안보, 산업 경쟁력을 아우르는 '전략적 국방혁신'을 본격화할 결정적 시점이다.

CHAPTER 01   서론

1 이 문제에 대한 중요 연구는 다음을 참조. John A. Alic 외, Beyond Spinoff: Mil-itary and Commercial Technologies in a Changing World(Boston: Harvard Business Press, 1992). Jacques S. Gansler, "Integrating Civilian and Military Industry," Issues in Science and Technology 5, no.1(1988): 68-73; David C. Mowery와 Nathan Rosenberg, "New Developments in US Technology Policy: Implications for Competitiveness and International Trade Policy," California Management Review 32, no.1(1989): 107-24; John Lovering, "Military Expenditure and the Restructuring of Capitalism: The Military Industry in Britain," Cambridge Journal of Economics 14, no. 4(1990): 453—67.

2 Klaus Schwab, The Fourth Industrial Revolution(New York: Crown Busi-ness, 2017), chap.1.

3 신기술의 군사적 활용에 대한 내용은 다음을 참조. Jacques S. Gansler, Demo-cracy's Arsenal: Creating a Twenty-First-Century Defense Industry (Cambridge: MIT Press, 2013), 100—4; Wilson Wong, Emerging Military Technologies: A Guide to the Issues (Santa Barbara: ABC-CLIO, 2013); Diego A. Ruiz Palmer, "A Maritime Renaissance: Naval Power in NATO's Future," Routledge Handbook of Naval Strategy and Security, Joachim Krause 및 Sebastian Bruns(London and New York: Routledge, 2016), 370; Armin Krishnan, Military Neuroscience and the Coming Age of Neuro warfare (London: Routledge, 2016); Nah Liang Tuang, "The Fourth Industrial Revolution's Impact on Smaller Militaries: Boon or Bane?" RSIS Working Paper 318 (Singapore: S. Rajaratnam School of International Studies, 2018); Katarzyna Zysk, "Defense Innovation and

the 4th Industrial Revolution in Russia," Journal of Strategic Studies 44, no. 4(2021): 543−71; Michael Raska, "The Sixth RMA Wave: Disruption in Military Affairs?" Journal of Strategic Studies 44, no.4(2021): 456−79; Margaret E. Kosal(ed.), Disruptive and Game Changing Technologies in Modern Warfare (Cham: Springer, 2020)

4 Andrew F. Krepinevich, "Cavalry to Computer: The Pattern of Military Re−volutions," The National Interest, Fall, 1994, 30.

5 Xie Fengjun and Wang Yunzhu, "The Analysis of System Feedback Struc−ture of Military Civil Industry Fusion Development Model," International Conference on Measuring Technology and Mechatronics Automation, Zhejiang, China, 2009.4.11−12. 또한 Audrey Fritz, "China's Evolving Conception of Civil−Military Collaboration," Center for Strategic and International Studies, August 2, 2019. 참조

6 Jordi Molas−Gallart, "Which Way to Go? Defense Technology and Di−versity of 'Dual−Use' Technology Transfer," Research Policy 26. no. 3(1997): 376.

7 "Whoever Leads in AI Will Rule the World: Putin to Russian Children on Knowledge Day," RT, September 1, 2017.

8 "Decree of the President of the Russian Federation on the Development of Artificial Intelligence in the Russian Federation," Center for Security and Emerging Technologies (CSET), October 28, 2019.

9 러시아 연방 디지털 개발, 통신 및 대중 매체부, Alexey Volin이 ASEAN 국가들과 미디어 협력을 논의, 2015년 11월 27일.

10 Samuel Bendett, "The Development of Artificial Intelligence in Russia," in Artificial Intelligence, China, Russia, and the Global Order, ed. Nicholas D. Wright (Maxwell AFB, AL: Air University Press, 2019), 168−77.

11 Vadim Kozyulin, Militarization of AI (Moscow: PIR Center, 2019).

12 Gansler, "Integrating Civilian and Military," 69−70; Linda Brandt, "De−fense Conversion and Dual−Use Technology: The Push Toward Civil−Military Integration," Policy Studies Journal 22, no.2 (1994):

362−64.

13 Dan Kevles, "Cold War and Hot Physics: Science, Security, and the American State, 1945−56," Historical Studies in the Physical and Biological Sciences 20, no.2(1990): 239−64; Audra J. Wolfe, Competing with the Soviets: Science, Technology, and the State in Cold War America (Baltimore: Johns Hopkins University Press, 2013).

14 Ishtiaq P. Mahmood과 Carlos Rufin, "Government's Dilemma: The Role of Government in Imitation and Innovation," Academy of Management Review 30, no.2(2005): 338−60; Jan Fagerberg과 Martin Srholec, "National Innovation Systems, Capabilities and Economic Development," Research Policy 37, no.9(2008): 1417−35.

15 Mahmood와 Rufin, "Government's Dilemma."

16 이러한 이유로, 러시아는 인공지능 및 기타 4IR 기술을 통해 집중적인 군사 현대화를 추진함에도 불구하고 이 연구에 포함되지 않았다. 2021년 Chatham House 보고서에 따르면, 국방부가 민간 부문을 포함한 R&D 조직 네트워크를 설립했음에도 불구하고 성과는 미비했고, 이는 "민간 부문의 AI 생태계가 상대적으로 적었기 때문"이라고 한다. 보고서는 또한 러시아의 혁신이 정체된 주요 원인으로 불리한 비즈니스 환경과 규제 품질의 낮음을 지적했다. Samuel Bendett, Advanced Military Technology in Russia: Capabilities and Implications (London: Chatham House, 2021), 20, 64. 또한 Keith B. Dear, "Will Russia Rule the World Through AI? Assessing Putin's Rhetoric Against Russia's Reality,"The RUSI Journal 164, no.5−6(2019): 36−60. 참조

17 Kathleen A. Walsh, "The Role, Promise, and Challenges of Dual−Use Technologies in National Defense,"in The Modern Defense Industry: Politics, Economic, and Technological Issues, ed. Richard A. Bitzinger (Santa Barbara: Praeger Security International, 2009), 133; Gansler, Democracy's Arsenal, 135−7; Charles Edquist, "Systems of Innovation: Perspectives and Challenges," in The Oxford Handbook of Innovation, eds. Jan Fagerberg and David C. Mowery (Oxford: Oxford University Press, 2006), 193−4; Bengt−Ake Lundvall, "National

Innovation Systems — Analytical Concept and Development Tool," Industry and Innovation 14, no.1(2007): 95－119.

18 OECD, "Gross Domestic Expenditure on R&D by Sector of Performance and Field of R&D."

19 SIPRI, "Military Expenditure Database," 2022.

20 Government of India, Ministry of Defence, Joint Doctrine Indian Armed Forces (NewDelhi: Integrated Defence Staff, April, 2017), 49.

21 Global Innovation Index 2021: Tracking Innovation through the COVID－19 Crisis (Geneva: World International Property Organization, 2021), 4; World Bank, "Research and Development Expenditure," 2021. https://data.worldbank.org/indicator/GB.XPD － RSDV.GD.ZS.

22 "China Ranks 2nd as Home to Over 300 Unicorn Companies: Report," Xinhua, December 25, 2021.

23 National Bureau of Statistics of China, "Communique on National Expen－ditures on Science and Technology in 2020," September 22, 2021.

24 "Members in Numbers: A Profile of the Members of the Communist Party of China," China Daily, July 5, 2017.

25 "China's Communist Authorities Are Tightening Their Grip on the Pri－vate Sector," The Economist, November 20, 2021.

26 Ayushman Baruah, "Indian Tech Industry Crosses $200 Bn Revenue Mark in FY22," Mint, February 16, 2022.

27 Global Innovation Index 2020: Who Will Finance Innovation? (Geneva: World International Property Organization, 2021), 161.

28 Sabrina Korreck, The Indian Startup Ecosystem: Drivers, Challenges and Pillars of Support, ORF Occasional Paper no. 211 (New Delhi: ORF, 019), 6－7; Dharish David 외, The Startup Environment and Funding Activity in India, ADBI Working Paper Series no. 1145 (Tokyo: Asian Development Bank Institute, 2020), 7－8; H. S. Krishna, High－Tech Internet Start－Ups in India (Cambridge: Cambridge University Press, 2019), 16－21.

29 Korreck, The Indian Startup Ecosystem, 7.

30 Dima Adamsky, The Culture of Military Innovation: The Impact of Cul—
tural Factors on the Revolution in Military Affairs in Russia, the US, and
Israel (Stanford: Stanford University Press, 2010), 111.

CHAPTER 02 민군융합(CMF): 개념적 프레임워크

1 Tai Ming Cheung et al., "Analyzing the State of Understanding of Defense
and Military Innovation in an Era of Profound Technological Change,"
Workshop on Comparing Defense Innovation in Advanced and
Catch—Up Countries, Washington, DC, May 3, 2018, 4.

2 Ibid.

3 Richard A. Bitzinger, "Come the Revolution: Transforming the Asia—Pacific's
Militaries," Naval War College Review 58, no. 4 (Autumn, 2005): 39—61.

4 Toby Warden, A Revolutionary Evolution: Civil—Military Integration in China
(Sydney: Australian Institute of International Affairs, October 1, 2019).

5 Lucie Beraud—Sudreau and Meia Nouwens, "Weighing Giants: Taking
Stock of the Expansion of China's Defense Industry," Defense and
Peace Economics 32, no. 2 (2021): 162.

6 US Congress, Office of Technology Assessment, Other Approaches to
Civil—Military Integration: The Chinese and Japanese Arms Industries,
OTA—BP—ISS—143 (Washington, DC: US Government Printing
Office, March, 1995), 3.

7 Christopher J. Ray, An Analysis of Expanding the Defense Industrial Base
through Civil—Military Integration (Monterey, CA: Naval Postgraduate
School, June, 1998), 27.

8 Molas—Gallart, "Which Way to Go," 376; Michael Brzoska, "Trends in Glo—
bal Military and Civilian Research and Development (R&D) and Their
Changing Interface,"International Seminar on Defence Finance and
Economics 19, New Delhi, November 13—15, 2006, 22.

9 이 책에서는 4IR 기술을 신흥 기술이라고 부르기도 하며, 이 두 용어는 같은 의미로 사용할 수 있다. 4IR의 진화 및 개념적 구성 요소에 대해서는 Klaus Schwab을 참조, The Fourth Industrial Revolution (2017).

10 Klaus Schwab, "The Fourth Industrial Revolution: What It Means and How to Respond," Japan Spotlight, December 12, 2015, www.foreignaffairs. com/articles/2015 – 12 – 12/fburth – industrial – revolution.

11 Klaus Schwab, "The Fourth Industrial Revolution," Encyclopedia Britannica, March 23, 2021, www.britannica.com/topic/The – Fourth – Industrial – Revolution – 2119734.

12 Sarah Kirchberger, "Maritime Power and Future of Conflict in the 21st Century: The Case of the Subsurface Domain," Defense Innovation and the 4th Industrial Revolution: Security Challenges, Technologies, and National Responses, Nanyang Technological University, Singapore, February 19 – 20, 2019, 1.

13 Peter Dombrowski, America's Third Offset Strategy: New Military Tech – nologies and Implications for the Asia Pacific, RSIS Policy Report (Singapore: S. Rajaratnam School of International Studies, June 2015), 5 – 6; 또한 Robert Martinage, Toward a New Offset Strategy: Exploiting US Long – Term Advantages to Restore US Global Pozuer Project Capability (Washington, DC: Center for Strategic and Budgetary Assessments, October 27, 2014). 참조

14 Tuang, "The Fourth Industrial Revolution's Impact," 2.

15 Henrik Paulsson, Military – Technological Innovation in East Asia: Ope – rational Perspectives (Singapore: S. Rajaratnam School of International Studies, 2017), 4 – 5.

16 Ibid.

17 Ariela D. C. Leske, "A Review on Defense Innovation: From Spin – Off to Spin – on," Brazilian Journal of Political Economy 38, no. 2 (2018): 377 – 91.

18 Dan Goure, "Non – traditional Defense Companies Can Provide the Military With Unique Capabilities," RealClear Defense, March 28, 2020, www.

realcleardefense.com/ articles/2020/03/28/ non−traditional defense companies can provide the military with unique capabilities 115155. html; Lorand Laskai, "Civil−Military Fusion: The Missing Link between China's Technological and Military Rise," Council on Foreign Relations Blog, January 29, 2018, www.cfr.org/blog/civil−military−fusion− missing−link−between−chinas−technological−and−military−rise.

19   Goure, "Non−traditional Defense Companies."

20   John Curry et al., "Commercial−off−the−Shelf−Technology in UK Military Training," Simulation & Gaming 47, no. 1 (2016): 7−30.

21   Richard A. Bitzinger, "The Defense Industry in US History," in Oxford Ency−clopedia of American Military and Diplomatic History, ed. Timothy J. Lynch (Oxford: Oxford University Press, 2013), 313−17.

22   Hans Faulk와 Andrei Chekhov는 16세기 러시아 차르를 위해 대포를 주조한 두 명의 종 제작자였다.

23   David A. Hounshell, From the American System to Mass Production, 1800—1932: The Development of Manufacturing Technology in the United States (Baltimore: Johns Hopkins University Press, 1984).

24   Bitzinger, "The Defense Industry in US History."

25   Krepinevich, "Cavalry to Computer," 30−42.

26   Warren Chin, "Technology, War, and the State: Past, Present, and Future," International Affairs 95, no. 4 (2019): 767.

27   Ibid., 767−8.

28   Ibid

29   Keith Krause, Arms and the State: Patterns of Military Production and Trade (Cambridge: Cambridge University Press, 1992), 82.

30   Richard A. Bitzinger, Towards a Brave New Arms Industry? Adelphi Paper 43, no. 356 (London: International Institute for Strategic Studies, 2003), 16−40.

31   Davis Longenbach, "As the US Entered World War I, American Soldiers Depended on Foreign Weapons Technology," The Worlds November 12, 2018,

32 Bitzinger, "The Defense Industry in US History."

33 Chin, "Technology," 770. 또한 Alic et al., Beyond Spin off; Stuart W. Leslie, The Cold War and American Science: The Military—Industrial—Acaciemic Complex at MIT and Stanford (New York: Columbia University Press, 1993); Jon Schmid, "The Diffusion of Military Technology,"' Defence and Peace Economics 29, no. 6 (2018): 595—613. 참조

34 Thomas Heinrich, "Cold War Armory: Military Contracting in Silicon Va—lley," Enterprise & Society 3, no. 2 (2002): 247.

35 Ibid., 252—5, 258—67.

36 David C. Mowery and Richard N. Langlois, "Spinning Of! and Spinning On(?): The Federal Government Role in the Development of the US Computer Software Industry," Research Policy 25, no. 6 (1996): 947—88.

37 Heinrich, "Cold War Armory," 267.

38 Ibid., 278.

39 David E. H. Edgerton, "The Contradictions of Techno—Nationalism and Techno Globalism: A Historical Perspective," New Global Studies 1, no. 1 (2007): 1.

40 Chin, "Technology," 769.

41 Michael E. O'Hanlon, The Science of War (Princeton: Princeton Uni—versity Press, 2009), 189—90.

42 Molas—Gallan, "Which Way to Go," 367—8.

43 Data derived from SIPRI, "Military Expenditure Database."

44 Ray, An Analysis, 27.

45 Kyle Mizokami, "This Chart Explains How Crazy—Expensive Fighter Jets Have Gotten/' Popular Mechanics〉March 14, 2017, 또한 Loren Thompson, "Age and Indifference Erode U.S. Air Power," in Of Aden and Materiel: The Crisis in Military Resources, eds. Gary J. Schmitt and Thomas Donnelly (Washington, DC: AEI Press, 2007), 77—81. 참조

46 Ibid.

47 Molas—Gallart, "Which Way to Go," 367—8; Guy Paglin, Adenaz ha—chidush: Technologiot mishariot vetzvai' yot bee'mtzaei lehima — nekudat ha'izun hamatima (The innovation race: Commercial and military technologies in military systems — The right balance) (Haifa: Chaikin Chair in Geostrategy, 2018), 8—9.

48 Brzoska, "Trends in Global Military," 1, 6. 또한 US Department of Defense, Defense Business Board, "Guiding Principles to Optimize DoD's Science and Technology Investments: Task Group Update," January 22, 2015,

49 Molas—Gallart, "Which Way to Go?" 367—8.

50 OTA, Assessing the Potential for Civil—Military Integration: Technologies, Processes, and Practices, OTA—1SS—611 (Washington, DC: US Government Printing Office, September, 1994), 47—8; Ray, An Analysis, 27—8, 49—51; Molas—Gallart, "Which Way to Go," 371—4.

51 Tariq H. Malik, "Defense Investment and the Transformation National Science and Technology: A Perspective on the Exploitation of High Technology," Technological Forecasting & Social Change 127 (2018): 200—1; Ray, An Analysis, 27—8.

52 OTA, Assessing the Potential, 43.

53 Ronald J. Fox, The Defense Management Challenge: Weapons Acquisition (Boston: Harvard Business School Press, 1988), 300—8.

54 Brzoska, "Trends in Global Military," 19—20.

55 Anthony Voss, Converting the Defense Industry (Oxford: Oxford Research Group, 1992), 1.

56 Ray, An Analysis, 41.

57 "PRC Defense Industry Turning Swords into Ploughshares," Xinhua, September 29, 1997.

58 John Frankenstein, "China's Defense Industries: A New Course?" in People's Liberation Army in the Information eds. J. C. Mulvenon and R. H. Yang (Santa Monica, GA: RAND, 1999), 208; Paul H. Folia, From Swords to Plowshares? Defense Industry Reform in the PRC (Boulder:

Westview Press, 1992); Jorn Brommelhorster and John Frankenstein (eds.), Mixed Motives, Uncertain Outcomes: Defense Conversion in China (Boulder: Lynne Rienner Publisher, 1997).

59 Ray, An Analysis, 25.

60 Ibid., 39−42. 또한 Eugene Gholz and Harvey M. Sapolsky, "Restruc−turing the US Defense Industry," International Security 24, no. 3 (2000): 30−5. 참조

61 Ray, An Analysis, 82

62 Brzoska, "Trends in Global Military," 23.

63 OTA, Assessing the Potential, 33.

64 Eric Hagt, "Emerging Grand Strategy for China's Defense Industry Reform," in The PLA at Home and Abroad: Assessing the Operational Capabilities of China's Military, eds. Roy Kamphausen et al. (Carlisle, PA: US Army War College, July, 2010), 481−4; Brian Lafferty et al., "China's Civil−Military Integration"(SITC), Research Brief 2013, January 10, 2013, 58; James Mulvenon and Rebecca Samm Tyroler−Cooper, China's Defense Industry on the Path of Reform, China Economic and Security Review Commission (Washington, DC: October 2009), 57−8.

65 Mulvenon and Tyroler−Cooper, China's Defense Industry, 5.

66 예를 들어, 항공산업에서 중국은 1980년대와 1990년대에 상업용 항공기 생산에 사용하기 위해 맥도넬 더글라스로부터 다수의 첨단 수치제어공작기계를 수입했지만, 적어도 초기에는 최종 사용자 제한으로 인해 군용으로 전용할 수 없었다.

67 Evan S. Medeiros et al., A New Direction for China's Defense Industry (Santa Monica, CA: RAND, 2005), 140−52.

68 Mulvenon and Tyroler−Cooper, China's Defense Industry, 35−7.

69 OTA, Assessing the Potential, 46.

70 Paglin, Merutz hachidushy 74; Peter J. Dombrowski and Eugene Gholz, Buying Military Transformation: Technological Innovation and the Defense Industry (New York: Columbia University Press, 2006),

138－9.

71 OTA, Assessing the Potential, 45－6, 49, 73－4.

72 Brzoska, "Trends in Global Military," 22.

73 Haico te K.ulve and Wim A. Smit, "Civilian－Military Co－operation Stra－ tegies in Developing New Technologies," Research Policy 32, no. 6 (2003): 958.

74 Brzoska, "Trends in Global Military," 22.

75 OTA, Assessing the Potential, 116.

76 Ray, An Analysis, 28－32.

77 OTA, Assessing the Potential, 121.

78 Kulve and Smit, "Civilian－Military Co－operation," 957.

79 OTA, Assessing the Potential, 101.

80 Ibid., 101－2.

81 Ibid., 121.

82 Tai Ming Cheung, Fortifying China: The Struggle to Build a Modem Defense Economy (Ithaca: Cornell University Press, 2009), 190－5.

83 Tai Ming Cheung, "From Big to Powerful: China's Quest for Security and Power in the Age of Innovation," East Asia Institute, April, 2019, 12.

84 Kathrin Hille, "Washington Unnerved by China's 'Military－Civil Fusion,'" Financial Times, November 8, 2018.

CHAPTER 03 미국의 민군융합

1 Goure, "Non－traditional Defense Companies."

2 Chin "Technology," 767.

3 Ibid., 767—8; Brzoska, "Trends in Global Military," 19－20.

4 Paul Scharre and Ainikki Riikonen, Defense Technology Strategy (Wa－

shington, DC: Center for a New American Strategy, November, 2020), 6.

5 Ibid., 4.

6 National Security Commission on Artificial Intelligence (NSCAI), Final Report (Washington, DC: NSCAI, 2021), www.nscai.gov/wp−con−tent/uploads/2021/03/Full−Reprt−Digital−1.pdf. 참조

7 SIPRI, "Military Expenditure Database."

8 US Department of Defense, Selected Manpower Statistics Fiscal Year 1997 (Washington, DC: US Government Print Office, 1997), 46.

9 Hounshell, From the American System.

10 Nathan Miller, The US Navy: A History (Annapolis, MD: Naval Institute Press, 1997), 143−92.

11 Larry H. Addington, The Patterns of War since the Eighteenth Century (Bloo−mington: Indiana University Press, 1994), 180−5.

12 Mark A. Lorell and Hugh P. Levaux, The Cutting Edge: A Half Century of US Fighter Aircraft R&D (Santa Monica, CA: RAND, 1998), 15−25.

13 H. C. Engelbrecht and F. C. Hanighen, Merchants of Death: A Study of the International Traffic in Arms (New York: Dodd, Mead & Company, 1934).

14 Stephen J. Majeski, "Mathematical Model of the US Military Expenditure Decision Making Process," American Journal of Political Science 27, no. 3 (1983): 485−514; Thomas L. McNaugher, New Weapons Old Politics: America's Military Procurement Muddle (Washington, DC: Brookings Institution, 1989); Karl Derouen and Uk Heo, "Defense Contracting and Domestic Politics,"Political Research Quarterly 53, no. 4(2000): 753−67.

15 US Department of Defense, National Defense Budget Estimates for FY2021 (Washington, DC: Office of the Under Secretary of Defense [Comptroller], April, 2020), 140−43. In constant 2021 US dollars.

16 Walsh, "The Role," 125−6, 127.

17 Defense Advanced Research Projects Agency (DARPA), "Budget," www.darpa.mil/about−us/budget.

18 Todd Harrison and Seamus P. Daniels, Analysis of the FY 2021 Defense Budget (Washington, DC: Center for Strategic and International Studies, 2020), 5.

19 Stew Magnuson, "Over Army Objections, Industry and Congress Part—ner to Keep Abrams Tank Production 'Hot,'" National Defense, October 1, 2013.

20 Stockholm International Peace Research Institute (SIPRI), "Arms Tran—sfers Database," www.sipri.org/research/armament—and—disarma—ment/arms—and—military—expenditure/international—arms—transfers.

21 Goure, "Non—traditional Defense Companies."

22 Chin, "Technology," 767—8.

23 Ibid., 770.

24 Walsh, "The Role," 127. 또한 Brzoska, "Trends in Global Military," 19—20. 참조

25 US Department of Defense, National Defense Budget, 136.

26 Ibid., 292.

27 Heinrich, "Cold War Armory," 247—84.

28 Ibid., 247.

29 Ibid., 252—5, 258—67.

30 Ibid., 267—77.

31 Ibid., 278.

32 Mowery and Langlois, "Spinning Off," 947—66.

33 Ibid., 950.

34 Ibid., 951—6, 958.

35 Ibid., 963.

36 Walsh, "The Role," 127—8.

37 Mowery and Langlois, "Spinning Off," 947—8.

38 2차 세계대전 이후 보잉이 제작한 다른 상용 여객기는 원래 미 공군용으로 생산된 C—97 스트라토프리터를 기반으로 한 보잉 377 스트라토크루저 뿐이었다. 하지만 단 56대만 판매되어 성공적인 제품은 아니었다.

39 Walsy, "The Role," 129.

40 Alic et al., Beyond Spinoff, 37.

41 Brzoska, "Trends in Global Military," 1.

42 Ray, An Analysis, 40.

43 Heinrich, "Cold War Armory," 272.

44 Ibid.

45 Ibid., 274−7.

46 OTA, Assessing the Potential, 44−7.

47 US Department of Defense, National Defense Budget, 139−40.

48 OTA, Assessing the Potential, 1−10; Ray, An Analysis, 27−8; Molas−Gallart, "Which Way to Go," 367−8.

49 Ray, An Analysis, 27.

50 Ibid., 28, 49−51; OTA, Assessing the Potential, 47−8.

51 US Department of Defense, National Defense Budget, 138.

52 Joe Fitzgerald Rodriguez, "Last of Muni's 1980s−Era Clunker Trains Will Be Scrapped," San Francisco Examiner, May 31, 2016.

53 Ray, An Analysis, 39−41.

54 Ibid., 41.

55 OTA, Assessing the Potential, 116; Jay Stowsky, "The History and Politics of the Pentagon's Dual−Use Strategy,"in Arming the Future: A Defense Industry for the 21st Century, eds. Ann R. Markusen and Sean A. Costigan (New York: Council on Foreign Relations, 1999), 126−7.

56 OTA, Assessing the Potential, 120.

57 Stowsky, "The History and Politics," 123−57; Ray, An Analysis, 28−32.

58 Brzoska, "Trends in Global Military," 22.

59 Molas−Gallart, "Which Way to Go," 369.

60 Kulve and Smit, "Civilian−Military Co−operation," 959.

61 Ibid., 957.

62 Stowsky, "The History and Politics," 130.

63 Ray, An Analysis29.

64 Stowsky, "The History and Politics," 128.

65 Ibid., 135, 138−9.

66 Ibid., 139−40.

67 OTA, Assessing the Potential. 119.

68 Stowsky, "The History and Politics," 140−3; OTA, Assessing the Potential, 116.

69 Kulve and Smit, "Civilian—Military Co−operation," 957.

70 Stowsky, "The History and Politics," 140−3.

71 1994년 미국 의회 기술평가국(OTA)의 보고서에 따르면, 허머/HMMWV는 CMI의 부적절한 사례로 평가되었다. 이 보고서는 제조사인AM General이 상용 허머에서 일부 절감을 실현했지만, 이득/손실 계산이 복잡하다고 언급했다. 예를 들어, 12볼트 상용 전기 시스템의 구성품은 군용 24볼트 시스템보다 더 저렴하고 구하기 쉽지만, 전체 전기 시스템은 군용 형식과 달라야 한다. 또한, 상용 허머는 동일한 생산 라인에서 제작되며 많은 부품이 공유되지만, 내부 장식과 외부 도장 작업은 별도의 건물에서 이루어진다. OTA, Assessing the Potential, 89.

72 Ray, An Analysis, 31−2.

73 OTA, Assessing the Potential, 1273 130−2.

74 Ray, An Analysis, 69−70.

75 Ibid., 56−67.

76 OTA, Assessing the Potential, 150−2.

77 US Department of Defense, National Defense Budget, 140−1.

78 Krepinevich, "Cavalry to Computer," 30.

79 US Department of Defense, Office of the Under Secretary of Defense for Industrial Policy (OUSD/IP), Transforming the Defense Industrial Base: A Roadmap (Washington, DC: February, 2003), 2.

80 Ibid., 13−15.

81 Martinage, Toward a New Offset Strategy, iv.

82 Thomas G. Mahnken, "Frameworks for Examining Long−Term Strategic Competition between Major Powers," 2016 Conference on US−China

Strategic Competition in Defense Technological and Industrial Development, La Jolla, July 27－8, 2016, 2.

83 Ibid., 7－8.

84 Scharre and Riikonen, Defense Technology Strategy, 4.

85 US Office of the President, National Security Strategy, December 18, 2017.

86 US Department of Defense, "Joint Operational Access Concept," Version 1.0 (Washington, DC: US Department of Defense, January 173 2012), 38－9.

87 General Norton A. Schwartz and Admiral Jonathan W. Greenert, "Air－Sea Battle: Promoting Stability in an Era of Uncertainty," The American Interest, February 20, 2012, www.the－american－interest.com/article.cfm?piece＝1212.

88 Sydney J. Freedberg Jr., "Hagel Lists Key Technologies for US Military; Launches Offset Strategy," Breaking Defense, November 16, 2014, https:// breakingdefense.com/ 2014/11/hagel－launches－offcet－strategy－lists－key－technologies; Dombrowski, Americans Third Offset Strategy, 4.

89 Dombrowski, America's Third Offset Strategy, 5－6; Martinage, Toward a New Offset Strategy, vi－vii; Patrick Tucker, "These Are the New Weapons the Pentagon Chief Wants for Tomorrow's Wars,"Defense Oney February 2, 2016; Freedberg, "Hagel Lists Key Technologies."

90 Scharre and Riikonen, Defense Technology Strategy, 14－15.

91 Cited in Scharre and Riikonen, Defense Technology Strategy, 14.

92 Devon McGinnis, "What is the Fourth Industrial Revolution?" Salesforce.com, December 20, 2018, www.salesforce. com/blog/2018/12/what－is－the－fourth－industrial－revolution－4IR.html.

93 US Department of Defense, Defense Innovation Marketplace, "The Long－Range Research and Development Program Plan,"(Washington, DC: 2014), https://defense innovation market place.dtic.mil/innovation/long－range－research－development.

94 US Department of Defense, Defense Innovation Unit (DIU), official website, www.diu .mil.

95 Ibid.

96 Curry et al., "Commercial—off the—Shelf—Technology," 13—14, 22 —3.

97 US Department of Defense, Joint Artificial Intelligence Center, "About the JAIC," www. ai. mil/about. html.

98 Tristan Greene, "Report: Palantir Took over Project Maven," The Next Web, December 11, 2019, https://thenextweb.com/artificial—in—telligence/2019/12/11/report—palantir took—over—project—maven—the—military—ai—program—too—unethical—for—google.

99 주목할 점은 이 계약이 아마존 웹 서비스(AWS)에 의해 도전 받고 있다는 것이다. AWS는 트럼프 대통령이 계약을 AWS에게 주지 않도록 개입했다고 주장하며, 그 이유 중 일부는 아마존 CEO인 제프 베조스에 대한 개인적인 편견 때문이라고 한다. Joseph F. Kovar, "AWS: 트럼프의 개입과 오류가 마이크로소프트의 100억 달러 JEDI 계약 승리를 도전할 충분한 이유가 된다." CRN, December 153 2020, www.crn.com/news/cloud /aws—tnimp—in—terference—errors enough—to—challenge—microsoft—s—10b—jedi—win.

100 James Vincent, "White House Backs AI and Quantum for National Se— curity," The Verge, August 26, 2020, www.theverge.com/2020/8/26/21402274/white—house—ai—quantum—comput—ing—research— hubs—investment—1—billion.

101 "펜타곤은 '5G 민군 겸용 실험'을 위해 5개 미국 군 기지에서 6억 달러 규모 계약 체결, '살상력 증대' 지원 포함함." RT USA News, October 9, 2020.

102 OTA, Assessing the Potential.

103 Artificial Intelligence and National Security, CRS Report R45178 (Wash—ington, DC: Congressional Research Service, 2020), 5—9.

104 Goure, "Non—traditional Defense Companies."

105 Andrew Eversden, "Pentagon's Acquisition Chief Wants Microelec—tronics Production to Return to the US," C4ISRNET, August 21, 2020.

106 Daniel Cebul, "A Senate Panel Wants to Spend an Extra $400 Million on Microelectronics," C4ISRNET, June 28, 2018.

107 반도체 산업 협회, "반도체 산업, 바이든 대통령의 중요한 공급망에 관한 행
정명령 환영" 보도자료, February 24, 2021, www.semiconductors.
org/semiconductor−industry−welcomes−president−bidens− ex −
ecutive− order−on−critical−supply−chains

108 Goure, "Non−traditional Defense Companies."

109 Scharre and Riikonen, Defense Technology Strategy, 7.

110 Scott Shane and Daisuke Wakabayashi, "'The Business of War': Google
Employees Protest Work for the Pentagon," New York Times, April 4,
2018; Greene, "Report."

111 Goure, "Non−traditional Defense Companies."

112 NSCAI, Final Report, 75.

113 Ibid., 79.

114 Scharre and Riikonen, Defense Technology Strategy, 4.

115 "Inaugural Air Force Pitch Day: New Contracts, New Partners," AFNS,
March 8, 2019; Debra Werner, "International Space Pitch Day Offers
Model for Future Events," Space News, November 18, 2020.

CHAPTER 04 중국의 민군융합

1 Cheung, Fortifying China, 201.

2 중국의 기술 민족주의와 상업기술을 군사적 용도로 활용하는 뿌리 깊은 관행
에 대해서는 에반 파이겐바움(Evan A. Feigenbaum)을 참조, China's
Techno−Warriors: National Security and Strategic Competition from the
Nuclear to the Information Age (Stanford: Stanford University Press,
2003); Roger Cliff, The Military Potential of China's Commercial
Technology (Santa Monica, CA: RAND, 2001).

3 US Department of Defense, Annual Report on Military and Security Deve−
lopments Involving the People's Republic of China (Washington, DC:
Office of the Secretary of Defense, 2019), 21, 96, 102.

4 중국 MCF에 대한 PRC 외부의 보고서 및 분석은 David Yang을 참조. "Civil—Mi—litary Integration Efforts in China," SITC Research Brief 24 SITC (2011); Lafferty et al., "China's Civil—Military Integration"; Laskai, "Civil Military Fusion: The Missing Link"; Marcel Angliviel et al., Open Arms: Evaluating Global Exposure to China's Defense—Industrial Base (Washington, DC: Center for Advanced Defence, 2019), Li Huaqiu, "Zhonggong junmin ronghe fazhan zhanliie chutan" (A probe into the CCP's strategy of civil—military fusion), Guojia zhengci yanjiu jijinhui (National policy research foundation), January 28, 2019, www mpf.org.tw/1/20157; Lorand Laskai, Civil Military Fusion and the PLA's Pursuit of Dominance in Emerging Technologies, China Brief 18, no. 6 (2019); "Special Issue: Military—Civil Fusion and Its Prospects for the PLA and Chinese Industry,"China Brief 19, no. 18 (2019); Alex Stone and Peter Wood, China's Military Civil Fusion Strategy: A View From Chinese Strategists (Maxwell: China Aerospace Studies Institute, Air University, 2020); Bitzinger et al., "China's Military—Civil Fusion Strategy" (Roundtable), Asia Policy 16, no. 1 (2021): 2—64.

5 Richard A. Bitzinger, ''Reforming China's Defense Industry, Journal of Strategic Studies 39, no. 5—6 (2016): 763.

6 중국 국방산업의 진전과 좌절에 대한 종합적인 개요는 Beraud—Sudreau와 Nou— wens 를 참조, "Weighing Giants," 151—77; Tai Ming Cheung, "Keeping Up with the Jimdui: Reforming the Chinese Defense Acquisition, Technology, and Industrial System," in Chairman Xi Remakes the PLA: Assessing Chinese Military Reforms, eds. Phillip C. Saunders et al. (Washington DC: National Defense University Press, 2019)5 585—626; Andrea Gilli and Mauro Gilli, "Why China Has Not Caught Up Yet: Military—Technological Superiority and the Limits of Imitation) Reverse Engineering, and Cyber Espionage/'International Security 43, no. 3 (2019): 141—89; Richard A. Bitzinger et al., "Locating China's Place in the Global Defense Economy," in Forging China's Military Might: A New Framework for Assessing Innovation, ed. Tai

Ming Cheung (Baltimore: Johns Hopkins University Press, 2014), 169—
212; Mikhail Barabanov et al., Shooting Star: China , s Military Machine
in the 21st Century (Minneapolis: East View Press, 2012); Tai Ming
Cheung, "The Chinese Defense Economy's Long March from Imitation
to Innovation," Journal of Strategic Studies 34, no. 3 (2011): 325—54;
Mulvenon and Tyroler—Cooper, China's Defense Industry; Richard A.
Bitzinger, ''Reforming China's Defense Industry: Progress in Spite of
Itself," Korean Journal of Defense Analysis 19, no. 3 (Fall, 2007): 99—
118; Medeiros et al., A New Direction; Evan S. Medeiros, Analyzing
China's Defense Industries and the Implications for Chinese Military
Modernization (Santa Monica, CA: RAND, 2004); David Shambaugh,
Modernizing China's Military: Progress, Problems, and Prospects
(Berkeley: University of California Press, 2002), 225—83; Richard A.
Bitzinger, "Going Places or Running in Place? China's Efforts to
Leverage Advanced Technologies for Military Use," in The PLA After
Next, ed. Susan Puska (Carlisle Barracks: SSI Press, 2000), 9—54; John
Frankenstein and Bates Gill, "Current and Future Challenges Facing
Chinese Defense Industries," China Quarterly 146 (1996): 394—427;
Eric Arnett, "Military Technology: The Case of China," in SIPRI
Yearbook 1995: Armaments, Disarmament and International Security
(Oxford: Oxford University Press, 1995), 359—86.

7 Joseph Fewsmith, "China's Defense Budget: Is There Impending Friction
bet— ween Defense and Civilian Needs?" in Military Relations in
Today's China, eds. David M. Finkelstein and Kristen Gunness (Armonk,
NY: M.E. Sharpe, 2007), 202—13.

8 Nan Tian and Fei Su, A New Estimate of China's Military Expenditure
(Solna: SIPRI, 2021), 18, 22—3.

9 Harlan W. Jencks, "COSTING Is Dead, Long Live COSTING ! Restruc—
turing China's Defense Scientific, Technical and Industrial Sector," in
People's Liberation Army in the Information Age, eds. James Mulvenon
and Richard Yang (Santa Monica, CA: RAND, 1999), 59—77.

10 Tai Ming Cheungs "Dragon on the Horizon: China's Defense Industrial Re—naissance," Journal of Strategic Studies 32, no. 1 (February, 2009): 41—3.

11 Tai Ming Cheung (ed.), The Chinese Defense Economy Takes Off: Sector—by—Sector Assessments and the Role of Military End Users (La Jolla, CA: The University of California Institute on Global Conflict and Cooperation, 2013), 27.

12 Ibid., 59; Cheung, "Keeping Up with the Fundui," 586.

13 According to data reported on the nine conglomerates' respective websites.

14 Zi Yang, "Privatizing China's Defense Industry," The Diploma, June 7, 2017, https:// thediplomat.com/2017/06/privatizing—chinas—defense —industry.

15 Joel Wuthnow and Phillip C. Saunders, Chinese Military Reforms in the Age of Xi Jinping: Drivers, Challenges, and Implications (Washington, DC: Institute for National Strategic Studies, National Defense University, 2017), 35—7.

16 Sun Zi, "Art of War," in The Seven Military Classics of Ancient China, eds. and trans. Ralph D. Sawyer and Mei—chun Sawyer (Boulder: Westview Press, 1993), 159.

17 Arthur Waldron, The Great Wall of China: From History to Myth (Cam— bridge: Cambridge University Press, 1990), 82—3; Michael Loewe, "The Western Han Army,"in Military Culture in Imperial China, eds. Nicola Di Cosmo (Cambridge, MA: Harvard University Press, 2011), 83.

18 Peng Dehuah Memoirs of a Chinese Marshal: The Autobiographical Notes of Peng Dehuai (1898—1974) (Hawaii: University Press of the Pacific, 2005), 84—5.

19 James Mulvenon, Soldiers of Fortune: The Rise and Fall of the Chinese Mi— litary—Business Complex, 1978—1998 (Armonk: M.E. Sharpe, 2001), 24—35.

20 Mao Tse—tung, "Economic and Financial Problems in the Anti—Japanese

War," in Selected Works of Mao Tse—Tung, Vol. Ill (Peking: Foreign Languages Press, 1969), 112.

21 Mao Tse—tung, "Turn the Army into a Working Force," in Selected Works of Mao Tse—Tung, Vol. IV (Peking: Foreign Languages Press, 1969), 337.

22 Ibid., 338.

23 Yu Yongbo (ed.), China Today: Defense Science and Technology, Vol. I (Beijing: National Defense Industry Press, 1993), 50.

24 Mulvenon, Soldiers of Fortune, 38.

25 Yoram Evron, China's Military Procurement in the Reform Era: The Setting of New Directions (London: Routledge, 2016), 36, 45. 또한 Zuoyue Wang, "The Chinese Developmental State During the Cold War: The Making of the 1956 Twelve—Year Science and Technology Plan," History and Technology 31, no. 3 (2015): 180—205. 참조

26 For example, Yu, China Today, Vol. II, 573—4, 860—1; John W. Lewis and Xue Li tai, China Builds the Bomb (Stanford: Stanford University Press, 1988), 125.

27 Frankenstein, "China's Defense Industries," 208.

28 "Joint Ventures Star in Beijing," Aviation Week & Space Technology, October 16, 1995, 22—3.

29 "PRC Defense Industry."

30 Frankenstein, "China's Defense Industries' 205; Folta, From Szoords to Plow—shares; Brommelhorster and Frankenstein (eds.), Mixed Motives, Uncertain Outcomes.

31 Cheung, Fortifying China, 74.

32 Frankenstein, "China's Defense Industries" 207.

33 Folta, From Swords to Plowshares, 1.

34 1990년대 중반, MD—90 상용 항공기 공동 생산 계약의 일환으로 중국은 McDon—nell Douglas로부터 여러 대의 중고(여전히 사용 가능한) 컴퓨터 제어기계 공구가 포함된 다축 밀링 및 프로파일링 기계 등을 받았다. 그 중 일부는 이후 군용 항공기 생산 시설로 이전된 사실이 발견되었으며, 이 과정에서 수출 허

가를 위반한 것으로 드러났다. 그러나 이 장비가 군 생산에 실제로 사용되기 전에 사실이 밝혀졌다.US General Accounting Office, Export Controls: Sensitive Machine Tool Exports to China, GAO/NSIAD—97—4 (Washington, DC: US Government Printing Office, November, 1996).

35 Medeiros, Linking Defense Conversion, 20.

36 Ibid., 14—15, 19.

37 Cheung, Fortifying China, 193—4.

38 OTA, Other Approaches, 21.

39 Cheung, Fortifying China, 176—234.

40 Hagt, "Emerging Grand Strategy," 481—4; Lafferty et al., "China's Civil —Military Integration", 58; Mulvenon and Tyroler—Cooper, Chinays Defense Industry, 57—8.

41 Hagt, "Emerging Grand Strategy," 514—18; Muivenon and Tyroler—Cooper, China's Defense Industry, 35—7, 38—43; Cheung, "Dragon on the Horizon," 47.

42 Muivenon and Tyroler—Cooper, China's Defense Industry, 5.

43 Hagt, "Emerging Grand Strategy," 481—4.

44 Cheung, Fortifying China, 193.

45 Medeiros et al., A New Direction, 140—52.

46 The CR—929 is a collaborative project with Russia's United Aircraft Cor—poration to develop a wide—body commercial airliner.

47 Richard A. Bitzinger, Arming Asia: Technonationalism and Its Impact on Local Defense Industries (New York: Routledge, 2017), 64.

48 The World Bank, "Research and Development Expenditure (% of GDP) —India," The World Bank Open Data, February 18, 2021.

49 Kathleen A. Walsh, Written Testimony for the Hearing before the US—China Security Review Commission (Washington, DC: US—China Commission Export Controls and China, January 17, 2002).

50 Cheung, "The Chinese Defense Economy's Long March," 343—4.

51 Lafferty et al, "China's Civil—Military Integration," 58—60.

52 This section draws partially on Yoram Evron, "China's Military—Civil Fusion and Military Procurement," Asia Policy 16, no. 1 (2021): 25—44.

53 Laskai, "Civil—Military Fusion: The Missing Link."

54 People's Republic of China, State Council, China's Military Strategy (Beijing: Information Office of the State Council, 2015), Chap. 4.

55 Beraud—Sudreau and Nouwens, "Weighing Giants," 162.

56 Quoted in Ibid.

57 Cheung, "From Big to Powerful," 12.

58 NS CAI, Final Report, 25.

59 Greg Levesque, "Military—Civil Fusion: Beijing's 'Guns AND Butter' Strategy to Become a Technological Superpower," China Brief 19, no. 8 (2019), emphasis added in original.

60 Sebastien Falletti, "US Chip Ban Strikes at China's Digital Achilles Heel," Asia Times, February 11, 2021.

61 The State Council Information Office of the PRC, "Guowuyuan ban—gongting guanyu midong guofang keji gongye junmin ronghe shendu fazhan de yijian, guobanfa (2017) 91 hao"(Opinions of the General Office of the State Council on promoting the deep developmentof military and civilian fusion of National Defense Science^ Technology and Industry), government document no. 91 (2017), December 4, 2017, On the central place of R&D in MCF, see also The State Council of China, "Guofang ke gong ju jiedu tuidong guofang keji gongye junmin ronghe de yijian — gaige pojie nanti chuangxin zengqiang huoli"(State Administration for Science, Technology and Industry for National Defense's interpretation of promoting defense science, tech—nology and industry of military—civilian fusion: Bring new ideas to solve problems and increase vigor innovatively), December 7, 2017,

62 Zhang Liang, "Xinshidai xia tongyong hangkong chanye junmin ronghe shi fazhan zhanlue yanjiu" (Studying the development strategy of military and civilian fusion in aviation production under Xinshidai

Group), CAAC News, April 16, 2018; The Cyberspace Administration of China and the CCP's Office of the Central Cyberspace Commission > "Wangluo xinxi tixi junmin ronghe zhanlue de sikao" (Thinking of the military—civilian fusion strategy of network information system), November 12, 2018.

63 신흥 기술에 대한 MCF의 강조점에 대해서는 중국 국무원을 참조, "Guofang ke gong ju jiedu tuidong guofang keji gongye junmin ronghe de yi—jian"; "Xingcheng xinxing lingyu junmin ronghe fazhan geju" (Forming new patterns of MCF development forms) 3 Kexuewang, February 21, 2019.

64 Hille, "Washington Unnerved."

65 다음 분석은 허베이성 자료 참조.Hebei sheng renmin zhengfu (The People's Government of Hebei Province), "Guanyu shenbao 2013 nian sheng ji junmin jiehe chanye fazhan zhuanxiang zijin xiangmu di tongz—hi"(Notice on application for provincial military civilian fusion industry developmentfunds in 2013), July 18, 2013, http://infb.hebei.gov ,cn/eportal/ui?pageId=6778557&articleKey=3747206&columnId= 330890; Luan Dalong, "Junmin ronghe zouxiang xin shidai" (Military —civil fusion heads for a new era), Quanqiuhua Zhiku (Center for China and Globalization), March 8, 2018, http://www.ccg.org.cn/ar—chives/33082; The Cyberspace Administration of China, "Wangluo xinxi tixi junmin ronghe zhanlue de sikao"; "Woguo junmin ronghe chanye fazhan qingkuang, (General situation of China's military—civil fu—sion's industry development), Zhongguo gaoxin jishu chanye daobao (China High Tech Industry Herald), April 15, 2019,

66 다양한 분야에서의 스핀온—스핀오프 균형에 대한 평가는 "Woguo junmin rongheJ" 참조

67 Dennis J. Blasko, "The Biggest Loser in Chinese Military Reforms: The PLA Army," in Chairman Xi Remakes the PLA, eds. Saunders et al. (Washington, DC: National Defense University Press, 2019), 345—92.

68 "Woguo junmin ronghe."

69 The State Council Information Office of the PRC, "Guowuyuan ban—gongting," Item 18.

70 State Council of China, Central Military Commission, "Guanyu jianwei he wanshan junmin jiehe yu jun yu min wuqi zhuangbei keyan shengchan tixi de ruogan yijian" (Several views on the establishment and improvement of MCI's weapons research and production system), government document no. 37 (2010), October 24, 2010, People's Government of Hebei Province, July 83 2015, Item 8,

71 The State Council Information Office of the PRC, "Guowuyuan ban—gongting," Item 27.

72 "China Encourages Private Sector Participation in Weapons Develop—ment," Xinhua, February 27, 2017, www.xinhuanet.eom//eng—lish/2017—02/25/c_l36083431 .htm.

73 Quan jun wuqi zhuangbei caigou xinxi wang (Military weapons and equipment purchase information network), http://web.archive.org/web/20191227010956/ http://www.weain.mil.cn.

74 "Liang bumen lianhe fabu 2018 niandu 'junyong jishu zhuan minyong tuiguang mulu' he 'min can jun jishu yu chanpin tuijian mulu'" (Two departments jointly released the 2018 Catalogue of Military Technology Transfer to Civilian Use and the Catalogue of Civilian Participation in Military Technology and Products), Sina, December 4, 2018.

75 Zhonguancun ronghe chuangxin fuwu pingtai (Zhonguancun fusion innovation service platform), www.zgcjm.org/default.

76 예를 들어, 이러한 전시회에 대해서는 다음을 참조, Hebei sheng renmin zhengfu (The People's Government of Hebei Province), "Guanyu ju—ban di er jie czhongguo—hebei junmin ronghe guofang gongye xie—tong chuangxin chengguo zhan아 li qiatan hui' de tongzhi"(Notice on the second China Hebei exhibition of the innovation and industrial achievements of military—civilian fusion in the area of national de—fense), December 28, 2015,; "Junmin ronghe gongshi Qingdao shiqi!" (Military—civilian fusion Qingdao rise!), Phoenix Network Qingdao,

February 25, 2019.

77 Luan, "Junmin ronghe zouxiang xin shidai."

78 "Woguo junmin ronghe."

79 Hebei sheng renmin zhengfu (The People's Government of Hebei Pro—vince), "Guanyu yinfa 'Hebei sheng junmin ronghe chan xueyan yong shifan jidi rending guanli banfa" de tongzhi" (Notice on distributing the 'administrative measures for the selection of industries for the military —civilian fusion study and research demonstration base in Hebei province). August 15, 2018.

80 "120 ge xiangmu juezhu zhongguo junmin liang yong jishu chuangxin yingyong dasai juesai" (120 projects compete for the finals of China's military—civil dual—use technology innovation contest), Xinhua, November 26, 2018.

81 PRC Central People's Government, "Sichuan duo cuo bingju cujin guo—fang keji gongye junmin ronghe fazhan"(Sichuan takes multiple measures to promote the development of military—civil fusion in National Defense Science, Technology, and Industry), October 25.

82 "Baogao: junmin ronghe zongti fazhan taishi xiang hao dan tizhi jizhi gaige xiangdui zhihou" (Report: Overall development of military—civil fusion is better, but reform of institutional mechanisms is relatively lagging), 21 Caijing Sousuo, January 21, 2019; "Junmin ronghe gongshi Qingdao shiqi!"

83 "Junmin ronghe gongshi Qingdao shiqi!"; Zhangs "Xinshidai."

84 Zhang, "Xinshidai."

85 Quan jun wuqi zhuangbei caigou xinxi wang.

86 Quan jun wuqi zhuangbei caigou xinxi wang. For example, Hebei sheng renmin zhengfu (The People's Government of Hebei Province), "Guanyu dui shengji junmin jiehe chanye faz han zhuanxiang zijin zhichi xiangmu chou shenji de tongzhi" (Notice regarding random audit of special funds to support province—level projects of military—civil integration's industry development), Hebei Military Department's

Document no. 194 (2015), September 18, 2015.

87 "Zenme zuo, keji minqi cai neng zou hao 'canjunlu'"(How to make science and technology civilian companies do well in 'joining the military road), Zhongguo keji wcmg, March 12, 2019.

88 Ibid.; "Po bilei, zhong fuhua, qiang rencai — laizi di liu jie ke bo hui de junmin ronghe qishi"(Breaking down barriers, re−incubating, and strengthening talents: Insights from the sixth military civilian fusion science and technology fair), Xinhua she, September 8, 2018.

89 "Baogao."

90 "Zhiyue junmin ronghe lifa zhi wenti fenxi" (An analysis of the prob− lems restricting military−civilian fusion's legislation), Xinhtianet, February 28, 2019.

91 "Zenme zuo, keji minqi cai neng zou hao 'canjunlu.'"

92 Ibid.

93 Ibid.

94 Ibid.

95 The State Council of China, "Guofang ke gong ju jiedu tuidong guofang keji gongye junmin ronghe de yijian."

96 Cheung, "Keeping Up with the Fundui," 595−602.

97 "Baogao"; "Woguo junmin ronghe."

98 Yoram Evron, "China's Military Procurement Approach in the Early 21st Century and Its Operational Implications," Journal of Strategic Studies 35, no. 1 (2012): 74—85.

99 Luanj "Junmin ronghe zouxiang xin shidai."

100 "Zhiyne junmin ronghe lifa zhi wenti fenxi." 이 출처에서 언급된 수치가 이익+50%라고 되어 있지만, 이는 아마도 오류일 가능성이 크다. Cheung, "Keeping Up with the Jundui," 614.

101 US Department of Defense, Annual Report, 21. See also Richard P. Appel− baum et al Innovation in China (Cambridge: Polity, 2018), 58.

102 Kate O'Keeffe and Jeremy Page, "China Taps Its Private Sector to Boost Its Military, Raising Alarms,"The Wall Street Journal,

September 25, 2019.

103 Yoram Evron, "The Enduring US—Led Arms Embargo on China: An Objec— tives implementation Analysis," Journal of Contemporary China 28, no. 120 (2019): 995—1010.

104 Q'pqeeffe and Page, "China Taps Its Private Sector"; Demetri Se— vastopulo, "US Target Companies with Chinese Military Ties," Financial Times, September 12, 2019; Tao Liu and Wing Thye Woo, "Understanding the US—China Trade War,"China Economic Journal 113 no. 3 (2018): 319—40.

105 Michael Peel et al., "US Warns Europe against Embracing China's 5G Tech—nology," Financial Times, February 16, 2020.

106 O'Keeffe and Page, "China Taps Its Private Sector."

107 Levesque, "Military Civil Fusion."

108 예를 들어 "Baogao"를 참조

109 광범위하게 연구된 바와 같이, 중앙집권적 정치 및 경제 시스템이 경제 이니셔티브와 혁신에 미치는 억압적 효과는 보편적인 현상으로 간주된다. Mahmood와 Rufin 참조, "Government's Dilemma;" 338—60.

110 NSCAI, Final Report, 161.

111 Ibid.

CHAPTER 05 인도의 민군융합

1 최근 인도 방위산업에 관한 연구는 다음과 같다. Stephen P. Cohen and Sunil Dasgupta, Arming without Aiming: India's Mlilitary Modernization (Washington, DC: Brookings Institution, 2010); Deba R. Mohanty, Arming the Indian Arsenal (New Delhi: Rupa, 2009); A jay Singh, "Quest for Self—Reliance," in India's Defense Spending: Assessing Future Needs, ec. Jasit Singh (New Delhi: Knowledge World, 2000), 125—56; Deba R. Mohanty, Changing Times? Indians Defense Industry in the 21st

Century (Bonn: Bonn International Center for Conversion, 2004); Rahul Bedi, "Two−Way Stretch," Jane's Defense Weekly, February 2, 2005; Manjeet S. Pardesi and Ron Matthews, "India's Tortuous Road to Defense−Industrial Self−Reliance," Defense & Security Analysis 23, no. 4 (2007): 419—38; Timothy D. Hoyt, Military Industry and Regional Defense Policy: India, Iraq, and Israel (New York: Routledge, 2007), 22−66; Laxman Kumar Behera, Indian Defence Industry: An Agenda for Making India (New Delhi: Institute for Defence Studies and Analyses, Pentagon Press, 2016); Laxman Kumar Behera, "Indian Defence Industry: Will 'Make in India' Turn It Around?"in The Economics of the Global Defence Industry, eds. Keith Hartley and Jean Belin (London: Routledge, 2019)3 506−26; Ash Rossiter and Brendon J. Cannon, "Making Arms in India? Examining New Delhi's Renewed Drive for Defence−Industrial Indigenization," Defence Studies 19, no. 4 (2019): 353—72; and Bitzinger, Arming Asia, 74−91, on which this chapter's first section partially draws.

2 Oishee Kundu, "Risks in Defence Procurement: India in the 21st Century," Defence and Peace Economics 32, no. 3 (2021): 343−61.

3 Singh, "Quest for Self−Reliance," 127.

4 Angathevar Baskaran, "The Role of Offsets in Indian Defense Procu−rement Policy," in Arms Trade and Economic Development: Theory, Policy, and Cases in Arms Trade Offsets, eds. J. Brauer and J. P. Dunne (London: Routledge, 2004), 211−13, 221−6.

5 Pardesi and Matthews, "India's Tortuous Road," 421−9.

6 Bitzinger, Towards a Brave New Arms Industry? 16−18.

7 Behera, "Indian Defence Industry: Will 'Make in India' Turn It Around?" 515.

8 한두스탄 항공, 56차 연례 보고서(Bangalore: Hindustan Aeronautics Limited, 2018− 19), 19.

9 Bitzinger, Arming Asia, 76−7

10 Ibid., 78.

11 SIPRI, "Military Expenditure Database"; Behera, "Indian Defence Industry: Will 'Make in India' Turn It Around?" 508.

12 SIPRI, "Military Expenditure Database." China's official defense budget in the same years presented here was 30−35 percent lower than the SIPRI estimation.

13 Vivek Raghuvanshi, "Report: Indian Products Defective," Defense News, January 9, 2006.

14 Mohanty, Changing Times, 28, 36−7; Pardesi and Matthews, "India's Tort− uous Road," 432−4; Baskaran, "The Role of Offsets," 213, 216−18.

15 Brian Cloughly, "Analysis: DRDO Fails to Fix India's Procurement Woes," Jane's Defense Weekly, June 28, 2010.

16 원래 6대의 항공기가 MMRCA를 놓고 경쟁했다, US F−16, F/A−18, MiG−35, Gripen, Rafale, Eurofighter Typhoon이다.

17 Gordon Arthur, "Indian Armed Force Programs: Large Budget Increases," Defense Review Asia 3, no. 2 (2009): 14.

18 Author's interviews in India, March, 2011.

19 Singh, "Quest for Self−Reliance," 151; Bedi, "Two−Way Stretch."

20 "Arms Race: India Approves Defence Procurements Worth $3.5 BN, Says Report," The Express Tribune, July 19, 2014.

21 SIPRI, "Arms Transfers Database."

22 Ibid.; Rahul Bedi, "India Announces 12% Defense Budget Increase," Jane's Defense Weekly. March 3, 2011.

23 Pardesi and Matthews, "India's Tortuous Road," 432−4; Singh, "Quest for Self− Reliance," 148−9.

24 Behera, "Indian Defence Industry: Will 'Make in India' Turn It Around?" 511; Government Expenditures on Defense Research and Development by the United States and Other OECD Countries: Fact Sheet (Washington, DC: Congressional Research Service, 2020), 1.

25 Government of India, Ministry of Science and Technology, Research and Deve−lopment Statistics, 2019−20 (New Delhi: Department of

Science and Technology, 2020), 3. Unless otherwise mentioned, all the figures related to India's R&D expenditures pertain to the 2017−18 fiscal year.

26 Ibid., 16−19, 32.

27 Pardesi and Matthews, "India's Tortuous Road," 424.

28 Author's interviews in India, March, 2011.

29 Quoted in Bedi, "Two−Way Stretch," 28.

30 Ibid., 26; Behera, "Indian Defence Industry: Will 'Make in India' Turn It Around?" 513.

31 Bedi, "Two−Way Stretch," 27; Rahul Bedi, "India Launches 'Thorough' Audit of DRDO's Effectiveness," Jane's Defense Weekly, January 245 2007; Rahul Bedi, "Making Decisions," Jane's Defense Weekly, January 25, 2010; Manoj Joshi, "If Wishes Were Horses," Hindustan Times, October 18, 2006.

32 Joshi, "If Wishes Were Horses."

33 Cohen and Dasgupta, Arming without Aiming, 33.

34 Ibid.

35 Ministry of Defence, Standing Committee on Defence (2008−9), Indige−nisation of Defence Production−Public−Private Partnerships Thirty−Third Report (New Delhi: Lok Sabha Secretariat, 2008), 14.

36 Ibid., 12; author's interviews in India, March, 2011.

37 Government of India, Ministry of Finance, Thirteenth Finance Com−mission 2010−2015 (2009), 83, www.prsindia.org/uploads/media/ 13fi−nancecommission fullreport.pdf.

38 Marinal Suman, "FDI in Defence Industry," Indian Defence Review, January 2007, www.indiandefencereview.com/news/fcii−in−de−fence−industry.

39 Arun Prakash, "Outsourcing of Defence Production," Indian Defence Review, June 20, 2012, www.indiandefencereview.com/news/out−sourcing−of− defence−production/2.

40 B. D. Jayal, "Indian Aeronautics: Self Reliance Needs Innovative Action

Not Platitudes," Indian Defence Review 28, no. 1 (2013): 7—18.

41 "Indian Defence Private Industry Should Move from Fringes to Mainstream: Air Chief PV Naik,"IDR News Network, October 15, 2010.

42 "Private Sector's Involvement Must to Promote Indigenization," IDR News Network, November 24, 2010.

43 Prakash, "Outsourcing of Defence Production."

44 Chandrika Kaushik, "Public—Private Partnership for MRO in Defence: Appli—cation to Aerospace and Land Systems," Journal of Defence Studies 11, no. 3 (2017): 59.

45 SIPRI, "Arms Transfers Database."

46 Ibid.

47 Suman, "FDI in Defence Industry."

48 "Private Sector's Involvement."

49 Government of India, Ministry of Defence, Defence Acquisition Pro—cedure 2020 (New Delhi: 2020), Chap. 7, Para, 2.

50 Government of India, Ministry of Defence, Defence Production Policy, January 1, 2011, Para. 2.

51 Kaushik, "Public—Private Partnership," 61.

52 Vandana Kumar, "Reinventing Defence Procurement in India: Lessons from Other Countries and an Integrative Framework," Journal of Defence Studies 7, no. 3 (2013): 20.

53 Ganesh K. Raj and Vikram Yadav, Enhancing Role of SMEs in Indian Defence Industry (Kolkata: Ernst & Young, 2009), 55.

54 Ibid., 22—3, 27.

55 Government of India, Ministry of Defence, Defence Procurement Pro—cedure (Capital Procurements) (New Delhi: various editions). The INR 2000 Crores limit was stipulated in the DPP 2016 version. Earlier ver—sions set a bar of INR 300 Crores (approximately US$40 million).

56 Ibid.,

57 Amit Cowshish, "Increase in FDI Cap Alone Not Enough for Defence

Sector," Indian Defence Review, September 16, 2020.

58 Government of India, Ministry of Defence, "Programmes Under 'Make , Ca—tegory," December 11, 2019, https://pib.gov.in/PressReleasePage. aspx?PRID= 1 595876; Manu Pubby, "Major Deal for Private Sector: Defence Ministry Inks Rs 2,580 Cr Pinaka Deal with L&T and Tata," The Economic Times, September 2020.

59 Government of India, Ministry of Defence, Defence Procurement Pro— cedure (Capital Procurements) 2006 (New Delhi: 2006), Chap. 2, Para. 2.

60 Ibid., Chap. 1, Item 4(a); Alok Perti, "Firming Up the 'Buy', 'Buy & Make', and 'Make' Decision and Relevance of Pre—feasibility Study," Journal of Defence Studies 14, no. 1 (2010): 16.

61 Government of India, Ministry of Defence, Defence Procurement Pro— cedure (Capital Procurements) 2006. See also Guy Anderson, "India's Defense Industry,"RUSI Defense Systems (February, 2010): 69; Jon Grevatt, "India Delays Defense Reforms Again in Face of Multiple Pressures," Jane's Defense Weekly, December 21, 2007.

62 Grevatt, "India Delays Defense Reforms"; Raj and Yadav, Enhancing Role of SMEs, 23.

63 Government of India, Ministry of Defence, Defence Procurement Pro— cedure (Capital Procurements) 2013 (New Delhi: 2013), Chap. Para. 4.

64 Ibid.

65 Government of India, Ministry of Defence, Defence Procurement Pro— cedure (Capital Procurements) 2016 (New Delhi: 2016), Chap. 1, Item 6.

66 Kaushik, "Public—Private Partnership," 47.

67 Government of India, Ministry of Defence, Defence Procurement Pro— cedure (Capital Procurements) 2076, Chap. 3, Para. 6.

68 Ibid., Chap. 3, Para. 12. 'Make—II' 카테고리는 모디 정부의 2014년 'Make— in—India' 이니셔티브와 관련이 있다. 이 이니셔티브는 인도를 국방을 포함한 모든 분야에서 세계적인 디자인 및 제조 허브로 만들기 위한 목표를 가지고 있었다.

69 Ibid.

70 Government of India, Ministry of Defence, Defence Acquisition Pro—cedure 2020, Chap. Para. 17; Chap. 7, Para. 3.

71 Behara, "Indian Defence Industry: Will 'Make in India' Turn It Aro—und?" 523—4.

72 Government of India, Ministry of Defence, Defence Acquisition Pro—cedure 2020, Chap. 7, Para. 40(b).

73 Government of India, Ministry of Defence, Headquarters Integrated De—fence Staffs Technology Perspective and Capability Roadmap (TKR) (New Delhi: April, 2013), www .mod. gov.in/sites/default/files/TPCRl 3.pdf.

74 Government of India, Ministry of Defence, Annual Report 2018—19 (New Delhi: 2018), 64.

75 Ibid.

76 Government of India, Department of Defence, "Make in India." https:// make— inindiadefence.gov. in.

77 Defence Research and Development Organization, "Directorate of In—dustry Interface & Technology Management (DIITM)," 2021.

78 Government of India, Ministry of Defence, Annual Report 2018—19, 66.

79 Vivek Raghuvanshi, "Tata Seeks 'Level Playing Field' in India," Defense News, February 2, 2011; Behara, "Indian Defence Industry: Will 'Make in India' Turn It Around?"515.

80 "Tata Power SED Bags Rs 1,200 Cr Contract from Defence Ministry," The Eco— nomic Times, March 22, 2019.

81 "국방부, 군의 화력 증강을 위해 인도 기업과 2,580억 루피 상당의 계약 체결," Hin— dustan Times, August 31, 2020.

82 "L&T Gets Contract to Supply 100 Howitzers to Army," Business Standard, May 12, 2017; "L&T Wins 'Large' Contract from Indian Army for Advanced IT—Enabled Network/'Business Standard, April 7, 2020; "Bharat Forge Receives Order Worth Rs 178 Crore from Indian Army,"

The Economic Times, February 23, 2021.

83 Government of India, Ministry of Defence, Defence Acquisition Pro—cedure 2020, Chap. 7, Para.1.

84 인도의 국방 생산 라이선스에 관한 데이터는 인도 정부, 보도국, 국방부에서 발표한 다음과 같은 발표에 기반한다. https://pib.govJn/indexd.aspx: "Private Participation in Defence Production,"July 24, 2015; "Manufacturing of Defence Equipments," July 29, 2016; "Private Sector Involved in Defence Manufacturing," July 25, 2017; "Privatisation of Defence Production," July 18, 2018; "Private Sector Investment in Defence Production," July 22, 2019; "Government for Promoting Private Industry Investment in Defence Sector, Says Raksha Mantri Shri Rajnath Singh," August 95 2019.

85 Behera, "Indian Defence Industry: Will 'Make in India' Turn It Aro—und?" 510.

86 Mrinal Suman, "Private Sector in Defence Production," Indian Defence Review 22, no. 3 (2007): 3; Kumar, ''Reinventing Defence Procurement," 14—16; Kaushik, "Public— Private Partnership," 60.

87 Suman, "Private Sector," 4; "Private Sector's Involvement."

88 Behara, "Indian Defence Industry: Will 'Make in India' Turn It Aro—und?" 521.

89 Kumar, ''Reinventing Defence Procurement," 16.

90 인도의 안보 환경과 위협에 대한 공식적인 평가는 인도 정부, 국방부를 참조, Joint Doctrine Indian Armed Forces, 7—10; Government of India, Ministry of Defence, Annual Report 2018—19, 2—8.

91 Government of India, Ministry of Defence, Joint Doctrine Indian Armed Forces, 10.

92 Ibid.,

93 Indian Army, Land Warfare Doctrine 2018, 11, www.ssri—j.com/ Media Report/ Document/ IndianArmyLandWarfareDoctrine2018.pdf.

94 Ibid, 9—11.

95 Rajat Pandit, "Indian Armed Forces Need to Invest in Disruptive Tech—

nologies: Gen. Naravane," The Times of India, August 25, 2020.

96 R. S. Panwar, "Artificial Intelligence in Military Operations: Technology, Ethics and the Indian Perspective," IDSA Comment, January 31, 2018, www.idsa.in/idsacomments/artificial−intelligence−in−military−operations−india_rspanwar_310118.

97 J. P. Singh, "Disruptive Technologies and India's Military Moderni−zation," National Security 2, no. 2 (2019): 153−4.

98 Ibid., 154, 162.

99 Prakash, "Outsourcing of Defence Production."

100 D. S. Hooda, "Sharpen Tech Focus to Boost Defence Prowess," The Tribune, November 28, 2020.

101 민간산업의 주요 무기 시스템 및 플랫폼 개발과 생산 능력에 대한 부정적인 시각을 반영한 DAP 2020은 "현재 인도 민간 부문에서는 국방제조에 대한 경험이 제한적이며, 복잡한 국방 시스템과 하위 시스템의 최종 통합에 있어서는 더욱 부족하다"고 언급하고 있다. Government of India, Ministry of Defence, Defence Acquisition Procedure 2020, Chap. 7, Para. 6.

102 Author's interviews in India, March, 2011.

103 Government of India, Ministry of Defence, Defence Acquisition Pro−cedure 2020, Chap. 8, Para. 9.

104 Government of India, Press Information Bureau, Ministry of Defence, "Al Task Force Hands over Final Report to RM," June 30, 2018, https://pib.gov.in/newsite/PrintRelease.aspx?relid= 180322.

105 Government of India, Ministry of Defence, Defence Acquisition Pro−cedure 2020Chap. 8, Para. 19.

106 Ibid., Chap. 8, Paras. 15, 20.

107 Department of Defense Production, "Ease of Doing Business" 2021, https://makeinindiadefence.gov.in; Defence Research and Develop−ment Organisation, "Support to Indian Industry,"2021.

108 Government of India, Ministry of Defence, Annual Report 2018−19, 61.

109 Innovation for Defence Excellence, "LDEX for FAUJI," 2021, https://

idex.gov.in.

110 Innovation for Defence Excellence, "Resources," 2021, https://idex.gov.in/ node/ 70#Guidelines.

111 Defence Research and Development Organisation, "Systems and Sub－systems for Industry to Design, Development and Manufacture," 2021, www.drdo.gov.in/systems－and－wbsystems－industry－design－development－and－manufacture.

112 Defence Research and Development Organisation, "Advanced Tech－nology Centres," 2021, www.drdo.gov.in/adv－tech－center.

113 Ibid.

114 Defence Research and Development Organisation, "Technology Dev－elopment Fund (TDF) Scheme," https://tdf.drdo.gov.in.

115 Josy Joseph, "Private Sector Played a Major Role in Arihant," Daily News & Analysis, July 27, 2008; Vivek Raghuvanshi, "Private Firms to Bid for Indian Vehicle Project," Defense News, August 23, 2010; Piyush Pandeys "Godrej, L&T Play a Role in Successful Moon Mission," The Hindu, July 22, 2019.

116 "Tata to Provide Electronic Warfare Systems to Indian Army," Army Tech－nology, October 27, 2011; Amrita Nair Ghaswalla, "Tata Power SED to Develop Battlefield Management System,"The Hindu Business Line, January 20, 2018.

117 Bharat Forge, "Bharat Forge Secures Maiden Order from Ministry of De－fence," press release. August 10, 2017, www.bharatforge.com/as－sets/pdf7notices/notice－10－aug－17.pdf

118 Yogita Rao, "Mumbai Start－Up Bags Rs 140－Crore Deal to Supply Drones to Army,'" The Times of India, January 15, 2021.

119 PortXL, "Sagar Defence Engineering's 'Boat in a Box,'"May 7, 2021, https:// portxl .org/alumni－feature/sagar－defence－engineering/

120 Gireesh Babu, "Kochi Start－Up Makes India's First Commercial Under－water Drone for DRDO Lab," Business Standard, September 18, 2018; VizExperts, "VizExperts Is Proud to Be Associated with The Indian

Navy," www.vizexperts.com/pr/virru.al−prototyping−center−at− indian− navy−cacl−to−vr.

121 India Education Diary, "iDEX — Start−Up Manthan to Promote In− novation in Defence Organised at Aero India 2021," February 2021.

122 Government of India, Ministry of Defence, Annual Report 2018−19, 111−12.

123 Defence Research and Development Organisation, "Projects," https:/ /tdf. drdo.gov.in/ fundings.

124 Kumar, "Reinventing Defence Procurement," 13.

125 Prakash Menon, "Evolving India's Military Strategy," Strategic Pers− pective, July−September, 2020; Arzan Tarapore, "'Indian Army's Orthodox Doctrine Distorts Military Strategy in Ladakh−Type Conflicts: Study," The Print, August 31, 2020.

126 Abhijnan Rej and Shashank Joshi, "India's Joint Doctrine: A Lost Opp− ortunity," ORF Occasional Paper 139 (2018): 6. See also Harsh V. Pant and Kartik BommakantL "India's National Security: Challenges and Dilemmas," International Affairs 95, no. 4 (2019): 836−43.

127 Lauren Holland, "Explaining Weapons Procurement: Matching Ope− rational Performance and National Security Needs," Armed Forces and Society 19, no. 3 (1993): 356.

128 Tarapore, "Indian Army's Orthodox Doctrine."

129 Hooda, "Sharpen Tech Focus."

CHAPTER 06 이스라엘의 민군융합

1 이스라엘의 군사 용어에서 '군사교리'라는 용어는 '작전 개념'으로 불린다. 이 장에서는 이스라엘과 IDF를 지칭할 때 이 두 용어를 같은 의미로 사용한다.

2 군사혁신에서 기술의 역할에 대해서는 다음을 참조. Barry R. Posen, The Sources of Military Doctrine: France, Britain, and Germany between the

World Wars (Ithaca: Cornell University Press, 1984), 35, 54−5; Krepinevich, "Cavalry to Computer," 30−42; I. B. Holley, Technology and Military Doctrine: Essays ona Challenging Relationship (Maxwell: Air University Press, 2004); Adamsky, The Culture of Military Innovation, 7. For a different view, which assigns technological in − novation a central place in military innovation, see Chin, "Technology," 765−83.

3 Clement Wee Yong Nien et al., "At the Leading Edge: The RSAF and the Fourth Industrial Revolution," Pointer: Journal of the Singapore Armed Forces 44, no. 2 (2018): 2. See also Schwab, The Fourth Industrial Revolution, 8.

4 최근 트리스탄 볼페는 이러한 특징의 한 형태, 즉 민간과 군사적 동기를 구별하는 것이 점점 더 어려워지고 있다는 점을 강조했다. Tristan A. Volpe, "Dual−Use Distinguishability: How 3D−Printing Shapes the Security Dilemma for Nuclear Programs,"Journal of Strategic Studies 423 no. 6 (2019): 814−40. 또한Yoram Evron, "4IR Technologies in the Israel Defense Forces: Blurring Traditional Boundaries," Journal of Strategic Studies 445 no. 4 (2021): 572−93, 참조.

5 SIPRI, "Top 100 Arms−Producing and Military Services Companies, 2017," www.sipri.org/publications/2018/sipri−fact−sheets/sipri−top−100−arms−produc ing−and−military−services−companies−2017.

6 이스라엘의 방위산업에 관한 최근 연구는 다음과 같다. Dov Dvir and Asher Tishleis "The Changing Role of the Defense Industry in Israel's Industrial and Technological Development," Defense Analysis 16, no. 1 (2000): 33−51; Yoad Shell and Asher Tishler, "The Effects of the World Defense Industry and US Military Aid to Israel on the Israeli Defense Industry: A Differentiated Products Model," Defense and Peace Economics 16, no. 6 (2005): 427−48; Hoyt, Miliiaiy Industry, 67—114; Yaakov Katz and Amir Bohbot, The Weapon Wizards: How Israel Became a High−Tech Military Superpower (New York: St. Martin's Press, 2017); Uzi Rubin, "Israel's Defense Industries−An Overview,"

Defense Studies 17, no. 3 (2017): 228−41; Sasson Hadad et al. (eds.), Israel's Defense Industry and the US Security Aid (Tel Aviv: INSS, 2020).

7 Paglin, Menwz hachidush, 36−7.

8 Zeev Bonen and Dan Arkin, Rafael: Menia'abada lena'aracha(Rafael: From laboratory to the battlefield) (Israel: NDO, 2003), 25. See also Yaacov Ufshitz, Kalkalat bitachon: hateoria haklalit vehamikre ha'Israeli (Defense economics: The general theory and the Israeli case) (Jerusalem: The Jerusalem Institute for Israel Studies and Ministry of Defense Publishing House5 2000), 360

9 Paglin, Nienitz hachidush, 33.

10 Israel Central Bureau of Statistics, "Hahotza'a lemechkar vepituach bamigzar ha'iski beshnat 2017" (Business expenditure on R&D in 2017), August 21, 2019.

11 Yaacov Lifshitz, "Defense Industries in Israel," in The Global Amis Trade: A Handbook, ed. Andrew T. H. Tan (New York: Routledge, 2009), 266−8.

12 Rubin, "Israel's Defense Industries," 231−2.

13 Lifshitz, Kalkalat bitachon, 364−5.

14 이스라엘 국방부 장관이었던 이츠하크 라빈은 Lavi 프로젝트가 취소될 당시, 이러한 '자립'이 '환상적'이라고 주장했다. 이는 이스라엘의 플랫폼이 여전히 추진 시스템(전투기, 전차, 미사일 보트)과 기타 주요 부품을 외국에 의존하고 있기 때문이다. Rubin, "Israel's Defense Industries," 233. 또한 Dvir and Tishler, "The Changing Role," 33−51. 참조

15 Rubin, "Israel's Defense Industries," 233.

16 William F. Owen, "Punching Above Its Weight: Israel's Defense Industry," Defense Review Asia 4, no. 3 (2010): 12−16; Katz and Bohbot, The Weapon Wizards.

17 Dmitry Adamsky, "The Israeli Approach to Defense Innovation," SITC Research Briefs, 10 (2018): 3.

18 Guy Elfassy et al., "Possible Effects of the Change in Foreign Currency Aid on the Structure of the Israeli Defense Companies," in Israel's

Defense Industry and the US Security Aid, ed. Hadad et al., 79; Israel
Central Bureau of Statistics, "Seker koakh adam" (Labor force survey),
2019, 221-5, wwwxbs.gov.il/he/publications/DocLib/2019/lfs17_
1746Zh_print.pdf.

19 Elfassy et al., "Possible Effects."

20 Tomer는 2018년에 민영화된 IMI의 이전 부서이다. 이 회사는 IMI의 민영화
에서 제외되었으며, 미사일 엔진 개발 및 생산에 집중하는 독립적인 국영기업
로 남았다.

21 전차와 장갑차 기획국은 이스라엘의 전차와 기타 장갑차의 설계, 개발, 생산
뿐만 아니라 관련 산업의 설립과 확장에 대한 전반적인 책임을 맡고 있다.
Israel Ministry of Defense, "Tank and APC Administration,"2020,
https://english. mod.gov.il/Departments/Pages/ Tank_and_APC_
Administration.aspx.

22 2019년, Rafael과 민간 투자자는Aeronautics의 각각 50%씩을 인수했다.
Elbit은 공공과 민간 지주 회사가 소유한 상장 기업이다. 국유 기업과 민간 또
는 공기업 간의 매출 분배에 대해서는 Paglin, Merutz hachidush, 35. 참조

23 Asher Tishler and Gil Pinchas, "Challenges of the Israeli Defense
Industry in the Global Security Market," in Hadad et al. (eds.), Israel's
Defense Industry, 38.

24 Elfassy et al., "Possible Effects," 74-80.

25 Tishler and Pinchas, "Challenges of the Israeli Defense Industry," 38.

26 Paglin, Meruiz hachidush, 35.

27 Jeremy M. Sharp, US Foreign Aid to Israel, RL33222 (Washington, DC:
Con— gressional Research Service, 2019), 5-6. 또한 Shefi and Tishler,
"The Effects of the World Defense Industry," 427-48 참조.

28 Elbit, IAI, Rafael의 자회사의 전체 목록은 각 회사의 재무 보고서를 참조, 또
한 Tai Inbar, "Business Abroad Using Subsidiaries," Israel Defense,
February 9, 2012. 참조

29 Guy Paglin, "New/Old Trends Affecting the Defense Industries," in Israel's
Defense Industry, eds. Hadad et al. (Tel Aviv: INSS, 2020), 118-19.

30 Bonen and Arkin, Rafael, 35; Lifshitz, Kalkalat bitachon, 383.

31 Lifshitz, Kalkalat bitachon, 376−7.

32 모든 수치는 현재 가격 기준이다. 미국 달러로 환산한 금액은 해당 연도의 평균 환율을 기준으로 한다. Israel Central Bureau of Statistics, "Hahotza'a lemehkar vepituach bamigzar hai'ski beshnat 2017" (The R&D ex−penses in the business sector in 2017); Israel Central Bureau of Statistics, "Hahotza'a lemehkar vepituach bamigzar hai'ski beshnat 2018" (The R&D expenses in the business sector in 2018), September 17, 2020, www.cbs.gov.il/he/mediarelease/DocLib/2020/298/12_20_298b.pdf.

33 이 개념은 1950년대 초 이스라엘의 초대 총리이자 국방부 장관인 다비드 벤 구리온이 정리한 일련의 원칙과 지침의 일환으로, 20세기 후반까지 이스라엘 국방군(IDF)의 작전 개념으로 사용되었다. Israel Tai, Bitachon leumi: meatim mul rabim (National security: The few against the many) (Tel Aviv: Dvir5 1996), 11; Itamar Rabinovich and Itai Brun, Israel Facing a New Middle East: In Search of National Security Strategy (Stanford: Hoover Institution Press, 2017), 2−3.

34 Adamsky, The Culture of Military Innovation, 113−15. See also Amir Ra−paport, "On the Superpowers' Playing Field/' Israel Defense, December 19, 2011, www.israeldefense.co.il/en/content/super−powers% E2%80%99−playing− field.

35 Katz and Bohbot > The Weapon Wizards.

36 Yagil Levy, "Social Convertibility and Militarism: Evaluations of die Deve−lopment of Military−Society Relations in Israel in the Early 2000s, "Fournal of Political and Military Sociology 31, no. 1 (2003): 76−80; Rabinovich and Brun, Israel Facing a New Middle East, 25−44; Ariel Levite, Offense and Defense in Israeli Military Doctrine (New York: Routledge, 2019), 63−106.

37 Note 2. 참조

38 2015년 문서의 지침 구상은 기존의 작전 개념이 현재의 정치적 및 전략적 상황에 더 이상 적합하지 않다는 인식 이후, 약 15년에 걸친 노력의 결과였다. Rabinovich and Brun, Israel Facing a New Middle East, 1−5, 109−11.

See also Charles D. Freilich, Zion's Dilemmas: How Israel Makes National Security Policy (Ithaca: Cornell University Press, 2012), 27−60.

39 Israel Defense Forces (IDF), Estrategiat Tzahal (IDF strategy), April, 2018, Clause 8, https://web.archive.org/web/20200410190838/https://www.idf.il/ media/34416/strategy.pdf.

40 Ibid., Clause 10.a; Rabinovich and Brun, Israel Facing a New Middle East, 113−15; Charles D. Freilich, Israeli National Security: A New Strategy for an Era of Change (New York: Oxford University Press, 2018), 203−33; Raphael D. Marcus, Israel's Long War with Hezbollah: Military Innovation and Adaptation under Fire (Washington, DC: Georgetown University Press, 2018), 143, 215−18.

41 IDF, Estrategiat Tzaha, Chaps. B, E.

42 Ibid., Chap. B.

43 Technion R&D Foundation Ltd., "IMoD DDR&D: Call for a Proposal for Research for the Establishment, www.trdf.co.il/heb/kolk:oreinfo.php?id=4332; "Technologia besde hakrav ha'atidi" (Technology in the Future Battlefield), Ma'arachoi 477 (April, 2018): 48−53; Hertzi Halevy, "Elionut modi'init beidan technologi" (Intelligence superiority in a digital era), Ma'arachot 477 (April, 2018): 26−31; "Hauniversita haivrit tivne madgim leumi letikshoret quantit" (The Hebrew University will build a national demonstrator for quantic communication), TechTime, June 12, 2017.

44 "IDF Technological Revolution Reaches Warrior on Field," iHLS, De−cember 28, 2017, https://i−hls.com/archives/80503. See also Elad Rotbaum, "Hatsayad Hamshudrag" (The upgraded DGA), Bamahane, September 19, 2017.

45 Na'ama Zaltzman, "Mefakedet yehidat lotem: 'anachnu lokhim et ha−meida vemvi'im oto lesde hakrav'" (Lotem unit commander: "We take the information and bring it to the battlefield"), Bamahane, November 28, 2017.

46 Tali Caspi—Shabbat and Or Glik, "Mahapechat hameida baolam ha—mivtsai harav—zroi betzahal" (The information revolution in the IDF's multi—arm operational world), Bein Hakiauim 18 (2018): 38—47; Yossi Hatoni, "Kli haneshek haba shel tzahal: bina mlachutit" (The IDF's new weapon: Artificial intelligence). Anas him Ve'mahsheim, October 24, 2017, www.pc.co.il/news/251638.

47 Amir Rapaport, The IDF and the Lessons of the Second Lebanon Wary Mideast Security and Policy Studies 85 (Ramat Gan: The Begin—Sadat Center for Strategic Studies, Bar—Ilan University, 2010).

48 For example, Yoav Zeitoun, "Hamishkefet hadigitalit hachadasha shel tsahal" (The IDF's new digital binoculars), YNET, June 25, 2019, www.ynet.co.il/articles/0,7340,L—5533205,00.html.

49 Caspi—Shabbat and Glik, "Mahapechat hameida," 32.

50 Uzi Rubin, Memilhemet hakohavim ad Kipat barzel: hania'avak as ha—hagana ha'aktiviy belsrael (From Star Wars to Iron Dome: The con—troversy over Israel's missile defense) (Modi'in: Effi Melzer, 2019), 11.

51 "Haetgar hagadol hu mitzuy hayeda" (Knowledge exploitation is the big challenge), Israel Defense, May 15, 2013.

52 IDF, Estrategiat Tzahal, Clause 8.A.5.

53 Websites of the IDF, the Israel Air Force, Mossad, and Shin—Bet.

54 "Government Industries Are Not Investing in Research," Israel Defense, February 16, 2012; "Technologia besde hakrav ha'atidi," 53; "Ha'etgar hagadol hu mitzuy hayeda."

55 "Ha'etgar hagadol hu mitzuy hayeda."

56 Henry Near, "Hahityashvut ha'ovedet" (The labor settlement), in Toldot hayeshuv hayehudi be'eriz Israel me'az ha'aliya harishona — Tkufat hamandat habriti (The history of Jewish Life in Israel since the first Alyiah: The British mandate period), ed. Moshe Lissak (Jerusalem: The Bialik Institute, 2008), 459—90.

57 Udi Lebel (ed.), Communicating Security: Civil—AdHilary Relations in Israel (London: Routledge, 2008), vii.

58 Iris Graitzer and Amiram Gonen, "Itsuv hamapa hayeshuvit shel ha−medina bershita" (The shaping of the settlements map in Israel's early years), in Toldot hayeshuv hayehudi be'ertz Israel me'az ha'aliya harishona — Medinat Israel: ha'asor harishon (The history of Jewish Life in Israel since the first Alyia: The state of Israel: The first decade', ed. Moshe Ussak (Jerusalem: The Bialik Institute, 2009), 257.

59 Lifshitz, Kalkalat bitachon, 374−6.

60 1990년대 중반, 22세에서 51세사이의 남성 중 약 30%가 예비군 복무를 하고 있었다. 2010년대에는 관련 인구 집단에서 현역 예비군의 비율이 5% 미만으로 감소했지만, 후에 자세히 설명되듯이 CMI(민군통합)과 관련된 분야(예: 첨단 기술 산업)에서 예비군의 비율은 여전히 더 높았다. Lifshitz, Kalkalat bitachon, 251; Amir Bohbot, "Margishim fraierim? Rak shlish mema'arach hamiluim mityatsev" (Do you feel like a sucker? Only one−third of the reserve soldiers serve), Walla News, August 8, 2012, https://news.walla.co.il/item/ 2556790.

61 Alex Mintz, "Military−Industrial Linkages in Israel," Armed Forces & Society 12, no. 1 (1985): 19−23; Udi Lebel and Henriette Dahan−Caleb, "Marshalling a Second Career: Generals in the Israeli School System,"Journal of Educational Administration and History, 36, no. 2 (2004): 145−57.

62 Uzi Eilam, Keshet Eilam: Hatechnologia hamitkademet {Eilam arc: How Israel became a military technology powerhouse) (Tel Aviv: Yedioth Ahronoth, 2011), 151; Uriel Bachrach, Beko ach hayeda: prakim be−toldot heil hamada (The power of knowledge: History of HEMED the science corps of Israel defense forces) (Ben Shemen: Modan, 2015), 39−78.

63 Gil Baram and Isaac Ben−Israel, "The Academic Reserve: Israel's Fast Track to High−Tech Success," Israel Studies Review 34, no. 2 (2019): 75−91.

64 Ibid., 163.

65 Tel Aviv University, The Social and Technological Forecasting Unit, https://

education . tau.ac.il/ictaf/odot.

66 Moshe Lissak, "The Permeable Boundaries between Civilians and Sol‒diers in Israeli Society," in The Military in the Service of Society and Democracy: The Challenges of the Dual‒Role Military, ed. Daniella Ashkenazy (Westport, CT: Greenwood Press,(1994),14.

67 Bonen and Arkin, Rafael, 144‒5.

68 Rafael Development Corporation, "Given Imaging Ltd.," https://web. archive. org/web/20140802064832/http://www.rdc.co.il/default.asp? catid=%7B (5AB37C31‒ E9B2‒4549_ ABC6‒64327B120209%7D.

69 Lifshitz, Kalkalat biiachon, 377.

70 Ibid.5 377, 385‒6; Dan Galai and Yossi Shahar, Ha'cwarat Tech‒nologiot veizruach proiektim bata'asiya habithonit belsrael (Technology transfers and spin‒off projects in Israel's defense in‒dustry) (Jerusalem: The Israel Democracy Institute, 1993), 27‒43.

71 이스라엘의 첨단 기술 분야 개발에 대한 IDF 기술부대 퇴역 군인들의 기여에 대해서는 다음을 참조. Dan Breznitz, "The Military as a Public Space: The Role of the IDF in the Israeli Software Innovation System," MIT Working Paper IPC‒02‒004 (April, 2002); Benson Honig et al., "Social Capital and the Linkages of High‒Tech Companies to the Military Defense System: Is There a Signaling Mechanism?" Small Business Economics 27, no. 4‒5 (2006): 420‒1.

72 Itzhak Yaakov, Adon klum baribua (The memoires of A4r. Zero Squared) (Tel Aviv: Yedioth Ahronoth, 2011), 274‒5.

73 다른 소식통에 따르면 2018년 기준 이스라엘에는 8,300개 이상의 하이테크 기업이 활동 중이며, 그 중 대다수가 스타트업 기업이다. IVC Research Center, "Israeli High‒Tech Companies That Ceased Operations," December, 2018.

74 UNESCO Institute for Statistics, "Startup Ranking," http://uis.unesco. org/apps/visualisations/research‒and‒development‒spending; Israel Innovation Authority, https:// innovationisrael.org.il/en.

75 Techtime, "Economy of Knowledge: 362 R&D Centers of Multinational

Companies," December 26, 2019, https://techtime.news/2019/12/26/vc−8; John Ben− Zaken, "Mehkar IVC: 77% mehahashkaot bahigh−tech halsraeli−zarot"(JVC research: About 77% of the investments in the Israeli high−tech are foreign), Anashim Ve'Machshevim, November 26, 2018, www.pc.co.il/news/279233; Israel Innovation Authority, "Innovation in Israel," 2020, https://innovationisrael.org.il/en/con− tentpage/innovation−israel.

76 Tzila Hershko, "Haroman mithadesh?" (Is the love affair starting over?), Ma arachot 456 (2014): 37.

77 Honig et al., "Social Capital," 429.

78 Paglin, Merutz hachidush, 35.

79 Gil Press, "230 Industry 4.0 Startups in Israel Playing a Leading Role in Data− Driven Digitized Production," Forbes, August 5, 2019; Agmon David Porat, "Infographica: mapat hevrot hastartup betchum ta'asiya 4.0"(Infographic: Map of startup companies in the area of industry 4.0), unpublished database, 2018.

80 Tai Shahafj "Israeli Gov't Allocates NIS 300m for Quantum Computing," Globes, July 2.

81 Nati Yefet, "Hevrot high−tech alulot la'avor lehul shelo meshikulim technologiyim"(High−tech companies may move out of the country for non−technological reasons), Globes, May 12, 2018, www.globes. co.il/news/article.aspx?did=1001235492.

82 Shahaf, "Israeli Gov't Allocates."

83 Ibid.; Avi Blizovsky, "Hatochnit haleumit lehishuv quanti hi unit lekach shel−srael tishaer bahazit" (The national program for quantum com− puting is crucial for Israel's position at the front), Hayadan, June 5, 2018, www.hayadan.org.il/nadav−katz−on−quantum−computing− 0606183.

84 Isaac Ben−Israel et al., Hameizam Haleumi lenia'arachot nevonot be−tuchot leha'atzamai habitachon haleumi vehahosen hamadai' −technologi: Estrategia leumit leisrael, doch meyuhad lerosh ha−

memshala (The national initiative for intelligent—secure systems for the advancement of national security and the S&T strength: A national strategy for Israel, a special report for the prime minister), Yuval Ne'eman Workshop for Science, Technology and Security, Tel Aviv University (September, 2020). It is noteworthy that the report has not been published but was mentioned on various occasions. For exam— ple, Chagai Tzuriel, "Mega—trends, Trends, and their Convergences," unpublished presentation (Tel Aviv, April 19, 2021); Israel Innovation Authority, Vaadat bina mlachutit vemada hantunini (Artificial Intelligence and Data Science Committee), December 6, 2020, Note 4,

85 Vaadat bina mlachutit.

86 Nir Halamish, "Urkov al hagai: etgarei haMOP habithoni beshnot tarash 'Gidon'" (To ride on the wave: The defense R&D challenges during 'Gidon' multiannual plan), Ma'arachot 472 (July, 2017): 36.

87 Ibid.

88 Paglin, "New/Old Trends," 117—19.

89 Interview with Brigadier—General Guy Paglin, October 11, 2020.

90 Paglin, Merutz hachidush, 10—11.

91 Israel Ministry of Defense, Directorate of Defense Research & Deve— lopment (DDR&D), "Mafa't Challenge," https://mafatchallenge.mod.gov.il; interview with Peri Muttath, an innovation spotter at DDR&D, October 27, 2020.

92 Interview with Peri Muttath. See also IHLS Innofense, https://accelerator.i—hls. com/ innofense.

93 페리 무타트와의 인터뷰.

94 Israel Ministry of Defense, "Technological Research and Infrastructure Unit,"2020, www.mod.gov.il/Defense—and—Security/Pages/science_research.aspx; interview with Peri Muttath.

95 Israel Innovation Authority, Endless Possibilities to Promote Innovation (Jeru—salem: 2018).

96 Ibid., 20—2.

97 Israel Innovation Authority, "Leveraging R&D for Dual Use Techno—logies — MEIMAD3"2021, https://innovationisrael.org.il/en/program/leveraging—rd—dual—use—technologies—meimad

98 Ori Swed and John S. Butler, "Military Capital in the Israeli Hi—tech Industry," Armed Forces & Society 41, no. 1 (2015): 127.

99 Ibid., 133; Breznitz, "The Military," 16—22.

100 Breznitz3 "The Military," 28—34; Nophar Blit, "IAF Startup Accelerator," Israeli Air Force, November 1, 2018.

101 Paglin, Merutz hachidu, 70—7.

102 Israel Ministry of Defense, "Nispach 93: ma'im klaliyim lehazmanat misrad habitachon" (Annex 93: General terms of the Ministry of Defense's order). Item 4. Ministry's Knowhow (a), 9,

103 Interview with a high—tech company's executive, Tel Aviv, Decem—ber 7, 2018.

104 Interview with Brigadier—General Guy Paglin; interview with Peri Muttath.

105 Paglin, Merutz hachidush, 70.

106 Israel Ministry of Defense, "Tofes hatzhara: Hevra ba'alat shutafim zarim" (Declaration form: A company with foreign partners), 2020, www.online.mod.gov.il/Online2016/documents/general/rishum_sapak/hazhara. pdf.

107 Halamish, "Lirkov al hagal," 36.

108 "The Next Generation of Unmanned Systems," Israel Defense, No—vember 25, 2011, www.israeldefense.co.il/en/content/next—gen—eration—unmanned—systems; "Government Industries Are Not Investing."

109 페리 무타트와의 인터뷰.

110 이는 4IR 기술이 군 업무에 미치는 영향의 몇 가지 예에 불과하다. 더 자세한 내용은 다음을 참조. Peter Layton, ''Mobilising Defense in the 'Fourth Industrial Revolution'" The Interpreter, March 27, 2019; Tuang, The Fourth Industrial Revolution's Impact; Nien et al., "At the

Leading Edge."

111 Barry Buzan and Eric Herring, The Arms Dynamic in World Politics (Bou—lder: Lynne Rienner Publishers, 1998), 201—3; Benjamin O. Fordham, "A Very Sharp Sword: The Influence of Military Capabilities on American Decisions to Use Force/' Journal of Conflict Resolution 483 no. 5 (2004): 632—56.

112 Krishnadev Calamur, "The Battle between Israel and Iran Is Sprea—ding," The Atlantic, May 10, 2018, www.theatlantic.com/interna—tional/archive/2018/05/ israel—strikes—iran/560111; Carla E. Humud et al., "Iran and Israel: Tension over Syria," In Focus, Congressional Research Service, June 5, 2019.

113 Chin, "Technology," 771.

114 Todd S. Sechser et al., "Emerging Technologies and Strategic Stability in Peacetime, Crisis, and War," Journal of Strategic Studies 42, no. 6 (2019): 732.

115 Ronald F. Lehman, "Future Technology and Strategic Stability," in Strategic Stability: Contending Interpretations, eds. Elbridge A. Colby and Michael S. Gerson (Carlisle: US Army War College Press, 2013), 147.

116 Fordham, "A Very Sharp Sword," 636.

117 Rabinovich and Brun, Israel Facing a New Middle East, 95—102, 111—12; Freilich, Israeli National Security, 49—58.

118 Alexander L. George, Forceful Persuasion: Coercive Diplomacy as an Alternative to War (Washington, DC: United States Institute of Peace, 1992), 5—7; Thomas C. Schelling, Arms and Influence (New Haven: Yale University Press, 2008), 2—11.

119 Clive Jones and Yoel Guzansky, "Israel's Relations with the Gulf States: To— ward the Emergence of a Tacit Security Regime?" Contemporary Security Policy 38, no. 3 (2017): 398—419.

120 David D. Kirkpatrick and Azam Ahmed, "Hacking a Prince, an Emir and a Journalist to Impress a Client," New York Tinies, August 31,

2018.

121 IDF, Estrategiat Tzaha, Chapter D.

CHAPTER 07 결론

1 NSCAI, Final Report, 19.

2 Ibid., 26.

3 Ibid., 163—4.

4 Levesque, "Military—Civil Fusion."

5 Quoted in Beraud—Sudreau and Nouwens, "Weighing Giants," 162.

6 NSCAI, Final Report, 256.

7 Frank Slijper et al., Don Be Evil? A Survey of the Tech Sector's Stance on Lethal Autonomous Weapons (Utrecht: Pax for Peace, April, 2019), 12.

8 Robert O. Work and Greg Grant, Beating the Americans at Their Own Game: An Offset Strategy with Chinese Characteristics (Washington, DC: Center for a New American Security, 2019), 14.

9 India—Ministry of Defence, Joint Doctrine Indian Armed Forces, 10, 49; Indian Army, Land Warfare Doctrine, 11.

10 IDF, Estrategiat Tzaha, Chapters B, E.

11 "Technologia besde hakrav ha'atidi," 48—53; Halevy, "'Elionut modi' init," 26—31; "Hauniversita haivrit tivne"; Technion R&D Foundation Ltd., "IMOD DDR&D."

12 Laskai, "Civil—Military Fusion: The Missing Link."

13 OTA, Assessing the Potential, 10.

14 Lingling Weh "China's XI Ramps up Control of the Private Sector: We Have No Choice but to Follow the Party," Wall Street Journal, December 10, 2020,

15 Thomas G. Mahnken, "Thinking About Competitive Strategies," in Com— petitive Strategies for the 21st Century: Theory, History, and Practice ed. Thomas G. Mahnken (Stanford: Stanford University Press, 2012), 7—8.

16 Ibid., 4. See also Mahnken, "Frameworks for Examining."

17 Dan Goure, "The Next Revolution in Military Affairs: How America's Military Will Dominate," The National Interest, December 28, 2017.

18 Andrew F. Krepinevich, Why AirSea Battle? (Washington, DC: Center for Strategic and Budgetary Assessments, 2010).

19 US Department of Defense, "Joint Operational Access Concept," 17, 38—9.

20 Goure, "The Next Revolution."

21 See Dombrowski, America's Third Offset Strategy, 5—6; Martinage, Toward a New Offset Strategy, vi—vii.

22 Levesque, "Military—Civil Fusion."

23 Ibid.

24 이들은 4차 산업 혁명 기술이 군사 분야에 미친 영향의 몇 가지 예에 불과하다. 더 넓은 범위의 검토는 1장 주석 3을 참조.

25 이러한 변수 간의 관계에 대해서는 다음을 참조. Buzan and Herring, The Arms Dynamic, 201—3; Fordham, "A Very Sharp Sword," 632—56.

26 US Department of Commerce and US Department of Homeland Security, Assessment of the Critical Supply Chains Supporting the US Information and Communications Technology Industry (Washington, DC: February 23, 2022), www.dhs.gov/sites/default/files/2022—02/ICT%20Supply%20Chain% 20Report_0.pdf.

27 Falletti, "US Chip Ban."

28 Anjani Trivedi, "Why China Can't Fix the Global Microchip Shortage," The Economic Times, March 2, 2021.

29 Jeanne Whalen, "Russian Drones Shot Down Over Ukraine Were Full of Western Parts. Can The US Cut Them Off?," Washington Post, February 11, 2022.

지은이

요람 에브론(Yoram Evron)

이스라엘 하이파(Haifa) 대학교에서 정치학·중국학교수로 재직 중이다. 그의 연구는 중국의 국가 안보와 외교 관계를 중심으로, 국방조달, 무기 이전, 군 현대화 그리고 중국-중동 및 중국-이스라엘 관계에 중점을 두고 있다. 그의 논문은 Journal of Strategic Study, Pacific Review와 중국 계간지 China Quarterly에 게재되었다. 또한 그는 『개혁 시대의 중국 국방 조달(China's Military Procurement in the Reform Era)』(2016)이라는 책을 저술하며, 이 분야에 학문적 큰 기여를 했다.

리처드 A. 비징거(Richard A. Bitzinger)

싱가포르 난양기술대학교 S. 라자라트남(Rajaratnam) 국제대학원(RSIS)의 선임 연구원으로 재직 중이다. 그는 전략 및 국제 문제, 군사혁신 분야에서 전문적인 연구를 수행하고 있으며, 그의 성과는 International Security, Orbis, Survival 등 세계적인 학술지에 게재되었다. 『아시아의 무장(Arming Asia): 기술 민족주의와 지역 방위산업에 미치는 영향』(2016)의 저자이며, Defence Industries in the 21st Century(2021)의 편집장을 역임했다. 그의 연구는 아시아 지역의 군사력 증강과 방위산업 발전, 기술 민족주의가 지역 안보 환경에 미치는 영향을 통찰력 있게 분석하고 있다.

옮긴이

이병권(李炳權)

해군사관학교에서 전자공학을 전공하고, 국방대학원에서 안전보장학 석사학위를, 아주대학원에서 공학 박사학위를 취득하였다. 미국 조지타운대 Asian Studies 정책·전략과정과 서울대 미래안보전략기술 최고위과정을 수료하였다.

해군에서 전투함장, 순항훈련전단장, 함대사령관 등 다양한 해상 지휘관과 참모직을 수행했으며, 해군본부 기획관리참모부와 합동참모본부 전력기획부에서 실무자, 과장, 처장, 부장까지 여러 직책을 역임하며 국방개혁, 군사력 건설, 전력소요기획, 연구개발, 방위사업 등 전력증강 업무를 20여 년 수행하였다. 특히, 군수사령관 재직 당시 4차 산업혁명 기술을 활용한 군수혁신을 선도적으로 추진하였다.

전역 후에는, 한국기계연구원에서 국방기술연구개발 센터장(별정직)으로 Spin-on 기반의 민군기술협력을 발전시켰으며, 또한 글로벌 방산기업에서 촉탁임원으로 무기체계 개발사업을 수행하였다.

현재는 전북대학교 특임교수로 재직중이며, 국가안보와 무기체계, 방위산업 민군융합(CMF)과 MRO 등을 연구하고 있다.

주요 논문과 저서로는 국가 R&D와 국방 R&D의 연계·협력 강화 방안 연구, 민군기술협력에 대한 전문가 인식도 분석, NC기반의 합동성 강화를 위한 전력 발전, 억제전략 구현을 위한 해군력 운영과 발전, KIMM 국방기술 등이 있다.

한국해양전략연구소 총서 107

4차산업혁명과 민군융합(CMF)

초판발행   2025년 5월 25일

지은이   Yoram Evron · Richard A. Bitzinger
옮긴이   이병권
펴낸이   안종만 · 안상준

편 집   우석진
기획/마케팅   김민규
표지디자인   BEN STORY
제 작   고철민 · 김원표

펴낸곳   (주) 박영사
              서울특별시 금천구 가산디지털2로 53, 210호(가산동, 한라시그마밸리)
              등록 1959. 3. 11. 제300-1959-1호(倫)
전 화   02)733-6771
f a x   02)736-4818
e-mail   pys@pybook.co.kr
homepage   www.pybook.co.kr
ISBN   979-11-303-2308-4   93390

* 파본은 구입하신 곳에서 교환해 드립니다. 본서의 무단복제행위를 금합니다.

정 가   25,000원